KB154085

이탈리아 자동차 여행

2023년 9월 15일 개정 2판 1쇄 펴냄
2024년 3월 20일 개정 2판 2쇄 펴냄

지은이	이정운 · 김기현
발행인	김산환
책임편집	윤소영
디자인	윤지영
펴낸곳	꿈의지도
인쇄	다라니
종이	월드페이퍼
지도	글터

주소	경기도 파주시 경의로 1100, 604호
전화	070-7535-9416
팩스	031-947-1530
홈페이지	blog.naver.com/mountainfire
출판등록	2009년 10월 12일 제82호

ISBN 979-11-6762-064-4
ISBN 978-89-97089-51-2-14980(세트)

· 이 책의 저작권은 지은이와 꿈의지도에 있습니다.
· 지은이와 꿈의지도 허락 없이는 어떠한 형태로도 이 책의 전부, 일부를 이용할 수 없습니다.
· 잘못된 책은 구입한 곳에서 바꿀 수 있습니다.

이탈리아
자동차 여행

Hertz Gold Plus Rewards®

골드회원 전용 카운터를 통한 신속한 차량 픽업

임차 비용 $1 당 1포인트 적립 및 예약 시 포인트 사용

선호차량 선택 및 업그레이드 제공 – 골드 초이스(Gold Choice)

배우자 추가 운전자 등록 비용 면제

회원 전용 특별 프로모션

특별프로
바로가

골드 회원 가입 및 연회비는 무료이며, 가입/이용 문의는 홈페이지 www.hertz.co.kr 또는 전화 +82 2 6465-0315
이메일 reskorea@hertz.com으로 연락 주시기 바랍니다.

© 2020 Hertz System, Inc. All rights reserved.
골드 회원 가입 및 연회비는 무료이며, 가입/이용 문의는 홈페이지 www.hertz.co.kr 또는 전화 1600-2288 이메일 cskorea@hertz.com으로 연락 주시기
© 2020 Hertz System, Inc. All rights reserved.

국내 최초 이탈리아 자동차 여행 가이드북

이탈리아
자동차 여행

이정운·김기현 지음

2024~
2025년
최신 정보

꿈의지도

유럽 자동차 여행 정보 커뮤니티

드라이브 인 유럽

cafe.naver.com/drivingeu

당신이 알고 싶고, 찾고 싶던　　**유럽 자동차 여행 정보의 모든 것**

드라이브 인 유럽은 《이탈리아 자동차 여행》의 저자인 미스터 위버 이정운님이
직접 운영하는 인터넷 카페입니다. 카페 회원이 되시면, 유럽 자동차 여행에 대한
다양한 정보를 나눌 수 있습니다. 유럽 자동차 여행에 대해 궁금한 점이 있다면
네이버 카페 〈드라이브 인 유럽〉으로 오세요! 저자가 직접 알짜 정보로 답해드립니다.

유럽 자동차 여행 코스 | 렌터카 예약 정보 | 내비게이션 정보 | 유럽에서 운전 정보
도시별 주차장 정보 | 도시별 관광코스 정보 | 렌터카 픽업반납 정보 | 사건사고 처리방법

CONTENTS

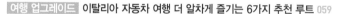

이탈리아 자동차 여행 실전편

03 아말피 해안과 남부 지역 294

부록

일러두기

• 가지고 계신 스마트폰에서 QR 스캐너 앱을 다운로드하시어, 각 지역 편에 있는 QR코드를 찍으시면
그 지역의 구글 지도로 연결됩니다.

• 이 책에 실린 요금 정보 등은 현지 사정에 따라 수시로 변동될 수 있으니, 사전에 꼭 미리 확인 바랍니다.

• 코로나 관련 외국인 입국 규제는 22년 6월 현재 모두 해제되었으나, 상황에 따라 달라질 수도 있으니,
출발 전 반드시 이탈리아 대사관 홈페이지(bit.ly/39d3f4R)를 확인하시기 바랍니다.

프롤로그

처음 유럽 자동차 여행을 준비하다 보면 필요한 정보들이 많다. 우선 렌터카 예약, 내비게이션 선택, 교통 법규, 주유소, 주차장 이용 방법 등 자동차 여행에 필요한 정보들을 챙겨야 한다. 그런데 이런 정보들을 한 번에 찾기가 쉽지 않다. 인터넷에 떠도는 정보들이 정확한지 확인하기도 어렵다. 그래서 필자의 첫 번째 책이었던 ≪처음 떠나는 유럽 자동차 여행≫에서는 이런 기본 정보들을 꼼꼼히 알기 쉽게 담아내려고 노력했다. 기본 정보들을 알게 된 다음에는 본격적으로 자신이 여행하려는 나라와 도시에 대한 정보를 찾게 된다. 그러면 자동차 여행 정보가 얼마나 턱없이 부족한지 더 크게 실감하게 된다. 유럽 각국의 도시별 여행 가이드북들은 많이 나와 있지만 유럽을 자동차로 여행하는 자세한 정보를 담은 여행 가이드북은 거의 없기 때문이다.

자동차 여행은 기차 여행과는 확연히 다른 여행이다. 자동차 여행자들에겐 도시에 도착해서 어디에 주차를 해야 하는지가 중요하다. 숙소 선택의 기준도 주차장이 있는지를 우선적으로 봐야 한다. 관광 동선도 역이 아닌 주차장에서부터 시작한다. 또한 방문하는 도시들도 일반 여행과는 차이가 있다. 기차 여행은 대도시나 유명 관광 도시에 집중하는 반면 자동차 여행은 소도시의 비중이 높다. 그러나 이런 자동차 여행에 필요한 정보들은 일반 가이드북에서는 절대로 충족할 수 없다. 그렇기 때문에 자동차 여행자들은 더 많은 시간을 들여서 자료를 찾아보는 수고를 해야 한다. 특히 유럽 자동차 여행이 처음인 사람들에게는 이런 정보를 찾아 정리하는 게 너무나 어려운 일이 된다.

필자 역시 매번 새로운 나라와 도시를 가게 되면 어려움을 겪기는 마찬가지이다. 참고할 자료가 없는 상황에서 자료조사는 매우 긴 시간을 요할 수밖에 없기 때문이다. 그래서 항상 나라별 유럽 자동차 여행 가이드북이 없음을 많이 아쉬워했다. 그래서 직접 집필을 해 보자는 생각을 하게 되었고 드디어 선보이게 된 책이 바로 ≪이탈리아 자동차 여행≫이다. 유럽의 수많은 나라 중 이탈리아를 첫 번째로 선택하는 데는 그리 오랜 시간이 걸리지 않았다. 이탈리아는 유럽의 수많은 관광 대국 중에서도 단연코 첫손에 꼽을 만큼 매력적인 곳이기 때문이다.

우리나라와 같이 반도 국가인 이탈리아는 길게 뻗은 국토와 수많은 도시 국가들로 이루어진 역사를 지니고 있다. 그래서 한 나라 안에 다양한 문화가 공존한다. 북부, 중부, 남부로 구분되는 지역별 특징도 독특하다. 각기 다른 자연환경을 가지고 있어 마치 여러 나라를 여행하는 것 같은 느낌을 받는다. 실제 취재를 위해 이탈리아 전국을 여행하면서 유럽 여행의 꽃이 이탈리아라는 말이 빈말이 아님을 실감하게 되었다.

대륙 국가가 아닌 덕에 이탈리아는 자동차로 여행하기에도 최적의 환경을 갖추고 있다. 주요 관광 도시들은 이동 거리가 멀지 않은 탓에 장거리 운전을 피할 수 있다. 어느 도시를 가든 만날 수 있는 로마와 중세시대의 문화유산은 잠시도 여행의 지루함을 느낄 수 없게 한다. 또한 미식의 나라답게 맛있는 음식들도 빼놓을 수 없다. 따라서 이탈리아는 전국을 자동차로 여행하기에 최적의 나라라고 할 수 있다. 시간과 여건이 안 된다면 북부, 중부, 남부를 나누어서 원하는 곳만을 여행해도 좋다. 흔히 이탈리아를 유럽에서 가장 방문하고 싶은 나라로 손꼽듯이 자동차 여행자들에게도 이탈리아는 항상 1순위가 된다.

그러나 이탈리아를 자동차로 여행하는 것이 만만치는 않다. 우선 선진 유럽 국가에 비해서는 운전 습관이 거친 편이다. 또한 차량통제 구역인 ZTL 때문에 이탈리아는 자동차로 여행하기 쉽지 않은 나라라고 말하는 사람들도 많다.

이 책이 꼭 필요한 이유가 여기에 있다. 이 책에는 이탈리아를 자동차로 여행할 때 필요한 모든 기본 정보가 담겨 있다. 무엇보다 주차장에 도착한 후 여행을 시작하여 다시 주차장으로 돌아오는 여행 동선을 제시해 둔 점이 특징이다. 그리고 가장 걱정이 되는 ZTL에 대한 정보도 담았다. 이런 정보들은 이탈리아를 자동차로 여행하는 데 큰 도움이 될 것이라고 확신한다. 그리고 이탈리아 자동차 여행자들에게 가장 인기 있는 지역인 알프스 돌로미티, 토스카나 평원, 아말피 해안 등의 여행 정보는 일반적인 가이드북에서는 볼 수 없는 정보가 될 것이다.

그리고 이탈리아 여행 가이드북의 역할도 소홀히 하지 않기 위해 노력하였다. 이탈리아 주요 관광 도시와 추천 소도시들의 관광명소, 숙소, 레스토랑 등의 정보도 담아두었다. 특히 이 부분은 유럽여행 전문 여행사인 '투리스타'의 〈자유 여행 기술연구소〉에서 도움을 받아 엄선된 정보로 책의 전문성을 더욱 높였다.

물론 처음 출간되는 이탈리아 자동차 여행 서적이라 아직은 부족한 점이 많이 있을 것이다. 특히 자동차로 한 번에 갈 수 있는 곳을 중점으로 하다 보니 시칠리아섬이나 카프리섬 등의 내용이 빠져 있다. 이 부분이 아쉬운 독자들도 있을 것이다. 이런 부분은 차후 개정판이 발간된다면 지속적으로 채워나가게 될 것이다. 끝으로 나라별 자동차 여행책의 첫발을 뗀 만큼 이 책을 시작으로 다양한 유럽 국가들에 대한 자동차 여행 서적들을 선보이는 계기가 되기를 희망해 본다.

이 책의 관광지 소개, 숙소 및 레스토랑 부분의 자료를 제공하고 직접 집필까지 해주신 공동저자 투리스타 자유 여행 기술연구소의 김기현 대표님과 이하 직원분들에게 큰 감사를 표한다. 기존과는 조금 다른 가이드북을 만드느라 꿈의지도 김산환 대표님과 윤소영 팀장님, 윤지영 디자이너님 그리고 여러 직원들이 고생하셨을 것이다. 이분들에게도 각별한 감사의 인사를 전한다. 주차위반 범칙금 고지서를 받으신 아픈 기억에도 불구하고 다른 분들을 위해 흔쾌히 범칙금 사진을 제공해주신 한용수, 조혜진 부부 그리고 이전한 피렌체 허츠대리점 사진을 촬영하여 전달해주신 장성문님에게도 감사드린다. 또한 치비타 디 반뇨레조의 변경된 주차장 정보를 알려주신 신수경님과 익명을 원하셔서 소개할 수 없지만 드라이브 인 유럽 카페 회원님들의 생생한 현장 정보가 큰 도움이 되었다.
이분들의 도움과 열정과 고생이 없었다면 결코 이 책은 독자들에게 선보일 수 없었을 것이다. 그리고 마지막으로 항상 응원해주시는 부모님 그리고 나와 함께 유럽여행이 아닌 유럽고행을 해주는 아내와 우리의 여행길을 항상 안전하게 신경 써주시는 채수웅 선생님에게도 감사의 인사를 전하고 싶다.

미스터 위버 이정운

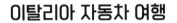

이탈리아 자동차 여행

준비편

01

이탈리아 미리 알기

이탈리아 더 진하게 즐기는 5가지 방법

01 이탈리아 필수 정보

국가명 이탈리아 공화국Repubblica Italiana
수도 로마Roma **언어** 이탈리아어 **면적** 301,340㎢
인구 약 61,261,254명
종교 카톨릭 85% **통화** 유로EUR, €

비자

6개월 이상의 유효기간이 남아 있는 우리나라 일반 여권 소지자는 비자 없이 90일까지 체류할 수 있다.

시차

우리나라보다 8시간 늦다. 서머 타임 (3월 마지막 일요일~10월 마지막 일요일)에는 7시간 차이가 난다.

전압

표준전압 220V, 주파수 50Hz로 우리나라 전기 제품을 그대로 사용할 수 있다. 하지만 콘센트 플러그가 가늘어 어댑터를 사용해야 한다.

공휴일(2023년 기준)

1월 1일 새해 Capodanno
1월 6일 주현절 Epifania
4월 9일 부활절
4월 10일 부활절 다음 월요일Pasquetta
4월 25일 독립 기념일Festa della Liberazione
5월 1일 노동절Festa del Lavoro
6월 2일 건국 기념일Festa della Repubblica
6월 29일 성 베드로와 성 바오로St.Peter&Paul 축일
8월 15일 성모 승천 대축일Ferragosto
11월 1일 만성절 Ognissanti
12월 8일 성모 수태일Immacolata Concenzione
12월 25일 성탄절 Natale
12월 26일 성 스테파노 축일Santo Stefano

날씨와 옷차림

우리나라와 같이 사계절이 있으며 긴 국토로 인해 지역별로 다양한 기후를 나타낸다. 전체적으로는 지중해성 기후로 여름에 무척 덥다. 하지만 습하지 않아 그늘에 있으면 견딜 만하다. 북부는 겨울에 매우 추운 반면 남부는 겨울에도 크게 춥지 않다.

이탈리아 여행 시 자외선 차단제와 선글라스, 모자가 필수다. 겨울에는 자주 내리는 비를 대비해 우비나 우산도 챙기는 것이 좋다. 특히, 돌로미티 지역은 계절에 상관없이 낮과 밤의 일교차가 크다. 여름에도 겉옷을 챙겨가고 봄·가을에는 경량 파카를 가져가는 게 좋다.

이탈리아 성당은 민소매 상의나 짧은 반바지, 미니스커트 등의 복장으로는 입장할 수 없다. 모자도 벗어야 한다. 에티켓에 어긋나지 않게 주의하도록 한다.

이탈리아 기상청 사이트 www.meteo.it

환전

이탈리아 주요 도시의 상점, 음식점, 주유소 등에서는 신용카드 사용이 대부분 가능하다. 그러나 소도시의 작은 상점과 레스토랑은 현금만 받는 경우도 많다. 특히, 야외 공용주차장은 현금만 되는 곳이 많아 예상 경비의 30~40% 정도는 환전해 가는 것이 좋다. 환전은 10, 20, 50€ 지폐 위주로 한다. 100€ 이상 지폐는 비상용으로 한두 장 준비하도록 한다.

영업시간

보통 저녁 8시면 상점 문을 닫는다. 우리나라처럼 밤 늦게까지 영업한다고 생각하면 낭패를 보기 쉽다. 대도시 마트는 늦게까지 하기도 하지만 9시 정도면 닫는 곳이 많다. 소도시는 더 일찍 닫는다. 따라서 필요한 물품 구입은 미리미리 하도록 한다. 단, 레스토랑의 경우 늦게까지 식사를 즐기는 이탈리아인들의 특성상 밤 11까지도 영업하는 곳이 많다. 공휴일과 일요일은 레스토랑을 제외하곤 대부분 휴무다. 하지만 유명 관광지의 경우 기념품점, 약국 등은 문을 여는 곳이 많다.

은행 월~금 08:30~13:30, 15:00~16:00
우체국 월~금 08:30~17:00, 토 08:30~13:00
상점 월~토 09:00~13:00, 15:00~19:30
레스토랑 12:00~15:00, 19:00~23:00

물가

이탈리아 물가는 우리나라와 비슷한 수준이다. 기름값은 비슷하거나 조금 높다. 주차비는 유명 관광지의 경우 비싼 편이나 소도시는 부담 없는 편이다.

공산품 가격은 우리나라와 별 차이가 없다. 하지만 채소와 과일, 육류, 요거트 등 식료품은 훨씬 저렴하고 품질도 뛰어나다. 취사가 가능한 숙소에 머물면서 요리를 직접 해먹는다면 여행경비도 줄이면서 양질의 식사도 할 수 있다.

주요 생필품 가격

생수(500㎖) 0.5~1€ / 에스프레소 1~1.5€ / 로컬 맥주(500㎖) 1.3~3€ / 로컬 와인(1병) 5€~ / 즉석 요리 6€~ / 피자 10~14€ / 파스터 12~17€ / 주차비 1시간 1~1.5€ / 주유비 리터당 디젤 1.8€, 가솔린 1.9€(셀프 주유 기준)

치안

이탈리아는 소매치기가 많은 나라로 유명하다. 대도시의 지하철역과 유명 관광지에서는 소매치기 사고가 빈번하게 일어난다. 소매치기와 함께 돈을 구걸하면서 절도를 하는 집시들도 상당히 많다. 소매치기와 집시들은 주요 도시의 유명 관광지에는 항상 존재하고 있다고 생각하면 된다. 최근에는 이탈리아 정부가 소매치기 범죄 예방에 힘쓰고, 테러 예방을 위해 주요 관광지에 무장군인을 배치하고 있다. 그래서 정작 유명 관광지에서는 어느 정도 안전한 편이다. 그렇다고 절대 안심해서는 안 된다. 자동차 여행자에게는 차량털이가 가장 걱정된다. 주차된 차량의 유리를 깨고 물건을 훔쳐가는 유형의 범죄가 많기 때문에 주차는 꼭 안전한 유료 실내주차장을 이용하고, 차에서 내릴 때에는 차 안에 어떤 물건도 두지 않아야 한다.

이탈리아 소매치기 유형

1. 흑인 팔찌단
로마의 주요 관광지에 실팔찌를 들고 있는 흑인 무리들이 있다. 친한 척하며 접근하여 하이파이브를 요청하는데 이에 응하면 팔찌를 채워주고 돈을 요구한다. 이런 무리를 보면 팔짱을 끼고 일절 대꾸 없이 지나치도록 한다.

2. 서명받는 소녀들
서명 운동을 한다면서 접근하는 소녀들의 무리가 있다. 종이에 서명을 해달라고 하는데 이에 응하는 사이 주변의 무리들이 순식간에 귀중품을 챙겨간다. 이런 친구들이 무리지어 다가오면 재빨리 다른 방향으로 자리를 피해야 한다.

3. 그림 사기단
피렌체에서 주로 볼 수 있다. 인적 많은 거리 바닥에 그림을 여러 장 펼쳐놓고 그림을 밟게 유도하거나 옆으로 일부러 밀어 그림을 밟게 만든다. 그다음에는 그림을 손상했다며 돈을 강매한다. 이럴 땐 무시하고 그냥 가거나 그들이 둘러싸고 위협하면 큰소리로 주변 순찰 중인 경찰을 부르면 된다.

4. 구걸하는 집시들
대놓고 다가와서 손을 내밀며 돈을 구걸하는 집시들도 많다. 대부분 무시하거나 거절하면 큰 문제 없이 다른 곳으로 가는 편이다.

소매치기를 당했을 때
가까운 경찰서로 방문해서 폴리스 리포트를 받아야 한다. 경찰서에 가서 무슨 일로 왔느냐고 물으면 "Report of stolen!"이라고 이야기하면 폴리스 리포트 신고서를 가져다준다. 영어로 작성하면 되고 여권 원본을 소지하면 된다. 만일 여권을 도난당한 것이라면 여권 사본을 지참하고 폴리스 리포트를 작성 후 대사관으로 가서 단수여권을 발급받으면 된다.

폴리스 리포트 작성 시 주의사항
1. 반드시 'Lost'가 아닌 'Stolen'이라고 표기해야 보상에 유리하다.
2. 도난 물품은 구체적으로 적어야 한다. 카메라를 잃어버린 경우 카메라만 적는 것이 아니라 렌즈, 배터리 등 항목별로 적고 시리얼 넘버, 모델명, 제조회사, 가격 등을 구체적으로 적어야 한다. 휴대폰이나 카메라 등은 제품정보 스티커를 미리 사진 찍어두자.

현지 연락처

주이탈리아 대한민국 대사관
🏠 Via Barnaba Oriani 30. 00197 Roma
📞 +39-06-802461
주말 및 공휴일 긴급 연락처
📞 +39-335-1850499 🌐 ita.mofa.go.kr
🕐 월~금 09:30~12:00, 14:00~16:30

유용한 전화번호
경찰 112, 113 / **구급차** 118

화장실
이탈리아는 대부분의 공중화장실이 유료다. 화장실을 지키고 있는 사람에게 돈을 주거나 화장실 앞에 지하철 개찰구처럼 생긴 기계에 동전을 넣고 이용하는 방식으로 운영된다. 요금은 1회에 0.5~1€ 정도다. 주요 관광지는 보통 1€선이라고 생각하면 된다. 고속도로 휴게소 화장실은 대부분 무료다. 또 카페나 레스토랑, 박물관, 전시관 등의 화장실도 대부분 무료라 이런 곳을 적극 활용하는 것이 좋다.

팁
이탈리아에서 팁은 의무사항은 아니다. 보통 호텔에서 짐을 들어주는 포터나 메이드 등에게 1€ 정도 주면 된다. 카페나 레스토랑에서는 현금 결제 시 소액의 잔돈 정도를 남기는 것으로 충분하다. 레스토랑이나 카페에 대부분 자릿세가 있고, 계산서에 포함되어 나오기 때문에 팁에 대해선 크게 신경 쓰지 않아도 된다.

물
유럽의 수돗물은 석회질을 함유하고 있어서 음용 시 물갈이를 하는 경우가 있다. 주요 관광지에는 음수대가 있어서 어디서든 물을 마실 수 있지만 석회질이 함유된 물이라 마시지 않는 게 좋다. 가급적 물은 생수를 구입해서 먹는 것이 좋다.

02 이탈리아 출입국 정보

세 환급이 되는 곳인지를 확인해야 한다. 세금 환급이 되는 상점은 글로벌 블루Global Blue, 택스 리펀드Tax Refud 스티커가 붙어 있어 쉽게 확인할 수 있다. 계산할 때 "택스 리펀 플리즈Tax refund please"라고 말하면 세금 환급 영수증을 준다. 이것이 세금 환급 서류다. 이 서류에는 반드시 해당 매장의 서명이 있어야 한다. 택스 리펀을 받으려면 매장으로부터 받은 세금 환급 서류와 택Tag이 붙은 환급 대상 물건, 그리고 여권을 지참하면 된다. 택스 리펀을 받기 위해선 출국 전 반드시 세관 환급 창구에서 관련 서류와 구입한 물건을 보여주고 확인 도장을 받아야 한다. 세관 신고 후 물건은 컨베이어벨트를 통해 부치고, 세금 환급금을 현금으로 받을지 선택하면 된다.

이탈리아로 입국하기

입국 카드 작성도 없고, 입국 심사도 대부분 질문 없이 바로 통과된다. 2018년부터 로마 공항의 경우 한국인도 자동출입국 대상 국가에 포함되어 입국 심사 없이 프리패스로 입국 심사를 마칠 수 있다. 입국 심사대를 통과한 후에는 수하물을 찾아서 나오면 된다. 로마 레오나르도 다빈치 공항의 경우 수화물이 나오는 시간이 다소 늦는 경우가 많다는 것이 중론이다. 렌터카를 예약했다면 도착 시간으로부터 2~3시간 여유를 두고 픽업 시간을 정하는 것이 좋다. 특히, 코로나 출입국 사항은 각 국가의 코로나19 방역제한조치에 따라 수시로 변동되므로, 출발 전 반드시 이탈리아 안전 여행 홈페이지를 참고해야 한다.

이탈리아에서 출국하기

출국 시 3시간 전에 공항에 도착하도록 한다. 택스 리펀Tax Refund을 받아야 한다면 좀 더 일찍 도착하는 것이 좋다. 쉥겐조약에 가입된 유럽 국가의 항공사를 이용할 경우 여권 검사는 경유지에서 한다. 그 외 직항이나 중동 항공사는 출국 공항에서 여권 검사 및 출국 수속을 받으면 된다.

택스 리펀Tax Refund

한 상점에서 당일 155€(VAT 포함) 이상의 물건을 구입했을 경우 부가세를 최대 24%까지 환급받을 수 있다. 부가세 환급을 받으려면 우선 해당 상점이 부가

이탈리아 입국 시 여행자 휴대품 통관 규정

이탈리아 면세품 구입 규정은 다음과 같다.

휴대품 통관규정

주류 알콜 도수 22% 이하의 와인 또는 기타 주류 2ℓ, 알콜 도수 22% 이상 1ℓ, 맥주 16ℓ, 탄산음료 4ℓ
담배 200개비(1보루), 시가 릴로 100개비, 시가 50개비, 기타 담배 250g 중 한 가지(주류와 담배는 17세 이상만 반입 가능)
향수 50ml
현금 1만 유로 이하

03 이탈리아 항공 & 열차 정보

항공편 선택하기

현재 이탈리아 직항편을 운행하는 항공사는 대한항공, 아시아나항공이 있다. 경유편은 대부분의 항공사가 1회 경유로 이탈리아의 주요 도시로 연결한다.

자동차 여행자는 렌터카를 픽업하기 때문에 도착 시간을 잘 고려해서 항공편을 선택하는 것이 좋다. 직항편 항공사들의 도착 시간대는 로마 기준으로 오후 6시~8시 사이다. 렌터카를 이용하기에는 조금 늦은 시각이다. 일정을 좀 더 효율적으로 사용하려면 경유 항공편을 이용하는 것이 좋다. 한국에서 새벽에 출발하는 에미레이트항공, 에티하드항공, 카타르항공 등 중동 항공사들은 도착 시간대가 오후 1시~2시다. KLM항공의 경우는 아침 일찍 도착하기 때문에 하루를 온전히 사용할 수 있다.

이탈리아 기차

인-아웃이 달라 차량을 편도 반납할 경우 기차나 저가 항공편을 이용하는 경우가 있다. 이탈리아가 대륙 국가는 아니라서 기차편으로 충분히 이동할 수 있다. 기차의 종류는 레 프레체Le Frecce, 인터시티Intercity, 레지오날레Regionale, 이탈로Italo 등 다양하다. 이 중 장거리를 이동하는 여행자들이 가장 많이 사용하는 초고속 열차는 레 프레체와 이탈로다. 레 프레체는 트렌이탈리아가 운영하는 초고속 열차로 지역별로 운행하는 열차가 조금씩 다르다. 열차의 종류와 주요 운행 지역은 표를 참조한다.

열차 종류	속도	주요 운행 지역
프레차로사 Frecciarossa	최대 360km/h	이탈리아 남부와 북부의 주요 도시 연결
프레차르젠토 Frecciargento	최대 250km/h	로마와 북동부 주요 도시, 로마와 남부도시 연결
프레차비안카 Frecciablanca	최대 200km/h	토리노, 밀라노, 베네치아 등 이탈리아 북부 도시들과 동·서부 해안도시 연결

※이탈로는 홈페이지에서 프로모션을 많이 진행하기로 유명하다. 이 프로모션을 잘 활용하면 트렌이탈리아의 초고속 열차보다 훨씬 더 저렴한 가격에 티켓을 구입할 수도 있다.

프레차로사 Frecciarossa 열차

이탈로 italo 열차

기차 예약 및 요금 종류

이탈리아 기차 예약은 트렌이탈리아(www.trenitalia.it)이나 이탈로(www.italotreno.it)의 홈페이지에서 한다. 언어를 영어로 설정하고 출발지와 도착지, 날짜만 입력하면 기차 시간을 검색하고 예약할 수 있다. 이용하는 데 크게 어렵지 않다.

트렌이탈리아의 요금체계

트렌이탈리아는 Base, Economy, Super Economy 총 3개의 요금체계가 있다. 요금제별로 요금과 조건이 달라진다. 좌석 등급은 모두 같고 요금과 변경, 환불 조건만 다르다. 따라서 날짜가 확정되어 변경사항이 없는 경우에는 가장 저렴한 'Super Economy' 요금을 선택하면 된다. 이 요금제는 가장 빨리 마감되기 때문에 서둘러 예약해야 한다.

Base 요금제	요금 설명	할인 적용 없는 정상 운임. 현지에서 구입가와 동일. 가장 비쌈
	구입 조건	출발 4개월 전부터 출발 직전까지 구입 가능
	티켓 변경 여부	횟수에 상관 없이 가능
	환불 조건	출발 전 20% 공제 후 환불. 출발 후 1시간 이내 50% 공제 후 환불. 이후에는 불가
Economy 요금제	요금 설명	한정된 좌석에 한해 할인 판매되는 요금으로 10€ 대에서도 이용이 가능한 경우도 있음
	구입 조건	출발 4개월 전부터 출발일 자정까지 구입 가능
	티켓 변경 여부	출발일 전 같은 구간 기차에 한해 1회 가능
	환불 조건	불가능
Super Economy 요금제	요금 설명	10€ 이하로도 이용할 수 있는 가장 저렴한 요금
	구입 조건	출발 4개월 전부터 출발일 자정까지 구입 가능
	티켓 변경 여부	불가능
	환불 조건	불가능

TIP

트렌이탈리아나 이탈로 모두 국내 총판이 있다. 현지 사이트에서 예약하는 게 어렵다면 한국 총판 사이트를 통해서 예약하면 된다. 그러나 한국 총판을 통해 예매할 경우 수수료가 포함되고, 좌석을 지정할 수 없는 단점이 있다.

트렌이탈리아 한국 총판(www.trenitalia.kr)
발권 수수료 포함, 좌석 지정 안 됨.
이탈로 한국 총판(italo.bookingrails.com)
발권 수수료 미포함, 좌석 지정 안 됨.

트렌이탈리아 한국 총판

이탈로 한국 총판

기차표 각인

이탈리아는 철도역 플랫폼 기둥에 초록색으로 된 각인 기계가 있다. 매표소에서 직접 구매한 티켓은 모두 이 기계에 표를 넣어 각인을 꼭 해야 한다. 그러나 홈페이지를 통해 미리 예매하고 받은 전자티켓은 개표구와 기차 내에서 검표 직원에게 보여주기만 하면 되며, 별도의 각인 절차는 필요 없다.

04 이탈리아 여행 Key Point

돌로미티

아말피 해변

When 이탈리아 여행 시기

이탈리아 여행의 최적기는 4월 초에서 6월 중순, 그리고 9월 초부터 10월 말까지라 할 수 있다. 그러나 여행 최적기는 어느 지역을 중심으로 여행할 것인가에 따라 조금 다를 수 있다.

이탈리아 북부의 돌로미티 지역은 6월 중순~9월 중순
돌로미티는 5월까지도 눈 때문에 길이 통제되는 구간이 있다. 케이블카나 리프트는 6월 초부터 부분적으로 오픈하는데, 6월 중순은 되어야 제대로 이용할 수 있다. 이 시기 돌로미티 일대는 야생화 천국이 되어 가장 예쁜 돌로미티를 만날 수 있다.

이탈리아 중부의 토스카나 지역은 4월 초~5월 말
토스카나 지역은 초록색 밀밭이 펼쳐진 시기가 가장 예쁘다. 구릉이 연이어 초록 들판으로 물드는 가장 아름다운 기간은 4월 초에서 5월 말까지다. 6월부터는 밀이 누렇게 익어 초록빛을 볼 수 없으니, 초록 밀밭을 보려면 봄에 가는 게 좋겠다(여름, 가을이 지나고 다시 겨울부터는 초록빛을 볼 수 있다).

이탈리아 남부의 아말피 해안은 봄 또는 가을
이탈리아 남부의 여름은 무척 뜨겁다. 해수욕을 즐기기에는 좋지만 살인적인 더위와 혼잡함, 그리고 비싼 요금은 여행의 즐거움을 반감시킬 수 있다. 봄과 가을에도 푸른 바다와 태양을 충분히 즐길 수 있다. 따라서 가급적 7~8월은 피하는 것이 좋다.

How long 이탈리아 여행 기간

자신의 여행 기간이 어느 정도인지에 따라 여행 루트를 짤 수 있다. 기간이 보름 이상이라면 이탈리아 일주도 계획해볼 수 있고, 2주 미만은 북부나 중부 혹은 중부나 남부 등 지역을 묶어 여행 계획을 짜볼 수 있겠다. 여행 기간이 일주일 내외라면 로마를 중심으로 여행하거나 북부의 돌로미티 지역, 중부의 토스카나 지역, 남부의 아말피 지역 등 범위를 좁혀 주요 스폿 중심의 여행 계획을 세워야 한다.

How much 이탈리아 여행 예산

자동차 여행은 여행 인원이 늘어날수록 비용은 저렴해진다. 비용은 크게 항공권, 렌터카 대여료, 숙박비, 식비, 주유비, 통행료, 주차비, 관광지 입장료 등으로 나눌 수 있다. 현재 코로나 여파로 인한 인플레이션으로 전반적인 물가가 많이 올랐다. 23년 6월 현재 항공권은 성수기는 직항기준 200~300만 원 비수기는 150~200만 원으로 높은 편이고 렌터카도 타 유럽보다 훨씬 비싼 편이다. 그럼에도 개별 여행이나 패키지 여행에 비해 여전히 가격 경쟁력이 있다. 1~2인의 여행이라면 다소 높은 가격일 수 있지만, 3~4인이면 별차이 없거나 오히려 더 낮다. 2인 기준으로 해도 3성급 호텔 기준 숙박비는 평균 10만 원 내외다. 그 외 식비, 주유비, 주차비, 통행료까지 하루 평균 10만 원 내외 정도 예상하면 될 것이다. 이를 바탕으로 2주 동안 자동차로 여행한다면 1인 기준 400~450만 원 정도의 비용이 든다고 볼 수 있다. 3~4인이면 더 많이 줄어 들고 캠핑장을 이용하면 추가로 20~30%는 더 줄어든다. 9일 정도의 패키지 여행 상품이 1인 평균 250~350만 원 정도인데 추가로 드는 개인 비용을 합치면 300~400만 원 이상일 것이다. 14일을 기준으로 계산해봐도 패키지 여행과 엇비슷하다고 할 수 있다.

여행
업그레이드

이탈리아 더 진하게 즐기는
5가지 방법

이탈리아 음식 맛보기

이탈리아는 미식의 나라로 유명하다. 피자와 파스타의 본고장이기도 하다. 이 밖에도 다채로운 음식이 있어 미각을 자극하고 여행의 즐거움을 배가시킨다. 이탈리아 코스요리는 기본적으로 안티파스토, 프리모 피아토, 세콘도 피아토, 콘토르노, 돌체, 카페 등으로 구성되어 있다. 이 가운데 두세 가지만 선택해 식사를 즐기는 게 보통이다. 메뉴판 대부분은 이탈리아어로 되어 있고 음식 사진이 없어서 주문할 때 어려움을 겪는 경우가 많다. 따라서 주요 음식과 메뉴 구성 등을 사전에 숙지하고 가는 것이 좋다.

1 안티파스토 Antipasto

'식전Anti에 먹는 음식'이라는 뜻이다. 본격적인 식사를 하기 전에 입맛을 돋우기 위해 먹는 요리를 말한다. 주로 브루게스타Bruschetta, 멜로네 콘 프로슈토Melone con Prosciuto, 카프레제Caprese, 카르파치오Carpaccio 등을 즐겨 먹는다.

브루스케타Bruschetta

납작하게 구운 바게트에 토마토와 각종 채소, 햄, 치즈 등을 올려 먹는 간단한 요리다.

카르파치오Carpaccio

얇게 저미듯이 썬 쇠고기에 치즈와 루콜라를 얹어 먹는 음식이다.

카프레제Caprese

얇게 썬 토마토와 모차렐라 치즈를 번갈아 놓고 오리가노, 바질, 올리브를 얹어서 먹는 이탈리아 대표 요리 중 하나다.

멜로네 콘 프로슈토
Melone con Prosciuto

염장해 숙성시킨 돼지 뒷다리살(프로슈토)을 얇게 저며 멜론과 같이 먹는 요리. 단짠단짠이 일품이다.

2 프리모 피아토 Primo Piatto

'첫 번째 접시'라는 뜻으로 첫 번째 메인요리라고 할 수 있다. 보통 곡물로 만든 요리로 구성되며 파스타, 피자, 리소토 등이 이에 해당한다. 코스요리 가운데 하나로 인식하기 때문에 양은 그다지 많지 않은 편이다.

카르보나라Carbonara

크림소스에 베이컨과 치즈를 기본으로 한다. 우유와 달걀노른자로만 소스를 만들어 촉촉한 맛은 없지만 담백한 맛이 난다.

봉골레Vongole

한국인이 즐겨 먹는 파스타. 신선한 모시조개를 넣어 요리한다. 알리오 올리오와 더불어 맛집을 구분하는 기준이 된다.

포모도로Pomodoro

흔히 알고 있는 토마토 소스 파스타. 파스타 면에 토마토 소스와 바질만 들어간 형태라 맛이 심심할 수 있다.

알리오 올리오 Aglio Olio

마늘과 올리브 오일로만 맛을 내는 가장 기본적인 파스타. 맛집을 구분하는 기준이 되는 음식이기도 하다.

프루티 디 마레 Frutti di Mare

새우, 홍합, 오징어 등 다양한 해산물이 들어간 파스타. 한국인 입맛에 가장 잘 맞아 남녀노소 누구나 좋아한다. 웬만해서는 실패하지 않는 파스타이기도 하다.

뇨끼Gnocchi

감자와 밀가루 반죽으로 만든 파스타. 우리나라 수제비와 다소 비슷하다고 할 수 있다. 쫄깃하고 담백한 맛이 난다.

마르게리타 피자 Pizza Margherita

이탈리아를 대표하는 가장 기본적인 피자다. 치즈, 토마토 소스, 바질을 토핑으로 얹는다. 어느 곳을 가도 거의 실패하지 않는 메뉴다.

풍기 피자 Pizza Funghi

버섯을 주재료로 토핑한 피자다. 생각 이상으로 맛있다. 마르게리타 다음으로 한국인들이 즐겨 먹는 피자라고 한다.

리소토 알라 밀라제네
Risotto alla Milanese

밀라노식 리조토. 양파, 버터, 와인, 치즈, 샤프란 등으로 조리한 쌀 요리다.

라자냐Lasagna

볼로냐 지방의 전통요리다. 직사각형 모양으로 넓게 반죽한 면에 고기, 우유, 파마산 치즈를 층층이 쌓아 오븐에 구워낸다.

❸ 세콘도 피아토 Secondo Piatto

'두 번째 접시'라는 뜻으로 두 번째 메인요리에 해당된다. 주로 고기요리인 카르네Carne와 생선요리인 페세Pesce로 나뉜다. 고기요리는 쇠고기, 돼지고기, 닭고기가 가장 많다. 보통 스테이크나 커틀릿 같은 요리로 나온다. 남부나 해안가 도시에서는 생선과 해산물 요리가 많다.

비스테카 알라 피오렌티나 Bisteca alla Fiorentina

피렌체 지역의 전통요리로 티본 스테이크를 지칭한다. 두툼하면서 엄청난 크기를 자랑한다. 킬로그램 단위로 판매되기 때문에 보통 2명 이상이 나눠서 먹는다.

오소부코Ossobuco

밀라노 지역 전통 소고기찜 요리다. 송아지 뒷다리 정강이 부위에 화이트 와인, 양파, 토마토 등을 넣고 묵고 아낸다.

프리토 미스토 디 마레
Fritto Misto di Mare

오징어, 한치, 새우, 생선, 멸치 등을 튀김옷을 입혀 튀긴 해산물 튀김요리다. 덜 기름지도록 레몬즙을 뿌려 먹는다.

콘토르노Contorno

세콘도 피아토와 함께 곁들여 먹는 간단한 채소요리를 말한다. 가지, 시금치, 호박, 양파, 아스파라거스, 브로콜리 등 다양한 채소가 나온다. 꼭 주문할 필요는 없다.

4 돌체 Dolce

디저트를 뜻하는 말로 메인 식사가 끝난 후 이탈리아 사람들은 후식 개념의 돌체를 즐긴다. 돌체로는 티라미수Tiramisu 케이크와 판나 코타 Panna Cotta, 제철 과일을 섞은 마체도니아Macedonia, 레몬을 이용해 만든 셔벗 등이 인기가 많다.

5 카페 Caffe

식사의 마무리는 에스프레소 커피로 한다. 에스프레소의 씁쓸한 맛이 입맛을 깔끔하게 정리해준다.

식당의 종류

이탈리아 식당은 여러 가지 종류의 식당이 있고 식당별로 제공되는 요리나 종류도 각기 다르다. 따라서 식당의 종류에 따른 기본적인 사항은 알고 가는 것이 좋다.

1 리스토란테 Ristorante

가장 격식을 갖춘 정통 레스토랑으로 제대로 된 런치나 디너를 즐기는 식당이다. 안티파스토부터 돌체까지 이탈리아 코스요리 모두 즐기는 것이 일반적이다. 실력 있는 셰프들이 각 지역의 전통요리부터 이탈리아의 다양한 요리를 제공한다. 정찬 레스토랑이기 때문에 복장도 어느 정도 격식을 갖추어야 한다. 와인과의 조합은 거의 필수다. 그만큼 상대적으로 가격도 높은 편이다. 물론 이곳에서 식사를 한다고 해서 풀 코스를 다 즐길 필요는 없다. 하지만 메인요리 한두 가지만 시키는 것도 에티켓에 어긋난다. 코스 중 프리모 피아토나 세콘도 피아토 가운데 하나 정도는 제외해도 무방하다.

2 트라토리아 Trattoria

리스토란테와 같이 코스요리를 즐기는 것은 비슷하다. 다만, 리스토란테보다는 격식을 덜 갖추어도 괜찮은 식당이다. 보통 그 지역의 전통요리를 판매하는 식당으로 가족들이 운영하거나 대대로 내려오는 전통 식당들이라고 생각하면 된다. 가격도 리스토란테보다는 저렴한 편이다. 각 지방의 특산 요리를 부담 없는 가격에 즐길 수 있다.

3 오스테리아 Osteria

이탈리아 사람들이 가장 편하게 이용하는 식당이다. 캐주얼하고 약간은 떠들썩한 분위기의 식당으로 다양한 요리와 함께 이탈리아 가정식 요리도 맛볼 수 있다.

4 피제리아 Pizzeria

명칭 그대로 피자를 주력으로 판매하는 식당이다. 저렴한 가격대가 장점이다. 피제리아도 두 종류가 있다. 하나는 서서 먹거나 포장해 갈 수 있는 조각 피자를 판매하는 곳이고, 다른 하나는 파스타 등 다른 메뉴와 함께 판매하며 식당 안의 화덕에서 직접 피자를 구워 테이블에서 먹는 곳이다.

5 기타 식당

그 외 타볼라 칼다Tavola Calda라고 해서 피자나 파니니 등을 미리 만들어놓고 주문을 하면 즉석에서 데워주는 식당이 있다. 파니니나 샌드위치를 전문으로 파는 파니노 테카Panino Teca 전문점 등도 꽤 많이 볼 수 있다. 이탈리아 와인 산지로 유명한 마을에서는 와인 전문점 에노테카Enoteca에서 식사를 같이 제공하기도 한다.

카페테리아에서도 간단한 식사메뉴를 제공하는 곳들이 많다. 이탈리아의 바Bar는 우리가 생각하는 것처럼 술을 파는 곳이 아니다. 다양한 음료와 가벼운 식사를 할 수 있는 곳이다. 가볍게 요기하고자 한다면 이런 곳을 이용해도 괜찮다.

꼭! 알아두기

이탈리아 레스토랑 이용 방법

식전 빵

1 이탈리아 식당에는 자릿세Coperto라는 개념이 있다. 테이블에 앉아 식사를 하면 무조건 이 자릿세를 지불하게 되어 있다. 이 요금에는 식전에 테이블에 제공되는 빵이 포함되어 있다. 자릿세는 보통 2~4€ 정도 추가된다.

2 팁은 의무사항이 아니다. 영수증에 서비스 요금이 포함되어 나오기 때문에 크게 신경 쓰지 않아도 된다. 단, 서비스가 마음에 들거나 음식이 마음에 들었다면 잔돈 정도를 안 받는 선에서 성의 표시를 하는 것으로 충분하다.

3 이탈리아 음식은 맛이 짠 경우가 많다. 따라서 주문할 때 미리 요청하는 게 좋다. 짜지 않게 해달라고 요청하고 싶으면 '메노살레Meno sale'라고 하면 되고 좀 더 정중하게 요청하고 싶다면 '뽀꼬 살레 페르 파보레Poco sale per Favore'라고 하면 된다.

4 파스타와 스파게티를 같은 말로 생각하는 사람들이 많다. 하지만 엄연히 다르다. 파스타는 이탈리아 면 요리 전체를 지칭하는 것이고, 스파게티는 길고 가는 면을 특정해 말하는 것이다. 따라서 가는 면의 파스타를 찾는다면 프리모 피아토Primo Piatto에서 스파게티Spagetti라는 메뉴를 선택하면 된다.

5 파스타의 경우 메뉴 구성은 파스타의 종류+소스라고 생각하면 된다. 즉, 스파게티 알라 카르보나라Spagetti alla Carbonara는 스파게티 면으로 된 카르보나라 소스의 파스타라는 의미다.

6 식당에서는 물이나 음료 등을 먼저 주문하는 것이 에티켓이다. 유럽은 물을 공짜로 주지 않는다. 별도로 주문을 해야 한다. 물은 탄산수와 미네랄 워터 두 종류가 있다. 생수를 마시고 싶으면 미네랄 워터를 주문해야 한다. 이탈리아에서는 물을 아쿠아Aqua라고 부르니 참고하자.

02

이탈리아 와인 마시기

이탈리아는 프랑스와 견주는 와인 강국이다. 이탈리아 와인의 역사는 3천 년이 넘는다. 하지만 이런 오랜 역사를 가지고 있음에도 불구하고 프랑스 와인에 비해 명성이 다소 떨어지는 것이 사실이다. 이처럼 이탈리아 와인이 저평가된 이유 가운데 하나는 와인의 품질을 높이기 위해 노력하기보다 와인을 식사할 때 저렴하게 마시는 하나의 음식 개념으로 여겼기 때문이다. 그러다 와인 산업의 중요성을 간파하고 1963년부터 와인 등급체계를 도입해 품질 개선작업에 나선 결과 지금은 프랑스와 더불어 세계 최고의 와인 생산지로 각광받고 있다. 이탈리아 와인은 종류를 파악하기 어려울 정도로 다양하며, 와인의 품질 또한 매우 뛰어나다.

> 내 머릿속의
> 와인 상식 I

이탈리아 여행은 와인을 빼놓고 생각할 수 없다. 리스토란테와 같은 정찬 코스요리를 즐길 때는 당연히 와인이 함께한다. 또한, 지인에게 줄 선물용으로도 그만이다. 마트에서 저렴한 와인을 구매해 취사 가능한 숙소나 캠핑장에서 조리한 음식과 함께 마시는 즐거움도 빼놓을 수 없다. 와인을 구매할 때 필요한 이탈리아 와인에 대한 필수상식에 대해 간단히 살펴보도록 하자.

프랑스와 이탈리아는 등급으로 품질을 구분하는데, 등급의 표기 기준은 나라마다 다르다. 이탈리아는 와인 등급을 VDT 〈 IGT 〈 DOC 〈 DOCG로 나누고 있다.

VDT Vino da Tavola 테이블 와인을 뜻하며 라벨에 와인색만 간단히 표시한다.

IGT Indicazione Geografica Tipica 라벨에 와인이 생산되는 지역 및 포도 품종을 표시한 지역 와인이다.

DOC Denominazione di Origine Controllata 생산지, 수확량, 숙성 기간, 생산 방법, 포도 품종 등 일정한 규제를 지켜서 생산되는 고급 와인이다.

DOCG Denominazione di Origine Controllata e Garantita 이탈리아 정부가 품질을 보증하는 최상급 와인 등급으로 DOC 등급 와인 중에서 선별한다. 코르크 마개가 있는 와인 병목에 레드 와인은 분홍색, 화이트 와인은 연두색의 정부 인증 스탬프가 봉인되어 있어 쉽게 알아볼 수 있다.

물론 위에 열거한 등급이 와인을 판단하는 절대적인 기준을 제공하는 것은 아니다. 테이블 와인 가운데도 뛰어난 품질을 가진 와인이 있다. 또한, 이런 분류를 거부하는 새로운 시도가 있기도 하다. 따라서 높은 등급의 와인만 선호할 필요는 없다. 물론 선물용으로 구입하는 경우에는 DOCG 와인을 고르는 것이 좋겠지만, 여행 중에 가볍게 마시는 와인은 굳이 등급에 구애받을 필요는 없다.

이탈리아 와인 용어

비노 로쏘 Vino Rosso: 레드 와인
비노 비안코 Vino Bianco: 화이트 와인
스푸만테Spumante: 발포성 와인(스파클링 와인)
프리잔테Frizzante: 약한 발포성 와인
클라시코Classico: DOC 와인 중에서도 역사적으로 오래되고 최고의 지역에서 생산되는 와인
수페리오레Superiore: 보통의 DOC 와인보다 한 단계 위 높은 등급을 가진 와인
리제르바Riserva: DOC나 DOCG 와인 중 최저 숙성 기간을 초과하여 더 오랫동안 숙성된 와인

이탈리아 주요 와인 산지와 대표 와인

피에몬테

이탈리아 북서부 피에몬테 지역은 전통적인 와인 생산 지역으로 수준 높은 DOC와 DOCG 와인을 가장 많이 보유한 지역이다. 이탈리아 와인을 대표하는 바롤로, 바르바레스코 등 9개의 DOCG급 와인이 이곳에서 생산된다. 또 달콤한 스파클링 와인의 대명사 모스카토 다스티도 피에몬테의 대표 와인이다.

◆ 바롤로 Barolo

바롤로는 '와인의 왕'이라는 별명을 가지고 있다. 그만큼 묵직하고 진한 느낌의 레드 와인으로 주로 네비올로 Nebbiolo 품종을 사용한다. 바르바레스코, 키안티 클라시코, 브루넬로 디 몬탈치노와 함께 이탈리아 4대 와인 중 하나로 꼽는다.

👍 **추천 와인** 엘리오 알타레Elio Altare, 지아코모 콘테르노Giacomo Conterno, 브루노 지아코사Bruno Giacosa

◆ 바르바레스코 Barbaresco DOCG

바르바레스코 와인은 '와인의 여왕'이라 불린다. 바롤로와 같은 네비올로 품종을 사용하고, 재배 방법과 양조 방법 등이 거의 같다. 하지만 바롤로에 비해 부드럽고 세련되었으며 우아한 맛이 있다. 오래 숙성되면 바롤로와 유사해진다.

👍 **추천 와인** 안젤로 가야Angelo Gaja, 라 스피네타La Spinetta, 브루노 로카Bruno Rocca

와이너리 시음

토스카나

토스카나는 이탈리아에서 가장 중요한 와인 산지다. 와인 애호가들이 선망하는 키안티, 브루넬로 디 몬탈치노가 이곳에서 난다. 토스카나 와인은 이탈리아 토착 품종인 산지오베제로 만드는데, 세계적으로 인정받는 명품 와인이라 할 수 있다. 토스카나의 대표 와인은 키안티Chianti, 키안티 클라시코Chianti classico, 비노 노빌레 디 몬테풀치아노Vino Nobile di Montepulciano, 브루넬로 디 몬탈치노Brunello di Montalcino, 카르미냐노Carmignano, 베르나차 산 지미냐노Vernaccia San Gimignano 등 6개의 DOCG급 와인이다.

◆ 키안티 Chianti

토스카나를 대표하는 레드 와인이다. 80% 이상 산지오베제 품종을 사용해 만든다. 키안티 와인은 다른 지역 와인과 달리 자체적으로 등급을 한 번 더 나눈다. 일 년 미만 숙성을 거친 젊은 와인 키안티, 오크통에서 24개월 숙성을 거쳐 좀 더 깊은 맛과 풍미를 느낄 수 있는 키안티 클라시코, 그리고 그해 경작한 포도 중 최상급 포도 20%만을 선별해 3년 이상 숙성 과정을 거친 키안티 클라시코 리제르바가 있다. 키안티 클라시코 와인은 이탈리아 정부가 인증하는 DOCG 이외에 갈로 네로Gallo Nero라는 검은 수탉 마크가 별도로 붙여 품질을 보증한다. 이 마크가 있는 와인을 구매하면 실패할 확률이 거의 없다.

👍 **추천 와인** 안티노리Antinori, 루피노Ruffino

◆ 브루넬로 디 몬탈치노 Brunello di Montalcino

몬탈치노 지역에서 생산되는 명품 와인이다. 산지오베제 품종 100%를 사용하여 최소 3년에서 10년 이상 장기 숙성한다. 줄여서 BDM이라 부른다. 부드러운 향과 다양한 아로마를 느낄 수 있으며 진하고 깊은 맛이 특징이다. 우리나라에서는 반피 와인이 가장 널리 알려져 있다. 매우 고가의 와인이라 손쉽게 접하기는 어렵다. 하지만 현지에서는 와인투어 등을 이용하면 상대적으로 저렴한 가격에 즐길 수 있으니 기회가 되면 참여해보는 것도 좋다.

👍 **추천 와인** 카스텔로 반피Castello Banfi, 비온디 산티 Biondi Santi

와인 전문숍 에노티카

와인 전문숍 에노티카

토스카나 전통 와인

토스카나 와인

03

이탈리아 커피 음미하기

이탈리아는 2018년까지 스타벅스가 유일하게 입점하지 못했던 나라였다. 그만큼 커피에 대한 자부심이 대단하다. 이탈리아인들에게 커피는 단순히 음료가 아닌 휴식이자 하루를 시작하는 하나의 의식이다. 물론 한국인의 '커피사랑'도 이에 못지않아 이탈리아 여행 중에도 커피는 뗄 수 없다. 이탈리아에서 커피를 마시기 위해선 몇 가지 알아두어야 할 것들이 있으니 참고하도록 하자.

이탈리아의 커피 문화를 알아보자

1 이탈리아 카페에는 우리가 가장 즐겨 마시는 아메리카노라는 메뉴가 없다. 이탈리아인들에게 커피에 물을 타 마시는 것은 수치스러운 일과 같다. 이탈리아 카페에는 카페(에스프레소), 카푸치노, 카페 라테, 카페 마키아토처럼 커피에 우유와 생크림을 얹은 커피가 주를 이룬다. 물론 아메리카노를 판매하는 곳이 전혀 없는 것은 아니다. 아메리카노가 마시고 싶다면 아르놀드 Arnold 카페나 맥도날드 그리고 최근에 오픈한 스타벅스에 가면 된다.

2 아메리카노가 없으니 당연히 아이스 아메리카노도 없다. 더운 여름에 아이스 아메리카노를 먹고 싶다면 직접 제조해서 먹어야 한다. 에스프레소 롱고 한 잔을 빈 잔에 따르고 얼음과 시원한 물을 부으면 아쉬운 대로 아이스 아메리카노를 즐길 수 있다. 조금이나마 시원한 커피를 마시고 싶다면 카페 프레도Caffe Freddo나 그라니타 디 카페Granita di Caffe를 선택하면 된다.

3 에스프레소는 이른 아침부터 하루 종일 마셔도 괜찮다. 하지만 카푸치노나 라테는 주로 아침 식사로 마시는 커피다. 현지인들은 아침 11시 이후로는 라테를 거의 마시지 않는다. 물론 여행객의 경우 이에 맞추어 마실 필요는 없다. 현지 카페에 가보면 많은 관광객이 점심 식사 후 카푸치노나 라테를 즐긴다. 하지만 소도시 일부 카페에서는 점심 식사 후 라테나 카푸치노를 주문하면 의아한 눈초리를 받을 수도 있다.

4 이탈리아 카페도 자리에 앉으면 자릿세가 부과된다. 이탈리아 커피숍은 바 형태로 되어 있고, 현지인들은 대부분 바에 서서 커피를 즐긴다. 에스프레소를 주문한 후 커피가 나오기를 기다렸다가 즉석에서 받아 한두 번에 털어넣고 가는 것이 보통이다. 에스프레소 한 잔은 보통 1~1.5€로 저렴하다. 하지만 테이블에 앉아 주문하면 가격이 추가되어 비싸진다. 테이블에 앉아 마시면 우리나라 커피 값과 큰 차이가 없다.

⑤ 이탈리아에서는 커피 주문 시 에스프레소라는 말을 사용하지 않는다. 에스프레소는 커피를 추출하는 기술적인 용어일 뿐이다. 즉, 에스프레소가 커피와 동의어라고 생각하면 된다. 따라서 에스프레소를 주문할 때에는 그냥 운 카페(Un Caffe, 커피 한 잔)라고 하면 된다.

⑥ 이탈리아 사람들은 대부분 에스프레소에 설탕 한 봉지를 넣어서 마신다. 에스프레소가 마시기 힘든 건 커피의 쓴맛 때문이다. 하지만 에스프레소에 설탕을 넣으면 달라진다. 처음에는 쓴맛을 느끼지만 설탕이 조금씩 녹으면서 중간쯤은 약간 달콤한 맛이 난다. 마지막 한 모금은 바닥에 깔린 설탕과 어우러진 고소한 단맛을 느낄 수 있다. 이 맛을 제대로 경험하면 처음 에스프레소를 접하는 사람도 에스프레소 마니아가 될 수밖에 없다. 설탕 한 봉지씩 넣으면 건강에 악영향을 줄 수 있다고 우려할 수 있다. 하지만 에스프레소의 온도와 양으로는 설탕이 전부 녹지 않는다. 따라서 실제 섭취하는 설탕 양은 적은 편이라 크게 걱정하지 않아도 된다.

⑦ 이탈리아 커피는 바로 마실 수 있게 적당한 온도로 나온다. 만일 뜨거운 커피를 먹고 싶다면 우노 카페 볼렌테Uno Caffe Bollente를 주문하면 된다. 만약 테이블에 앉아서 마실 생각이라면 우노 카페 볼렌테로 시켜야 한다. 그렇지 않으면 식은 커피를 마셔야 할지도 모른다.

꼭! 알아두기

카페에서 커피 주문하는 방법

1 카사Casa라고 부르는 계산대(카운터)에서 먼저 커피 값을 계산하고 영수증을 받는다. 커피는 보통 바에서 먹기 때문에 테이블에서 먹을 생각이라면 주문 시 '알 타볼라al Tavola'라고 이야기해야 한다. 테이블에서 먹을 경우 가격이 두 배 이상 차이가 난다.

2 옆에 있는 바Bar로 가서 바리스타에게 영수증을 건넨다. 보통 인기 있는 카페에는 바에서 커피를 즐기는 사람들이 많고, 여러 명의 바리스타가 분주하게 움직이기 때문에 커피를 주문하는 것조차 쉽지 않다. 바에서 자리를 잡고 서서 바리스타와 눈이 마주치면 재빨리 영수증을 건네며 운 카페(Un Caffe, 에스프레소 주문 시)를 외친다.

3 바리스타가 영수증을 확인하면 영수증을 살짝 찢은 후 잠시 뒤에 커피를 가져다준다.

4 커피가 나오면 바에서 마신다. 테이블에서 먹을 생각이라면 테이블로 가져가 먹는다.

에스프레소

카페 콘 파나

카푸치노

라떼 마키아토

카페 마키아토

카페 라테

카페 프레도

그라니타 디 카페

이탈리아 커피 종류

◆ 카페 Caffe
에스프레소 커피를 의미한다. 에스프레소가 바로 카페 즉 커피 그 자체다. 이탈리아인들의 대부분은 설탕을 넣어서 마신다.

◆ 카페 콘 판나 Caffe con Panna
에스프레소에 생크림을 올려서 마시는 커피.

◆ 카페 마키아토 Caffe Macchiato
에스프레소와 카푸치노의 중간쯤 된다. 에스프레소에 우유나 우유 거품을 소량 넣은 커피다. 마키아토라는 말 자체가 영어에서 얼룩진 점Mark을 뜻하는 것으로 에스프레소에 우유가 얼룩진 커피라고 생각하면 된다.

◆ 카푸치노 Cappuccino
에스프레소에 우유와 우유 거품을 넣은 커피.

◆ 카페 라테 Caffe Latte
에스프레소에 우유를 넣는 것은 카푸치노와 같지만 우유의 양이 2배쯤 많고, 거품은 넣지 않는다. 우리나라 카페에서는 라테 달라고 하면 커피 라테를 주지만 이탈리아에서는 라테를 달라고 하면 그냥 우유를 받을 수도 있다. 꼭 카페 라테라고 해야 한다.

◆ 라테 마키아토 Latte Macchiato
카페 마키아토의 반대다. 우유에 소량의 에스프레소를 넣는 것을 말한다.

◆ 카페 프레도 Caffe Freddo
프레도는 '차갑다' 뜻. 에스프레소에 설탕과 얼음 2~3조각을 넣고 마시는 아이스 커피라고 할 수 있다. 보통 기다란 잔에 나오는데, 받았을 때 이미 얼음은 녹아 없어진 상태다. 얼음이 동동 떠 있는 우리나라의 아이스 커피를 생각하면 안 된다. 아이스 커피 같지 않은 아이스 커피 느낌이다.

◆ 그라니타 디 카페
Granita di Caffe
커피를 셔벗처럼 얼린 후 생크림을 얹어서 먹는다. 커피 빙수 같은 느낌이라 스푼으로 떠서 먹는다. 생크림은 기본으로 얹어주는 곳이 많은데 뺄 수도 있다.

꼭 가봐야 할 카페

이탈리아 5대 도시에는 유명 카페가 있다. 해당 도시를 방문한다면 한 번 방문해보자.

◆ **로마** 타차도로 Tazza d'Oro
안티코 카페 그레코
Antico Caffe Greco
산 에우스타키오 일 카페
San't Eustachio II Caffe

◆ **피렌체** 카페 질리 Caffe Gilli
◆ **밀라노** 코바 Cova
캄파리노 Camparino
◆ **나폴리** 카페 감브리누스
Caffe Gambrinus

◆ **베네치아** 카페 플로리안 Caffe Florian
카페 콰드리 caffe Quadri
카페 라베나 Caffe Lavena

산 마르코 광장의 3대 카페들이다.

로마 현지인들의 인기 카페
산 에우스타키오 일 카페
San't Eustachio II Caffe

300년의 역사를 지닌 피렌체
카페 질리
Caffe Gilli

로마에서 가장 유명한
타차도로
Tazza d'Oro

가장 오래된 카페인 베네치아
카페 플로리안
Caffe Florian

04

이탈리아 젤라토 즐기기

유럽 어디서든 젤라토를 맛볼 수 있지만 원조는 역시 이탈리아다. 1일 1 젤라토라고 할 만큼 이탈리아 여행에서 젤라토는 빼놓을 수 없는 즐거움이다. 젤라토의 종류는 100여 가지나 되고 매년 젤라토 대회가 열릴 만큼 이탈리아인들의 젤라토 사랑은 대단하다. 물론 관광객에게도 젤라토는 축복 같은 음식이다.

젤라토 주문, 어떻게 할까?

주문 방법은 카페와 유사하다. 쇼케이스에 진열된 콘과 컵의 크기를 먼저 선택한 후 카운터에서 계산을 한다. 그다음 영수증을 점원에게 주면서 원하는 맛을 이야기하면 된다. 별도로 계산대가 없는 작은 가게에서는 직접 점원에게 이야기하면 된다. 보통 두 가지 정도의 맛을 선택한다. 어떤 맛을 먹을지는 이탈리어로 말하는 것이 좋다. 물론 짧은 영어 단어와 손짓만으로도 충분히 주문할 수 있지만 그래도 젤라토 맛 정도는 이탈리아어로 표현하는 게 재밌는 경험이 될 것이다.

젤라토의 명칭

프라골라Fragola: 딸기	**멜로네**Melone: 멜론	**노촐라**Nocciola: 헤이즐넛
리모네Limone: 레몬	**페라**Pera: 배	**바닐라**Vaniglia: 바닐라
페스카Pesca: 복숭아	**피코**Fico: 무화과	**크레마**Crema: 크림
앙구리아Anguria: 수박	**아마레나**Amarena: 체리	**라테**Latte: 우유
망고Mango: 망고	**리쏘**Risso: 쌀	**요거트**Yogurt: 요구르트
아나나스Ananas: 파인애플	**피스타키오**Pistachio: 파스타치오	**초콜라토**Cioccolato: 초콜릿

이탈리아 세련되게 쇼핑하기

이탈리아는 명품의 본고장답게 도시마다 유명 쇼핑 거리가 즐비하다. 명품 아웃렛 몰도 많아 쇼핑을 좋아하는 여행자에게는 큰 즐거움을 주는 곳이다. 로마, 피렌체, 밀라노, 베네치아, 나폴리 등 5대 대도시에는 모두 명품 아웃렛이 있다. 이 가운데 한국인이 많이 찾는 곳은 피렌체와 밀라노의 아웃렛 몰이다.

이탈리아 명품 아웃렛을 방문하려면 우선 맥아더글렌 디자이너 아웃렛에 대해서 알아두는 것이 좋다. 이탈리아 대부분의 명품 아웃렛은 맥아더글렌 디자이너에서 운영한다. 이 회사는 이탈리아 전역에 5개의 매장을 가지고 있으며, 유럽에서 가장 큰 아웃렛 기업이다. 책에 소개된 아웃렛 중 피렌체 더 몰을 제외한 다른 매장은 모두 맥아더글렌 디자이너 아웃렛 소유다. 웹사이트에서 한국어를 지원해 쇼핑이 편리하다. 아웃렛 방문 전에 가고자 하는 지점의 쇼핑 정보를 웹사이트에서 확인하자.

더 몰 The Mall

피렌체

한국인이 가장 많이 찾는 아웃렛 몰이다. 평균 30~40%의 할인율이 적용된다. 프라다와 구찌는 절반 가격에 득템할 수 있는 제품도 많다. 오픈 시간부터 북적이기 때문에 최대한 일찍 가는 것이 좋다.

🕐 10:00~19:00(여름철 20:00) 🏠 Design Management S.r.l.Via Europa, 8, 50066 Leccio FI
📍 무료 주차창 43.702195, 11.461905 🌐 www.themall.it/ko

바르베리노 Barberino
피렌체

더 몰에 비해 덜 알려졌지만 그만큼 여유롭게 쇼핑할 수 있는 장점이 있다. 명품 브랜드 수는 적은 편. 폴로, 캘빈 클라인, 나이키 등 대중적인 브랜드 매장이 가득하다. 실용적인 쇼핑을 원한다면 환영할 만하다.

🕐 10:00~20:00
🏠 Via Antonio Meucci, 50031 Barberino di Mugello FI
📍 무료 주차창 43.985537, 11.215979
🌐 www.mcarthurglen.com/ko

카스텔 로마노 Castel Romano
로마

피우미치노 공항에서 20분 정도 거리에 있어 렌터카 반납 전 들려 쇼핑하기에 좋다. 버버리, 페라가모 등 명품도 있지만 주로 로컬과 스포츠 브랜드가 많아 실용적인 쇼핑을 하기에 좋다. 레스토랑과 어린이 놀이시설도 잘 갖추어져 있어 가족 단위로 이용하기 편하다. 할인율은 30~70% 정도다.

🕐 10:00~20:00 🏠 Via del Ponte di Piscina Cupa, 121, 00128 Castel Romano RM 📍 무료 주차창 41.716457, 12.446039 🌐 mcarthurglen.com/ko

세라발레 Serravalle
밀라노

유럽 최대 규모의 아웃렛 매장이다. 명품과 로컬을 포함해 300여 개 브랜드가 입점해 있다. 프라다, 구찌, 페라가모, 불가리 등 명품과 스포츠 브랜드 제품을 30~70% 할인된 가격에 구매가 가능하다.

🕐 10:00~20:00
🏠 Via della Moda, 1, 15069 Serravalle Scrivia AL
📍 무료 주차창 44.734674, 8.837730
🌐 www.mcarthurglen.com/ko

노벤타 디 피아베 Noventa di Piave
베네치아

규모가 큰 곳은 아니지만 유럽에 하나뿐인 폴 스미스 매장이 있다. 프라다, 구찌, 버버리 등 명품과 스포츠 브랜드가 입점해 있다. 복잡하지 않아 여유 있게 쇼핑할 수 있다.

🕐 10:00~20:00
🏠 Via Marco Polo, 1, 30020 Noventa di Piave VE
📍 무료 주차창 45.672342, 12.534656
🌐 mcarthurglen.com/ko

세라발레 디자이너 아웃렛

선물용 기념품

이탈리아는 여행의 추억을 되새길 수 있는 다양한 기념품이 많다. 고가의 명품도 즐비하지만 저렴한 가격대의 기념품도 많다. 와인이나 커피 관련 제품들은 선물용으로 적합하다. 이 밖에 화장품이나 가죽제품도 품질이 좋다.

◆ 마비스 치약

이탈리아 쇼핑에서 빠지지 않는 제품으로 치약계의 샤넬이라고 불린다. 한국에서 구매할 수 없는 데다 고급스러운 디자인과 자연 계면활성제를 사용하는 건강한 치약이라는 점 때문에 항상 쇼핑 리스트 1순위에 오르는 제품이다. 치약이지만 마트에는 거의 없고 약국에 가야 살 수 있으니 참고하자. 판매처마다 가격이 다르고, 할인행사도 다르니 잘 비교하고 구입하는 것이 좋다. 로마에서는 테르미니역 1층 약국이 가장 저렴하게 파는 것으로 알려져 있다.

◆ 비알레티 모카포트

비알레티는 간편하게 에스프레소를 추출할 수 있는 모카포트의 대명사다. 이탈리아 대부분의 가정에서 구비하고 있을 정도로 유명하다. 비알레티 모카포트는 슈퍼마켓에서도 구매할 수 있다. 좀 더 다양한 종류의 모카포트를 구입하고 싶다면 로마, 피렌체, 밀라노 등 대도시에 있는 비알레티 본 매장에서 구입하는 것이 좋다. 할인행사를 통해 구입하면 슈퍼마켓보다 더 싸다. 한국에서도 구매할 수 있지만 현지에서는 거의 반값에 구매가 가능하다.

◆ 키코&위콘 화장품

키코Kiko와 위콘Wycon은 이탈리아의 중저가 화장품 브랜드로 이탈리아 전역에서 쉽게 접할 수 있다. 립스틱과 아이섀도가 특히 인기가 높다. 립스틱은 케이스 디자인이 고급스럽고, 가격도 개당 몇 천 원이면 구매할 수 있어 가성비 좋은 선물 아이템으로 인기가 높다. 키코만큼 유명하지는 않지만 위콘 브랜드도 최근 많이 찾는다.

◆ 포켓 커피

포켓 커피는 초콜릿 속에 에스프레소 커피가 담겨 있다. 달콤한 초콜릿과 쌉싸름한 에스프레소가 만나 달콤 쌉싸름한 맛을 느낄 수 있다. 그냥 먹어도 되고 핫초코처럼 물이나 우유에 녹여서 먹어도 맛있다. 이 제품은 여름에는 판매하지 않아 구매가 어렵다. 이때는 초콜릿과 에스프레소를 녹여 액체 형태로 포장한 에스프레소 투 고Espresso to go로 달래야 한다.

◆ 커피

가족이나 지인에게 주는 선물용으로 빼놓을 수 없는 쇼핑 품목이라 할 수 있다. 이탈리아는 일리illy, 라바짜 Lavazza, 킴보Kimbo 등 유명한 브랜드가 많다. 어떠한 것을 구입해도 후회하지 않을 것이다. 이런 유명한 브랜드 말고도 이탈리아의 유명한 커피숍인 타차도로 같은 커피숍에서도 자체 로스팅한 원두를 판매한다. 현지 카페에서 마신 커피를 조금이라도 한국에서 재현하고 싶다면 이런 커피를 구매하는 것이 더 특별할 수 있다.

◆ 가죽 제품

피렌체는 가죽 제품이 유명한 도시다. 이곳에 들른다면 가죽 제품 쇼핑은 놓칠 수 없는 즐거움이다. 장갑부터 지갑, 가방, 벨트 등 가죽으로 만든 제품이 주요 쇼핑 아이템이다. 마도바Madova에서 판매하는 수제 가죽 장갑은 인기가 높다. 피렌체 가죽 시장에서는 저렴한 가격에 질 좋은 가죽 제품들을 구매할 수 있다. 피렌체 가죽 시장에서 한국말을 능숙하게 하는 상인들과 부르는 값의 반값까지 깎아보는 흥정의 재미 역시 여행의 즐거움이라 할 수 있다.

◆ 산타 마리아 노벨라 화장품

고풍스럽고 럭셔리한 모습을 갖춘 산타 마리아 노벨라 약국. 이곳은 명칭만 약국이지 명품 화장품 숍 못지않은 부티크한 느낌을 주는 곳이다. 중세시대 도미니크 수도사들이 전통 비법으로 만든 천연 화장품과 향수 비누 등을 판매하고 있다. 이중 일명 고현정 크림으로 불렸던 크레마 아드릴리아 수분 크림과 장미수 등이 유명하다.

◆ 와인

이탈리아 와인의 매력에 빠졌다면 와인 구매 역시 빠질 수 없는 선물이다. 국내에서는 비싼 가격에 엄두를 내기 힘든 BDM 와인도 훨씬 저렴한 가격에 구매할 수 있다. DOCG급 와인도 슈퍼에서 얼마든지 구매할 수 있어 본인이 즐기거나 와인을 좋아하는 지인에게 주는 선물로 아주 좋다. 단, 주류는 1인당 1병만 허용되니 참고할 것.

이탈리아 자동차 여행
미리 준비하기

이탈리아 더 알차게 즐기는 6가지 추천 루트

01

여행 정보 수집 및 필수 어플 설치

이탈리아 자동차 여행을 가려면 이래저래 수집해야 할 정보가 생각보다 많다. 아는 만큼 보인다는 말이 있듯이 자동차 여행을 해보면 실제로 그 말이 틀린 말이 아니다. 여행 정보 수집을 열심히 한 사람과 그렇지 않은 사람의 여행의 질은 분명 다를 수밖에 없다. 특히, 자동차 여행은 혼자만의 여행이 아니다. 대부분 가족과 함께 가는 경우가 많아 준비를 소홀히 하면 안 된다. 이탈리아 여행 정보 수집에 도움을 줄 만한 곳들과 필수 어플은 다음과 같다.

· 이탈리아 여행 정보 수집 ·

이탈리아 관광청

이탈리아에 대한 가장 정확한 정보를 제공하는 곳이다. 구글 번역기로 보면 그래도 중요한 사항은 파악할 수 있다.

www.italiantourism.com
www.italia.it

유빙

유럽 자동차 여행 관련 국내 최대 인터넷 카페. 유럽 자동차 여행을 위한 정보의 바다라고 할 수 있다. 실제 이용 후기와 방대한 정보가 장점.

cafe.naver.com/eurodriving

드라이브 인 유럽

유럽 자동차 여행 스터디 카페. 개설된 지 얼마 안 돼 실제 이용자들의 정보량은 많지 않지만 유럽 자동차 여행에 대한 정보가 체계적으로 잘 정리되어 있다.

cafe.naver.com/drivingeu

케이진의 소도시 여행

이탈리아 소도시 여행 정보를 전문으로 다루고 있는 블로그로, 다양한 정보를 얻을 수 있다.

blog.naver.com/ktj9518

유로 자전거나라

유럽 투어 가이드 회사 중 인지도가 가장 높은 곳. 블로그 검색창에 이탈리아라고 입력하면 꽤 많은 유용한 정보를 참고할 수 있다.

blog.naver.com/eurobiketourblog

파스쿠찌

이탈리아 에스프레소 커피 전문점 파스쿠찌에서 운영하는 블로그. 이탈리아 여행 정보를 제공하는데, 참고할 만한 여행팁이 은근히 많다.

blog.naver.com/pascucci1883

처음 떠나는 유럽 자동차 여행

유럽 자동차 여행 가이드북. 유럽에서 자동차로 여행하는 데 필요한 정보를 한 번에 습득할 수 있다. 필자의 책.

구글 포토

여행 중 찍은 사진이 담긴 스마트폰을 잃어버리면 상실감이 엄청나다. 구글 포토는 와이파이 상태에서 촬영한 사진들을 안전하게 백업해준다.

지니톡

한글과 컴퓨터에서 만든 번역 어플로 사용자 반응이 좋다. 기본으로 설치된 구글 번역기와 같이 쓰면 외국어에 대한 두려움은 어느 정도 극복할 수 있다.

지도 좌표

목적지 좌표들을 미리 저장해두면 내비게이션이 자동적으로 실행되면서 목적지로 안내해준다. 하루에 여러 곳으로 이동하기도 하는 자동차 여행에서 내비게이션을 좀 더 간편하게 사용할 수 있게 도와준다.

GPS STATUS

GPS 성능을 개선해 내비게이션 사용에 도움을 주는 어플. 사용한 지 오래된 스마트폰의 GPS 성능을 높여준다. 최신 폰이라도 GPS 성능을 더 효율적으로 사용할 수 있게 도와준다.

Weather in Italy

이탈리아 전역의 날씨를 확인할 수 있는 어플. 정확도가 높다는 평이 많다.

말톡

해외에서 한국으로 전화하는 가장 저렴한 방법을 제공한다.

환율 계산기 플러스 무료

환율 계산기는 복잡하지 않고 간단하면서 사용이 편리한 것이 제일이다. 이 어플이 바로 그렇다.

해외안전여행

외교부에서 운영하는 어플. 대사관 및 영사관 안내, 위기상황 대처법 등을 이용할 수 있다.

Parkopedia

주차장을 안내해주는 어플. 검색한 주차장으로 바로 내비게이션을 실행해 이동할 수 있다.

오토보이 블랙박스

블랙박스 대신 이용할 수 있는 어플. 주행 영상을 촬영하는 용도로 사용해도 요긴하다.

TRENIT

이탈리아 철도시간 및 가격을 한 번에 조회하고 예매까지 가능한 어플. 자동차 여행이라도 도시 간 이동 시 기차를 이용할 경우 유용하게 사용할 수 있다.

Speed Cameras & Radar

속도 표시와 과속 단속 카메라 정보를 제공하는 어플. 구글 지도의 단점을 보완해준다.

ZTL RADER

이탈리아 ZTL 구역을 안내해주는 어플. ZTL 안내 어플 가운데 가장 많이 사용한다. 안드로이드만 제공된다. 현재 ZTL RADER는 구글 플레이 스토어에서 찾아볼 수가 없기 때문에 아래 경로로 설치해야 한다. bit.ly/2KJ58Xl

ZONZO FOX

이탈리아 여행 전문 어플. 영문 어플이지만 이탈리아에 대한 여행 정보를 가장 잘 정리해놓은 어플이다. 국내 어플에서는 찾아볼 수 없는 이탈리아 소도시 정보도 상세하게 나와 있다. 무료 사용기간 종료 후 유료로 전환되니 여행 출발 전에 다운받는 것이 좋다.

※내비게이션 관련 어플은 내비게이션 준비하기(053p)편에서 별도로 설명하기로 한다.

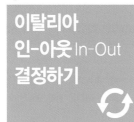

02
이탈리아
인-아웃 In-Out
결정하기

이탈리아 여행 시 인-아웃 도시는 보통 로마, 밀라노, 베네치아가 가장 많이 선택된다. 인-아웃 도시의 결정은 항공권 가격과도 연관이 있다. 어느 도시를 선택하냐에 따라 항공권 가격이 달라진다. 따라서 본인의 여행 동선과 항공권 비용을 고려하여 적합한 곳으로 결정하면 된다. 일반 여행이라면 입국 도시에서부터 여행을 시작하면 된다. 그러나 자동차 여행은 렌터카를 픽업 및 반납해야 한다. 흔히 입국 도시에서 차를 빌리고 출국 도시에서 차를 반납하면 될 것이라 생각하기 쉽다. 하지만 픽업 및 반납 도시를 조금 다르게 하면 더 효율적인 여행 동선을 짤 수 있다. 여행 일정을 잡다 보면 처음에는 생각하지 못했던 도시들을 알게 되기도 한다.

이런 곳들을 일정에 넣다 보면 렌터카 픽업 및 반납 도시가 달라지는 경우도 생긴다. 항공권과 마찬가지로 픽업 및 반납 도시가 달라지면 렌터카 비용도 크게 달라질 수 있다. 그래서 렌터카 픽업 및 반납 도시 결정은 여행 동선을 어느 정도 잡아보고 결정하는 것이 좋다.

렌터카 픽업 및 반납 도시를 결정할 때는 다음을 참고하도록 하자.

1. 차량 픽업은 입국 도시의 공항점이나 중앙역지점을 선택하도록 한다.

차량 픽업은 입국 도시 공항점이나 중앙역점과 같은 큰 지점에서 하는 것이 좋다. 시내 지점에 비해 차량이 많아 예약한 오토차량을 받기 쉽다. 작은 규모의 지점에서는 간혹 내가 원하는 차량이 없을 수도 있다. 또 다른 여러 렌터카 지점들이 한데 모여 있어 혹시 픽업 사고가 나더라도 대처가 용이하다. 영업시간도 시내 지점에 비해서 훨씬 길기 때문에 비행기 도착이 늦어지더라도 영업점이 문을 닫아 낭패를 보는 일이 적다. 따라서 픽업은 가급적 대도시에 있는 공항점이나 중앙역지점을 선택하도록 한다.

2. 반납지점은 꼭 출국 도시의 공항점이나 중앙역지점을 고집할 필요는 없다.

차를 반납할 때는 반드시 출국 도시의 공항점이나 중앙역지점에서 반납하는 것만이 최선의 선택은 아니다. 마지막 여행지가 출국 도시와 먼 경우도 있다. 이럴 때에는 마지막 여행 도시의 시내 지점에 반납하고 기차를 이용하여 출국 도시로 들어가는 것이 더 낫다. 이러면 여행 동선도 좀 더 효율적으로 구성할 수 있고, 시간과 체력소모도 줄일 수 있다. 대도시의 공항점이나 중앙역지점에 비해 반납도 훨씬 수월한 편이다.

3.픽업 및 반납 도시를 무작정 다르게 할 필요는 없다.

그렇다고 픽업 및 반납지점을 일부러 다르게 할 필요는 없다. 바로 편도 반납비 때문이다.
반납지점이 다르면 편도 반납비가 발생하고 거리가 멀수록 비용도 증가한다. 따라서 반납 도시를 다르게 할 때에는 편도 반납비만큼의 효율성이 있는지를 꼭 따져보고 결정해야 한다.

03

숙소 예약과 이용

자동차 여행의 숙소는 선택의 폭이 넓다. 자동차로 이동하기 때문에 시내 중심지나 관광지 주변으로 숙소를 한정할 필요는 없다. 오히려 주차 가능 여부와 ZTL(도심 자동차 출입통제 지역) 안에 숙소가 있는지의 여부를 더 중요하게 살펴보아야 한다.

숙소는 여행에서 피로를 풀고 다음 여행을 위한 휴식 공간이기 때문에 여행에서 무엇보다 중요한 요소 중 하나다. 이탈리아 여행을 위한 현명한 숙소 예약에 대해서 살펴보도록 하자.

· 숙소 예약의 기본 요령 ·

숙소를 전부 사전에 예약할지, 현지에서 그때 그때 결정할지는 정답이 없다. 누군가의 의견에 따라 결정할 문제도 아니다. 현지에서 정해도 된다는 말만 듣고 갔다가 고생한 사람도 있고, 반대로 예약을 모두 해둔 것을 후회하는 사람도 있다. 따라서 자신의 성격이나 여행 스타일에 맞추어서 결정하면 된다. 자동차 여행은 자유롭기 때문에 여행 기간이 길다면 굳이 긴 일정의 모든 숙소를 미리 다 예약할 필요는 없다. 그러나 일정이 짧다면 숙소 예약은 미리 하고 가는 것이 좋다. 자동차 여행은 신경 써야 할 일이 많다. 짧은 여행 기간 동안 매일 숙소까지 고심해야 하는 것은 여행의 질을 떨어트린다. 현지에서 숙소를 구하는 방법을 선택하더라도 첫날과 마지막 날, 그리고 중간 거점도시들 정도는 미리 예약을 해두자.

· 숙소 예약 시점 ·

인-아웃 도시가 결정되고 전체 일정이 잡히면 바로 하는 것이 좋다. 인기 관광지에 있는 좋은 숙소들은 몇 달 전부터 마감되는 경우가 많기 때문이다. 일찍 예약하게 된다면 조금 가격이 비싸더라도 꼭 취소 가능한 조건으로 예약하자. 그래야 갑작스런 일정 변경에 대비할 수 있다. 마음에 드는 숙소들은 우선 확보해두고 일정을 짜면서 변경하면 된다.

· 숙소 예약 시 주의사항 ·

자동차 여행은 주차장 여부를 가장 중요하게 살펴보아야 한다. 이탈리아를 포함한 유럽은 호텔이라고 해도 주차비가 무료인 경우가 흔치 않다. 따라서 호텔을 비교할 때 주차비도 감안해서 결정해야 한다. 주차장도 호텔내에 있지 않고 다른 곳에 떨어져 있는 곳들이 많다. 이런 숙소는 가급적 피하는 곳이 좋다. 이탈리아는 ZTL이라는 자동차 출입통제 지역이 있어서 호텔을 결정할 때 이 부분도 주의 깊게 살펴보아야 한다. 이 부분은 ZTL에 대한 Q&A(083p)편을 참고하도록 한다. 이탈리아는 지역별로 독특한 전통숙소가 많은 나라이기도 하다. 다양한 숙소가 있는 만큼 다양한 형태의 숙소를 이용해보는 것이 좋다.

1 온천을 즐길 수 있는 숙소 2 농가주택 내부 3 돌로미티 아파트형 숙소
4 마테라 사시 동굴 호텔 5 토스카나 농가주택 6 알베로벨로 트룰리 숙소

04

렌터카 예약을 위한 사전 지식

해외 렌터카 예약도 예약 자체는 어렵지 않다. 그러나 생소한 용어나 예약 항목이 의미하는 바를 잘 몰라서 어렵게 느껴지거나 잘못 예약을 할 수도 있다. 따라서 예약에 필요한 지식은 알고 있는 것이 좋다. 예약 규정은 렌터카 회사마다 조금씩 다르지만 크게 차이가 나지는 않는다. 여기서는 한국인이 가장 많이 이용하는 허츠 렌터카를 기준으로 설명하도록 한다.

· 렌터카 예약 시기 ·

여행 일정이 확정되고 인-아웃 도시가 결정되면 바로 렌터카 예약을 진행하는 것이 좋다. 유럽은 오토기어 차량보다 수동기어 차량이 훨씬 많다. 늦게 예약하면 오토기어 차량을 구하는 데 어려움을 겪을 수 있다. 따라서 렌터카 예약은 빠를수록 좋다. 그렇다고 서둘러 예약을 확정하라는 뜻은 아니다. 렌터카 사이트를 통한 후불 예약은 언제든 무료 취소 및 변경이 가능하다. 따라서 우선 예약을 먼저 잡아둔다. 그리고 수시로 견적을 다시 받아가면서 가격을 비교해보고, 가장 저렴할 때 최종 확정을 하면 된다. 가격 비교 사이트나 대행사를 통해 예약할 경우에는 선결제를 하는 만큼 너무 서두를 필요는 없다. 충분히 알아보고 확신이 들었을 때 하면 된다. 어떤 방법을 선택하든 출발 3~4개월 전에는 렌터카 예약을 완료하는 것이 좋다.

· 적정한 차량 등급 및 크기 ·

렌터카는 예약할 때 명시된 차량이 그대로 배정되는 것은 아니다. 유사한 등급의 차가 배정된다. 그래서 트렁크 크기를 가늠할 수 없고, 가져간 짐이 예약한 차에 모두 들어갈 수 있을지 걱정하게 된다. 그런데 많은 자동차 여행자들이 이런 걱정을 하면서도 잘못 생각하는 것 가운데 하나가 차량 선택을 인원 위주로 결정한다는 점이다. 2명이 여행한다고 무조건 작은 경차를 빌리려는 분들도 있다. 인원이 적어도 짐이 많으면 잘못된 선택이다. 따라서 렌터카 선택은 반드시 인원과 가져가는 짐의 양까지 고려해서 선택해야 한다. 유럽에서는 트렁크에 들어가지 않는 짐을 뒷좌석에 두고 다니다간 차량털이를 당하기 십상이다. 그만큼 차량털이 범죄가 만연해 있다. 따라서 차량 등급 선택 시 짐의 양을 최우선적으로 고려해야 한다.

트렁크 크기를 어림잡아 확인해볼 수 있는 방법이 있다. 구글 검색창에 예상 차종+트렁크라고 검색하면 해당 차량의 트렁크와 트렁크에 실린 짐을 확인할 수 있다. 이를 바탕으로 크기를 가늠하면 된다.

렌터카는 가져가는 짐의 크기에 맞추어 선택해야 실수가 없다.

· 도로 여건과 차량 등급 ·

이탈리아는 길이 좁기 때문에 큰 차는 불편하지 않을까 우려하는 이들이 많다. 하지만 좁은 길은 구도심 안을 다닐 때 해당하는 문제다. 그런 곳은 ZTL이라 어차피 들어갈 수 없다. 따라서 도로가 비좁을 것을 염려해 차량 등급을 일부터 낮출 필요는 없다. 차에 짐이 들어가지 않아 캐리어나 뒷좌석에 넣고 다니다 차량 절도를 당하는 것이 오히려 더 위험하다. 렌터카 예약 시 '이 정도면 충분할 것 같다'라고 생각하는 등급보다 한 단계 높은 등급의 차량을 선택하는 것이 좋다.

필자가 이탈리아 여행 시 타고 다닌 중형 SUV 차량

렌터카는 픽업과 반납지점이 달라질 경우 편도 반납비라는 것이 발생한다. 주로 국경을 넘어가면 발생하지만 같은 동일 국가 내에서도 발생한다. 이탈리아의 경우에도 편도 반납비가 발생한다. 편도 반납비는 견적 단계에서 DROP OFF FEE 또는 One Way Fee라는 항목 등으로 표시되는 항목을 확인하면 된다.

추가 장비	
📶 무제한 무료 Wi-Fi	무료
부가세	
⑦ 세금	136.79 EUR
⑦ DROP OFF FEE	100.00 EUR
⑦ 영업소 서비스 요금 (Location Service Charge)	88.44 EUR
⑦ 차량 라이센스 비용 및 도로세 (Vehicle Licensing Fee and Road Tax)	42.00 EUR
⑦ 차량손실 면책프로그램(Collision Damage Waiver)	60.00 EUR
⑦ 차량손실 완전면책 프로그램(Super Cover)	60.00 EUR
⑦ 임차인 상해보험/휴대품 분실보험 (PAI/PEC)	60.00 EUR
⑦ 도난 보험(Theft Protection)	60.00 EUR
현지 카운터에서 지불하실 예상 금액	**758.58 EUR**

허츠 렌터카 견적 화면. DROP OFF FEE라고 명시된 부분이 편도 반납비이다

· 추가 보험 및 부가서비스 ·

렌터카는 다양한 추가 보험과 부가서비스를 제공한다. 따라서 처음 렌터카 예약을 하다 보면 어떤 것을 선택해야 할지, 할 필요가 있는 것인지 혼란스러울 때가 있다. 추가 보험의 종류와 서비스의 정확한 내용을 알아보자.

1 완전 면책보험 Super Cover

꼭 가입해야 하는 필수 보험이라 생각하면 된다. 사고 발생 시 내야 하는 자기부담금을 면책할 수 있게 해주는 보험 상품으로 이를 통상적으로 슈퍼커버보험이라고 부른다.

⑦ 차량손실 면책프로그램(Collision Damage Waiver)	60.00 EUR
⑦ 차량손실 완전면책 프로그램(Super Cover)	60.00 EUR
⑦ 임차인 상해보험/휴대품 분실보험 (PAI/PEC)	60.00 EUR

물론 슈퍼커버보험이 모든 것을 면책시켜주는 만능보험은 아니다. 사고 발생 시 명시된 약관에 해당하지 않는 사항은 보험 적용을 못 받을 수도 있다. 이로 인한 분쟁도 종종 발생하지만 그래도 렌터카 여행 시 사고에 대비하는 가장 확실한 방법은 슈퍼커버보험을 드는 것이다.

2 개인 상해보험 PAI

자손보험이라고도 부른다. 개인 상해보험은 사고 발생 시 운전자와 동승자가 다쳤을 경우 병원 치료비를 책임져 주고 휴대품 분실 시 이를 보상해주는 보험이다. 우리가 흔히 알고 있는 여행자보험과 같은 보험이다. 차이가 있다면 렌터카 개인 상해보험은 차량 내에서 발생한 인명사고 및 분실사고에 대해서만 보상을 해준다는 것이다. 여행자보험과 보상 범위가 유사해 여행자보험에 가입하면 이 보험을 가입하지 않아도 된다고 말하는 사람들도 있다. 그러나 이것은 가입한 여행자보험의 약관을 살펴봐야 한다. 해외 렌터카 사고는 보상을 해주지 않는 여행자보험이 많다. 허츠Hertz의 경우 개인 상해보험은 슈퍼커버보험과 세트 개념으로 묶여 있어 둘 중 하나만 선택해서 제외할 수 없다. 따라서 일부러 이 보험을 제외할 필요는 없기 때문에 둘 다 가입해두면 된다.

3 타이어 & 글라스 보험 Tyre & Glass

타이어와 글라스(차량유리)는 슈퍼커버보험을 가입해도 보상이 안 되는 경우가 있다. 주행 중 돌이 튀어서 유리에 금이 가거나 주행 중 타이어가 펑크나는 것은 보상이 되지 않는다. 그러나 차량 사고나 절도 목적으로 파손된 경우에는 차량을 교체해주기 때문에 보상이 되는 것과 같다. 보상 기준이 조금 애매한 옵션이기는 하다. 일반적으로 이 옵션을 가입하는 경우는 적은 편이다. 보험에 대해서 완벽하게 준비하고 싶다는 분들이 주로 가입한다.

4 프리미엄 로드 사이드 어시스턴스 PERS

보험사 응급출동 서비스와 유사하다고 생각하면 된다. 고장이나 파손 등 응급상황이 발생한 경우에는 무료 출동 서비스를 받을 수 있다. 하지만 차량 키 분실과 같은 고객 부주의에 의해 출동한 경우 비용을 지불해야 한다. 단, 이 옵션 가입 시 비용을 지불하지 않아도 된다. 추가하는 경우는 적은 편이다.

5 내비게이션 대여

렌터카 회사에서 대여해주는 내비게이션은 우선 비용이 비싸다. 스마트폰에 설치되어 있는 구글 지도 내비게이션만으로도 운전하는 데 큰 지장이 없다. 또 무료로 사용할 수 있는 다양한 내비게이션 어플도 많아서 굳이 추가할 필요가 없다. 또한 차량에 기본으로 장착되어 있는 경우도 많다.

6 카시트 대여

카시트 대여 역시 내비게이션과 마찬가지로 별로 효율적이지 못한 추가 옵션이다. 렌터카 회사의 카시트는 비용 대비 만족도가 높은 편은 아니다. 만약 카시트 장착이 필요하다면 국내에서 가지고 가거나 현지에서 구매해 사용하는 것이 더 효율적이다.

7 예약 변경과 취소

후불결제 예약은 픽업 전 24시간 이내에는 언제든 사이트에서 직접 변경과 취소가 가능하다. 그러나 선불 결제 예약을 한 경우에는 취소 수수료와 노쇼에 따른 위약금이 발생하다. 따라서 사전에 이를 확인해두어야 한다.

주요 렌터카 대행 사이트의 취소 정책은 아래와 같다.

여행과 지도 : 노쇼NO SHOW 시 위약금은 없지만 중도 취소 시 3만 원 공제

드라이브 트래블 : 결제 시점으로부터 48시간 이내 전액 환불. 그 외 취소 시 기간별로 패널티 있음

식스트sixt : 선불 예약 시 10% 할인 취소 시 3일치 렌트비 공제(공식 홈페이지 예약 기준)

렌탈카스닷컴 : 전액 결제 시 전액 환불 가능. 단, 예약금만 입금 시 환불 불가

8 FPO Fuel Purchase Option

차량 반납 시 기름을 가득 채우지 않고 반납해도 되는 옵션이다. 많은 사람들이 비싸고 불필요하다고 생각하지만 꼭 그렇지는 않다. 반납 시 주유소 때문에 스트레스를 받는 사람들이 많다. 기름값도 시가 기준으로 책정한 것이라 크게 손해를 보는 것도 아니다.

선택 여부는 각자의 취향대로 하면 된다. 예약 시 회원정보에서 FPO를 선호하는 것으로 체크한 경우에는 자동으로 추가되어 있을 수 있다. 원치 않으면 제외해 달라고 하면 된다. 만일 기름을 가득 채워올 경우 요금 청구를 하지 낳고 물어보고, 그렇다고 하면 보험이라 생각하고 굳이 뺄 필요는 없다.

```
Estimate of Charges*
€  44.02 /EXTRA DAY  @   3   DAYS       (A) €  132.06
€ 308.20 /WEEK       @   2   WEEKS      (A) €  616.40
* Includes Unlimited Kilometres
Discount  - 10.00%  Applied to Time & Mileage Charge    € - 74.85

Additional Products:
Super Cover                    INCLUDED
(Excess: 0.00 per incident)
Personal Insurance             INCLUDED
Fuel Purchase Option           ACCEPTED        €   73.84
@       1.1360  per litre incl. tax

Tax:          Code (A) 19.0000 %                €  127.99

Total Estimated Rental Charges (Incl. Tax and Fuel):   €  875.44

Credit Card Hold Amount:                        €  875.00
Last 4 Digits:     9008    Auth Code: 658037
```

허츠 영수증. 기름을 가득 채우지 않고 반납하는 조건으로 73.84€가 책정된 것이다

05
렌터카
예약하기

국내에서 렌터카 예약을 할 수 있는 방법은 크게 3가지다. 첫 번째는 렌터카 업체에 직접 예약하는 방법, 두 번째는 렌터카 대행 에이전시에 의뢰하는 방법, 마지막 하나는 가격 비교 사이트를 이용하는 방법이다.

가장 간편하게 예약을 하려면 예약 대행사가 적합하다. 가장 확실한 예약을 원하면 렌터카 회사에 직접 하는 것이 좋다. 가격을 중시한다면 가격 비교 사이트를 이용하는 것이 도움이 된다.

• 렌터카 업체에서 직접 예약하기 •

렌터카 회사에서 직접 예약하는 것은 가장 확실하고 안전한 방법이다. 세계적인 렌터카 회사들은 대부분 한국어 홈페이지가 있다. 직접 예약하는 데 불편이 없다. 다만, 처음 예약하는 경우 보험이나 옵션 추가 등에 대한 사전 지식이 없다면 예약 과정이 쉽지 않게 느껴질 수는 있다. 또 예약 완료 후에도 예약이 정확히 잘 된 것인지 확신하지 못해 어려움을 토로하는 사람들도 많다. 이런 경우에는 렌터카 회사의 웹사이트에서 예약을 진행해 보면서 문의할 사항들을 정리한 후 고객센터에 연락해 궁금한 사항을 하나씩 확인하면서 예약을 진행하면 된다.

이탈리아 여행 시 많이 이용하는 메이저 렌터카 회사들은 허츠Hertz, 에이비스Avis, 식스트Sixt, 유로카Europcar 등이다. 이탈리아 현지 업체는 마지오레Maggiore, 로카우토Locauto, 시칠리 바이 카Sicily By Car 등이 있다. 이 가운데 한국인이 가장 많이 이용하는 곳은 허츠이지만 유럽에서는 식스트와 유로카 등의 이용률도 무척 높다. 따라서 위에 언급한 메이저 렌터카 업체 어디를 이용해도 크게 걱정할 필요는 없다.

마지오레를 비롯한 현지 업체들은 메이저 렌터카에 비해 좀 더 저렴한 가격이 장점이다. 직원들의 서비스 마인드는 업체마다 조금씩 차이가 있지만 메이저에 비해 큰 차이는 없다. 다만 현지 렌터카 업체 중 로카우토는 피하는 게 좋다. 이곳은 전 세계 렌터카 이용자들에게 악명이 높다. 물론 모든 로카우토 이용자가 부당한 일을 당하는 것은 아니겠지만 이용자들의 피해

렌터카 업체별 특징

렌터카 회사	웹 사이트	특징
허츠 Hertz	www.hertz.co.kr	한국인이 가장 많이 이용하는 렌터카 업체다. 다양한 서비스와 많은 지점, 사후관리 서비스가 장점이다. 여행 초보자가 이용하기 적합하다.
식스트 Sixt	www.sixt.co.kr	유럽에서는 허츠만큼 유명하다. 서비스 역시 뒤처지지 않는다. 한국어 상담원이 있어 편리하게 예약할 수 있다.
유로카 Europcar	www.europcar.co.kr	유럽에서 가장 많이 이용하는 렌터카 업체 중 하나다. 한국에도 지사가 있어 편리하게 예약할 수 있다.
마지오레 Maggiore	www.maggiore.it	이탈리아의 대표적인 현지 렌터카 업체들이다. 주로 렌탈카스닷컴을 통해서 예약한다. 가격이 저렴한 것은 장점이지만 피해 사례도 적지 않다. 놀레지아레와 마지오레는 추천하지만 특히, 로카우토와 시칠리 바이 카를 이용한다면 주의하는 것이 좋다.
로카우토 Locauto	www.locautorent.com	
시칠리 바이 카 Sicily by car	www.sicilybycar.al	
놀레지아레 Noleggiare	noleggiare.it	

유로카

마지오레

허츠

로카우토

식스트

가 속출하는 만큼 굳이 이 업체를 이용할 필요는 없을 것이다. 시칠리 바이 카 역시 평판이 그리 좋지는 못한 편이다. 현지 업체들은 주로 렌털카스닷컴 같은 중개업체를 통해 예약할 경우 접하게 된다. 검색 결과에 로카우토에서 제공하는 차량이 있다면 예약 시 신중하게 생각해보는 것이 좋다.

• 에이전시를 통해 예약하기 •

해외 렌터카 예약을 대행해주는 업체들이 있다. 원하는 렌터카의 종류와 기간 등에 대한 정보를 알려주면 적합한 렌터카 견적을 알려주고 예약을 대신해준다. 별도의 예약 수수료를 받는 것은 아니다. 오히려 대행사만이 해줄 수 있는 좀 더 저렴한 선불예약 조건을 이용할 수 있다. 직접 렌터카를 예약하는 것이 자신 없다면 아래의 업체를 이용하는 것도 방법이다.

단, 현지에서 픽업 시 문제가 발생하거나 사고가 발생한 경우 도움받기 어렵다는 것은 알아두어야 한다. 대행사는 어디까지나 렌터카 예약을 대행해주는 역할만 한다고 생각하는 것이 좋다. 현지에서 사고 시 즉각적인 도움을 받기를 기대하면 곤란하다. 귀국 후 렌터카 회사와의 분쟁 발생 시 중재나 조언 정도를 받을 수는 있다.

주요 렌터카 예약대행 에이전시

에이전시	웹 사이트	연락처	특징
여행과 지도	www.leeha.net	02-3672-8781	허츠 상품을 전문으로 취급하고 선결제, 후불결제 모두 이용 가능하다.
이지렌트	www.easyrent.co.kr	02-537-5258	유로카 상품을 전문적으로 취급한다.
드라이브 트래블	www.drivetravel.co.kr	02-730-9864	다양한 메이저 렌터카 상품을 취급한다. 이탈리아를 포함한 유럽의 경우 허츠 선결제 상품을 취급한다.

• 가격 비교 사이트에서 예약하기 •

렌탈카스닷컴

가격 비교 중개업체는 다양한 렌터카 회사를 한 번에 비교해 견적을 볼 수 있다. 따라서 가장 많은 사람들이 선택하는 예약 방법 중 하나다. 가장 널리 알려진 곳은 렌탈카스닷컴Rentalcars.com과 홀리데이 오토스 Holiday Autos 등이 있다.

국내 여행사 홈페이지나 호텔 예약사이트 그리고 항공권 비교 사이트 등

풀커버 보호상품 ... 여행 기간 내내 마음의 평화

렌터카 픽업시 렌터카 업체측에서 고객님의 신용카드로 보증금 청구를 요청할 수도 있습니다. 만약 렌터카 차량이 도난되거나 손상된 경우 해당 보증금을 잃으실 수도 있으나, 저희의 풀커버 보호상품을 구매하시면 해당 금액을 추후 환불 받으실 수 있습니다. 풀커버 보호상품 자세히 보기

보장 범위	구매 안함 ⓘ	풀커버 보호상품 하루 단돈 ₩18,802
＞ 차량 면책금	✕	✓
＞ 차창, 미러, 휠, 타이어	✕	✓
＞ 관리/고장 처리 수수료	✕	✓

렌탈카스닷컴 풀커버 보험

에서 렌터카를 예약할 수 있는 코너는 바로 이런 중개업체를 이용하는 방식이다. 이런 가격 비교 중개업체를 이용할 경우에는 중요하게 알아두어야 할 점이 있다. 바로 보험가입과 사고 발생 시 보상 처리 문제이다. 중개업체는 수익을 높이기 위해 별도의 자체 풀커버 보험 상품을 판매한다. 이 보험은 렌터카 회사에서 판매하는 슈퍼커버보험과는 별개의 상품이다. 그런데 사람들이 이 두 개의 보험 차이를 알기 어렵다. 사이트에서는 마치 슈퍼커버를 가입하게 되는 것처럼 느껴지기 때문이다. 중개업체의 보험 상품은 가격도 더 저렴하고 보장내역도 더 많아 보여서 이 보험을 대부분 가입하게 된다.

두 보험의 차이는 사고가 발생할 경우에 명확하게 달라진다. 렌터카 회사의 슈퍼커버는 사고 발생 시 약관에 보장된 범위라면 반납하는 것만으로 모든 절차가 종료된다.

하지만 중개업체의 보험은 차량 손상 시 수리비를 우선 고객이 지불해야 한다. 그다음 영수증과 제출해야 하는 서류들을 준비해서 보상을 신청한 후 심사를 거쳐 돌려받는 방식이다.

따라서 매우 번거롭고 절차가 복잡하며 돌려받는 기간도 짧지 않다. 단, 규정에 맞게 접수했다면 환불은 문제없이 이루어진다.

렌터카 픽업을 할 때 문제가 발생하기도 한다. 렌터카 회사들은 중개업체의 풀커버 보험 가입 여부를 알지 못한다. 따라서 추가로 자사의 슈퍼커버 보험 가입을 권유한다. 이 과정에서 일부 직원은 보험 가입을 강요하거나 가입하지 않으면 차량 배차를 거부하겠다고 엄포를 놓는 일도 있다. 슈퍼커버를 가입한 것이라고 생각한 사람들은 현지에서 차량 픽업 시 이 문제로 다툼이 자주 벌어진다. 이런 경우를 당하면 중개업체 보험을 고수하거나 아니면 현지 렌터카 보험을 가입하고 중개업체의 보험을 취소하면 된다.

렌탈카스닷컴과 허츠의 풀커버 보험 상품 비교

	렌탈카스닷컴 풀커버 보호 상품	슈퍼커버보험
보장 범위	렌터카 슈퍼커버보험에서 보장하는 항목 이외에 보상받지 못하는 차량 하부 파손이나 차키 분실 같은 고객 과실 부분도 모두 보장이 된다.	차량 자체 손상은 모두 면책이 된다. 타이어 휠의 경우 별도 보험 상품이 있지만 대부분 슈퍼커버보험으로 보상이 된다. 차량 하부 손상은 보상하지 않으며, 차 키 분실, 기름을 잘못 넣는 혼유 사고 등 고객 과실은 보상하지 않는다.
중복 보장	같은 종류의 사고도 여러 번 중복 보장된다.	여러 번 중복 보장된다. 그러다 몇 차례 사고가 반복될 경우 임의로 계약을 종료하기도 한다.
사고 처리 절차	사고 비용을 계약자가 렌터카 회사에 우선 지불한 후 추후 서류를 제출하여 보상받아야 한다. 사고 경중에 따라 폴리스 리포트가 필요할 수 있다.	보장 범위 내의 사고는 반납으로 계약이 종료되고 추가 지불할 비용은 없다. 사고 경중에 따라 폴리스 리포트가 필요할 수 있다.

06 내비게이션 준비하기

유럽에서 사용할 내비게이션은 의외로 선택의 폭이 넓다. 최근 가장 많이 이용하는 방법은 구글 지도 내비게이션을 메인으로 하고 추가로 보조 내비게이션을 하나 더 준비하는 것이다. 구글 지도 내비게이션만으로도 충분하지만 과속 단속 카메라 안내 기능이 없는 것이 아쉽다. 따라서 이를 보완할 다른 내비게이션을 하나 더 준비하는 것이 좋다. 추가로 준비하는 내비게이션은 내비게이션 어플과 전문 내비게이션 중에서 고르면 된다. 최근에는 내비게이션 어플을 사용하는 비율이 더 높다.

내비게이션별 특징과 장·단점

구분	내비게이션 명칭	데이터 사용 여부	장점	단점
내비게이션 어플 (안드로이드, 아이폰 이용 가능)	👍 구글 Google	필요함. 단, 오프라인 지도를 미리 저장하면 데이터 없이 사용 가능	한글 표시. 한글 음성 안내. 정확성 및 사용 편의성 우수. 무료	과속 단속 카메라 정보 제공 없음. 지원 예정
	시직 Sygic	필요 없음	한글 표시. 한글 음성 안내. 그래픽 및 시안성 우수. 과속 및 속도 제한 표시	길 안내 오류가 잦음. 유료(초기 일주일은 무료)
	히어 Here	필요 없음	한글 표시. 한글 음성 안내. 그래픽 및 시안성 우수. 과속 및 속도 제한 표시. 무료	한국에서 직접 설치 불가
	👍 웨이즈 Waze	필요	한글 표시. 과속 및 제한 속도 표시. 그래픽 시안성 우수 한국서 사용 가능. 실시간으로 등록되는 교통정보로 효율적인 운행 가능. 무료	한글 음성 미지원. 데이터 연결 필요
	맵스미 MapsMe	필요 없음	구글 지도 못지않은 다양한 기능과 성능 제공	경로 안내 신뢰성이 다소 떨어짐
전용 내비게이션	👍 가민 Garmin	필요 없음	데이터 필요 없음. 우수한 GPS 및 길찾기 능력. 한글 메뉴 및 음성 안내	그래픽 시안성이 단순함. 터치 조작감 불편. 구매 및 임대비용 발생
	톰톰 Tomtom	필요 없음		

구글Google 내비게이션

시직Sygic 내비게이션

히어Here 내비게이션

웨이즈Waze 내비게이션

TIP

구글 지도를 보완하는 어플

구글 지도 내비게이션은 과속 카메라 단속 경고 기능이 없는데 이를 보완하는 어플이 있다. 시직Sygic에서 판매하는 과속 단속 어플(유료)을 설치하면 된다. 어플 실행 후 구글 지도 내비게이션을 실행시키면 속도 제한 표시를 해준다. 단, 데이터를 필수로 사용해야 한다.

통신 상태에 따라 실제 표지판과 불일치하는 경우가 많지만 아쉬운 대로 구글 지도 내비게이션의 단점을 커버할 수 있다. 구글 스토어에서 'Speed Cameras & Traffic Sygic'으로 검색하면 된다.

내비게이션을 좀 더 쉽게 이용하게 해주는 지도 좌표 어플

지도 좌표 어플의 용도는 구글 지도에서 GPS 좌표를 손쉽게 얻도록 해주는 것이다. 그런데 확인된 좌표를 내비게이션 어플로 자동으로 연결해주는 기능이 있다. 다수의 어플을 선택할 수 있고 미리 좌표도 저장이 가능하다. 따라서 가고자 하는 목적지 좌표들을 미리 저장해두고 좌표만 클릭하면 지정한 내비게이션이 자동 실행되어 바로 경로 안내를 받을 수 있다.

1 어플을 실행하면 구글 지도 위에 속도 표시와 속도 제한 표시가 나타난다.
2 지도 좌표 실행 모습. 다양한 내비게이션을 간편하게 선택해서 이용할 수 있다.

07

전화 및 데이터 사용 준비하기

전화나 데이터 사용 방법은 사용 목적별로 다양하다. 따라서 어느 방법을 사용하는 것이 더 좋다는 정답은 없다. 여행 인원이나 사용 목적, 예산, 그리고 체류 기간 등을 감안하여 본인에게 맞는 방법을 찾아야 한다.

크게 로밍을 하는 방법과 현지 유심카드를 사용하는 방법을 주로 사용한다. 기간이 짧고 데이터 사용량이 적다면 로밍을 하면 된다. 그러나 기간이 길고 데이터 사용량이 많다면 현지 유심을 사용하는 것이 효율적이다.

• 데이터 로밍 •

예전에는 데이터 로밍이 비용도 비싼 편이고, 데이터 사용량 제한도 있었다. 그러나 최근에는 속도 제한 없는 기간제 요금을 출시해서 선택의 폭이 좀 더 넓어졌다. 그렇다고 해도 비용 대비 데이터 사용량이나 속도 등은 여전히 현지 유심카드에 비하면 아쉽다고 할 수 있다. 그 대신 가장 간편하게 사용할 수 있고, 번호를 그대로 사용할 수 있다는 장점이 있다. 여행 중에도 통화를 자주해야 하거나 여행 기간이 짧을 경우에는 데이터 로밍을 이용하는 것이 좋다.

• 심카드SIM Card •

가성비가 가장 좋은 것은 현지 유심을 사용하는 것이다. 이탈리아 여행 시 가장 많이 사용하는 심카드는 TIM과 보다폰Vodafone, 그리고 EE유심이다.

3가지 제품의 성능은 비슷하다. 동시에 장착해서 사

용해보면 TIM의 속도가 안 나오는 지역에서 EE유심은 잘 되는 경우가 있고, 그 반대인 경우도 있다. 모든 제품이 4G를 지원한다고 하지만 이탈리아를 비롯한 유럽에서 우리나라와 같이 안정적인 4G 속도를 기대했다가는 실망하기 쉽다. 그래도 최근에는 데이터 속도가 많이 빨라져서 사용에는 큰 무리가 없는 편이다. 현지 심카드SIM Card 구입은 공항이나 중앙역 그리고 시내에 있는 통신사 매장에서 할 수 있다. 하지만 대부분 국내 판매업체에서 구매 후 출국하는 것이 보편화되어 있다. 비용도 크게 차이가 나지 않는다. 유럽 유심카드로 검색하면 다양한 업체들이 나온다. 인터넷으로 구매하고 공항에서 수령하면 되고 현지 도착 후 유심을 변경하면 된다. 자세한 사용 방법은 유심 구입

시 확인하면 된다.

모바일 어브로드(www.ma1.co.kr) : 보다폰, EE 유심

피렌체 중앙역 TIM매장

현지 심카드 비교

구분		상품 내용	가격대	수령 지역	개통 시간
TIM Card 4G TIM	TIM유심	15GB+200분 통화 80GB Only 데이터 사용 한 달간 유효, 4G 지원/테더링/핫스팟 가능	2만 원 내외	이탈리아에서 구매 후 장착	즉시 사용 불가 장착 후 30분~2시간 개통 시간 소요
NEARLY THERE	EE유심	2~5GB+100~500분 통화, 4G 지원, 테더링/핫스팟 가능	1만 원 후반~ 2만 원 후반	국내에서 수령 후 출국 가능	장착 후 바로 사용 가능(국내 수령 시)
Vodafone Power to you	보다폰	6~12GB+250분~ 500분 통화, 4G 지원, 테더링/핫스팟 가능	2만~3만 원 중반	국내에서 수령 후 출국 가능	장착 후 바로 사용 가능(국내 수령 시)

• 포켓 와이파이 •

포켓 와이파이는 일본, 동남아, 미주 지역에서는 사용 만족도가 높은 편이다. 하지만 유럽은 상대적으로 만족도가 떨어진다는 평가가 많다. 단말기를 별도로 소지해야 한다는 점도 불편할 수 있다.

• 전화 사용 방법 •

로밍 사용자는 그대로 전화를 이용하면 되고 현지 심카드 사용자는 통화 옵션이 포함된 제품을 선택하면 된다. 한국으로의 통화량이 많다면 스카이프Skype나 말톡 같은 인터넷 전화 어플을 추가로 활용하는 것도

효과적이다.

현지 유심을 사용하는 경우 전화 사용 방법은 다음과 같다.

① **이탈리아에서 이탈리아로** : 상대방 전화번호 누르고 통화 버튼

② **이탈리아에서 다른 유럽** : 00+상대방 국가번호+맨앞 0 빼고 상대방 전화번호+통화

③ **이탈리아에서 한국** : 00-82(한국 국가번호)-10(010에서 0 빼기)-1234-1234

※유심 판매업체에서 전화 사용방법을 안내해주니 참고하면 된다.

08

여행 물품 준비하기

여행에서 짐은 가벼울수록 좋다. 누구나 알고 있지만 막상 짐을 싸다 보면 뜻대로 되지 않는다. 자동차 여행은 짐이 좀 많아도 괜찮다고 생각할 수 있다. 하지만 꼭 그렇지만은 않다. 짐은 최대한 최소화하고 줄일 수 없다면 효율성이라도 높여야 한다. 효율성을 높여줄 제품이나 아이디어 제품들을 적극 활용하는 지혜도 필요하다. 이탈리아 자동차 여행 시 꼭 필요하거나 준비해두면 좋은 물품들을 살펴보도록 하자.

• 필수 여행 물품 •

필수 여행 물품은 없으면 자동차 여행이 불가능하거나 큰 차질을 빚을 수 있다. 가장 먼저 챙겨두자.

여권 최소 만료일 6개월 이상 남은 여권.
여권 사본 / 여권용 사진 여권 사본은 2장을 준비해 동행인과 나누어 보관하고 사진 역시 여권용으로 2장을 준비한다.
국내운전면허증 여권만큼 중요하게 챙겨두어야 한다.
국제운전면허증 중요하게 챙겨두어야 하며 만일을 위해 사본도 1부 가지고 있는 것이 좋다.
신용카드 Visa, Master 카드로 각각 1개 이상 준비한다.
체크카드 해외 사용 가능한 카드로 준비한다.
내비게이션 구글Google, 시직Sygic, 히어Here, 웨이즈Waze, 가민Garmin 중에서 선택하고, 최소 두 가지는 준비하도록 한다.
내비게이션 거치대 탈부착이 간편한 것으로 준비한다.
차량용 멀티 시가 잭 2구 이상의 USB 단자가 있는 제품으로 준비한다.
멀티 플러그 고장을 대비한 여분까지 2개는 챙긴다.
의약품 진통제·소화제·연고·설사약·소독약·종합감기약·소염제 등. 시중에서 판매하는 응급키트도 하나 준비한다.

• 없으면 아쉬운 물품 •

없어도 여행하는 데 문제는 없다. 하지만 필요할 때 없으면 아쉬운 물건들이다.

손 세정제 야외 활동 시 유용하게 사용할 수 있다.
세탁소 옷걸이 한두 개 챙겨두면 다용도로 사용 가능하다.
전기 모기향&비오킬 여름에 간다면 필요하다.
손톱깎이 세트 2주 이상의 여행이라면 준비하자.
휴대용 비데 물티슈 야외에서 화장실을 사용할 때 유용하다.
보온병 여름에는 시원하게 겨울에는 따뜻하게 물을 마실 수 있어 챙겨두면 유용하다. 현지에서 기념품으로 구매해서 사용해도 된다.
세제&수세미 소량만 덜어서 준비한다.
샤워 거품 타월 부피도 가벼우니 하나 챙기는 게 좋다.
무릎 담요 검은색으로 준비하면 짐을 가릴 수 있다.
칼&가위 요리를 하거나 과일을 먹을 때 필요하다.
빨랫비누 작은 크기로 잘라서 가져가면 유용하다.
빨랫줄 와이어 세탁물 건조 시 필요하다.
마스크 팩 여름에는 필수로 준비하는 것이 좋다.
반짇고리 옷이 뜯어지거나 해질 때 필요하다.
우산&우비 1회용 우비도 좋지만 가격은 좀 비싸도 평상복으로 입어도 되는 레인코트라면 더 좋다.
예비 안경 안경 착용자는 안경 실실을 대비하여 여분의 안경을 하나 더 챙겨둔다. 유럽의 안경 가격은 매우 비싸다.
탈취 제거제 객실에서 음식을 먹는다면 사용해주는 에티켓이 필요하다.
베이킹소다&구연산 커피포트나 전기포트를 세척하는 데 유용하다.

유로 동전 지갑

이탈리에서는 동전 사용할 일이 많다. 이런 동전 지갑이 하나 있으면 편리하다. 유로 동전 전용 제품이다. 이베이 같은 해외 쇼핑몰 사이트에서 구매할 수 있다.

전선코드 수납 가방

케이블뿐만 아니라 메모리 카드나 여분의 배터리를 보관하기 좋다. 이 모든 것을 하나의 수납 가방에 넣어 관리하면 분실 위험도 없고 가방 정리도 되어 편리하다.

카팩 오디오

시가잭에 연결해 라디오 주파수를 맞추면 저장해둔 MP3를 재생하는 카팩 플레이어는 어떤 차량을 받던 음악을 듣는 데 문제가 없다.

햇빛가리개

렌터카는 선팅이 되어 있지 않아 차 실내가 고스란히 보인다. 창문에 햇빛가리개를 부착해두면 차 실내도 가려 주고 뜨거운 햇빛도 막아 준다.

블루투스 이어셋

내비게이션 음성 안내는 운전자만 들으면 된다. 블루투스 이어셋을 준비하면 내비게이션 안내에 집중하면서 음악도 즐길 수 있다.

실리콘 접이식 그릇

실리콘 그릇과 컵은 납작하게 접혀 부피도 차지하지 않고 무게도 무겁지 않다. 세척도 간편해 여러 개를 가져가도 부담되지 않아 유용하게 사용할 수 있다.

멀티 쿠커

음식을 조리할 수 있고 물을 끓일 수도 있다. 포개놓으면 미니 사이즈가 되기 때문에 휴대가 간편하다. 간단한 음식을 조리해 먹을 때 유용하다. 1~2인용 사이즈라 인원이 많다면 라면 포트가 더 낫다.

바로쿡

히팅팩과 물만 있으면 어디서든 음식을 데우거나 즉석식품을 조리할 수 있어서 간편하다. 차 안에서도 간편하게 라면을 끓여먹을 수 있다. 제품 자체가 락앤락 통과 유사하게 생겨 다른 용도로도 유용하게 사용 가능하다.

포켓 온열 매트

캠핑 여행자에겐 필수다. 일반적인 숙소 위주의 여행자도 늦가을부터 초봄 사이에 여행한다면 챙기는 게 좋다. 접으면 갑티슈 한 개 정도의 크기로 줄어들어 부담 없이 가져갈 수 있다.

스마트폰 거치대

스마트폰 거치대는 꼭 가지고 가야 한다. 단, 주차할 때마다 거치대도 제거해야 하기 때문에 탈부착이 편리한 제품을 선택한다. 가장 편리한 제품은 송풍구 거치대나 탈부착이 필요 없는 운전석 계기판에 설치하는 접이식 거치대가 유용하다.

발수 코팅 티슈

비 오는 날 운전은 시야 확보에 도움이 된다. 발수 코팅 티슈 3장과 일반 세정용 티슈 3장이 들어 있어 우천 시 임시적이지만 발수코팅 효과를 볼 수 있다. 더러워진 차량 유리창을 닦을 때도 유용하다.

휴대용 진공 압축기

여행 짐의 상당수는 옷이 차지한다. 휴대용 압축기는 압축 비닐에 옷을 넣고 스마트폰 충전잭 어댑터만 연결하면 부피를 최대 50%까지 줄여준다. 라이터만 한 소형 크기라 휴대도 간편하다. 옷으로 넘쳐나는 캐리어를 깔끔하게 정리하면서 충분한 여유 공간도 확보할 수 있다.

차량용 멀티 컵 홀더&송풍구 컵 홀더

자동차 여행을 하다 보면 음료나 선글라스, 동전 등 보관할 것이 많다. 이럴 때 멀티 컵 홀더가 있으면 유용하게 사용할 수 있다.

차량용 멀티 충전기

차량용 멀티 충전기도 꼭 챙겨야 한다. 내비게이션을 사용하고, 핸드폰을 충전하려면 최소 3구 이상의 충전기는 필수이다.

· 도난 예방 방지 물품 ·

이탈리아는 소매치기 범죄는 물론 자동차 여행자를 노리는 차량털이 범죄도 많다. 따라서 이런 도난을 방지할 만한 상품도 준비해두어야 한다.

플립 벨트

복대보다 더 슬림해 착용하면 거의 보이지 않는다. 벨트에는 4개의 수납공간이 있다. 돈과 카드, 스마트폰까지도 넣어둘 수 있다. 다리를 넣어서 입는 방식이라 풀어질 염려가 없다. 또 벨트 안쪽에 물건을 보관하기 때문에 제아무리 유능한 소매치기라도 꺼낼 수 없다. 절대 잊어버리면 안 되는 비상금과 카드, 여권 등을 넣어두는 용도로 사용하는 것이 좋다.

가짜 경보기 및 스티커

500원짜리 동전 크기의 제품으로 차량 대시보드 앞에 장착해두면 일정 시간 단위로 경고 램프가 깜빡인다. 경보 장치 작동 스티커를 같이 붙여두면 더욱 완벽한 위장 경보 장치 기능을 하게 된다.

방검 가방

방검 가방은 칼로 그어도 가방이 찢어지지 않는다. 자물쇠도 숨겨져 있어서 백팩을 뒤로 메고 다녀도 안심이다. 백팩부터 숄더백, 핸드백 등 다양한 제품이 있으며 RFID 차단 및 방수 기능까지 있다.

와이어 락&자물쇠

차 안에 짐을 두고 관광할 때 짐을 와이어 자물쇠로 연결해 자물쇠로 잠가두는 것이 좋다. 특히 가방끼리 와이어로 연결해 차량에 연결해두면 차량털이를 당하더라도 짐 분실을 방지할 수 있다.

이탈리아 자동차 여행 더 알차게 즐기는

6가지 추천 루트

로마와 토스카나 7박 9일 │ 렌터카 일정 5일

이탈리아 중심 도시 로마, 자동차 여행자들의 로망 토스카나 같은 소도시를 돌며 유명한 전망 명소를 드라이브하는 여행이다. 여기에 시에나와 산 지미냐노를 거쳐 피렌체의 찬란한 문화와 예술까지 모두 둘러볼 수 있다. 전체적으로 짧은 일정이다. 로마와 피렌체 같은 대도시보다 토스카나 같은 소도시와 전망 명소 관광에 초점이 맞춰져 있다. 로마와 피렌체에서 머무는 시간을 좀 더 갖고 싶다면 소도시에서의 일정을 조절하면 된다.

Day 1

오전 로마 피우미치노 공항 도착
(AM 09:30) → 렌터카 픽업 후
사투르니아 이동
오후 사투르니아 숙소 체크인 →
피틸리아노 이동 후 관광 → 사투
르니아 복귀, 온천 휴식, 사투르니
아 1박

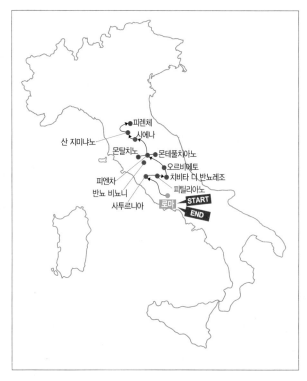

Day 2

오전 치비타 디 반뇨레조 이동 및
관광
오후 오르비에토 이동 후 관광 →
피엔차 이동 후 1박

Day 3

전일 피엔차, 몬테풀치아노 마을과
인근 토스카나 뷰포인트 관광 →
피엔차 2박

Day 4

오전 반뇨 비뇨니, 몬탈치노 관광
→ 시에나 이동
오후 시에나 이동 후 관광, 시에나
1박

Day 5

오전 산 지미냐노 이동 후 관광
오후 피렌체 이동 → 렌터카 반납,
피렌체 관광 후 피렌체 1박

Day 6

오전 피렌체 반일 관광
오후 기차로 로마 이동(1시간 30분
소요) 로마 1차 관광, 로마 1박

Day 7

오전 바티칸 반일 투어
오후 로마 2차 관광 및 야경투어
(선택), 로마 2박

Day 8

오전 로마 관광 및 쇼핑, 공항으로
이동
오후 로마 피우미치노 공항 출국

Day 9

인천 도착

추천 여행 전략

- 로마 인-아웃 일정으로 5~6월 기준이다. 소도시는 상황에 맞게 선택하면 된다.
- 항공편은 KLM 네덜란드 항공 기준이다. 로마 아침 입국, 저녁 출국.
- 일정이 짧은 관계로 로마에 아침에 도착하고 저녁에 출발하는 비행기를 선택한다.
- 입출국 수속을 마친 후 바로 렌터카 픽업을 해야 한다. 이를 고려해 공항 도착 시각 기준 최소 2시간 이후로 차량 픽업 시간을 정한다.
- 피렌체 도착과 동시에 렌터카는 반납하고 대중교통을 이용한다.
시내 중심에 숙소를 얻을 경우 렌터카 반납 지점과 가까운 중앙역 근처로 얻는다. 그래야 차에서 짐을 내린 후 이동이 덜 힘들다.
- 미켈란젤로 인근에 숙소를 얻는다면 일단 숙소에 짐을 푼다. 체크인을 마친 뒤 바로 렌터카를 반납한 후 관광을 시작한다.
- 로마와 피렌체를 보기에는 일정이 짧다. 사전에 잘 준비할 수 없다면 가이드 투어를 이용하는 것이 좋다.
- 피렌체와 로마 중에서 개인의 취향에 따라 머물고 싶은 도시에 시간을 더 할애한다.

이탈리아 중부 일주 10박 12일 | 렌터카 일정 8일

토스카나 중부 지역을 중심으로 로마, 피렌체, 친퀘 테레를 포함하는 일정이다. 로마에서부터 시작하여 피렌체까지 이동하면서 중부 지역의 아름다운 소도시와 전원 풍경을 만끽할 수 있다. 리구리아 해변 마을인 친퀘 테레를 즐긴 후 피렌체에서 일정을 마무리한다. 이 여행의 핵심은 소도시를 중점으로 한 여행이다. 로마와 피렌체 일정은 최소 일정이지만 취향에 맞게 조절하면 된다.

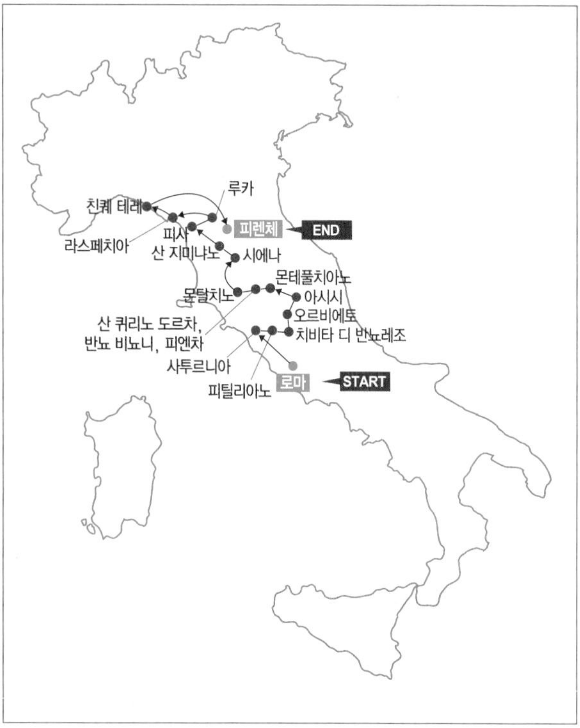

Day 1

오전 로마 피우미치노 공항 아침
도착 → 로마 반일 관광 후 1박

Day 2

오전 바티칸 반일 관광
오후 로마 반일 및 야경 관람 후 2박

Day 3

오전 렌터카 픽업 → 사투르니아
이동
오후 사투르니아 숙소 체크인 →
피틸리아노 이동 후 관광 → 사트
루니아로 복귀, 온천 휴식 후 1박

[지도 지명: 친퀘 테레, 루카, 피사, 라스페치아, 산 지미냐노, 피렌체, END, 시에나, 몬테풀치아노, 몬탈치노, 아시시, 오르비에토, 산 퀴리노 도르차, 반뇨 비뇨니, 피엔차, 치비타 디 반뇨레조, 사투르니아, 로마, 피틸리아노, START]

Day 4

오전 치비타 디 반뇨레조 이동 후
관광
오후 오르비에트 이동 후 관광 →
피엔차 이동 후 1박

Day 5

오전 스펠로 이동 후 관광
오후 아시시 이동 후 관광 →
피엔차 복귀 피엔차 2박

Day 6

오전 피엔차 관람 → 산 퀴리코
도르차 일대 뷰포인트 관광
오후 몬테풀치아노 이동 후 관광
→ 인근 토스카나 뷰포인트 관광
→ 피엔차 3박

Day 7

오전 반뇨 비뇨니, 몬탈치노 관광
후 시에나 이동
오후 시에나 관광 후 시에나 1박

Day 8

오전 산 지미냐노 이동 후 관광
오후 피사 이동 및 관광 → 루카
이동 후 루카 1박

Day 9

전일 친퀘 테레 → 루카 이동 후
루카 2박

Day 10

오전 피렌체 이동 → 렌터카 반납
피렌체 전일 관광 → 피렌체 1박

Day 11

오전 피렌체 관광 또는 쇼핑
오후 피렌체 공항 도착→ 한국 출발

Day 12

한국 도착

추천 여행 전략

- 로마 인, 피렌체 아웃 일정으로 5~6월 기준이다. 소도시는 상황에 맞게 선택하면 된다.
- 항공편은 KLM 네덜란드 항공 기준이다. 로마 오전 입국. 피렌체 저녁 출국.
- 로마나 피렌체 일정을 좀 더 늘리고 싶다면 3일차 일정을 제외하고 변경하면 된다.
- 잦은 숙소 이동이 번거로운 경우 3일과 4일은 오르비에토에서 2박을 해도 된다.
- 피엔차 숙박은 농가 주택을 추천한다. 토스카나의 목가적인 풍경을 즐길 수 있다.
- 친퀘 테레에서 1박을 하고 싶다면 몬테로쏘로 이동한다.

이탈리아 북부와 돌로미티 8박 10일 | **렌터카 일정 6일**

물의 도시 베네치아, 패션의 도시인 밀라노를 함께 즐긴다. 온천 휴양 도시 시르미오네, 사랑의 도시 베로나에서의 낭만적인 휴식, 그리고 돌로미티의 장쾌한 자연 경관까지 즐기는 일정이다. 돌로미티는 6월 중순부터 9월 말까지 가 여행의 적기다(겨울 시즌 제외). 이 코스를 제대로 즐기기 위해서는 6월 중순부터 9월 말 사이에 여행하는 것이 좋다.

Day 1

오전 베네치아 공항 도착 → 호텔 체크인 후 베네치아 본섬 관광, 베네치아 1박

Day 2

오전 무라노, 부라노섬 관광
오후 베네치아 본섬 관광 후 2박

Day 3

오전 렌터카 픽업 코르티나 담페초 이동
오후 호텔 체크인 → 트레 치메 트레킹, 미주리나 호수 관광 후 1박

Day 4 돌로미티

오전 친퀘 토리-파소 팔자레고,
라가주오이
오후 파소 포르도이 → 파소 셀라
→ 파소 가데나 → 오르티 1박

Day 5 돌로미티

오전 산타 막달레나 → 세체다
오후 알페 디 시우시, 오르티세이
2박

Day 6 돌로미티

오전 카나제이 → 카레자 호수
오후 볼차노 → 시르미오네 이동,
시르미오네 1박

Day 7

오전 베로나 이동 후 관광
오후 베로나 관광 후 시르미오네
복귀, 시르미오네 2박

Day 8

오전 밀라노 이동 → 렌터카 반납
오후 밀라노 관광 후 밀라 노1박

Day 9

오전 쇼핑 및 밀라노 추가 관광
오후 밀라노 공항 한국 출발

Day 10

한국 도착

추천 여행 전략

- 베네치아 인-아웃 일정이며 6~7월 기준이다.
- 항공편은 아시아나항공 직항 기준이다.
- 렌터카는 베네치아 관광을 마치고 출발하면서 픽업한다.
- 돌로미티 일정은 주요 스폿들을 드라이브하는 여행이다. 트레킹을 하기에는 시간이 부족하다. 주로 고갯
길을 운전하고 리프트나 곤돌라를 타고 관광하는 일정이다.
- 3일차 트레 치메 트레킹은 4시간 이상 소요된다. 라바레도 고개Forcella Lavaredo까지만 왕복하는 2시간 코
스를 이용하는 것도 나쁘지 않다.
- 미주리나 호수는 트레 치메 가는 길목에 위치하고 있어서 두 곳을 같이 보면 된다.
- 날씨가 좋지 않아 트레 치메 트레킹이 어렵다면 브레이어스 호수를 보는 것으로 변경한다.
- 4일차 오후는 파소 포르도이만 케이블카를 이용하고 나머지는 드라이브로 고갯길을 즐기면 된다.
- 시르미오네, 베로나 모두 각각 반나절이면 관광하는 데 크게 무리가 없다.

로마와 남부 일주 10박 12일 | 렌터카 일정 7일

로마의 찬란한 문화와 예술을 즐긴다. 자동차 운전자의 로망인 아말피 해안을 드라이브하며 해안 마을을 여행한다. 또한 한국인에게도 점차 각광받고 있는 관광지인 마테라, 알베로벨로, 폴리냐노 아 마레까지 둘러보는 일정으로 구성되어 있다.

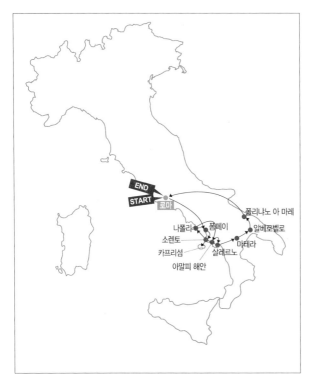

Day 1

Day 3

Day 5

Day 1

저녁 로마 피우미치노 공항 도착 → 저녁 식사 후 공항 주변 호텔 1박

Day 2

오전 공항점 렌터카 픽업 → 폼페이 이동
오후 폼페이 관람 → 소렌토 이동 → 소렌토 관광 후 소렌토 1박

Day 3

카프리섬 전일 투어 → 소렌토 복귀 후 2박

Day 4

오전 나폴리 이동, 반일 관광
오후 아말피 해안 드라이브, 라벨로 관광 후 살레르노 1박

Day 5

전일 포지타노, 아말피 관광, 살레르노 2박

Day 6

오전 마테라 이동
오후 마테라 관광 후 1박

Day 4

Day 5

Day 6

Day 7

오전 폴리냐노 아 마레 이동 후
관광
오후 알베로벨로 이동 후 관광 →
마테라 복귀 후 2박

Day 8

오전 살레르노 이동 → 렌터카
반납
오후 로마행 기차 탑승 → 로마
도착 후 야경 투어, 로마 1박

Day 9

전일 로마 관광 후 2박

Day 10

전일 바티칸 투어, 로마 3박

Day 11

오전 로마 관광 및 쇼핑
오후 공항으로 이동 후 한국 출발

Day 12

한국 도착

추천 여행 전략

- 로마 인-아웃 일정으로 5~6월 기준이다.
- 항공편은 대한항공 직항 기준이다.
- 나폴리는 열차나 페리로 이동하여 관광한다. 나폴리에 차를 가지고 가는 것은 위험하다.
- 아말피 해안마을들은 숙박비가 비싸고 주차 여건도 좋지 않다. 이곳에서 꼭 숙박을 할 필요는 없다. 살레르노가 숙박비가 저렴하고 주차장 완비 숙소가 많다. 숙박은 이곳을 추천한다. 4일날은 라벨로 마을만 관광하고 고속도로를 이용하여 살레르노로 이동한다. 5일날 페리로 편하게 포지타노와 아말피 마을을 관광하는 것이 더 현명하다.
- 알베로벨로의 트룰리에서 하룻밤을 보내고 싶다면 마테라 1박 알베로벨로 1박으로 변경한다.
- 폴리냐노 아 마레에서 점심이나 저녁식사는 유명한 동굴식당에서 해보는것도 좋다. 사전 예약은 필수다.
- 로마에서는 차가 필요 없고 로마까지 운전하여 로마에 차를 반납할 필요도 없다. 살레르노에 차를 반납 후 기차로 이동하는 것을 추천한다. 시간과 체력을 아낄 수 있다.

이탈리아 핵심 투어 12박 14일 | **렌터카 일정 8일**

이탈리아 북부 돌로미티에서 남부 아말피 해안마을까지 이동하는 일정이다. 이탈리아 전역의 주요 도시와 드라이브 코스를 경험할 수 있다. 짧은 일정에 많은 곳을 들른다. 한 곳을 여유 있게 보기에 부족한 일정이다. 책에서 제공한 정보를 충실히 활용해야 한다. 그러면 기간 내에 이탈리아 전역을 충분히 즐길 수 있다.

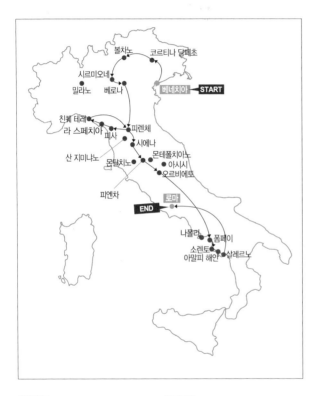

Day 1

Day 3

Day 5

Day 1

오후 베네치아 공항 → 베네치아 본섬 관광 및 야경 관람, 베네치아 1박

Day 2

전일 베네치아 관광 → 베네치아 2박

Day 3

오전 렌터카 픽업, 코르티나 담페초 이동

오후 그레이트 돌로미티 드라이브 → 볼차노 1박

Day 4

오전 시르미오네 이동 후 관광

오후 베로나 이동 후 관광, 베로나 1박

Day 5

오전 피렌체 이동

오후 피렌체 관광, 피렌체 1박

Day 6

전일 피사+친퀘 테레 투어 상품 관광, 피렌체 2박

Day 7

오전 시에나 이동 후 관광
오후 피엔차 이동 → 토스카나 주요 뷰포인트 관광 → 피엔차 1박

Day 8

오전 토스카나 소도시 마을
오후 오르비에토 이동 후 관광, 오르비에토 1박

Day 9

오전 폼페이 이동
오후 폼페이 관람 → 소렌토 1박

Day 10

전일 아말피 해안도로 드라이브 및 마을 관광 → 살레르노 이동 → 렌터카 반납 후 살레르노 1박

Day 11

오전 기차로 로마 이동 → 로마 전일 관광 후 1박

Day 12

오전 바티칸 반일 관광
오후 로마 반일 관광, 로마 2박

Day 13

오전 로마 쇼핑
오후 공항 이동 및 한국 출발

Day 14

한국 도착

추천 여행 전략

- 베네치아 인, 로마 아웃 일정이며 여름 기준이다. 소도시는 상황에 맞게 선택하면 된다.
- 항공편은 아시아나항공 직항 기준이다.
- 돌로미티 일정은 드라이브 코스인 그레이트 돌로미티 로드를 여행하는 일정이다. 돌로미티가 어떤 곳인지 전체적으로 맛본다고 생각하면 된다(돌로미티 1일 드라이브 코스는 102~103p를 참고).
- 밀라노를 중시한다면 4일째 일정을 밀라노로 변경한다. 친퀘 테레에서 시간 내에 5개 마을을 보긴 어렵다. 3개 정도 보는 반나절 관광으로 마쳐야 한다.
- 피렌체, 친퀘 테레 구간이 짧지 않고 차량이 필요 없어서 피사를 같이 보는 차량 투어 상품도 괜찮다.
- 8일 오후는 오르비에토 혹은 아시시 중에서 원하는 곳을 선택하면 된다.
- 아말피 해안은 포지타노, 라벨로만 관광 후 살레르노로 이동한다. 그다음 렌터카를 반납하고 아말피는 페리로 다녀오는 것을 추천한다. 살레르노에서 아말피 가는 마지막 배는 오후 6시까지 있다. 아말피에서 살레르노 오는 마지막 배는 오후 7시 10분까지 있다. 포지타노, 아말피, 라벨로 순으로 돌아보는 것보다 이 코스가 효율적이다.

이탈리아 일주 15박 17일 | 렌터카 일정 12일

시칠리아섬을 제외한 이탈리아 전역을 돌아볼 수 있는 일정이다. 북부 돌로미티에서 남부 마테라까지 돌아본다.
이탈리아의 유명 여행지를 아쉽지 않게 둘러볼 수 있다.

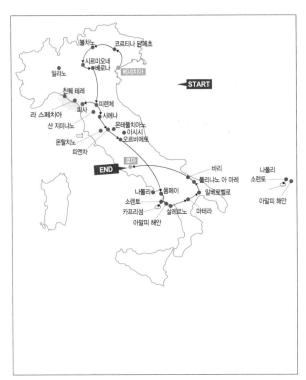

Day 1

Day 3

Day 6

Day 1
오후 베네치아 공항 도착
→ 베네치아 본선 관광
및 야경 관람 → 베네치
아 1박

Day 2
전일 베네치아 관광 →
베네치아 2박

Day 3
오전 렌터카 픽업 →
코르티나 담페초 이동
오후 그레이트 돌로미티
드라이브 → 볼차노 1박

Day 4
오전 시르미오네 이동 후
관광
오후 베로나 이동 후
관광 → 베로나 1박

Day 5
오전 피렌체 이동
오후 피렌체 관광 →
피렌체 1박

Day 6
전일 피사와 친퀘 테레
투어 상품 관광 → 피렌
체 2박

Day 7
오전 시에나 이동 후 관광
오후 피엔차 이동 → 토스
카나 주요 뷰포인트 관광
→ 피엔차 1박

Day 8
오전 토스카나 소도시
마을 관광
오후 오르비에토 이동 후
관광 → 오르비에토 1박

Day 9

오전 폼페이 이동
오후 폼페이 관람 후 소렌토 이동
→ 소렌토 1박

Day 10

전일 카프리섬 관광 → 소렌토 2박

Day 11

전일 아말피 해안도로 드라이브 및
마을 관광 → 소렌토 3박

Day 12

오전 마테라 이동
오후 마테라 관광 → 마테라 1박

Day 13

오전 폴리냐노 아 마레 이동 →
관광
오후 알베로벨로 이동 → 관광 후
마테라 복귀 → 마테라 2박

Day 14

오전 바리 공항 도착 → 렌터카 반납
→ 로마 이동 후 관광 → 로마 1박

Day 15

오전 바티칸 반일 관광
오후 로마 반일 관광 → 로마 2박

Day 16

오전 로마 반일 및 쇼핑
오후 공항 도착, 한국 출발

Day 17

한국 도착

추천 여행 전략

- 베네치아 인, 로마 아웃 일정이며 여름 기준이다. 소도시는 상황에 맞게 선택하면 된다.
- 항공편은 아시아나항공 직항 기준이다.
- 돌로미티 일정은 돌로미티를 드라이브하면서 어떤 곳인지 맛보는 일정이다. 드라이브만으로도 강한 인상을 받을 수 있다.
- 친퀘 테레 일정은 피사와 함께 투어 상품을 이용하거나 직접 간다면 피사와 두 개 마을을 둘러볼 수 있다.
- 아말피 해안은 라벨로까지 드라이브한 후 라벨로만 관광하고 바로 살레르노로 이동한다. 그곳에서 페리로 포지타노와 아말피를 본다. 이렇게 하면 드라이브와 페리를 모두 경험할 수 있다. 포지타노와 아말피의 혼잡함, 비싼 주차비, 그리고 접촉 사고를 피할 수 있다는 것은 덤이다. 마을에서 1박을 한다면 라벨로를 추천한다.
- 알베로벨로와 마테라에서 각각 1박씩 한다면 폴리냐노 아 마레부터 알베로벨로, 마테라 순으로 보면 된다.
- 폴리냐노 아 마레 동굴식당을 간다면 이곳을 마지막 목적지로 삼는다. 바리에서 차를 반납하고, 기차나 비행기로 로마로 이동한다. 바리에서 로마는 기차나 자동차나 이동 시간이 비슷하다. 빠른 이동을 원하면 비행기를 이용한다. 비행기로 한 시간 정도면 로마에 도착한다. 로마는 일정이 짧은 만큼 시티투어 버스나 투어 상품을 이용한다.

03

이탈리아에서
자동차 운전하기

도착 첫날을 위한 조언

렌터카 여행자의 흔한 고민 중 하나. 도착 후 바로 렌터카를 픽업하여 이동하는 것이 좋은지, 아니면 다음 날 픽업하여 출발하는 것이 좋은지 여부다. 이 문제는 개인적인 상황을 고려해야 하기 때문에 무엇이 더 낫다고 단정할 수는 없다. 다만, 오전이나 최소 오후 3시 전에 도착하는 비행기라면 당일에 픽업하여 이동하는 것도 괜찮다. 그러나 오후 5시 이후에 도착한다면 무리해서 당일 픽업을 할 필요는 없다. 그 시간에 픽업해서 이동해봐야 1~2시간 이내 거리이고, 한여름이 아니라면 야간 운전을 해야 한다.

장시간 비행 후 바로 렌트해서 움직이는 것은 심리적으로나 육체적으로나 수월한 일은 아니다. 따라서 도착 당일은 여독을 풀고 다음날 아침 일찍 렌트해서 움직이는 것을 권장한다. 공식적인 통계가 있는 것은 아니지만 필자가 꾸준히 픽업 사례들을 살펴본 결과, 오후보다는 아침 일찍 픽업하는 것이 픽업 시 발생하는 트러블을 겪을 확률도 적었다. 아무래도 컨디션이 좋은 오전에 직원들이 고객 응대에 더 친절할 수밖에 없기 때문이 아닌가 싶다.

보증금Deposit은 걱정하지 말자

렌터카 픽업 시 예약한 렌트 비용보다 넉넉한 금액을 보증금으로 잡아둔다. 보증금은 보통 렌트비의 20~30% 정도지만 그 이상인 경우도 있다. 문제없이 차량이 반납되면 실제 렌트비만 결제되고 보증금으로 승인된 금액은 자동으로 취소가 된다. 처음 렌트를 하는 분들은 예약 시 확인한 견적 금액보다 큰 금액이 잡혀 있으면 놀라는 경우가 있다. 최종적으로는 실제 렌트비만 청구되니 걱정할 필요는 없다.

결제는 반드시 신용카드

렌터카는 예약 당사자인 운전자의 신용카드가 있어야 픽업이 가능하다. 최근에는 체크카드를 사용할 수 있는 곳들이 늘었지만 안 되는 곳도 여전히 많고, 역시나 가장 선호되는 방식은 신용카드다. 본인 명의의 신용카드가 없으면 대여가 안 된다고 생각하는 것이 좋겠다. 본인 명의의 한도가 충분한 신용카드를 가지고 가는 것을 꼭 명심하도록 하자.

*본인 명의 신용카드 없을 시 가족카드도 OK

본인 명의의 신용카드가 없는 경우에는 가족카드를 발급받아서 렌터카 예약을 하면 된다. 가족카드는 발급이 수월하고 본인 명의의 카드로 인정받는다. 렌터카 계약에 아무런 문제가 없다.

추가 운전자 등록 및 주의 사항

추가 운전자는 렌터카 예약 단계에서는 신청할 수 없고 현지 렌터카 영업소에서 신청해야 한다. 추가 운전자는 동행이 원칙이지만, 서류만으로 등록이 가능한 경우도 있다. 여행 도중에 추가도 가능하다. 인근의 영업점에 들러 추가 운전자를 등록하면 된다. 이때 추가 운전자 등록 비용은 등록 시점부터 적용되는 것이 아니라 렌터카 전체 이용 기간에 대해 청구된다는 점은 알아두자. 참고로 허츠 골드클럽 회원의 배우자는 추가 운전자 등록이 무료이다. 다만, 이 혜택을 받으려면 예약 시 사전에 미리 요청해야 한다. 그런데 사전에 신청을 했는데도 현지에서 비용을 요구하는 경우가 많다. 설명을 해도 담당자가 추가 비용이 발생한다고 고집하면 우선 추가 운전자의 비용을 지불하고 여행을 하도록 한다. 귀국 후 예약 대행사나 허츠코리아에 이의를 제기하면 비용을 환불받을 수 있다. 따라서 카운터에서 이 문제로 장시간 실랑이를 할 필요는 없다.

02 렌터카 픽업하기

렌터카 픽업 절차 및 체크 사항

렌터카 픽업 절차는 회사마다 조금씩 다르지만 대부분 대동소이하다.

① 렌터카 사무실 도착 후 자신의 차례가 되면 담당자에게 간단히 인사를 건네고 여권을 먼저 보여준다. 이때 예약확인서, 운전면허증, 국제운전면허증을 같이 건네준다. 예약확인서는 보는 경우가 거의 없다. 면허증은 담당자에 따라 유심히 보기도 하고 보지 않는 경우도 있다. 신용카드를 요청하면 신용카드를 제시한다.

② 추가 운전자 등록이 필요하거나 추가 보험 가입을 원하면 담당자가 컴퓨터로 예약 내용을 살펴볼 때 이를 알려준다.

③ 예약이 확인되고 건네준 서류에 문제가 없다면 임차영수증을 출력하여 건네준다.

④ 영수증 내역 확인 후 이상 없으면 사인한다. 직원이 종이에 주차 위치를 적어주면 그곳으로 가서 차량을 픽업한다. 이때 직원이 따라와 안내해주는 경우는 없다. 같이 차를 살펴보는 경우도 없으니 참고하자.

⑤ 알려준 주차 위치로 가서 차량을 살펴보고 상태를 확인한다. 차량은 사진이나 동영상을 찍어두도록 한다. 만일 차량에 문제가 있으면 바로 이의를 제기해서 차량 교체 등 필요한 조치를 받도록 한다.

1 주차장에 가면 바닥이나 천장에 번호가 기재되어 있어 쉽게 차를 찾을 수 있다.
2 테르미니역 렌터카 사무소 풍경
3 허츠 영업소에서 자신의 차례를 기다리고 있는 고객

간단한 픽업을 원하면 멤버십 제도를 활용하라

허츠 렌터카의 경우 골드회원이라는 멤버십 제도가 있다. 골드회원은 전용 창구에서 간단한 신분 확인 절차만 거친 후 바로 차를 픽업할 수 있다(2회차 렌트부터 적용). 예약한 조건 그대로 키를 받을 수 있어서 의사소통이 불편해도 크게 어려움이 없다. 골드회원은 별도의 가입 조건이 없다. 허츠 온라인 회원가입을 하면 자동으로 자격을 부여받는다. 따라서 허츠에서 렌터카를 임차한다면 골드회원 가입을 하고 예약하는 것이 좋다. 골드회원 전용창구는 모든 지점에 있는 것은 아니다. 픽업지점에 골드회원 전용 데스크가 있는지는 허츠코리아에 문의해보면 된다.

임차영수증에 사인을 할 때는 신중해라

임차영수증에 사인을 하면 그것이 모든 판단의 기준이 된다. 나중에 몰랐다거나 이 옵션은 신청한 적이 없었다 라고 주장해도 소용이 없다. 따라서 임차영수증은 꼼꼼히 살펴보아야 한다. 예약대로 임차 조건이 반영된 게 맞는지, 신청하지 않은 항목이 추가되어 있지는 않은지 등을 꼭 확인한다. 틀린 부분이 있다면 즉시 정정을 요청해야 한다. 외국어로 된 영수증을 잘 이해하기는 쉽지 않다. 사전 예약한 확인서와 비교해보고 모르는 부분은 물어보도록 한다.

⋙ 픽업 문제 발생 시 대처 방법

비행기가 연착되었을 경우

예약한 시간으로부터 한 시간이 경과되면 노쇼No-Show로 처리된다. 항공편이 연착된 경우에는 예약 전에 항공편을 미리 입력해두기 때문에 기다려준다. 만일 연착시간이 장시간 길어질 경우에는 지점에 연락하여 확인을 해두는 것이 좋다.

예약해둔 렌터카가 없는 경우

예약한 차량이 없다는 황당한 답변을 받는 경우도 있다. 그러면서 이용 가능한 차량이 이것밖에 없다며 다운그레이드 차량을 주거나 상위 차량을 주고 추가 비용을 요구한다.

이런 일이 생기면 고객은 실제 예약 차량이 있는지 없는지 확인하기가 쉽지 않다. 미안하다며 적극적으로 차를 알아봐주거나 대안을 찾아주는 경우도 드물다. 차가 없으니 어쩔 수 없다며 차를 받든지 아니면 계약을 취소하겠다고 한다. 이런 경우 대부분 어쩔 수 없이 해당 차량을 이용할 수밖에 없다. 데스크에 강력히 항의하고 버티라고들 하지만 그것이 생각만큼 쉽지 않다. 그런다고 원하는 대로 해결이 되는 경우도 거의 없다.

따라서, 우선 정확히 항의를 하고 다시 차량을 섭외해달라고 요청한다. 그럼에도 해결되지 않으면 업그레이드한 차량을 우선 사용한다. 이런 경우 차후에 이의 제기를 하면 차액 환불이 가능하다. 단, 해당 직원에게 예약한 차량이 없어서 차량을 변경했음을 확인받는 것이 좋다. 확인서를 써주지 않으면 명함이라도 받아두자.

오토기어 차량이 없는 경우

오토기어 차량을 예약했는데 수동기어 차량이 배정되는 경우가 있다. 이런 경우에는 오토기어 차량만 운전이 가능하니 다시 섭외해달라고 해야 한다. 근처 지점에 오토기어 차량이 있다면 그나마 다행이다. 하지만 차량을 구할 수 없는 경우도 생긴다. 차량이 있어도 직접 해당 지점으로 이동해서 차량을 수령해야 하는 경우도 있을 수 있다. 이때 발생하는 택시비는 차후에 청구할 수 있으니 영수증은 잘 보관해둔다(렌터카마다 규정은 다를 수 있다).

오토기어 차량을 섭외할 수 없다면 다른 렌터카 회사에서라도 오토기어 차량을 빌릴 수 있는지 확인해봐야 한다. 차량이 있다면 비싼 비용을 내더라도 현지에서 다시 빌리는 수밖에 없다. 이럴 경우, 귀국 후에 보상을 신청하면 심사 후 차액을 돌려받을 수 있다. 이런 경우에도 담당자의 확인서나 명함을 받아두도록 한다.

업그레이드를 권유받는 경우

추가 비용을 내고 더 좋은 차로 업그레이드를 권유하는 경우가 있다. 일반 데스크에서 픽업 시 자주 있는 일이다. 조건이 좋다면 수락해도 된다. 하지만 원래 계약은 가급적 변경하지 않는 것이 좋다. 예를 들어 하루 10€만 더 내면 한 단계 위의 고급 차량을 탈 수 있다고 권유하면 쉽게 흔들리기 마련이다. 하지만 보험이나 세금 등을 따져보면 실제 부담하는 비용은 더 커진다. 또 전체 대여 기간을 놓고 보면 추가되는 금액이 생각보다 꽤 높아진다는 걸 명심해야 한다. 계약 조건이 변경되면 예약 당시 받은 할인 혜택이 적용되지 않을 수도 있다.

⋙ 임차영수증 보는 법

픽업 절차가 완료되면 임차영수증을 준다. 이 영수증에 사인을 하면 렌터카 픽업 절차가 최종 완료된다.

임차영수증에서 꼭 확인할 사항은 추가 옵션이다. 예시의 영수증은 필자가 허츠 렌터카에서 골드회원 선불로 예약한 조건이다. 슈퍼커버와 개인 상해보험 그리고 FPO 옵션을 신청해두었다. 영수증에서 해당 옵션 사항이 정상적으로 포함되어 있는지 확인하고 금액이 맞는지 체크하면 된다(그림 1번 항목). 이 영수증에는 슈퍼커버와 개인 상해보험이 제대로 포함되어 있고, FPO는 리터당 1.136€가 책정되어 총 73.84€가 추가된 것으로 표기되어 있다.

계약 조건에 문제가 없는 것을 확인하면 그다음 보증금 금액을 확인하면 된다. 보증금 총액은 875€다(그림 2번 항목). 나머지 내용은 렌트 기본 비용과 차량 정보 그리고 픽업, 반납지점 등의 정보가 표시되어 있다. 금액 앞에 (A)라고 표시된 것은 부가세 별도라는 의미이다. 만일 영수증에 신청하지 않은 옵션이나 보험이 추가되어 있다면 사인 전에 바로 정정을 요청해 새로 영수증을 받아야 한다.

≫ 차량 확인 및 점검하기

유종 파악

차량 픽업 시 유종 파악을 소홀히 하여 주유소에서 당황하는 경우가 많다. 유종은 주유구 캡이나 차량 내에 대부분 표시되어 있다. 하지만 표시가 되어 있어도 휘발유 차량인지 디젤 차량인지 모르는 경우가 많다. 잘 모르겠다면 담당 직원한테 꼭 확인을 하고 출발해야 한다.

주유 캡 열림 버튼 확인

유종 확인 시 주유구 캡을 여는 방법도 알아두어야 한다. 대수롭지 않게 생각하지만 주유소에서 주유구 캡을 못 열어 곤란해질 수 있다. 차량 중에는 주유 커버를 손으로 누르거나 그냥 앞으로 당겨야 열리는 것들이 있다. 자동차 키로 열어야 하는 차량도 있다. 여는 방법을 모르겠다면 직원에게 여는 방법을 확인하고 출발해야 한다.

차량 흠집 여부

차량을 전체적으로 둘러보고 차량 서류에 표시되지 않은 흠집이 있다면 사진을 찍어 둔다. 이후 직원을 불러 이를 확인시켜야 한다. 슈퍼커버보험에 가입했어도 확인을 해두는 것이 낫다.

기타 차량 조작 방법 체크

전조등, 와이퍼, 에어컨, 히터 등 일반적인 조작 장치도 모두 조작해 보고 고장 여부를 살펴보자. 렌터카는 한 번 출발하고 나면 차량에 이상을 발견해도 차량 교환이 쉽지 않다. 시간도 많이 소요된다. 사전에 충분히 살펴보고 출발해야 한다. 이것저것 점검을 하다 보면 20~30분은 순식간에 지나간다. 차량 픽업 시 점검 시간까지 고려해두는 것이 좋다.

주유구 커버의 외부나 내부에 유종이 표시되어 있다.

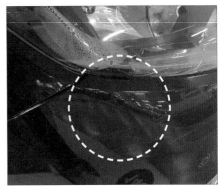

차량 스크래치는 촬영을 해두는 것이 좋다.

이탈리아에서의 운전은 유럽 자동차 여행 중에서도 난이도가 높다는 말이 있다. 실제로 독일이나 스위스 등 법규 준수율이 높은 나라들과 비교하면 운전자들의 운전 습관이 더 거친 것은 사실이다. 그러나 꼭 지켜야 할 규칙은 이탈리아 사람들도 철저히 지킨다. 일부 도시를 제외하곤 우리나라 운전보다 더 어렵지 않다.

≫ 추월 차선 규정 준수

유럽에서 고속도로 주행 시 가장 지켜야 할 1순위는 추월 차선 규정을 지키는 것이다. 추월 차선 규정이란 1차로는 추월 시에만 이용하는 것을 말한다. 추월이 끝나면 바로 주행 차선인 2차로로 돌아와야 한다. 우리나라에서는 많은 운전자들이 1차로를 주행 차선으로 생각하고 정속으로 계속 달리는 경우가 많다. 그러나 이탈리아에서는 이 규정을 정확히 지켜야 한다.

추월 후에는 바로 주행 차선으로 복귀하도록 한다.

≫ 추월 시 반드시 왼쪽 차선 이용

우리나라는 왼쪽, 오른쪽 가리지 않고 아무렇게나 추월을 하는 경우가 많다. 그러나 유럽에서는 아무도 그렇게 추월하지 않는다. 추월은 반드시 앞 차량의 왼쪽으로 해야 한다. 자칫 큰 사고로 이어질 수 있기 때문에 절대로 아무 방향에서나 추월하면 안 된다.

≫ 2차선으로 착각하기 쉬운 중앙선 주의

국도는 중앙선이 점선으로 표시된 구간이 많다. 그래서 자칫하면 양방향 도로가 아닌 2차선 도로라고 착각할 수도 있다. 역주행할 수도 있으니 주의하도록 한다.

≫ 방향 지시등은 항상 사용

이탈리아에서는 고속도로나 국도에서 차선 변경 시 방향 지시등을 잘 사용하지 않는다. 그래서 며칠 운전을 하다 보면 현지인들을 따라 하기 쉽다. 그러나 방향 지시등은 뒤차에게 자신의 주행 방향을 알려주고 사고 예방을 위해 필요한 신호를 보내는 것이다. 항상 사용하도록 한다.

2차선 앞에 보이는 차를 추월하고자 3차선으로 들어가 추월을 하면 안 된다. 반드시 1차선으로 진입하여 추월해야 한다.

중앙선이 흰색 점선이라 차량이 없으면 자칫 2차선으로 착각할 수 있다.

≫ 과속단속 카메라 주의

유럽 국가들은 과속단속 카메라가 숨겨져 있는 경우가 많다. 그에 비해 이탈리아는 단속 카메라를 육안으로 식별하기가 훨씬 수월한 편이다. 단속 경고 안내표지판도 잘 되어 있어서 주의하면 단속될 확률은 적다. 그러나 항상 정규 속도를 준수하고 과속에 주의해야 한다. 단속되면 벌금도 높고 처리 방법도 복잡하다. 카메라는 보통 차량 앞면보다는 뒷면을 촬영하는 방식이 더 많다.

1 마을 안에 있는 과속단속 카메라 2 전방에 구간단속 카메라 알림 표지판 3 고속도로 구간단속 카메라

이탈리아에서는 혼잡한 경우 통행 규칙이 지켜지지 않는 경우도 많다. 특히, 차량이 정체되거나 통행량이 많은 구간에서는 먼저 들이미는 차량이 우선이다. 이런 곳에서 회전 교차로 통행 규칙을 나 홀로 지키다간 경적 세례를 받는다. 현지 상황과 현지인을 따라서 융통성 있게 대처하도록 한다.

1 라운드 어바웃은 돌고 있는 차량이 우선이다. 진입하려는 차량은 우선 정차 후 먼저 돌고 있는 차를 보낸 후 진입해야 한다.
2 혼잡한 도로에서는 규칙을 지키는 경우가 별로 없다. 현지 흐름에 맞추어 운전하도록 한다.

≫≫ 회전교차로 주행 방법

유럽은 교차로가 라운드 어바웃Round about, 즉 회전교차로 방식으로 되어 있다. 이탈리아도 마찬가지이다. 처음에는 낯설지만 며칠 이용해보면 더 편리함을 느낄 수 있다. 회전교차로에서는 무조건 돌고 있는 차량에게 우선권이 있다. 따라서 교차로 안에 차가 돌고 있거나 진입을 하려는 차가 있으면 진입하지 말고 기다려야 한다. 규칙을 정리하면 다음과 같다.

■ 회전교차로를 만나면 우선 속도를 줄인다. 돌고 있거나 진입하려는 차가 없으면 천천히 진입한다. 나갈 때는 깜빡이를 켜고 빠져나가면 된다.

② 돌고 있는 차량이 있으면 정지선에 대기한다. 차량이 모두 지나간 후 진입한다.

③ 앞쪽에 진입하려는 차량이 있다면 역시 대기한 후 먼저 보내고 진입한다.

④ 나가는 방향이 헷갈리면 계속 돌면서 방향을 확인한 후 돌아나가면 된다.

≫≫ 차간 거리와 추월

국도를 다니다 보면 현지인 차들이 바짝 붙어 따라오는 경우가 많다. 이것이 운전자에게는 심리적 스트레스가 된다. 한국에서는 차간거리를 어느 정도 유지하고 다닌다. 그래서 뒤차가 가깝게 따라붙으면 빨리 가라고 압박을 가한다고 생각한다. 그러나 유럽에서는 꼭 그런 것은 아니다. 경적을 울리거나 상향등을 켜지 않는다면 추월을 위한 행동으로 보아야 한다. 따라서 너무 신경 쓰지 말고 본인의 페이스대로 운전하면 된다. 정 신경이 쓰이면 잠시 갓길로 비켜주면 된다.

이탈리아 고속도로의 특징

이탈리아 고속도로의 명칭은 오토스트라다Autostrada
이고 최고 속도 제한은 130km이다. 도로포장 상태는
우리나라에 비해 조금 좋지 않지만 큰 차이가 나지는
않는다. 다만 남부 지역의 도로들은 상태가 좋지 않은
구간들이 있다. 전체적으로 고속도로에 차량이 많지
않고 추월 차선이나 추월 규칙은 철저히 지키기 때문에
정체 구간이 적다. 운전 피로도 역시 적은 편이다.

1 고속도로 진입 이정표 2 이탈리아 고속도로

고속도로 통행료 징수 방식

통행료 징수는 우리나라와 같이 톨게이트 방식으로 운
영된다. 요금소에는 유인 정산소와 무인 정산소, 텔레
패스Telepass가 있다. 유인 정산소가 많은 편이라 톨게
이트 이용은 비교적 쉽다. 이용 방법도 우리나라와 동
일하다. 먼저 티켓을 발행하여 받고 도착지에서 징수
원에게 티켓을 주고 요금을 지불한다. 무인 정산소의
정산기계는 낯설지만 이용 방법은 전혀 어렵지 않다.
받은 티켓을 넣고 요금이 표시되면 요금을 지불하고
영수증을 받으면 된다.

요금은 지폐, 신용카드, 동전 모두 가능하다. 티켓 없

이 구간별 요금을 지불하는 것도 우리나라와 같다. 주
의할 점이 있다면 텔레패스Telepass라고 적힌 곳을 잘
봐야 한다는 것. 이곳은 우리나라의 하이패스와 동일
한 개념이다. 이 표시가 붙은 게이트로만 들어가지 않
으면 큰 문제는 없다.

1 유인 정산소도 꽤 많기 때문에 큰 어려움은 없다. 2 표지판에
그림으로 결제 수단이 표시되어 있다. 3 오른쪽 맨 끝에 보이는
텔레패스로만 진입하지 않으면 된다. 4 무인 정산기 모습. 티켓
을 넣고 요금이 화면에 뜨면 카드나 현금으로 지불한다. 빨간
버튼은 문제 발생 시 누르면 된다.

≫≫ 고속도로 휴게소 특징

구간별로 다양한 방식의 휴게소들이 존재한다. 주로 유럽 전역에서 볼 수 있는 오토그릴Autogrill과 미식의 나라답게 셰프 익스프레스Chef Express라는 브랜드의 휴게소가 많다. 두 군데 모두 다양한 음식을 판매하고 음식 퀄리티도 좋다. 양질의 식사를 즐기며 휴식을 취할 수 있다. 유럽의 휴게소들은 마트와 같은 방식으로 구성되어 있다. 입구로 들어가면 카페테리아와 푸드코트가 있고 좀 더 안쪽으로 들어가면 다양한 상품들이 진열되어 있다. 진열대는 출구까지 이어져 있어서 쇼핑을 한 후 계산을 하고 나가는 방식이다. 화장실 역시 휴게소 안쪽에 있다. 비용은 무료로 이용이 가능하다.

≫≫ 국도 운전 시 주의 사항

국도는 마을과 마을을 경유하는 방식으로 도로가 이어져 있다. 국도의 제한속도는 80~100km지만, 마을 진입 시에는 50km 이하로 감속하고 마을 안은 30km로 통과해야 한다. 마을을 벗어나면 다시 80km로 속도를 높인다. 여러 마을을 지나는 국도는 이렇게 속도를 줄이고 높이는 일을 반복한다고 생각하면 된다. 그런데 이것이 처음에는 익숙하지 않다. 나도 모르게 제한속도를 못 지키는 경우가 많다. 이럴 때 단속 카메라에 걸리기 쉽다. 다행히 다른 유럽 국가에 비해 카메라는 쉽게 확인할 수 있다. 그래도 항상 주의해야 한다. 안내 표지판이 잘 되어 있으니 주의를 기울이면 된다.

1 휴게소 진입로는 차종별로 구분되어 진입하게 되어 있다.
2 양질의 식사가 가능한 셰프 익스프레스는 대표적인 이탈리아 휴게소이다. 3 레스토랑 못지않은 휴게소 음식
4 휴게소의 출구까지 상점이 이어져 있다.

1 토스카나 지방의 국도 풍경
2 마을 진입로 표지판. 속도를 50km 이하로 감속해야 한다.
3 마을이 끝나는 지점의 표지판. 이 표지판 이후로 다시 원래 속도로 높이면 된다.

자동차 여행 중 가장 긴장되고 어려운 것이 시내 주행이다. 국내와 다른 일부 교통규칙과 트램, 자전거 등이 같이 달리는 환경은 긴장감을 주기에 충분하다. 대도시는 차량 통행량도 많고 정체도 심하고 주차도 쉽지 않다. 따라서 대도시에서는 대중교통을 이용할 것을 권장한다.

≫ 신호등과 정지선 : 지켜야 보이는 신호등

이탈리아를 비롯한 유럽의 신호등은 인도 쪽 길가에 보행자 신호등과 함께 세워져 있거나 정지선 바로 앞쪽에 위치해 있다. 따라서 정지선 이전에 차를 세우지 않으면 신호등을 제대로 보기 힘들다. 현지에 가보면 자연스럽게 정지선을 지킬 수 있는 형태로 신호나 도로 구조가 되어 있는 것을 볼 수 있다. 몇 번 정차를 하다 보면 정지선은 대부분 잘 준수하게 된다.

녹색 신호에 비보호 좌회전하면 된다.

≫ 우회전 : 우회전 신호등이 대부분 있다

우회전 신호등이 없는 우리나라와 달리 유럽은 우회전 신호등이 설치되어 있다. 신호등이 없는 곳도 전방 신호등이 녹색일 때만 우회전이 가능하다. 빨간불에 우회전을 하면 안 되고 우회전 시에는 보행자와 자전거를 항상 주의하도록 한다.

1 정지선 바로 위 신호등이 있어서 정지선을 넘으면 신호를 보기 힘들다. 2 인도 쪽 좌우에 신호등이 있는 경우 횡단보도 앞 정지선에 서지 않으면 신호가 보이지 않는다.

우회전 신호등이 별도로 설치되어 있다.

≫ 좌회전 : 좌회전 신호등이 거의 없다

유럽에서는 대부분 좌회전 신호가 없다. 이탈리아도 마찬가지로 직진 신호와 같이 비보호 좌회전을 하면 된다. 복잡한 교차로에서는 좌회전 신호등이 있으니 이를 잘 보고 주행하면 된다.

≫ 보행자 보호 : 무단횡단자도 지켜주는 보행자 보호

유럽에서는 무조건 보행자가 우선이다. 그렇기 때문에 무단횡단이 빈번하다. 신호를 가리지 않고 차가 없으면 무단횡단을 하는 경우가 많다. 그래도 보행자 보호가 우선이다. 따라서 횡단보도에서는 서행하고 주의를 기울이도록 한다.

• 주요 교통 표지판 •

우선권(1회성) 다음 교차로 또는 합류지점에서 우선권이 있음

오른쪽에 통행 우선권이 있는 교차로

반대 방향의 차량에 우선권이 있음

내 쪽이 우선 흰색 화살표 방향에 우선권이 있음

우선 순위 도로(지속성) 우선 순위 도로 종료 표지판이 나올 때까지 우선권이 있음

우선 순위 도로 종료

주정차 금지

제한적 정차 금지 3분 이내의 정차만 허용됨

자동차 진입 금지

60
최고 속도 제한 (60km 이하 운행)

30
최저 속도 제한 (30km 이상 운행)

속도 제한 해제

2 m ,30
표시된 폭 이상의 차량 주행 금지

3 m ,50
표시된 높이 이상의 차량 주행 금지

차량 진입 금지 (ZTL은 아님)

일방통행 진입 금지

차량 추월 금지

무거운 적재 차량 추월 금지

라운드 어바웃 (회전교차로)

막다른 길. 유턴할 수 없는 경우도 있을 수 있음.

조용함이 요구되는 지역 시작. 반드시 서행하거나 대기함 놀고 있는 아이들 주의 주차나 경적은 금물

zona
30
표시된 최고 속도 준수 지역 (ZTL은 아님)

zona
30
ZTL구역 해제

일방통행 도로

TARANTO
특정 지역(마을)이 시작됨. 표지판을 보는 즉시 50km로 감속해야 함. 과속 카메라 주의

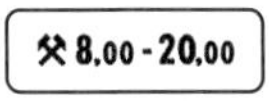
8,00 - 20,00
망치 표시=평일 8시부터 20시까지

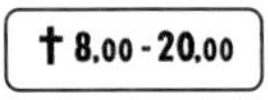
8,00 - 20,00
십자가 표시=휴일 8시부터 20시까지

MONTECOMPATRI
특정 지역(마을) 종료됨. 50km 속도 제한도 해제됨

eccetto
예외 차량

고속도로 시작

고속도로 종료

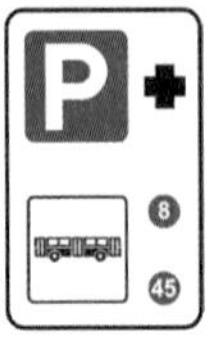
P
8
45
파크 앤 라이드

P
2 Std.
주차 디스크가 필요한 주차장

zona
traffico limitato

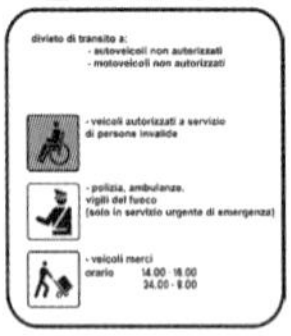
ZTL표지판 및 표시 항목 해석 허가받지 않은 차량 통행금지. 예외는 장애인 서비스를 제공하는 차량, 경찰, 앰뷸런스, 소방관, 응급 상황 발생 시 물품 차량은 14:00~16:00, 24:00~09:00 가능

06 ZTL에 대한 Q&A

Zona Traffico Limitato는 일명 ZTL이라 불리는 차량 출입 제한 지역이다. 이탈리아를 자동차로 여행하는 운전자라면 누구나 가장 신경 쓰고 주의해야 할 지역이라고 할 수 있다. 이탈리아 자동차 여행 계획을 세웠다가 뒤늦게 이 ZTL의 존재를 알고 난 후 여행지를 바꾸거나 자동차 여행을 포기할까 걱정하는 여행자들이 있을 정도다. 그만큼 ZTL의 두려움이 큰 것이 사실이다. 그러나 이것은 ZTL에 대해서 정확한 이해가 부족하여 두려움과 걱정이 큰 것뿐이다. ZTL을 제대로 이해한다면 크게 걱정할 필요는 없다.

>>> ZTL에 대한 FAQ

1. ZTL은 무엇일까?

ZTL은 환경오염과 문화유적 보호 차원에서 도심의 일정 구역을 차량 출입 제한 지역으로 설정해둔 곳을 말한다. 통행권을 부여받은 거주민과 그곳에서 생계형 영업을 하는 사람들만 차량으로 진입이 가능하다. 이탈리아 전역 대부분의 도시나 마을에 ZTL이 지정되어 있다.

2. ZTL 지역을 어떻게 알까?

ZTL구역 앞에는 표지판이 세워져 있다. 빨간 원이 그려져 있고 상단에 Z.T.LZona Traffico Limitato이라고 표기되어 있다. ZTL 표지판은 신호등 모양이나 전광판 같은 형태로도 존재한다. 보통 차량 후면을 촬영하는 카메라와 함께 설치된다. 빨간 원만 그려져 있고 Z.T.L 표기가 없는 곳은 통행 제한 구역일 뿐 ZTL은 아니다.

1 거주민들에게만 발행되는 ZTL 통행권 2 피렌체의 신호등 방식의 ZTL 표지판. 빨간불에 진입하면 카메라에 단속된다.
3 오르비에토의 ZTL 표지판. 카메라, 신호등, 표지판으로 구성되어 있고 통행금지 시간 및 각종 규제 사항이 명시되어 있다.

1 시에나 ZTL 표지판. 바닥에도 선명하게 ZTL이라고 표시되어 있다. 역시 진입하면 카메라에 단속된다. 2 전광판 형식의 ZTL 표지판. VARCO ATTIVO는 출입 금지이고 VARCO NON ATTIVO는 출입 가능 표시이다.

3. ZTL 지역을 운전할 때 참고할 사이트나 어플이 있을까?

다음 두 곳을 추천한다.

❶ Accessibilità Centri Storici

검색창에 도시 이름을 입력하면 ZTL구역을 구글 지도에 표시해준다. 주요 도시만 확인할 수 있다.

🌐 www.accessibilitacentristorici.it/ztl

❷ 나비투고

가민내비를 대여해주는 업체로, ZTL 지도를 수시로 업데이트하여 공개하고 있다.

구글 지도에 연동되어 있어 좀 더 쉽게 확인할 수 있고 더 많은 지역을 확인할 수 있어 추천한다.

🌐 blog.naver.com/navi2go

스마트폰 어플로는 ZTL RADER가 가장 많이 사용된다. 인식률과 사용 편리성이 좋다. 설치 및 사용 방법은 여행 준비편(044p) 참고. 그러나 이런 정보들이 실제 운전 시 ZTL을 피하게 해주는 것은 아니다. 사전에 ZTL구역을 확인하는 용도로만 사용해야 한다.

1 ZTL Rader 어플 실행 화면. 안전한 곳에서는 웃는 아이콘이 표시된다. 2 인근에 오면 놀란 표정을 지으며 경보를 울린다.

4. ZTL은 365일 24시간 항상 단속할까?

ZTL은 24시간 통행 제한 구역이 있는 곳도 있지만 대부분은 운영 시간이 정해져 있다. 보통 주중은 07:00~20:00까지이고, 일요일과 공휴일은 해제되는 것이 일반적이다. 그러나 ZTL 구역마다 운영 시간이 다르기 때문에 동일한 것은 아니다.

5. ZTL을 위반하면 어떻게 될까?

단속 카메라로 차량 번호가 촬영되고 즉시 이탈리아 교통국으로 전송된다. 과태료는 80~100€다. 과태료는 바로 확인할 수 있는 것은 아니고 몇 달 후 우편으로 고지서가 도착한다.

1 표지판에 통행금지 시간이 표시되어 있다. 하지만 통행금지 시간에 이 표지판을 보았을 때에는 이미 되돌릴 수 없는 상태가 된다. **2** 신호등 형식의 ZTL 표지판이 파란불일 경우엔 진입이 가능하다. **3** 전방에 ZTL 표지판이 있지만 카메라는 없다. 그러나 이 표지판을 지나치면 100미터 앞 일방통행 도로에 카메라가 달린 ZTL 표지판이 나온다.

6. ZTL에 진입하면 무조건 단속이 될까?

카메라 없이 표지판만 있는 곳들이 있다. 이런 곳은 즉시 단속되는 것은 아니다. 이런 표지판은 ZTL 구역을 알리는 경고의 의미를 지닌다. 이곳에서 더 들어가면 카메라가 달린 표지판이 추가로 나타나는 경우가 많다. 처음 표지판을 만나면 돌아나갈 수 있는 기회가 있다. 그러나 두 번째 표지판을 만나면 돌이킬 수 없게 된다. 카메라 유무에 상관없이 ZTL 표지판이 보이면 우회해야 한다.

7. ZTL을 피할 수 있는 방법이 있을까?

ZTL을 피해 다닌다는 것은 거의 불가능하다. 진입하지 않는 것이 최선의 방법이다. 그러나 사전에 준비를 해두면 크게 걱정할 필요는 없다. 목적지 주변의 ZTL 여부를 확인하고 안전한 주차장을 미리 파악해두면 된다. ZTL 확인 사이트와 구글 지도를 활용하면 충분히 파악해볼 수 있다. 이 정도 준비는 운전자가 미리 해두어야 한다. 정확히 가야 할 곳을 알아두고 움직이면 ZTL을 맞닥뜨릴 일은 거의 없다. 단속되는 사람들의 대부분은 이런 사전 준비 없이 내비게이션만 믿고 무작정 다니는 사람들이다.

8. 예약한 호텔이 ZTL 안에 있는 경우는 어떻게 할까?

호텔 이용 고객들은 이용 기간 동안 ZTL 통행 허가를 받을 수 있다. 호텔에 도착해서 차량 번호를 알려주면 단속 내용도 처리해주고 통행도 가능하다. 그러나 모든 숙소가 해당되는 것은 아니다. 예약 전에 이 부분을 직접 확인해두어야 한다.

9. 시내에서 렌터카를 픽업 또는 반납할 때의 지점이 ZTL 안에 있으면 어떻게 될까?

렌터카 대리점들은 대부분 ZTL 구역 밖에 지점이 위치해 있다. ZTL 구역을 통과해야 하는 지점은 안전한 경로를 알려준다. 만일 차를 반납하는 과정에서 ZTL을 위반할 경우에는 벌금을 내야 한다. 진입 경로를 사전에 숙지하는 것이 필요하다.

1 피렌체 허츠 시내 지점에서 차를 받아서 빠져 나가는 길. 해당 지역은 ZTL 구역 안이다. 이 경로로 가면 단속되지 않는다. 내비게이션이 대부분 이 경로를 안내해준다. 단, 경로를 벗어날 경우 단속 구간에 진입하게 됨으로 주의가 필요하다.
2 피렌체 허츠 반납 주차장으로 반납하러 가는 길. 일반통행 구역이라 픽업과 반납 경로가 달라진다. 이 길 역시 ZTL 구역이지만 단속되지 않는 길이다. 이 경로에서 다리를 건넌 후 좌회전이나 우회전을 한 번이라도 잘못하게 되면 바로 단속 카메라에 촬영되고 만다.

10. ZTL을 피해갈 수 있게 안내해주는 내비게이션이 있을까?

ZTL을 피해서 길 안내를 해주는 내비게이션은 아직 없다. ZTL 알림 어플을 설치하거나 가민과 같은 전문 내비게이션의 경우는 패치를 하는 방법이 있다. ZTL 구역 근처에 접근하면 경고 안내를 받을 수 있기 때문에 도움이 된다.

11. 내비게이션이 ZTL을 피해서 안내해주는 경우도 있다. 그건 왜 그럴까?

내비게이션은 최적의 경로를 안내한다. ZTL 구역을 통과하는 길들은 보통 효율적이지 않다. 따라서 그 길을 안내하지 않는 것뿐이다. 실제 많은 내비게이션들이 ZTL 구역을 피해서 길을 안내해준다. 그래서 마치 모든 내비게이션이 ZTL을 피해서 안내해주는 것 같은 느낌을 받을 수 있다. 하지만 최적 경로가 ZTL을 통과해야 한다면 내비게이션은 ZTL 구역 안으로 길을 안내한다. 따라서 내비게이션이 ZTL을 피해서 길을 알려줄 거라고 믿고 운전을 감행하다가는 영락없이 단속에 걸리게 될 것이다.

12. ZTL에 모르고 진입하면 어떻게 해야 할까?

인근에 사설 유료 주차장이 있다면 일단 그곳에 주차를 한다. 도심 지역의 ZTL 내에는 관리인이 있는 사설 유료 주차장들이 있다. 이곳에 주차하면 ZTL 단속 기록을 삭제해준다. 주차비는 매우 비싸지만 벌금보다는 저렴하다. ZTL 진입 후 한 시간 이내에 주차를 해야 적용을 받을 수 있다. 주차장이 만차라 주차를 할 수 없다면 꼼짝없이 벌금을 내야 한다.

내 머릿속의 도로 상식

ZTL, 그렇게 걱정할 필요는 없다

ZTL이 두려움의 대상인 것은 사실이지만, 그렇다고 그 때문에 여행을 망설일 정도로 걱정할 필요는 없다. ZTL에 대한 정확한 정보가 없다 보니 인터넷에 떠도는 가짜 정보에 빠지기 쉽다. 가짜 정보들은 ZTL의 함정은 피할 수 없다는 잘못된 이미지를 심어준다.

대도시가 아닌 소도시에서는 ZTL을 위반하기는 쉽지 않다. 소도시들은 대부분 성곽 마을이고 성곽 안에 구도심과 관광지가 형성되어 있다. 성문 안쪽은 차량이 들어갈 수 없게 되어 있거나 ZTL 표지판이 크게 설치되어 있다. 모르는 사람이 보더라도 들어가면 안 된다는 것을 단번에 알 수 있다. ZTL 주변에는 주차 시설이 잘 되어 있어서 그곳에 주차를 하면 아무런 문제가 없다.

ZTL이 주로 문제가 되는 곳은 로마, 피렌체, 밀라노 등 대도시를 여행할 경우다. 그런데 이런 대도시에서는 차량을 이용할 필요가 없다. 대도시라고 해도 주요 관광지는 모두 도보로 이동할 수 있거나 대중교통으로 충분하다. 물론 노약자와 아이들을 동반한 경우, 부득이 차를 이용하고자 하는 나름의 이유가 있을 수는 있다. 그러나 혼잡하고 낯선 도로에서 심각한 교통 체증과 주차난을 굳이 일부러 경험할 필요는 없다. ZTL 단속까지 염려하며 시내 운전할 필요가 있을지는 득실을 따져보는 게 좋겠다. 대중교통 이용이 불편하다면 우버나 택시 등 다른 대체 교통수단을 찾는 것이 더 효율적이다.

ZTL이 무엇인지 모르고 진입하다 단속에 걸리는 것은 어쩔 수 없다. 하지만 알면서도 무모하게 운전을 감행하는 것은 바보 같은 짓이다. 원칙만 잘 지키면 ZTL은 걱정할 필요도 공포심을 가질 필요도 없다.

알베로벨로 마을의 ZTL 진입 구역. 바리게이트가 있는 모습은 누가 봐도 들어가면 안 될 것 같은 인상을 풍긴다.

이런 도심에서 ZTL 표지판만 작게 표시되어 있으면 못 보고 들어갈 수 있다.

꼭! 알아두기

ZTL 표지판 이해하기

① ZTL 1구역으로 허가된 차량을 제외하고 10시부터 16시까지, 17시부터 22시까지 통제됨

② 전자 제어 카메라로 단속되고 있음

③ 호텔 투숙객은 예외

④ 5톤 이상 차량 금지. 물건 납품은 6시부터 10까지, 16시부터 17까지만 가능. 단, 목요일 아침, 토요일, 휴일은 제외

⑤ 최고 속도 20킬로미터. 캠핑카, 트레일러 진입 금지

⑥ 통행 신호등

⑦ 단속 카메라

07 주차장 이용하기

실내주차장 이용 방식은 우리와 똑같기 때문에 이용에 전혀 어려움이 없다. 지상 주차 시 주차선의 의미만 잘 알아두면 된다. 주차선은 흰색, 노란색, 파란색으로 구분된다. 주차비는 평균 1시간에 1~2€ 정도 수준이다.

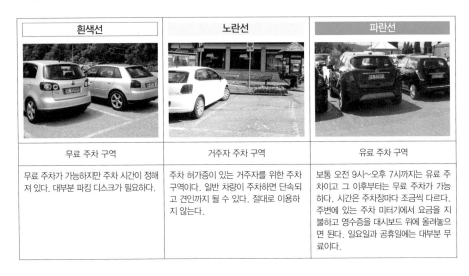

흰색선	노란선	파란선
무료 주차 구역	거주자 주차 구역	유료 주차 구역
무료 주차가 가능하지만 주차 시간이 정해져 있다. 대부분 파킹 디스크가 필요하다.	주차 허가증이 있는 거주자를 위한 주차 구역이다. 일반 차량이 주차하면 단속되고 견인까지 될 수 있다. 절대로 이용하지 않는다.	보통 오전 9시~오후 7시까지는 유료 주차이고 그 이후부터는 무료 주차가 가능하다. 시간은 주차장마다 조금씩 다르다. 주변에 있는 주차 미터기에서 요금을 지불하고 영수증을 대시보드 위에 올려놓으면 된다. 일요일과 공휴일에는 대부분 무료이다.

》》》 실내주차장 정산 방법

관리인이 있는 곳들도 있지만 대부분 무인정산 방식이다. 들어갈 때 티켓을 뽑고 나올 때 CASSA라고 쓰인 무인정산기에서 정산한다. 다시 받은 티켓을 출구 차단기에 넣고 나가면 된다. 참고로 실내 지하주차장에는 무료 화장실이 대부분 있다. 화장실 중에는 주차 티켓에 기재된 비밀번호를 입력해야 들어갈 수 있는 곳들이 있다. 만일 화장실 문이 안 열리면 주차티켓에 적힌 비밀번호를 입력하면 된다.

1 실내주차장 입구 2 실내주차장 모습 3 주차 티켓 4 무인정산기

》》》 지상주차장 정산 방법

주차 미터기에서 원하는 시간만큼 결제하고, 영수증을 대시보드 위에 올려놓는다. 이를 Pay and Display 방식이라 부른다.
사용 방법은 다음과 같다.
❶ 주차장 주변에 설치된 주차 미터기를 찾는다.
❷ 모니터 화면에 현재 시간을 확인한다.

1 모양은 달라도 사용 방법은 대부분 동일하다. **2** 주차장 주변에 이런 주차 미터기가 놓여 있다. **3** 모니터에 현재 화면이 표시되어 있다. 돈을 넣으면 시간이 올라간다. 원하는 시간이 표시됐을 때 녹색 버튼을 누르면 영수증이 나온다. **4** 발행한 영수증 티켓은 차 안쪽 대시보드에 올려두면 된다.

❸ 동전을 투입하면 시간이 올라간다. 주차하고 싶은 시간만큼 동전을 넣는다.
❹ 예상 시간에 도달하면 녹색 확인 버튼을 누른다.
❺ 영수증이 나오면 이를 운전석 대시보드 위에 올려놓는다.

주차 미터기는 모양이 각각 다르지만 사용 방법은 대부분 유사하다. 천천히 살펴보면 어렵지 않게 이용할 수 있다. 주차 시간은 처음 예상보다 조금 더 넉넉하게 두는 것이 좋다. 시간을 초과하면 단속되기 때문에 되돌아와서 다시 티켓을 끊어야 한다.

≫ 주차장 이용 시 유의 사항

1. 무료 주차장은 파킹 디스크를 사용한다.

무료 주차장은 보통 30분에서 최대 2시간까지 무료 주차가 가능하다. 시간제한이 있기 때문에 파킹 디스크라는 시간 표시판을 사용해야 하는 곳이 많다. 파킹 디스크는 시간을 표시할 수 있는 시간 표시판을 말한다. 주차장 표지판 P 글자 밑에 디스크 모양이 표시돼 있는 곳은 파킹 디스크를 사용해야 하는 주차장이다.

1 파킹 디스크는 잘 보이게 차 안쪽에 두면 된다. **2** 파킹 디스크 사용 무료 주차장 **3** 30분 단위로 시간을 표시해주면 된다.

파킹 디스크는 렌터카 대여 시 차량 안에 기본적으로 들어 있다. 없는 경우엔 마트나 주유소에서 구입하면 된다. 사용 방법은 간단하다. 주차장에 도착한 시간을 표시해두고 대시보드 위에 올려두면 된다. 시간은 30분 단위로 설정할 수 있다. 따라서 1분부터 30분 사이에 도착했다면 30분에 표시하고 31분부터 60분 사이에 도착했다면 0분(정시)으로 표시한다. 예를 들어 2시 17분에 도착했다면 2시 30분으로 맞추는 식이다. 만약 최대 주차 시간이 두 시간인 주차장이라면 4시 30분까지 돌아오면 된다.

2. 실내 지하주차장이라고 방심하지 말자

실내 지하주차창은 비교적 안전하지만 간혹 도난사고가 발생하기도 한다. 따라서 가능하다면 CCTV가 촬영되는 위치에 세워두는 것이 좋다. 주차장 안에서 짐 정리를 하는 것도 표적이 될 수 있기 때문에 삼가는 것이 좋다.

3. 주차 후 차 안에 물건을 두지 않는다.

주차 후 차 안에 어떤 물건도 남겨선 안 된다. 차 안에 물건이 놓여 있으면 도둑들의 표적이 된다. 트렁크에 넣어둔 캐리어와 가방은 자전거 자물쇠 등으로 묶어두는 것이 좋다. 어쩔 수 없이 차량 안에 짐을 두어야 한다면 검은 천으로 꼭 덮어두도록 한다.

08 주유소 이용하기

≫≫ 이탈리아 주유소의 특징

유럽의 주유소는 대부분 셀프 방식이지만 이탈리아는 직원이 기름을 넣어주는 방식도 혼용하고 있다. 주유소에 들어가면 Self와 Servizio로 주유기가 나누어져 있다. Servizio 구역으로 가면 직원이 기름을 넣어준다. 편리하지만 총 금액의 10% 정도(리터당 0.15€ 가량) 더 비싸다. 기름값은 우리나라와 비슷하거나 조금 더 비싸다. 결제는 신용카드나 현금 모두 가능하다. 주유 방법도 모두 동일하다. 결제 방법만 다소 차이가 있다.

이탈리아의 주유소들은 Self와 Servizio로 구분되어 있다.

1. 유종 구분

이탈리아에서 디젤은 대부분 DISEL로 표기하지만 Gasolio라고 표기하는 곳도 있다. Gasolio는 가솔린과 발음이 비슷해서 휘발유라고 생각할 수 있어서 주의해야 한다.

휘발유의 경우는 다양한 용어로 표기된다. 주로 Senza Piombo(무연휘발유) 또는 Super Senza Piombo(Super PB) 등으로 표기되어 있는 경우가 가장 많다. Benzina로 표시하기도 한다. 명칭이 혼동되면 주유기 색상으로 구분하면 된다. 디젤은 노랑색이나 검은색 주유기이고 휘발유는 녹색으로 되어 있다.

디젤을 Gasolio로 표기하는 곳도 있다. 주의하도록 하자.

디젤은 disel 그대로 표기된다.

2. 주유 및 결제 방법

주유 방법은 국내 셀프 주유 방식과 동일하다. 결제 방법은 선불이 아닌 후불이다. 셀프 주유 시 주유기에서 결제를 하지 않고 상점으로 들어가서 결제를 한다는 점만 차이가 있다. 주유 방법을 정리하면 다음과 같다.

❶ 유종을 먼저 확인하고 해당 주유기를 들어 기름을 넣는다. 결제는 후불이라 기름 먼저 넣으면 된다. 5€, 10€, 20€, 가득(Pieno) 등 버튼이 있는 주유기들도 있다. 가득 채우지 않을 경우에는 해당 금액의 버튼을 누르고 주유하면 된다.

❷ 주유가 완료되면 금액과 주유기 번호를 확인한다. 주유소 상점으로 들어가 주유기 번호를 말하고 계산하면 된다. 카드나 현금을 건네면 알아서 계산해준다.

1 원하는 금액을 누르고 주유하거나 그냥 주유하면 가득 채워진다. 숫자 2는 주유기 번호이다. **2** 상점에 들어가 주유기에 적힌 번호를 이야기하고 결제하면 된다.

3. 무인 주유소 이용 방법

무인 주유소 사용은 주의해야 한다. 가급적 이용하지 않는 것이 좋다. 주유 기계가 다양하고 사용법이 각기 달라서 이용이 쉽지 않다. 고장난 주유기도 많아서 주유로 인한 문제는 대부분 무인 주유소에서 발생한다. 주유 방법은 기계마다 다르지만 정리하면 다음과 같다.

❶ 카드 투입구에 현금 또는 신용카드를 넣는다.

❷ 주유할 주유기의 번호, 기름 종류를 선택한다.

❸ 신용카드 PIN 번호(비밀번호)를 입력하고 카드를 뺀다.

❹ 영수증 발행 선택 화면이 나오면 선택을 누른다.

❺ 주유기로 주유를 시작하고 주유가 완료되면 주유기를 원래 위치에 놓는다.

조작 방법은 기계마다 다를 수 있다. 그림으로 설명된 사용법을 잘 보고 따라 하면 된다.

4. 무인 주유소 이용 주의 사항

❶ 무인 주유소는 카드 결제 시 100~150€ 정도의 금액을 가승인하고 실제 주유한 금액만 청구하는 방식이다. 그래서 50€를 주유했는데 150€가 결제되었다며 놀라는 경우가 많다.

우리나라와 달리 실시간 승인 취소가 되지 않아 이런 오해가 생긴다. 실 주유 금액만 청구되니 걱정하지 않아도 된다.

❷ 현금 입금 시 잔돈이 나오지 않는다. 이걸 모르고 50€나 100€를 넣었다가 돈을 떼이는 경우가 많다. 현금은 정확한 금액을 넣어야 한다. 거스름돈 대신 다음 주유 시 사용할 수 있는 쿠폰을 주기도 한다. 이곳에 다시 올 일 없는 여행자에게는 낭패가 아닐 수 없다.

> **(TIP)**
> 거스름돈 대신 쿠폰을 받았을 경우에는 현지인과 교환하는 방법이 있다. 현지인에게 거스름돈을 대신 받고 쿠폰을 건네주면 다음날 현지인은 주유소 주인에게 돈을 돌려받는 방법이다. 이런 부탁을 들어주는 고마운 현지인들이 있다. 따라서 이런 경우를 당하면 그냥 포기하지 말고 용기를 내어 말을 걸어보는 시도를 해보도록 한다.

이탈리아는 치안 상태가 좋은 편은 아니다. 최근엔 테러 위험 때문에 주요 관광지에 무장 군인과 경찰이 배치되어 있어, 전보다 나아진 부분도 있다. 하지만 로마를 비롯한 대도시에 빈번하게 발생하는 소매치기와 차량 절도 사고 등은 여전하다. 이런 사고의 대부분은 부주의로 인해 발생하지만 피할 수 없는 경우도 있다. 따라서 여행 중 주로 발생하는 사고 유형을 알아두고 예방 및 대처법을 파악해둘 필요가 있다.

》》》 타이어 펑크 사고

스페어 타이어나 응급 키트로 수리를 하면 되지만 사용법을 아는 사람들은 많지 않다. 교체 방법을 모르면 우선 렌터카 응급센터에 사고접수를 한다. 언어가 능숙하지 않으면 주변의 현지인에게 통화를 부탁하는 것이 좋다. 유럽은 단순 펑크라도 차량을 견인하여 수리하게 된다. 처리 기간도 하루 이상이 소요되기도 한다. 수리 비용은 보험과 사고 유형에 따라 보상 유무가 달라진다. 현지인들의 도움을 받는 경우도 많다. 현지인의 도움으로 스페어 타이어를 교체한 후 근처 지점에서 차량을 교환받은 사례가 실제로 적지 않다. 스페어 타이어가 있다면 도움을 요청해보자.

》》》 혼유 사고

주유 중 혼유했을 경우 주유소 측에 알리고 렌터카 긴급 출동 서비스를 요청한다. 혼유 사고 사실을 모르고 출발한 경우 노킹현상(비정상적 연료 연소로 인한 차의 떨림과 소리)을 보이며 얼마 못 가서 멈춘다. 이때 절대로 시동을 걸고 끄는 행동을 하지 말아야 한다. 그 자리에서 비상등을 켜고 긴급 출동 서비스를 신청하면 된다. 이런 혼유 사고는 보험 적용 대상도 되지 않으니 항상 주의하도록 한다.

》》》 엔진 체크 경고등

노란색의 엔진 체크 경고등이 뜨는 경우가 있다. 당장 주행에는 문제가 없지만 점검을 받는 것이 좋다. 주유를 마치고 덮개를 제대로 잠그지 않은 경우에도 이 경고등이 들어온다. 우선 이것부터 확인해보도록 한다.

》》》 자동차 접촉, 추돌 사고

주차 혹은 조작 실수로 인해 발생한 경미한 스크래치는 슈퍼커버보험에 가입했다면 크게 문제가 되지 않는다. 그러나 범퍼 및 차체가 찌그러지거나 길게 스크래치가 난 경우에는 렌터카 회사에 고지해주어야 한다. 이때 폴리스 리포트도 필요한지 물어보도록 한다. 만일 파손 정도가 심하거나 다른 차량과 추돌한 사고라면 반드시 렌터카 회사와 경찰에 신고하고 폴리스 리포트를 받아야 한다. 추돌 사고 시에는 상대방 운전자의 연락처, 면허증, 보험증서, 주소, 차량번호판을 확인해둔다. 렌터카 회사에서 제공하는 'Incident Report'에 해당 내용 등을 기재해서 제출하면 된다.

≫ 주차장 뺑소니 사고

주차해놓은 차량이 손상되는 경우가 있다. 관리인이 있는 실내주차장이라면 직원에게 이야기한다. 렌터카 회사에 전화를 해달라고 부탁한 후 사고 사실을 알려준다. 폴리스 리포트가 필요한지도 확인하도록 한다. 야외주차장이나 직원이 없다면 직접 연락하여 사고 사실을 고지해준다. 단순 스크래치 정도이고 슈퍼커버 보험을 들었다면 너무 염려할 필요는 없다. 렌터카 회사의 조치 방법을 따르면 된다.

≫ 차량털이 사고

경찰에 사고접수 후 폴리스 리포트를 받아둔다. 폴리스 리포트를 받은 후에는 근처 렌터카 지점에서 차량을 교체한다. 차량이 움직일 수 없는 경우에는 긴급 출동 서비스를 요청하여 견인한다. 차량털이는 대부분 차 안에 물건을 두는 부주의 때문에 발생한다. 차안에 물건을 두지 않고 안전한 실내주차장에 차를 세우면 어느 정도 예방할 수 있다. 차량에 경보 알림 스티커를 부착하는 것도 도움이 된다. 실제 경보 효과는 없지만 부착만으로 예방 효과가 있다.

경보 알림 스티커를 붙여두는 것도 좋은 방법이다.

> **꼭! 알아두기**
>
> 사고 차량을 교환하는 경우에도 기름은 가득 채워서 반납해야 한다. 사고를 당한 충격으로 경황이 없어서 그냥 반납하기 쉽다. 기름이 가득 차 있지 않으면 차후에 비싼 연료비가 청구된다.

≫ 각종 분실 사고 수습 방법

여권 분실

여권 분실 시 바로 경찰서에 신고하고 폴리스 리포트를 받는다. 이후 가까운 대사관이나 영사관으로 가서 여행 증명서를 신청한다.

여권 재발급을 위해서는 여권 번호, 발행 연월일, 여권용 사진 2장, 분실 증명 확인서가 필요하다. 미리 사진 2장과 여권 사본을 챙겨두는 것이 좋다. 단수 여권은 보통 두 시간 이내에 재발급이 가능하다.

운전면허증 분실

국내, 국제 운전면허증을 모두 분실한 경우 우선 폴리스 리포트를 먼저 받아두어야 한다. 자동차 픽업 시에만 운전면허증이 필요할 뿐 주행 중에 운전면허증을 검사받는 경우는 거의 없다. 검사를 받더라도 폴리스 리포트를 보여주면 대부분 큰 문제가 되지 않는다.

신용카드 분실

출국 전에 사용하는 카드사의 어플을 깔아두는 것이 좋다. 전화 통화 없이 바로 어플에서 분실 신고를 접수할 수 있다.

차량 키 분실

차량 키를 분실하면 근처 렌터카 사무소로 차량을 이동시키고 교체를 받는다. 이때 견인 비용과 키 분실 비용은 보험 처리가 되지 않으니 유의하도록 하자.

현금 분실

재외공관 송금 서비스를 이용하면 가족이나 지인으로부터 1회 3,000불까지 송금을 받을 수 있다. 재외공관 서비스는 대사관이나 영사관을 찾아가야 한다. 무료 전화(+080-2100-0404)

지방 소도시에서 이런 일을 당했을 경우엔 재외공관 송금 서비스를 이용하기 어렵다. 이럴 때는 웨스턴 유니온이라는 서비스를 활용하는 것도 방법이다. 웨스턴 유니온은 세계적인 송금 전문 서비스 업체다. 전 세계 약 200개 국가에 51만 개 이상의 가맹점을 보유하고 있다. 재외공관이 없는 지방에서 돈을 찾을 때 유용하게 활용할 수 있다. 웨스턴 유니온에 대한 자세한 내용은 홈페이지 참고.

웨스턴 유니온 www.westernunion.co.kr

반납 장소 확인

공항점에 반납한다면 공항 인근부터 'Car Rental Return'이라는 표지판을 계속 볼 수 있다. 표지판을 따라가면 된다. 중앙역 주차장 인근에도 렌터카 반납 표지판이 있다. 그러나 반납 장소를 못 찾아서 곤란한 상황을 겪는 분들이 많다. 반납 장소는 미리 확인해두자. 주요 도시의 반납 장소는 조금만 검색을 해도 찾을 수 있다. GPS 좌표까지 확인해서 정리해두자. 반납 시간은 예정 시간보다 좀 더 일찍 도착할 수 있게 출발하는 것이 좋다.

반납 전 체크 사항

연료 체크

렌터카는 반납할 때 기름을 가득 채워서 반납하는 것이 원칙이다. 그렇지 않을 경우 인건비를 포함한 굉장히 많은 유류비가 청구된다. 반납 전 마지막 주유소를 미리 확인해두고 꼭 가득 채운 후 반납하자.

소지품 체크

차량 반납에 신경 쓰다 보면 차 안에 물건들을 놓고 나오는 경우가 많다. 이런 경우 바로 되돌아가서 찾지 않으면 찾기 어렵다. 귀국 후에 알게 되었다면 렌터카 지점에 문의하고 보관이 되어 있다면 보내달라고 부탁해볼 수 있다. 그러나 현실적으로 누군가가 찾아서 전달해주지 않는 한 되찾기는 어렵다.

세차 여부

렌터카는 반납과 동시에 차량을 점검한다. 이후 바로 세차장으로 간다. 따라서 별도로 세차를 해둘 필요는 없다. 다만, 차량 내부의 쓰레기는 치우는 매너는 보여주도록 하자.

무인 반납

영업시간 이외에 도착할 경우 무인 반납을 해야 한다. 이때 반납지점이 무인 반납이 가능한지 미리 확인해두어야 한다. 무인 반납은 자동차 키를 보관함에 두거나 차 안에 두고 나오면 된다. 주유 게이지 사진은 꼭 찍어두어야 한다. 반납 방법은 지점별로 다르니 별도로 확인하면 된다.

반납 과정

차량 점검

차를 반납하면 직원이 차를 살펴보면서 연료 게이지와 주행거리를 체크한다. 사고 흔적이나 차량 이상 유무 등도 살핀다. 차량 손상이 있었을 경우에는 해당 부분에 대해서 설명을 해주어야 한다. 폴리스 리포트나 Incident Report를 작성해둔 것이 있다면 같이 제출한다.

반납 확인을 처리해주고 있는 허츠 직원

영수증 확인하기

반납 절차가 끝나면 직원이 영수증을 출력하여 건네준다. 이 영수증에 찍힌 금액이 렌터카 이용 최종 금액이 된다. 금액이 이상하거나 궁금한 사항이 있다면 현장에서 바로 물어본다. 문제가 없다면 영수증을 잘 보관한다. 영수증을 현장에서 바로 안 주고 메일로만 보내주는 곳들도 있다. 종이영수증을 요청해보고 받을 수 있다면 챙겨둔다. 만일 메일로 영수증이 오지 않으면 반드시 요청하여 받아두어야한다. 영수증은 계약 기간 동안 생긴 문제를 해결하고 보상을 받는데 가장 중요한 증빙 서류이므로 꼭 챙겨두어야 한다.

---

(11) 범칙금 처리하기

자동차 여행에서 예상치 못한 지출은 바로 교통범칙금이다. 주로 주차 위반이나 속도 위반으로 범칙금을 낸다.

≫ 주차 위반 딱지

주차 위반 딱지는 현장에서 발급된다. 차 유리에 놓여 있기 때문에 위반 여부를 바로 확인할 수 있다. 주차 위반 범칙금은 현지에서 내고 오면 된다. 인근 우체국Poste에 고지서를 가지고 가서 납부한다.

≫ 과속범칙금 고지서

속도 위반 사실이 있는 경우 한두 달쯤 렌터카 회사에서 20~30€ 정도가 결제된다. 사전에 고지는 하지 않으며 예약 시 등록한 신용카드로 승인된다. 이 금액을 범칙금으로 생각하는 사람들이 많다. 하지만 범칙금이 아니라 렌터카 회사의 신원정보 조회 수수료이다. 교통법규 위반자의 신원을 교통국에 통보해주면서 조회 비용을 청구하는 것이다. 렌터카 회사들은 모두 이런 조회료를 청구한다. 벌금 고지서는 신원조회 수수료가 결제된 이후 보통 2~3개월에서 4개월 안에 우편으로 도착한다(최대 1년까지 걸리기도 한다). 고지서에는 위반 내용과 납부 방법이 적혀 있다. 이탈리아어이기 때문에 내용을 알기 어려울 것이다. 이럴 때에는 유럽 자동차 여행 카페에 도움을 요청해보는 방법도 있다. 벌금 고지서는 바로 납부하는 것이 좋다. 물론 소액의 범칙금을 바로 안 낸다고 해서 다음번 여행 시 입국 금지나 렌터카 대여가 제한되는 등의 불이익이 생기는 것은 아니다. 하지만 정당하게 청구된 벌금 비용은 내야 하는 것이 맞다. 아깝다는 생각이 들어도 빨리 납부하고 잊어버리는 것이 좋다.

이탈리아 자동차 여행

실전편

01

돌로미티와
북부 지역

코르티나 담페초

볼차노

시르미오네

밀라노 베로나 베네치아

친퀘 테레

북부 지역의 하이라이트, 돌로미티

알프스 산맥의 일부인 돌로미티는 이탈리아 북부의 웅장한 산맥을 지칭한다. 3,000m 이상의 봉우리가 18개, 빙하가 41개 있으며, 총 면적이 141,903ha에 이르는 방대한 지역이다. 보통 이곳을 여행하는 거점 도시는 서쪽의 볼차노와 동쪽의 코르티나 담페초라고 할 수 있다. 볼차노에서 시작하여 코르티나 담페초로 이동하거나 그 반대로 이동하는 코스로 자동차 여행을 하게 된다. 물론 이 코스는 돌로미티를 자동차로 여행하는 가장 대표적인 관광 루트일 뿐이다. 실제 돌로미티의 여행 루트는 본인의 취향에 따라 수없이 많은 조합으로 구성이 가능하다.

이 두 도시 사이를 이동하는 지역과 주변에는 파소Passo라 불리는 여러 개의 고갯길이 있다. 이런 고갯길을 달리면서 웅장한 암봉과 산군이 자아내는 압도적인 풍광을 보고 있으면 숨이 멎을 듯하다. 현실 세계에 존재할 것 같지 않은 아름다운 호수들, 암봉에 위치해 돌로미티를 360도 파노라마로 즐길 수 있는 유명한 산장 등이 대부분 이 고갯길에 위치하고 있다. 때문에 돌로미티 여행에 있어서 이곳은 필수 코스다.

돌로미티는 몇 군데 거점 마을을 주축으로 여행을 해야 한다. 대표적인 거점 도시들은 볼차노, 카나제이, 오르티세이, 코르티나 담페초 등이다. 이 마을들에는 주변에 위치한 유명한 산군과 암봉을 오르기 위한 리프트 및 케이블카 탑승장들이 있다. 관광객들을 위한 숙소와 레스토랑들도 밀집되어 있기 때문에 주요 거점 마을들을 중심으로 돌로미티 여행을 준비하면 된다.

돌로미티 지역은 그곳 하나만으로 책 한 권을 쓸 수 있을 만큼 볼거리가 다채로운 곳이다. 돌로미티는 최소 일주일 정도는 지내야 어느 정도 보았다고 할 수 있는 지역이다. 한 달을 지내도 부족함이 느껴질 정도로 다양한 매력이 있다. 그러나 이탈리아 여행 전부를 돌로미티에 투자할 수 있는 여행자는 많지 않다. 보통 1박 2일 또는 2박 3일이 대부분이다. 이렇게 돌로미티를 체험해본 후 충분한 시간을 가지고 다시 방문하는 경우가 많다. 따라서 한정된 시간에 최대한 돌로미티를 볼 수 있는 전략이 필요하다. 이 책에서 다루는 내용은 이런 단기 여행자를 위한 것이다. 돌로미티를 최대한 효율적으로 볼 수 있게 선택과 집중을 도와준다. 이 책에 언급된 돌로미티의 명소들은 결코 돌로미티의 모든 것이 아니다. 극히 일부에 불과하다. 그러나 여기서 다루는 돌로미티 하이라이트는 돌로미티 지역에 대해 궁금해하는 많은 여행자들에게 돌로미티를 미리 맛보게 도와줄 것이다. 머릿속으로 돌로미티 지역에 대한 밑그림을 그린 후 여행을 시작한다면, 훨씬 효율적이고 알찬 여행을 만끽할 수 있을 것이다.

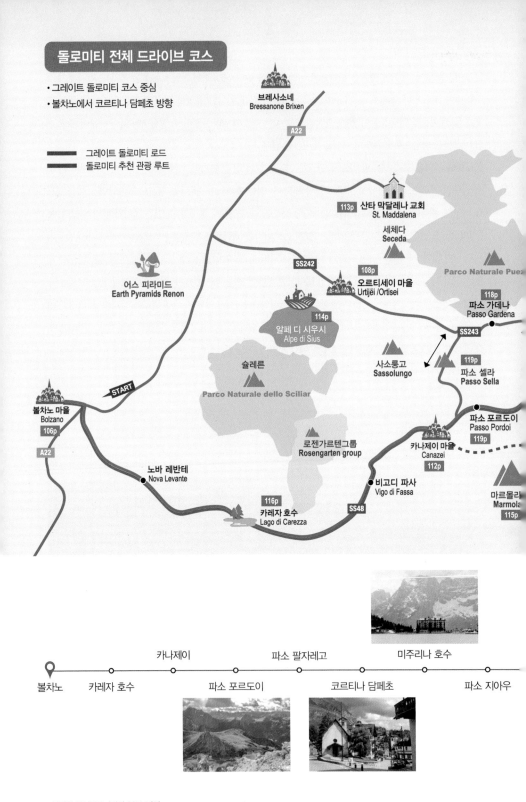

돌로미티 전체 드라이브 코스

- 그레이트 돌로미티 코스 중심
- 볼차노에서 코르티나 담페초 방향

그레이트 돌로미티 로드
돌로미티 추천 관광 루트

브레사소네
Bressanone Brixen

A22

113p 산타 막달레나 교회
St. Maddalena

세체다
Seceda

Parco Naturale Puez

어스 피라미드
Earth Pyramids Renon

SS242

108p 오르티세이 마을
Urtijëi /Ortisei

118p
파소 가데나
Passo Gardena

SS243

114p
알페 디 시우시
Alpe di Sius

119p
파소 셀라
Passo Sella

슐레른
Parco Naturale dello Sciliar

사소룽고
Sassolungo

START

파소 포르도이
Passo Pordoi

볼차노 마을
Bolzano
106p

로젠가르텐그룹
Rosengarten group

카나제이 마을
Canazei
112p

119p

A22

노바 레반테
Nova Levante

비고디 파사
Vigo di Fassa

마르몰라
Marmola

115p

116p 카레자 호수
Lago di Carezza

SS48

볼차노   카레자 호수   카나제이   파소 포르도이   파소 팔자레고   코르티나 담페초   미주리나 호수   파소 지아우

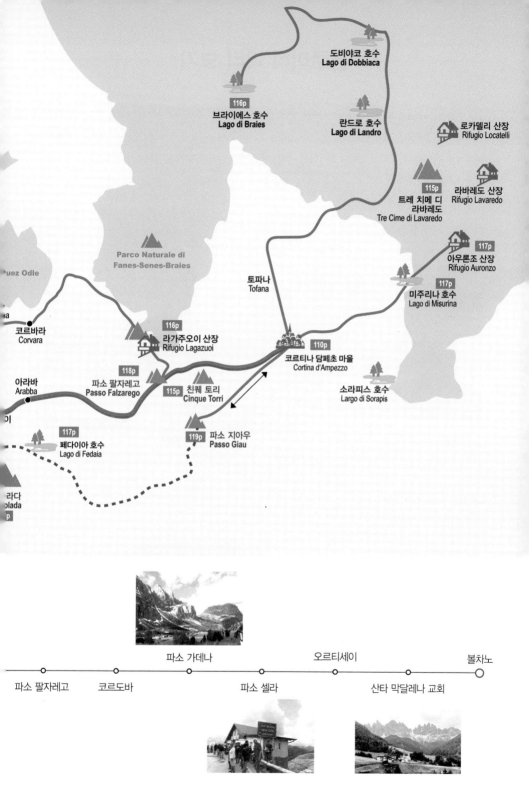

도비야코 호수
Lago di Dobbiaca

116p
브라이에스 호수
Lago di Braies

란드로 호수
Lago di Landro

로카델리 산장
Rifugio Locatelli

115p
트레 치메 디
라바레도
Tre Cime di Lavaredo

라바레도 산장
Rifugio Lavaredo

Parco Naturale di
Fanes-Senes-Braies

토파나
Tofana

117p
아우론조 산장
Rifugio Auronzo

117p
미주리나 호수
Lago di Misurina

Puez Odle

코르바라
Corvara

116p
라가주오이 산장
Rifugio Lagazuoi

110p
코르티나 담페초 마을
Cortina d'Ampezzo

아라바
Arabba

118p
파소 팔자레고
Passo Falzarego

115p
친퀘 토리
Cinque Torri

소라피스 호수
Largo di Sorapis

117p
페다이아 호수
Lago di Fedaia

119p
파소 지아우
Passo Giau

라다
olada
p

파소 가데나

오르티세이

볼차노

파소 팔자레고　　코르도바　　　　파소 셀라　　산타 막달레나 교회

돌로미티 미리 보기

돌로미티에는 수많은 도시와 마을들이 있다. 주요 관광지는 아래에 소개하는 4개의 마을을 중심으로 이루어져 있다. 돌로미티 여행의 백미는 트레킹을 하면서 2,000~3,000m 이상에 자리한 산장에서 숙박을 하는 것이다. 하지만 짧은 일정의 돌로미티 드라이브 여행자에겐 쉽지 않은 계획이다. 따라서 이 4개의 마을을 거점으로 케이블카나 리프트 등을 이용해 유명한 암봉과 산장을 둘러본다.

▲
볼차노 Bolzano
돌로미티의 최대 도시.
두오모 성당 등의 볼거리가 있고 돌로미티 서쪽 지역의 관문도시이다.

▶
오르티세이 Ortisei
돌로미티 서쪽 지역의 거점도시.
동화 속 풍경처럼 작고 아름다운 마을이다.

코르티나 담페초
Cortina d'Ampezzo
돌로미티 동쪽 지역의 거점
도시. 겨울 스포츠의 중심
도시.

3

카나제이 Canazei
돌로미티 국립공원 남부의
중심에 위치한 작은 마을.

4

5

산타 막달레나 St. Maddalena
돌로미티의 거점 마을은 아니지만, 중요한 전망 포인트가 있는 곳이다.

돌로미티의 거점 마을들

01
볼차노
Bolzano/
Bozen

돌로미티 지역 중 가장 큰 도시다. 서쪽 거점 도시로 매년 크리스마스 마켓이 열리는 발터 광장과 두오모 등의 볼거리가 있다. 이곳은 케이블카나 리프트를 주로 탑승하는 지역이 아니다. 하지만 유명한 레논Renon 케이블카를 탈 수 있다. 이 케이블카를 타고 오른 후 열차로 갈아타고 콜라보Collalbo에 내린다. 한 시간 정도 트레킹을 하면 어스 피라미드Earth Pyramids라고 불리는 팽이버섯 모양의 독특한 암석군을 볼 수 있다.

발터 광장 주차장 좌표 46.49766, 11.35562
주차 요금 1시간 3.00€

볼차노의 추천 레스토랑

레스토랑 뢰벤그루베 Restaurant Löwengrube 구글평점 4.5/5
볼차노에서 가장 오래된 호텔에서 운영하는 레스토랑이다. 독일 지역의 영향을 받아 이탈리아와 독일의 감각을 모두 느낄 수 있다. 다양한 종류의 와인을 구비하고 있다. 깔끔한 내부 디자인, 전통과 현대적 감각을 모두 살린 정갈한 음식이 이 집만의 매력이다.

🍽 Guancia di vitello brasata al Lagrein(립 스테이크) / Swordfish mediterranean style(지중해 스타일의 황새치) 📞 +39 0471 970032
🏠 Zollstange 3, 39100 Bozen, 이탈리아 📍 46.500258, 11.360697

휭크 가스트하우스 리스토란테 Fink Gasthaus Ristorante 구글평점 4/5

16세기 법정으로 사용되었던 건물에 만들어진 전통 있는 레스토랑이다. 지하에는 아직도 지하 감옥으로 사용되던 당시 흔적이 남아 있다. 그런 과거와는 다르게 브라운 톤으로 꾸며져 있는 인테리어는 오히려 따뜻한 느낌이다. 티롤 스타일로 알프스와 어울리는 외관이다. 정원으로 꾸며진 야외 테라스도 갖추고 있다. 여행자들에게는 물론 현지인들에게도 사랑을 받는 레스토랑이다.

🍽 Bistecca di tacchino o vitello ai Ferri(칠면조 스테이크) / Canederli di Formaggio(독일식 치즈 만두)
📱 +39 0471 975047
🏠 Via della Mostra, 9a, 39100 Bolzano BZ, 이탈리아
📍 46.498527, 11.352922

볼차노의 추천 숙소

파크호텔 로린 Parkhotel Laurin ★★★★ 구글평점 4.6/5

볼차노 성당에서 200m 떨어진 곳에 위치해 있다. 고급스러운 아르누보 스타일의 호텔이다. 1910년에 오픈했다. 인테리어는 당시의 것을 최대한 많이 반영해 보존 운영되고 있다. 호텔 정원에는 분위기 좋은 레스토랑이 있다. 수영장 등 각종 부대시설을 잘 갖추고 있다.

🏠 Via Laurino, 4, 39100 Bolzano BZ, 이탈리아 📍 46.498018, 11.357028
🌐 www.laurin.it 🅿 호텔 근처 주차장 유료 € 1박 기준 : 130€(일반 트윈룸)

바드 산트 이시도르 Bad St Isidor ★★ 구글평점 4.5/5

알프스 산장 스타일의 2급 호텔이다. 호텔의 등급은 낮은 편이나 시설이 잘 관리되고 있다. 주변의 풍경이 워낙 아름다워서 절대 실망할 수 없는 호텔이다. 볼차노 시내에서 차량으로 5분 정도 거리에 위치한다. 알프스를 감상할 수 있는 수영장도 보유하고 있다. 작은 호텔이니만큼 호텔 주인의 서비스는 다른 곳에 비해 좀 더 친근하다. 일반 객실보다는 발코니를 갖춘 객실을 추천한다.

🌐 www.badstisidor.it
🅿 호텔 근처 주차장 무료
€ 1박 기준 : 60€(일반 트윈룸)
🏠 39100 Bolzano, 볼차노 이탈리아
📍 46.481307, 11.384119

02
오르티세이
Ortisei/
Urtijëi

돌로미티 중심의 거점 도시 중 하나다. 명목상 서쪽의 거점 도시는 볼차노이다. 하지만 돌로미티의 실제 서쪽 지역 관문 역할을 하는 도시는 오르티세이라고 할 수 있다. 오르티세이는 알페 디 시우시Alpe di Siusi와 세체다Seceda에 오를 수 있는 리프트와 케이블카를 탑승할 수 있는 아름답고 작은 마을이다. 인근에는 산타 크리스티나 마을과 셀바 디 발 가데나 마을이 인접해 있다. 오르티세이의 숙박료가 비싼 편이라 이 마을들에 숙소를 얻는 것도 방법이다.

알페 디 시우시 케이블카 탑승장의 주차장 좌표 46.573142, 11.670920
주차 요금 **성수기** 1시간 1€, **비수기** 1시간 0.5€

이곳에 주차 후 알페 디 시우시를 오르고 오르티세이 마을을 구경하면 된다. 세체다 탑승장은 마을 안쪽에 있다. 충분히 도보로 걸어갈 만하다. 차량을 가지고 이동해도 좋다. 여름에는 주차사정이 좋지 않다. 아침 일찍 움직이는 것이 좋다.

오르티세이의 추천 레스토랑

마우리츠 켈러 Mauriz Keller 구글평점 4.3/5

오르티세이 거리 중심에 위치한 레스토랑이다. 이탈리아와 남 티롤 중심의 요리를 제공한다. 내부가 로맨틱하면서도 고급스럽게 장식돼 있다. 이곳을 찾는 사람들을 한 번에 사로잡을 정도로 매력적이다. 음식 맛 또한 훌륭하다. 성수기 시즌의 저녁 시간엔 반드시 예약을 해야 할 정도다. 현지인들에게도 인기가 좋다.

🍽 Gnocchi di patate fatti in casa al gorgonzola e rucola(루콜라와 고르곤졸라 치즈를 넣은 뇨끼 파스타) / Paillard di vitello alla griglia con verdure e patate(송아지 스테이크) 📞 +39 0471 797301 🏠 Strada Rezia, 32, 39046 Ortisei BZ, 이탈리아 📍 46.574193, 11.671535

리스토-에노테카 스네톤스투베 Risto-Enoteca Snetonstube 구글평점 4.5/5

1936년부터 자리 잡고 있는 터줏대감이다. 사랑방 같은 곳으로 특히나 지역 주민들의 만남의 장소로 이용된다. 지역의 다양한 음식도 맛볼 수 있다. 맛도 훌륭하다. 꼭 정찬이 아니더라도 훈제 햄을 곁들여 와인과 함께 먹을 수 있다.

🍽 Dal manzo all'agnello (양고기 스테이크)
📱 +39 0471 786489
🏠 Via Sneton, 26, 39046 Ortisei BZ, 이탈리아
📍 46.576255, 11.671308

오르티세이의 추천 숙소

알핀 가든 웰니스 리조트

Alpin Garden Wellness Resort ★★★★★

구글평점 4.8/5

성인만 머물 수 있는 오르티세이 최고의 스파 리조트다. 알프스 전경을 즐길 수 있는 온천 풀과 수영장을 갖추고 있다. 스파 시설은 이집트 스타일로 디자인되었다. 5개의 테마 사우나와 터키 스타일의 목욕탕을 보유하고 있다. 스파 시설이 완벽하다. 객실은 현대적이면서 감각적으로 꾸며졌다. 알프스의 아름다움을 담을 수 있는 레스토랑은 이곳을 절대 잊지 못할 장소로 만들어 줄 것이다.

🌐 www.alpingarden.com
🅿 호텔 내 주차장 무료
€ 1박 기준 : 180€(일반 트윈룸)
🏠 Via J. Skasa Street, 68, 39046 Ortisei BZ, 이탈리아
📍 46.568567, 11.687226

호텔 프라델

Hotel Pradell ★★★

구글평점 4.3/5

통나무로 만든 아름다운 산장 스타일의 숙소다. 주변 풍경이 너무 아름다워 숙소에 머무는 것만으로 행복함을 느낄 수 있다. 객실의 인테리어는 현대식으로 꾸며져 있다. 테라스를 보유하고 있어 주변 풍경을 즐기기에 더할 나위 없다. 미리 예약만 한다면 이곳에서 운영하는 레스토랑에서 저녁 식사를 할 수 있다. 가격 대비 만족도가 아주 좋은 편이다. 또한 핀란드식 사우나를 갖추고 있어 여행자들이 피로를 풀기에 안성맞춤이다.

🌐 www.pradell.com/en
🅿 호텔 내 주차장 무료
€ 1박 기준 : 100€(일반 트윈룸)
🏠 Via Ronce, 7, 39046 Ortisei BZ, 이탈리아
📍 46.570492, 11.666920

03
코르티나 담페초
Cortina
d'Ampezzo

돌로미티 동쪽의 거점 도시로 인구 8,100명의 작은 마을이다. 하지만 겨울 스포츠의 중심 도시로 1956년 동계올림픽이 개최된 곳이다. 트레 치메 디 라바레도, 미주리나 호수, 친퀘 토리, 라가주오이 산장, 파소 지아우 등을 이동하기 위한 거점 도시다.

무료 공영주차장 좌표: 46.537690, 12.133717
주차장에 차를 세운 후 다리를 건너면 바로 마을 중심으로 갈 수 있다.

파르케지오 스타치오네 Parcheggio Stazione
주차 요금 1시간 1€ (8시 이후 무료)

코르티나 담페초의 추천 레스토랑

리스토란테 친퀘 토리 Ristorante 5 Torri 구글평점 4.1/5

20년간 자리를 지키고 있는 레스토랑이다. 시내에 있어 이용이 편리하다. 야외 테라스를 갖추고 있다. 날씨가 좋은 날에는 야외에서 식사를 하는 것이 좋다. 주로 나무를 사용해 내부를 장식했다. 이탈리아 전통 난로가 안쪽에 있어 따뜻한 느낌을 준다. 다양한 홈 메이드 파스타를 비롯한 이탈리아 요리뿐만 아니라 50여 가지가 넘는 피자도 맛있다.

🍽 Lasagne bolognese(고기 라쟈냐) / Petto di pollo con insalata verde e pomodori(그릴 치킨) 📞 +39 0436 866301
🏠 Largo delle Poste, 13, 32043 Cortina d'Ampezzo BL, 이탈리아
📍 46.538765, 12.136224

레스토랑 아리스톤 바 Restaurant Ariston Bar 구글평점 4.3/5

코르티나 담페초 중심가인 비아 마르코니Via Marconi에 위치한 레스토랑이다. 30년 이상 가족이 운영해 오고 있다. 따뜻한 분위기의 실내 분위기와 음식이 잘 어우러지는 곳이다. 다양한 전통 음식과 와인을 판매한다.

🍽 Tagliatele trufado(송로버섯 파스타) / Pizza 4 formaggi e semifreddo crocante(4가지 치즈의 피자)
📱 +39 0436 866301 🏠 Via Guglielmo Marconi, 10, 32043 Cortina d'Ampezzo BL, 이탈리아
📍 46.539237, 12.137066

코르티나 담페초의 추천 숙소

호텔 레지나 Hotel Regina ★★★ 구글평점 4.2/5

시내 초입에 위치한 3성급 호텔이다. 깔끔하면서 잘 관리되고 있는 시설을 보유하고 있다. 도보로 시내 안쪽까지 이동이 가능하다. 일부 객실은 돌로미티 전망이 가능하다. 인테리어는 주로 목재를 활용했다. 친절한 서비스를 받을 수 있다.

🌐 www.hotelreginacortina.com
🅿 호텔 내 주차장 무료
€ 1박 기준 : 90€(일반 트윈룸)
🏠 Via del Castello, 1, 32043 Cortina d'Ampezzo BL, 이탈리아
📍 46.539900, 12.134546

호텔 폰테옐 Hotel Pontejel ★★ 구글평점 4.3/5

마을 안쪽에 위치한 작은 2성급 호텔이다. 깔끔한 알프스 산장 스타일이다. 객실이 작지만 포근하면서 따스한 느낌이다. 나무로 된 인테리어가 인상적이다. 호텔 조식도 알차게 잘 준비한다. 주차장이 바로 앞에 있다. 가격도 저렴해서 여러 가지로 만족도가 높다.

🌐 www.hotelpontejelcortina.it/en
🅿 호텔 내 주차장 무료
€ 1박 기준 : 100€(일반 트윈룸)
🏠 Largo delle Poste, 11, 32043 Cortina d'Ampezzo BL, 이탈리아
📍 46.538738, 12.136015

04
카나제이
Canazei

돌로미티 국립공원 남부의 중심에 위치한 작은 마을이다. 북쪽으로는 셀라 산군 동쪽은 마르몰라다 산군으로 둘러싸여 있다. 카레자 호수로 이동도 편리한 곳이다. 파소 포르도이, 파소 셀라, 파소 가데나로 이동하는 거점 도시이기도 하다. 그레이트 돌로미티 로드의 중심 도시다.

푸니비 벨베데레 에 파소 포르도이
Funivie Belvedere e Passo Pordoi

케이블카 탑승장 주차장 좌표 46.473742, 11.774358
주차 요금 유료

케이블카 탑승장 앞에 있는 넓은 야외주차장에 주차한다. 케이블카를 타도 되고 마을을 둘러봐도 된다.

카나제이의 추천 레스토랑

엘 파엘 El Pael 구글평점 4.3/5

오픈한 지 얼마 되지 않았다. 재료, 맛, 디스플레이, 인테리어 등 다양한 분야에 신경을 쓰며 운영하고 있다. 전통을 중시하는 이곳 마을에서도 인기가 있을 정도로 인정을 받고 있다. 스테이크와 생선, 피자 등 다양한 요리를 선보인다. 음식과 가장 잘 어울리는 와인을 추천해준다.

🍴 Ravioli di Schüttelbrot con speck e ricotta affumicata (훈제 베이컨과 리코타 치즈가 들어간 이탈리아식 만두) 📞 +39 0462 601433
🏠 Via Roma, 58, 38032 Canazei TN, 이탈리아 📍 46.47683, 11.76859

알베르고 알라 로사 Albergo Alla Rosa ★★★

구글평점 4.6

🌐 www.hotelallarosa.com
🅿 호텔 근처 주차장 무료
€ 1박 기준 : 100€(일반 트윈룸)
🏠 Via del Faure, 18, 38032 Canazei TN, 이탈리아
📍 46.476364, 11.772382

레지던스 콘트린 Residence Contrin

구글평점 4.4/5

🌐 www.residencecontrin.it/en
🅿 호텔 내 주차장 무료
€ 1박 기준 : 70€(일반 트윈룸)
🏠 Via di Parèda, 101, 38032 Canazei TN, 이탈리아
📍 46.473005, 11.776576

산타 막달레나 St. Maddalena

산타 막달레나 마을은 돌로미티의 거점 마을은 아니다. 하지만 이곳엔 사진작가들이 사랑하는 전망 포인트가 두 군데 있다. 하나는 푸에즈 오들러 산군을 배경으로 서 있는 산타 막달레나 교회Santa Maddalena Church를 촬영하는 것이다. 다른 하나는 산 지오바니 인 라누이 교회San Giovanni in Ranui를 중심으로 오들러 산군을 담는 것이다. 이 두 곳의 사진을 보고 이곳을 방문하는 여행자들이 점차 늘어나고 있다.

산타 막달레나 교회 전망 포인트

📍 46.647524, 11.716223 또는 46.648603, 11.715609
이곳은 차를 가지고 바로 갈 수 있지만 차량이 한 대만 통행할 수 있는 일방통행로이다. 언덕길이고 주변에 주차할 곳도 마땅치 않다. 마주 오는 차량이라도 만나면 언덕길을 후진해야 할 수도 있다. 10분 정도 떨어진 산타 막달레나 교회에 차를 세우고 걸어서 갔다 오는 것이 안전하다.

산 지오바니 인 라누이 교회 촬영 포인트

📍 46.635893, 11.723834

1 산타 막달레나 교회 전망 포인트 2 산 지오바니 인 라누이 교회 전망 포인트

돌로미티 주요 산악군

01

알페 디 시우시 Alpe di Siusi

이곳은 암봉이 아니고 고원이다. 축구장 8,000개 넓이의 대평원이 초원을 이룬다. 돌로미티의 푸른 심장으로 불리는 곳. 평원 지대이기 때문에 남녀노소 어렵지 않게 도전해볼 수 있는 트레킹 명소이기도 하다. 오르티세이에서 케이블카를 타고 몽쉑Mont Seuc 레스토랑까지 가는 코스와 시우시Siusi에서 케이블카를 타고 콤파치오Compaccio로 가는 두 개의 코스가 있다.

오르티세이에서 출발 케이블카 주차장 좌표 46.573142, 11.670920 주차 요금 성수기 1시간 1€
시우시에서 출발 케이블카 주차장 좌표 46.540555, 11.563335 주차 요금 무료

02

03

세체다 오들레 Seceda Odle

오르티세이 마을에서 갈 수 있는 세체다 오들레 산군이다. 장엄한 풍경이 일품. 비스듬히 깎인 듯한 독특한 모양이 눈길을 끈다. 정상에 예수의 십자가상이 인상적이다. 위의 사진은 세체다 정상에서 찍을 수 있다. 오르티세이에서 곤돌라 탑승 후 퓌른Furnes에서 케이블카를 타고 올라간다.

세체다 케이블카 탑승장 주차장 좌표
46.576740, 11.674967
주차 요금 1시간 1.8€, 종일 주차 12€

사소룽고 그룹 Sassolungo Group

돌로미티를 대표하는 암봉 중 하나다. 보는 방향에 따라 위용이 달라진다. 사소룽고는 한 개의 암봉이 아니라 사소룽고 그룹이다. 여러 개의 암봉이 그룹으로 무리 지어 있다. 함께 있는 사소피아토Sassopiato 역시 유명하다. 다른 곳과 달리 깡통처럼 생긴 1~2인용 곤돌라도 특이하다.

사소룽고 곤돌라 주차장 좌표
46.509892, 11.757735
주차 요금 공용주차장 유료

04

트레 치메 디 라바레도 Tre Cime di Lavaredo

돌로미티 산군의 하이라이트로 불리는 곳이다. 암벽 등반가들이 오르길 꿈꾸는 클라이밍 성지이기도 하다. 세 개의 거대한 암봉이 압도적인 위용을 자랑한다. 자동차로 첫 번째 산장인 아우론조까지는 갈 수 있다. 이 곳에서부터 2~4시간의 트레킹을 해야 제대로된 트레 치메를 볼 수 있다. 트레 치메로 진입할 때에는 요금소를 통과해야 한다. 요금은 30€이다.

트레 치메 아우론조 주차장 좌표 46.612291, 12.295410 주차 요금 무료

05

마르몰라다 Marmolada

돌로미티 산맥에는 3000m 이상의 암봉이 18개가 있는데 이중 가장 높은 산으로 3343m 높이를 자랑한다. 정상부에 웅장한 빙하가 있다. 마르몰라다 산을 제대로 조망하는 케이블카는 포르타 베스코보 Porta Vescovo를 타면 된다. 도착하면 페다이어 호수와 함께 마르몰라다산을 조망할 수 있으며, 피츠 보에Piz boe산도 함께 볼 수 있다.

포르타 베스코보 케이블카 주차장 좌표 46.496028, 11.874593 주차 요금 무료

06

친퀘 토리 Cinque torri

5개의 봉우리라는 뜻을 가진 이름처럼 5개의 거대한 암봉을 볼 수 있다. 자동차로도 정상 근처까지 진입은 가능하지만 시즌에는 시간 제약이 있다. 길은 포장도로라 가는 길이 어렵지는 않지만 1차선 도로인 만큼 주의해야 한다. 케이블카를 이용하여 올라갈 것을 추천한다.

토리 산장 입구 좌표 46.508476, 12.055626

*산장 앞 주차장은 이용객만 사용할 수 있어서 주변에 요령껏 주차를 해야 한다. 친퀘 토리 케이블카 주차장 좌표 46.518946, 12.037963 주차 요금 무료

돌로미티 주요 호수

돌로미티의 깊은 골짜기마다 아름다운 호수들이 숨겨져 있다. 반짝이는 보석처럼 눈부시게 아름다운 돌로미티의 호수들은 오늘도 수많은 여행자들을 불러모으는 강력한 매력을 뿜고 있다.

01

카레자 호수/카레르시 Lago di Carezza

돌로미티를 넘어 알프스 전체에서 가장 아름다운 호수로 손꼽힌다. 푸른빛의 호수, 병풍처럼 둘러쳐진 나무, 그리고 산들이 조화롭게 어우러져 그림 같은 풍경을 이룬다. 정말 아름다운 곳이다. 수많은 사진 작가와 화가들이 사랑하는 이곳은 돌로미티에서 꼭 가봐야 할 곳 중의 하나다.
주차장 진입로 좌표 46.410461, 11.575672 주차 요금 1시간 1€

02

브라이에스 호수/프라그세르 Lago di Braies

카레자 호수와 더불어 돌로미티 3대 호수로 불리는 아름다운 호수다. 해발 1,500m에 위치해 있다. 배를 타고 호수를 둘러볼 수 있다. 호수 주변을 한 바퀴 산책하는 데에는 약 1~2시간 정도 소요된다. 7월 10일부터 9월 10일까지 차량 통제로 진입할 수 없다(2023년 기준). 사전 예약(20유로)하거나 페라라Ferrara 인근 주차장에 주차하고 442번 버스를 타고 이동해야 하니 참고하자. (사전 예약 www.pragsparking.com/en#ticket-content)
주차장 좌표 46.700544, 12.084730
주차 요금 15분 무료, 3시간 기준 8€

> **TIP** **돌로미티 3대 호수는 어디?**
> 돌로미티의 3대 호수는 카레자Carezza, 브라이에스Braies, 소라피스Sorapiss 호수다. 소라피스 호수는 차로 갈 수는 없다. 주차 후 1시간 30분 정도 다소 험한 길을 걸어야 도착할 수 있다.

미주리나 호수 Lago di Misurina

트레 치메로 이동하는 길목에 위치한 호수다. 호수 건
너편에 있는 천식치료 센터를 배경으로 호수의 반영을
찍는 유명한 촬영 포인트가 있다. 코르티나 담페초에
서 자동차로 25분 거리다. 매우 가깝고 가는 길도 수
월한 편이다.
공용주차장 좌표 46.584061, 12.253589
주차 요금 무료 주차 가능

페다이아 호수 Lago di Fedaia

돌로미티에서 유일하게 인공적으로 조성된 호수다.
마르몰라다산 아래에 있다. 산과 함께 아름다운 경치
를 보여준다. 그러나 인공호수이다 보니 저수지 같은
느낌을 지울 수 없다. 흐린 날 보면 다른 호수들에 비
해 그 아름다움은 많이 반감되는 편이다. 진입로 앞에
차를 잠시 세우고 다녀오면 된다.
호수 전망 포인트 좌표 46.463419, 11.862617

자동차로 이동하기 편리한

돌로미티 주요 산장

알프스의 분위기를 흠뻑 느끼며 특별한 하룻밤을 보내는 최고의 방법. 돌로미티 산장에서 하룻밤 묵어간다
면 완벽하게 가능하다. 돌로미티에는 여러 산장이 있지만 자동차를 이용하여 쉽게 갈 수 있는 특별한 두 곳
의 산장을 소개한다.

라가주오이 산장 Rifugio Lagazuoi

파소 팔레자고 정상에서 주차 후 케이블카를 타고 이
동한다. 이곳이 유명한 이유는 돌로미티의 장대한 파
노라마를 360도로 볼 수 있기 때문이다. 이곳 산장에
서의 하룻밤은 산악 여행자들의 로망이기도 하다.
케이블카 주차장 좌표 46.51956, 12.00848
주차 요금 무료

아우론조 산장 Rifugio Auronzo

트레 치메에 있는 세 개의 산장 중 차로 갈 수 있는 유
일한 산장이다. 산장 옆 주차장에 차를 세우고 30분
정도 걸어가면 라바레도 산장이 나온다. 여기서 한 시
간 반 정도 더 가면 유명한 로카델리 산장에 도착한
다. 숙박은 로카델리 산장에서 하는 것을 추천한다.
아우론조 주차장 좌표 46.612291, 12.295410
주차 요금 무료(통행 요금 30€에 포함)

돌로미티 주요 고갯길

대부분 해발고도가 2,000m를 넘는다. 헤어핀 커브가 난무하고 절벽을 옆에 두고 운전해야 한다. 무서움을 느낄 수도 있지만 고갯길 정상에서 바라보는 풍경은 충분히 압도적이다. 고갯길 정상에 무료 주차장, 레스토랑, 리프트나 케이블카 탑승장이 있다.

파소 가데나 Passo Gardena

돌로미티 동쪽과 서쪽을 관통하는 중심에 위치한 고갯길이다. 길은 험하지만 정상에서 보는 다양한 풍광은 장쾌하다. 정상에 오르면 사소롱고를 볼 수 있다. 이곳에서는 재미난 사진도 찍을 수 있다. 영화 《클리프 행어》의 촬영지로 유명한 브루네커 투엄Brunecker Turm을 배경으로 피사의 사탑에서 할 수 있는 착시 현상을 이용한 사진이다.
정상 주차장 좌표 46.54970, 11.80853 주차 요금 무료

파소 팔자레고 Passo Falzarego

제1차 세계대전의 격전지였던 곳. 팔자레고 고개는 해발 2,117m 높이에 있다. 인근에 여전히 당시의 치열한 전투를 떠올리게 하는 참호와 기념비 등이 남아 있다. 이곳에서 라가주오이 산장을 가는 케이블카를 탈 수 있다.
주차장 좌표 46.518672, 12.009560
주차 요금 무료

*라가주오이 산장 케이블카를 탄다면 케이블카 주차장에 주차한다. 라가주오이 산장 주차장(117p) 참고.

03

파소 셀라 Passo Sella

셀바 디 발 가데나Selva di Val Gardena 마을에서 카나제이Canazei 마을로 이어진 고갯길이다. 인근의 파소 포르도 이와 더불어 헤어핀 커브가 가장 심하다. 경사 또한 매우 높다. 정상에서 절벽을 배경으로 장관을 이루는 사소룽 고 산군을 촬영할 수 있다. 파소 셀라는 돌로미티 환경 보호를 위하여 7월 초부터 8월 말까지 매주 수요일 오전 9시부터 오후 4시까지 차량 통행이 금지된다. 가기 전에 참고하도록 한다. 파소 셀라 정상 주차장은 협소하고 차가 항상 많다. 인근 길가에 요령껏 주차하면 된다.

정상 주차장 좌표 46.507907, 11.768075 주차 요금 무료

04

파소 포르도이 Passo Pordoi

그레이트 돌로미티 로드에 포함한 고갯길 중 가장 길이 험하다. 파소 포르도이는 베네토 지방의 경계에 위치한 다. 이곳에서 케이블카를 타고 오르면 마르몰라다, 사 소룽고, 그리고 돌로미티의 테라스라고 불리우는 테라 차 델레 돌로미티Terrazza Delle Dolomiti를 볼 수 있다.

정상 주차장 좌표 46.487612, 11.814032
주차 요금 무료

05

파소 지아우 Passo Giau

돌로미티 고갯길 중 가장 인상적인 곳 중 하나다. 파 소 지아우는 구셀라Gusela 북벽을 마주 하고 있다. 많 은 여행자들이 가장 멋진 고개로 파소 지아우를 꼽는 다. 아무것도 모르고 가더라도 압도적인 구셀라 북벽 의 장관을 마주하면 차를 멈추지 않을 수 없다.

파소 지아우 주차장 좌표 46.482709, 12.053110
주차 요금 무료

돌로미티 지역 운전을 위한 조언

돌로미티 파소 포르도이|Passo Poedoi 전경. 굽이굽이 헤어핀 커브의 연속인 파소들이 돌로미티 곳곳에 있다. 이런 길을 연속적으로 운전하는 것이 돌로미티 드라이브다.

돌로미티 지역의 운전 여건

돌로미티 지역은 평균 2,000m 이상의 고산 산악지대이다. 자동차 경주로처럼 보기에도 아찔한 헤어핀 커브 구간이 연속적으로 이어진 고갯길들이 곳곳에 있다. 이런 고갯길들을 사진으로 접하면 이곳의 운전이 위험하지 않을까 하는 생각을 할 수밖에 없다.
끊임없이 이어지는 고갯길, 가드 레일도 없는 낭떠러지 옆을 달리는 길은 긴장감을 주기에 충분하다. 가끔은 두려움을 주는 구간도 있다. 그렇다고 해서 두려움에 운전을 포기할 만큼 길이 위험하거나 어렵지는 않다.

물론 운전의 난이도와 두려움의 크기는 개인차가 있을 것이다. 그러나 돌로미티를 다녀온 사람들 중에 운전 때문에 다시 가고 싶지 않다는 사람은 보지 못했다. 국내 대관령 고갯길을 다닐 수 있는 정도의 운전 실력이라면 충분히 돌로미티를 안전하게 즐길 수 있다. 필자 역시 대관령이나 미시령 고갯길에 비해 돌로미티 운전이 특별히 더 어렵다는 느낌은 받지 못하였다. 헤어핀 구간에서 커브를 도는 대형버스 등을 만나지 않으면 운전이 크게 어렵지 않다. 지레 겁을 먹을 필요는 전혀 없다.

1 가드레일 옆은 낭떠러지이지만 그렇게 무섭거나 위협적이지는 않다. 2 급커브길이나 터널 등에서만 주의하면 운전이 크게 어렵지는 않다.

돌로미티에서 운전할 때 참고 사항

1. 돌로미티 도로들은 대부분 아스팔트가 깔려 있다. 운전에 큰 무리가 없다.

2. 작은 차를 운전하면 고갯길을 넘을 때 힘이 달리지 않을까 하는 걱정은 필요 없다. 수많은 소형차가 문제 없이 고갯길을 오르내린다. 차종과 차량 크기는 전혀 걱정하지 않아도 된다.

3. 오토바이 운전자와 자전거 여행자가 상당히 많다. 특히 오토바이 운전자들은 속도가 매우 빠르다.자전거 여행자는 지나칠 때까지 주의하도록 한다.

4. 수동기어 차량은 숙련된 경우에만 하는 것이 좋다. 가급적 오토매틱 차량을 권장한다.

자전거 여행자가 많은 만큼 안전운전에 주의하도록 한다.

핵심 TIP **돌로미티의 성수기와 비수기**

어느 곳이나 여행하기 가장 좋은 시기가 있겠지만 돌로미티의 경우, 여행 시기 선택에 각별한 주의를 기울여야 한다. 돌로미티는 여름시즌과 겨울시즌이 성수기이고 그 외 기간은 비수기이다. 트레킹을 즐기는 여름시즌은 6월 중순~9월 중순까지이고 스키를 즐기는 겨울시즌은 12월부터 3월까지로 보면 된다. 비수기에는 대부분의 케이블카와 리프트 그리고 상점들이 문을 닫기 때문에 돌로미티를 온전히 즐길 수 없다. 물론 트레킹 계획 없이 드라이브만으로 돌로미티를 경험하고 싶다면 비수기도 상관없다. 그러나 5월 중순까지도 눈 때문에 도로가 통제되기도 한다는 점은 참고하도록 한다. 여름 성수기에 돌로미티를 방문할 수 있다면 가장 멋있고 예쁜 돌로미티를 만나볼 수 있다. 인생에 한 번은 꼭 해봐야 하는 돌로미티 드라이브도 충분히 즐길 수 있을 것이다.

1 사소룽고 1~2인용 깡통 모양 곤돌라 2 사소 포르드이 케이블카 승차장 3 트레 치메와 미주리나 호수로 가는 길 4 사소룽고를 배경으로 달리는 드라이브 길에서는 달리는 내내 압도적인 느낌을 받을 수 있다.

돌로미티 슈퍼 썸머 카드
Dolomiti Super Summer Card

돌로미티의 수많은 리프트들을 이용하려면 적지 않은 비용이 든다. 그래서 이곳 돌로미티에도 다양한 리프트를 경제적인 비용으로 이용할 수 있는 자유이용권 같은 카드가 있다. 돌로미티에서 이용 가능한 이런 리프트 할인카드는 몇 가지가 있는데 이중 가장 보편적으로 이용하는 카드는 슈퍼 썸머 카드이다.

슈퍼 썸머 카드는 멀티 데이 카드Multi Day Card와 포인트 밸류 카드Points Value Card로 나눌 수 있는데 두 가지 모두 돌로미티 전 지역의 리프트를 커버하는 카드로 리프트를 무제한 이용할 수 있다.

멀티 데이 카드 Multi Day Card

멀티 데이 카드는 1인당 1개씩 구매해야 하는 카드로 일일권, 4일 중 3일 사용권, 7일 중 5일 사용권 총 3가지 종류에서 선택할 수 있다.

판매 및 이용기간 5월 13일부터 11월 5일까지 유효(2023년 기준으로 매년 변경될 수 있다).

사용 지역 및 범위 돌로미티 전 지역의 120여 개 리프트(지원되지 않는 리프트도 있지만 주요 리프트는 거의 다 포함되어 있음)

가격 (2023년 기준 / 매해 가격이 인상되고 있다)

- 1일권 : 56€
- 4일 중 3일 사용 : 120€(4일 중에 날씨가 좋은 3일을 선택해서 이용하는 것이다.)
- 7일 중 5일 사용 : 160€(7일 중에 날씨가 좋은 5일을 선택해서 이용하는 것이다.)
- 성인 구매 시 2007년 1월 1일 이후 출생 청소년 30%할인, 2015년 1월 1일 이후 출생 어린이(8세 미만) 무료

시즌권 Season Ticket

- 성인 : 390€
- 청소년(2007년 1월 1일 출생 16세이하) : 273€
- 어린이(2015년 1월 1일 출생 8세이하) : 195€

포인트 밸류 카드 Points Value Card

포인트 밸류 카드가 일별로 리프트를 무제한 이용하는 것이라면 포인트 밸류 카드는 리프트별로 상행,하행 코스에 부여된 포인트만큼 차감되는 방식으로 운영되는 카드이다.

이 카드는 우리나라 교통카드처럼 하나의 카드로 다른 일행의 리프트 요금을 계산해줄 수 있는 장점이 있지만 요금제가 두 가지로 고정되어 있고 가장 인기 지역인 셀바 디 발 가데나 지역의 리프트를 이용할 수 없는 치명적인 단점이 있다.

판매 및 이용 기간 5월 13일부터 11월 5일까지 유효(2023년 기준으로 매년 변경될 수 있다.)

사용 지역 및 범위 돌로미티 전 지역의 120여 개 리프트(셀바 디 발 가데나 지역 제외)

가격 (2023년 기준 / 가격 변동없음)

- 80€(800포인트 적립)
- 140€(1400포인트 적립)
- 성인 구매 시 2015년 1월 1일 이후 출생 어린이(8세 미만) 무료

이 밖에도 리프트 할인카드는 돌로미티 특정 구역별로 할인되는 카드가 있는데 대표적인 지역 카드로는 셀바 디 발 가데나 지역의 가데나 카드를 들 수 있다. 이 외에 발 디 파사Val di Fassa의 파노라마 패스Panorama Pass, 코르티나 담페초의 하이킹 패스Hiking Pass 등도 유명한 지역 카드 중 하나이다.

특정 지역에서만 머물면서 리프트를 대략 4번 이상 탄다면 이런 리프트 할인카드를 구매하는 것이 경제적이다. 그러나 일반적으로 돌로미티 여행 시 특정 지역에서만 장시간 머무는 경우는 일반 여행자의 경우 흔치 않다. 그리고 카드별로 다양한 조건 등을 확인하려면 꽤나 많은 공부와 학습을 선행해야 한다. 장기 트레킹을 다니려는 여행자가 아닌 일반 여행자에게는 불필요한 일이다. 따라서 간단하게 돌로미티에서 최소 3일 이상 머물며 여러 번의 리프트를 이용하고자 한다면 돌로미티 슈퍼 썸머 카드를 구매하는 것이 가장 간단하고 효율적인 방법이라고 생각하면 된다.

돌로미티 슈퍼 썸머 카드의 자세한 정보와 매년 변경되는 가격은 이곳에서 확인하면 된다.

이곳에서 직접 티켓 구입도 가능하다.

여름 시즌 ⊕ bit.ly/38dBhjb

겨울 시즌 ⊕ bit.ly/2vngPyd

꼭! 알아두기

돌로미티 슈퍼 썸머 카드를 분실한 경우에는 재발급을 받을 수 있다. 그러나 당일날 바로 발급은 되지 않고 다음날 발급받게 된다. 구매영수증을 제시해야 함으로 영수증은 꼭 보관해두어야 한다. 재발급이 되기 전까지는 개별 티켓을 끊고 타야 하기 때문에 비용이 중복으로 발생하게 된다. 티켓은 절대 잊어버리지 않게 잘 간수하도록 하자.

돌로미티 썸머카드-벨류카드

돌로미티 썸머카드

* 카드 디자인은 매년 바뀐다.

밀라노

Milano

밀라노는 이탈리아 북부의 대표적인 중심 도시다. 이탈리아에서 가장 부유한 롬바르디아의 주도로 패션의 본고장이다. 레오나르도 다빈치의 <최후의 만찬>, 전 세계 음악가들의 꿈의 무대였던 스칼라 극장이 있는 문화·예술의 중심 도시이기도 하다. 지하철역에서 걸어 올라오면 4세기에 건축된 밀라노 두오모 성당을 바로 눈앞에서 마주할 수 있다. 과거의 유산과 현재의 유산이 만들어내는 압도적인 앙상블은 밀라노를 상징하는 대표적인 풍경이다. 보통 한국인들은 밀라노에서 두오모 대성당과 비토리오 에마누엘레 2세 갤러리 그리고 최후의 만찬만 보고 떠나는 경우가 많다. 그러나 밀라노에는 스포르체스코성, 나빌리오 운하와 같은 특별한 관광지도 많아서 조금 더 시간을 할애하는 것도 좋다. 매년 봄가을에는 밀라노 패션 위크가 열리고 프로축구팀 AC밀란과 인터밀란의 홈구장도 있다. 패션과 축구를 좋아하는 사람들에게는 더할 나위 없이 좋은 도시다.

밀라노 여행 정보 www.turismo.milano.it

공항에서 시내로 이동하기

밀라노에는 3개의 공항이 있다. 말펜사 공항Aeroporto Malpensa과 리나테 공항Aeroporto di Linate 그리고 오리오 알 세리오 공항Aeroporto di Orio al Serio이다. 이 중 국제선 여객기는 대부분 말펜사 공항에서 출발하고 도착한다. 말펜사 공항에서 시내로 이동하는 방법은 크게 세 가지다. 말펜사 익스프레스와 말펜사 버스 익스프레스 그리고 말펜사 셔틀이 있다.

1. 말펜사 익스프레스Malpensa Express

시내로 이동하는 가장 빠른 수단이다. 밀라노는 중앙역Milano Centrale과 가리발디역Milano Porta Garibaldi 그리고 카도르나역Stazione Cadorna으로 이동하는 3개의 노선을 가지고 있다. 본인에게 맞는 노선을 잘 선택해서 탑승하도록 한다. 중앙역까지는 40~50분 정도 소요된다. 카도르나역까지는 30~40분 정도 소요된다. 기차 모양의 표지판이나 'Treni Trains' 글씨를 따라 지하로 이동한다. 티켓 구매는 자동판매기나 창구를 이용한다. 특히, 구매한 티켓은 탑승 전에 반드시 펀칭 기계를 통해 펀칭을 받아야 한다.

€ 1인 편도 13€, 왕복 20€ ⊕ www.malpensaexpress.it

2. 말펜사 버스

말펜사 버스는 말펜사 버스 익스프레스Malpensa Bus Express와 말펜사 셔틀Malpensa Shuttle이 있다. 공항 리무진 같은 버스다. 도착 후 BUS 표시 방향을 따라 나오면 중앙역으로 출발하는 버스들이 대기하고 있다. 버

스 티켓을 구매한 뒤 탑승하면 끝. 버스에 따라 큰 차이는 없다. 소요시간과 요금은 거의 대동소이하다. 도착지만 잘 확인하고 가장 먼저 출발하는 버스를 타면 된다.

€ 1인 편도 8~10€ ⓒ 평균 50분(배차 간격 20분)
⊕ www.airportbusexpress.it
www.malpensashuttle.it

렌터카

밀라노는 보통 베로나, 제노아, 친퀘 테레 지역에서 다음 여행지로 방문하거나 반대로 밀라노에서 이 도시들로 출발하게 된다.

주요 도시별 최단 경로와 이동시간은 다음과 같다.

거리 156km **도로** A35/A4

베로나 🚗 ·····> 밀라노

소요시간 1시간 40분~2시간 30분

거리 237km **도로** A15/E33 지나 A1

라스페치아 🚗 ·····> 밀라노

소요시간 2시간 10분~3시간 10분

밀라노에서 차량을 픽업할 경우에는 말펜사 공항이나 중앙역에서 하면 된다. 공항점에서 픽업하는 것이 좀 더 간편하다. 중앙역지점은 역에서 도보로 10분 정도 떨어진 곳에 위치해 있다. 픽업 및 반납주차장도 지나쳐버리기 쉬운 위치에 있어서 다소 불편하다(허츠 기준). 밀라노 인-아웃인 경우에는 도착 후 바로 렌터카를 픽업하여 이탈리아 북부와 중부 지역을 둘러본다. 그다음 밀라노 중앙역에서 반납하는 일정이 좋다. 반납 후 밀라노 관광을 마치고 출국하면 시간 활용이 효율적이다. 반대로 밀라노 시내를 먼저 구경한 다음 중앙역에서 픽업하고 공항점에서 반납하는 것도 많이 이용하는 방법이다. 밀라노 말펜사 공항 렌터카 픽업 및 반납 방법은 이탈리아 주요 도시 렌터카 픽업 및 반납(367p)편을 참고하도록 한다.

밀라노 시내 운전

밀라노 시내는 모두 ZTL 구역이지만 통행증을 구입할 수 있어 ZTL 걱정 없이 운전할 수 있다. 그러나 다양한 교통수단이 혼재하여 있고 길이 매우 복잡하다. 특히 트램과 자동차가 뒤섞여 다니기 때문에 더욱 복잡하게 느껴진다. 오토바이들도 수시로 튀어나오기 때문에 운전에 주의해야 한다. 특히 외부 차량 등은 주차 공간이 여의치 않아 주차하기도 쉽지 않다. 많은 사람들이 밀라노 시내 운전을 특히 어렵다고 할 정도로 운전 여건이 좋지 않다. 따라서 자동차보다는 대중교통을 이용할 것을 권한다.

밀라노 시내는 트램도 같이 다니기 때문에 길도 복잡하고 통행량도 많아 대중교통을 이용하는 것이 낫다.

주차장

밀라노 시내 중심부의 주차 여건은 좋지 않다. 따라서 ZTL 경계에 있는 메트로 1, 2, 3호선 역들 주변 주차장을 이용하는 방법을 많이 이용한다. 그러나 이 역시 도심을 운전해야 하는 부담은 마찬가지이다. 운전이 부담된다면 밀라노 도심 외곽의 주차장을 이용하는 방법도 있다. 추천하는 곳은 3호선인 로고레도Rogoredo 역 주차장이다. 종점과 가깝지만 두오모역까지 환승이 필요 없고 10분 정도만 가면 된다. 고속도로도 바로 탈 수 있다. 무엇보다 복잡한 시내 운전을 하지 않아도 된다. 시내까지 차를 꼭 가져가야 한다면 두오모 성당 인근의 오토실로 디아스Autosilo Diaz 주차장을 추천한다. 주차장에서 두오모까지는 도보로 2~3분 거리로 접근성이 매우 좋다.

파르케지오 오토실로 디아스
Parcheggio Autosilo Diaz

P 실내 지하주차장 ⏰ 오전 07:00~새벽 2:00 € 1시간 3€ (Area C 티켓은 1층 출구 쪽 부스에서 3€에 구매 및 등록할 수 있다) 🏠 Piazza Armando Diaz, 1 20122 Milano MI, 이탈리아 📍 45.462455, 9.190251(주차장 진입로 앞)

> **TIP** 주차장이 다소 낡았다. 주차 간격이 좁아서 SUV 같은 대형 차량은 조심할 필요가 있다.

파르케지오 디 밀라노 로고레도
Parcheggio di Milano Rogoredo

P 실외주차장 ⏰ 24시간 € 1시간 1.5€ 🏠 Unnamed Road 20139 Milano MI, 이탈리아 📍 45.433707,9.237976 (주차장 진입로 앞)

주차장 정보 더 알아보기

밀라노 지역의 주차장 정보를 좀 더 확인하고 싶다면 다음 사이트를 참고한다.
www.parcheggio.it/it 검색창에 밀라노를 입력한다 (유럽 전역의 주차 정보 제공).
www.milanoparking.com
www.metropark.it 'parcheggi' 메뉴 클릭 후 주도 (Lombardia) 선택.

ZTL

밀라노 ZTL Area C

밀라노의 시내 중심은 Area C로 지정된 ZTL 구역이다. 밀라노는 다른 대도시들과 다른 점이 하나 있다. 바로 여행자도 ZTL 통행 스티커를 구입할 수 있다는 점이다. 이 스티커를 구입하면 정해진 시간 동안 ZTL 구역을 이동할 수 있다.

ZTL Area C의 정보는 다음과 같다.
제한 시간 월~금 07:30~19:30(목요일은 18:00까지) 토·일 및 공휴일은 해제된다.
통행 스티커 5€(주차장에서 구입할 경우에는 3€다)
구매처 타바키 상점, 신문 판매점, ATM, 주차장, 콜센터(+39.02.48684001)를 통해서 구입할 수 있다. 웹사이트(www.areac.it)에서 온라인으로 구매도 가능하다.
활성화 시간 티켓은 당일 혹은 다음날 익일 12시까지 활성화해야 한다(단, 주차장에서 구입한 티켓은 당일 자정까지 활성화해야 한다).

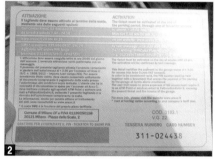

1 통행권 앞면. 주차장에서 사면 3€에 구입이 가능하다.
2 통행권 뒷면에 은박을 벗겨내면 등록 코드가 나온다.

TIP 활성화 방법

1 티켓의 뒷면에 은박으로 된 부분을 긁어 등록 코드를 확인한다.
2 스마트폰으로 339.994.0437 이 번호로 등록 코드를 문자 메시지로 보낸다(이탈리아 유심을 사용하면 번호 그대로 입력하고 전송한다. EE유심이나 쓰리심 등을 사용하면 번호 앞에 +39 국가번호를 입력한다).
3 입력 순서는 코드 번호 + 콤마 + 차량 번호순으로 (ex ZP03900583A3,FE153YF) 보낸다.
4 문자를 보내면 곧바로 attivato(활성화)되었다는 문자가 온다. 문자가 오지 않으면 제대로 등록이 되지 않은 것이다. 이때는 다시 보내야 한다.
*활성화는 문자 발송, 콜센터 전화, 웹사이트에서 등록한다. 이 세 가지 중에서 선택할 수 있다. 여행자의 경우 문자를 보내는 것이 가장 간편하다.

최소 관광 시간

밀라노 관광은 카도르나역Cadorna FN 주변과 두오모 주변으로 나눌 수 있다. 두오모 주변 관광지만 본다면 반나절이면 충분하다. 카도르나역 주변 산타 마리아 델레 그라치아 성당과 스포르체스코성 등까지 본다면 하루는 할애해야 한다. 두오모 주변에서 카도르나역 주변 관광지까지는 모두 도보로 다닐 수 있다. 메트로나 트램을 이용하면 두오모 인근 관광을 마치고 카도르나역까지 좀 더 수월하게 이동할 수 있다.

관광 안내소 Urban Center Milano

스칼라 극장 앞 광장에서 비토리오 에마누엘레 2세 갤러리로 들어가자마자 바로 오른쪽에 위치.
🕐 월~금 09:00~18:00 토·일·공휴일 휴무
🏠 Galleria Vittorio Emanuele II, 11/12, 20121 Milano
comune.milano.it
📍 +39 02 8845 6555

밀라노 여행의 시작은 두오모 성당부터 시작하면 된다. 두오모 관람객이 많기 때문에 오전 일찍 방문하여 여유 있게 성당 관광을 마치면 남은 일정은 여유 있게 즐길 수 있다. 두오모 주변으로 주요 관광지가 모여 있어 이동 동선도 그리 길지 않다. 카도르나역 주변 관광지 역시 도보나 지하철로 쉽게 이동할 수 있다. 밀라노는 쇼핑과 미술관 관람의 목적으로 찾는 경우가 많은데 밀라노 추천 루트에서는 밀라노의 주요 볼거리 위주로 동선을 잡아보았다. 제시된 명소들을 순차적으로 돌아보면서 자신의 취향에 맞게 쇼핑이나 미술관 관람 시간을 배분하면 된다.

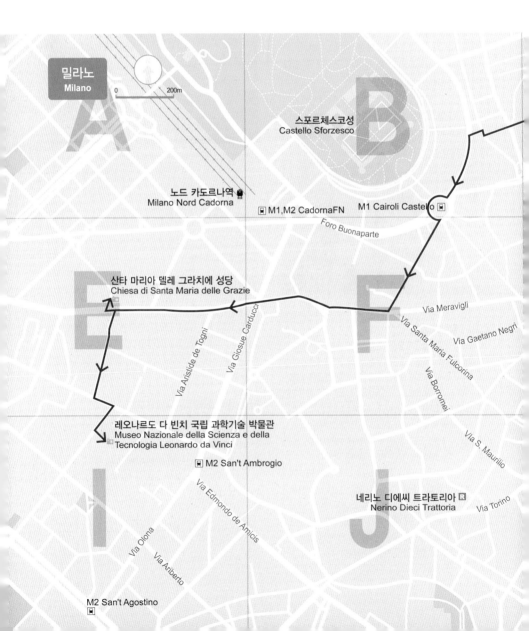

밀라노
Milano

0   200m

스포르체스코성
Castello Sforzesco

노드 카도르나역
Milano Nord Cadorna

☒ M1,M2 CadornaFN   M1 Cairoli Castello ☒

Foro Buonaparte

산타 마리아 델레 그라치에 성당
Chiesa di Santa Maria delle Grazie

Via Meravigli

Via Santa Maria Fulcorina

Via Gaetano Negri

Via Aristide de Togni

Via Giosue Carducci

Via Borromei

레오나르도 다 빈치 국립 과학기술 박물관
Museo Nazionale della Scienza e della
Tecnologia Leonardo da Vinci

Via S. Maurilio

☒ M2 San't Ambrogio

Via Edmondo de Amicis

네리노 디에씨 트라토리아
Nerino Dieci Trattoria

Via Torino

Via Olona

Via Ariberto

M2 San't Agostino

| 주차장 | 3분 소요 ▶▶▶ | 두오모 | 2분 소요 ▶▶▶ | 비토리오 에마누엘레 2세 아케이드 | 3분 소요 ▶▶▶ | 스칼라 극장 |

▼ 7분 소요

| 레오나르도 박물관 | ◀◀◀ 6분 소요 | 산타 마리아 델레 그라치에 성당 | ◀◀◀ 15분 소요 | 스포르체스코성 | ◀◀◀ 10분 소요 | 브레라 미술관 |

브레라 미술관
Pinacoteca di Brera

Via della dell'Orso

M3 Montenapoleone
몬테 나폴레오네 거리 / Via Alessandro Manzoni / Via Monte Napoleone

폴디 페촐리 박물관
Museo Poldi Pezzoli

Via della Spiga

Via Senato

Corso Venezia

Via San Damiano

스칼라 극장
Teatro alla Scala

스칼라 광장
Piazza Scalla

관광 안내소 🛈

구찌 카페
Gucci Café

M1 San Babila

M1 Cordusio

비토리오 에마누엘레 2세 갤러리
Galleria Vittorio Emanuele II

Corso Vittorio Emanuele II

룸 메이트 줄리아
Room Mate Giulia

리나센테 백화점
Rinascente Milano

M1,M3 Duomo

두오모
Duomo

브로시아나 미술관
Pinacoteca Ambrosiana

두오모 광장
Piazza del Duomo

Via Giuseppe Mazzini

Speronari

Via Uberto Visconti di Modrone

START
파르케지오 오토실로 디아스
Parcheggio Autosilo Diaz
(실내 유료주차장)

M3 Missori

Corso di Porta Romana

Via Francesco Sforza

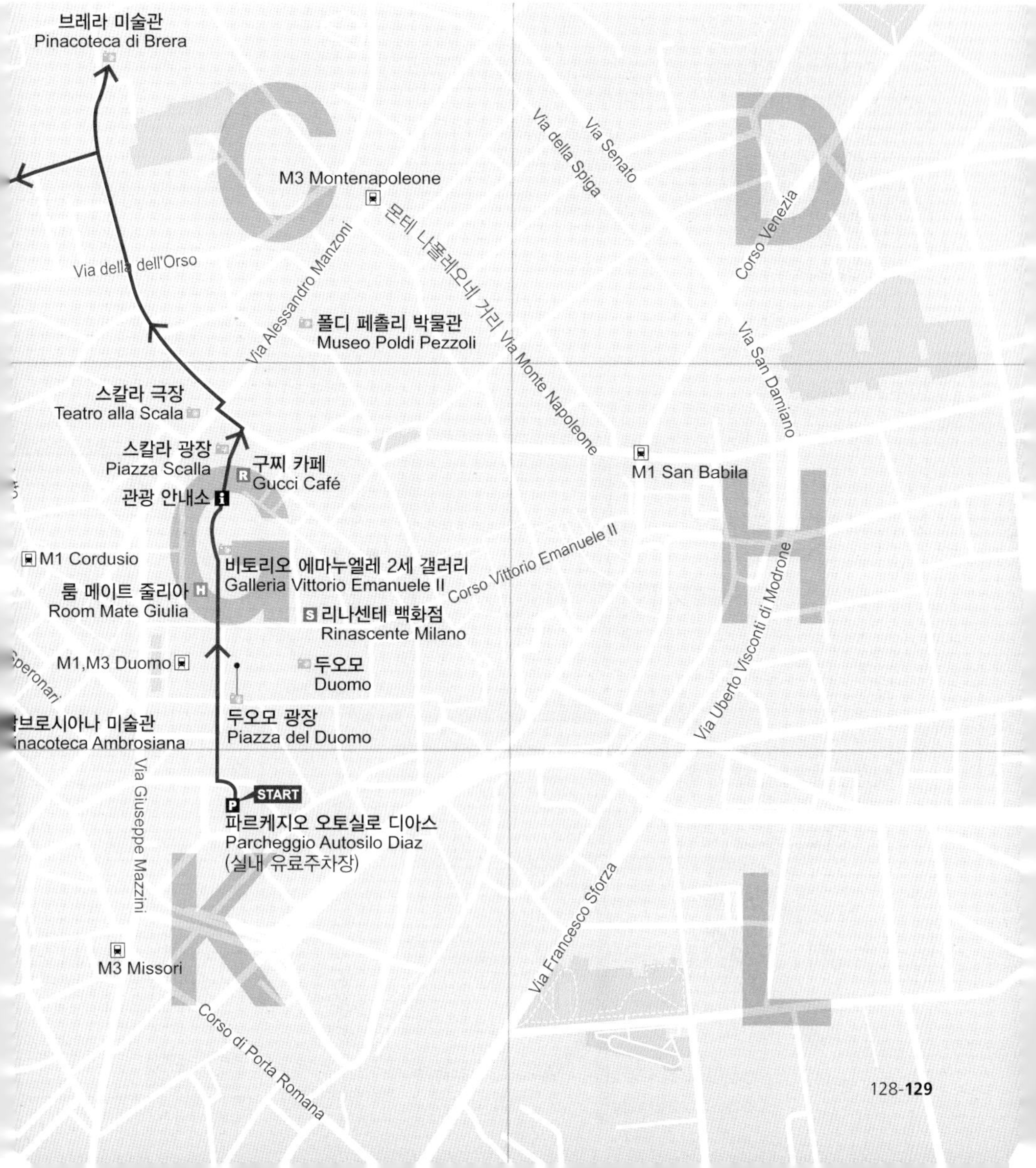

시내 교통

밀라노는 지하철, 버스, 트램 등이 잘 되어 있는 편이다. 특히 지하철이 잘 되어 있다. 관광지 대부분은 지하철로 이동할 수 있다. 티켓은 지하철, 버스, 트램을 공통으로 이용할 수 있다. 메트로역, 버스정류장, 담배가게Tabacci, 신문 가판대 등에서 구입이 가능하다. 그런데 중요한 건, 반드시 탑승 전에 티켓을 펀칭해야 한다는 것! 펀칭을 하지 않고 단속에 걸리면 50€의 벌금이 부과된다. 각인을 잊지 말도록 하자.

€ 1회권 1.5€(개시 후 90분간 사용 가능), 1일권 4.5€
🌐 www.atm.it

메트로

M1, M2, M3, M5 총 4개의 노선이 있다. 관광지는 대부분 M2와 M3호선을 타면 대부분 이동가능하다.

주요 관광지 정차역

M3, M1 두오모Duomo역(두오모 대성당)
M1 카이롤리Cairoli(스포르체스코성)
M2 포르타 제노바Porta Genova FS역(나빌리오 운하)
M2 산 탐브로조San't Ambrogio역(산 탐브로조 성당)
M5 산 시로 스타디오San Siro Stadio역(산 시로 스타디움 경기장) 이 중 나빌리오 운하나 산 시로 스타디움을 갈 때에는 트램을 타는 것이 더 유용하니 참고할 것.

밀라노 카드

밀라노의 대중교통을 무제한 이용할 수 있는 카드. 처음에 입장하는 3개의 박물관, 미술관은 무료로 입장할 수 있는 혜택을 준다. 제휴된 레스토랑 및 기타 시설에서 최대 85%까지 할인 혜택을 받는다. 공항에서 구입 시 말펜사 공항 버스도 할인 혜택이 주어진다. 공항에 도착 후 바로 구입하는 것이 좋다.

구매처: 공항, 중앙역, 타바끼 매장 인터넷으로 구입도 가능하다.

€ 1일권 11.5€ / 2일권 17.5€ / 3일권 19.5€ 🌐 www.milanocard.it

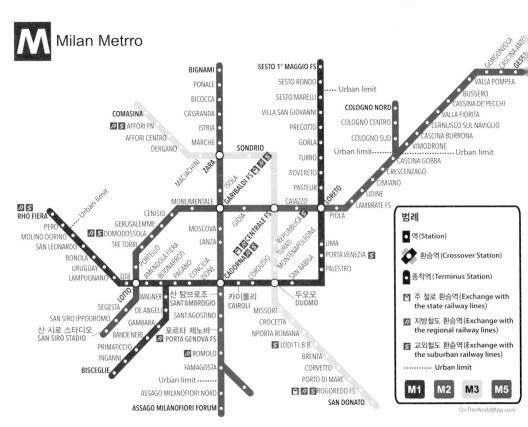

OnTheWorldMap.com

밀라노 두오모 Milan Duomo

밀라노 두오모 성당은 1386년에 착공되어 400년이 넘는 기간 동안 건설됐다. 이탈리아 성당 중 외관이 가장 화려한 성당으로 손꼽힌다. 전 세계에서 다섯 번째로 큰 성당이기도 하다. 135개의 뾰족한 첨탑, 똑같은 모습이 하나도 없는 3,159개의 성인과 사도들의 조각상, 그리고 성당 꼭대기 위치한 황금색의 성모 마리아까지 볼거리로 가득 차 있다. 내부의 스테인드글라스는 15~16세기에 만들어진 것이다. 성당의 지붕은 계단이나 엘리베이터를 이용해 올라갈 수 있다. 지붕 위엔 화려한 밀라노 시내를 바라볼 수 있는 전망대가 마련되어 있다.

🕐 성당 08:00~19:00 / 루프탑 월~목 09:00~19:00 € 성당 무료, 두오모패스(엘리베이터) 20€ / 두오모패스(계단) 15€ / 패스트트랙패스 26€ (*운영 시간이 자주 바뀌니, 출발 전에 꼭 확인할 것!) 🌐 www.duomomilano.it 🏠 Piazza del Duomo, 20122 Milano MI, 이탈리아 📍 45.464171, 9.190796

비토리오 에마누엘레 2세 갤러리 Galleria Vittorio Emanuele II

두오모 광장 왼쪽에 위치한 쇼핑몰 겸 미술관이다. 지 멘고니G. Mengoni의 설계로 1865년 건축되어 1877년 완성되었다. 긴 회랑 구조로 되어 있다. 중앙 47m 높이의 돔을 시작으로 십자가 형태의 유리 지붕을 덮었다. 건물 대부분은 대리석을 이용해 만들어졌다. 바닥에는 토리노, 로마, 피렌체, 밀라노를 장식하는 황소, 늑대, 백합, 적십자가 모양이 장식되어 있다. 특히 황소 문양에 많은 사람들이 붐빈다. 황소의 고환을 발뒤꿈치로 밟고 한 바퀴 돌면 소원이 이루어진다는 속설이 있기 때문이다.

🏠 Piazza del Duomo, 20123 Milano MI, 이탈리아 📍 45.465648, 9.190033

사람들로 붐비는 황소 장식

스칼라 극장 Scala Theater

밀라노 스칼라 극장은 산타 마리아 알라 스칼라Santa Maria alla Scala 성당이 있던 자리에 건축되었다. 1700년대 후반에 밀라노는 근현대적인 모습으로 다시 태어나고 있었다. 이때 건축가 주세페 피에르마리니Guiuseppe Piermarini가 신고전주의 양식으로 스칼라 극장을 건축하게 된다. 극장의 정면 입구는 우천 시 비를 피해 관람객들이 마차에서 내려 바로 극장으로 들어갈 수 있도록 지붕이 설치되었다. 내부는 원형극장의 개념을 도입해 작은 소리도 뒷자리까지 들릴 수 있게 설계되었다.

지금의 모습은 2차 세계대전 연합국의 폭격으로 파괴된 것을 1946년에 다시 재건한 것이다. 매년 밀라노 수호성인 암브로시우스St. Ambrosius의 축일인 12월 7일 개장하여 다음해 7월까지 오페라 공연이 이어진다. 공연을 볼 예정이라면 반드시 사전에 예매를 해야 한다. 또한 공연 관람 시 남자는 정장에 넥타이를, 여자는 드레스를 착용해야 한다.

🕐 10:00~18:00
휴관 1/1, 부활절, 5/1, 8/15, 12/7, 12/24, 12/25, 12/31
€ 극장투어 온라인 예매 9.75€
🏠 Via Filodrammatici, 2, 20121 Milano MI, 이탈리아
📍 45.467358, 9.189583

산타 마리아 델레 그라치에 성당 Chiesa di Santa Maria delle Grazie

1469년 르네상스 스타일로 지어진 성당이다. 성당의 돔은 베드로 대성당의 돔을 설계한 브라만테가 만들었다. 이곳 부엌 한쪽에는 레오나르도 다 빈치의 유명한 벽화 〈최후의 만찬〉이 전시되어 있다. 2차 세계대전 당시 폭격으로 건물이 무너졌다. 다행히 〈최후의 만찬〉이 있던 벽 앞에는 곡식을 넣은 가마니가 놓여 있어서 피해를 입지 않을 수 있었다. 사전에 반드시 예약을 해야 한다. 15분간 감상할 수 있다.

🕐 08:15~19:00(마지막 입장 18:45, 매주 월 휴관 € 15€(예약비 포함)
🌐 예약 사이트 bit.ly/2RwRPgD 🏠 Piazza di Santa Maria delle Grazie, 20123 Milano MI, 이탈리아 📍 45.465986, 9.170680

스포르체스코성 Castello Sforzesco

스포르체스코성은 브라만테, 레오나르도 다 빈치 같은 최고의 건축가들에 의해 1466년 완공되었다. 성 내부에는 미켈란젤로가 죽기 3일 전까지 마지막 숨결을 불어넣은 유작 〈라 피에타 론다니니La Pieta Rondanini〉가 전시되어 있다. 성 반대편 셈피오네 공원Sempione Park을 지나면 19세기 나폴레옹의 입성을 기념하기 위해 만든 평화의 개선문도 있다.

🕐 09:00~17:30(마지막 입장 17:00)
매주 월과 부활절 휴관(박물관), 1/1, 부활절과 다음 월, 5/1, 12/25 성 무료입장, 박물관 5€
🏠 Piazza Castello, 20121 Milano MI, 이탈리아
📍 45.470378, 9.179348

나빌리오 운하 Naviglio Grande

두오모 건축에 필요한 대리석을 운반할 목적으로 건설된 운하이다. 현재는 벼룩시장이 열리고 있다. 젊은 예술가들의 공방과 레스토랑 등이 밀집해 있다. 밀라노의 현지인들이 사는 조용한 동네로 저녁 무렵에 방문하면 즐거운 시간을 보낼 수 있다. 메트로 2호선 포르타 제노바Porta Genova FS역에서 하차 후 도보 2분.

🏠 Ripa di Porta Ticinese, 59-39 20143 Milano MI, 이탈리아
📍 45.451452, 9.173719

밀라노의 추천 레스토랑

리스토란테 지아니노 달 1899 Ristorante Giannino dal 1899

구글평점 4.2/5

1899년에 오픈한 전통 있는 밀라노 고급 레스토랑이다. 가격대는 조금 비싸지만 밀라노에서 특별한 날을 기억하고 싶은 여행자라면 추천한다. 90석이 넘는 좌석을 가지고 있으며 홈 메이드 전통 파스타와 이탈리아뿐만 아니라 다양한 국가에서 수입해온 고급 와인들을 갖추고 있다.

🍽 Risotto classico alla Milanese (밀라노 스타일의 리소토), Tortello di zucca Mantovana con medaglione di foie gras (푸아그라 만두) 📞 +39 02 3651 9520 🏠 Via Vittor Pisani, 6, 20124 Milano MI, 이탈리아 📍 45.481203, 9.199913

안티카 오스테리아 카발리니 Antica Osteria Cavallini

구글평점 4.2/5

2011년 8월 1일 문을 연 이탈리아 전통 레스토랑이다. 밀라노 주민들에게도 인기가 많은 곳이다. 중앙역에서 약 15분 정도 거리에 위치하고 있다. 깔끔하고 현대적인 인테리어와 그에 잘 어울리는 이곳만의 요리가 매력적이다.

🍽 Veal ossobuco(송아지 정강이찜), Risotto Alla Mianese al dente(샤프란 리소토), Milanese Veal Cutlet with Rucola and Cherry tomato Salad(양고기 커틀릿) 📞 +39 02 669 3174
🏠 Via Mauro Macchi, 2, 20124 Milano MI, 이탈리아 📍 45.481077, 9.203942

네리노 디에씨 트라토리아 Nerino Dieci Trattoria **구글평점** 4.5/5

밀라노 스타일의 스테이크를 먹을 수 있는 곳이다. 현지인과 관광객에게 모두 인기 있다. 들어가는 입구에 붙어 있는 많은 스티커가 이곳이 맛집인 것을 알려준다. 밀라노 쇠고기 커틀릿 및 다양한 종류의 파스타와 티라미수 등을 추천한다.

🍽 Tagliolini Nerino con Vongole e 'Nuja(먹물 봉골레 파스타), Spaghetti all'Astice (랍스터 파스타), Milanese Cutlet(쇠고기 커틀릿) 📞 +39 02 3983 1019
🏠 Via Nerino, 10, 20123 Milano MI, 이탈리아 📍 45.461110, 9.183293

룸 메이트 줄리아 Room Mate Giulia ★★★★ 구글평점 4.8/5

밀라노 중앙역에 위치한 4성급 부티크 호텔이다. 스페인에 본사를 둔 룸 메이트Room Mate 계열이다. 고풍스러운 분위기보다 깔끔한 현대식 분위기를 원한다면 이곳이 정답이다. 일부 객실에는 테라스가 있어 편리하게 이용할 수 있다.

🅿 호텔 근교 주차장 유료 € 1박 기준: 180€(일반 트윈룸)
🌐 www.room-matehotels.com 🏠 Via Silvio Pellico, 4, 20121 Milano MI, 이탈리아 📍 45.465162, 9.189525

스타호텔 앤더슨 Starhotels Anderson ★★★★ 구글평점 4.2/5

밀라노에서 가성비 좋은 호텔 중 하나. 디자인 호텔답게 세련된 인테리어가 인상적이다. 중앙역 앞에 위치하고 있어 교통이 좋다.

🅿 호텔 주차장 유료 € 1박 기준: 100€(일반 트윈룸) 🌐 www.starhotels.com
🏠 Piazza Luigi di Savoia, 20, 20124 Milano MI, 이탈리아
📍 45.483365, 9.209158

스파이스 호텔 밀라노 Spice Hotel Milano ★★★ 구글평점 4/5

고풍스러운 건물을 최근 리모델링하여 탄생시킨 현대식 3성급 호텔이다. 강렬하면서도 심플한 디자인이 외관과 대조를 이뤄 매력적이다. 4인실 객실도 보유하고 있어 가족 단위 여행자들이 이용하기 좋다. 중앙역과 도보로 5분 거리라서, 주변에 지하철이 잘 연결되어 있다.

🅿 호텔 근교 주차장 유료 € 1박 기준: 90€(일반 트윈룸)
🌐 www.spicehotelmilano.com 🏠 48, Via Vitruvio, 20124 Milano MI, 이탈리아 📍 45.483586, 9.204766

몬테 나폴레오네 거리
Monte Napoleone

이탈리아를 대표하는 명품 쇼핑 거리다. 조르지오 아르마니, 베르사체 등 이탈리아 유명 디자인 브랜드 매장이 거리에 가득하다. 밀라노가 패션 도시로 불리는 이유를 이곳 거리를 통해 느껴볼 수 있다.
📍 45.468518, 9.195185

코르소 코모 10 아웃렛
Corso Como 10 Outlet

코르소 코모 10에서 운영한다. 규모는 작지만 흔치 않은 도심 아웃렛이다. 분위기 자체는 코르소 코모 카페와 비슷하다. 저렴한 액세서리, 의류, 명품 브랜드까지 다양한 제품을 취급한다.
🕐 11:00~19:00 🏠 Via Enrico Tazzoli, 3, 20154 Milano MI, 이탈리아 📍 45.485695, 9.184331

미트투비즈 Meet2biz

나빌리오Naviglio 지구에 위치한 편집 숍이다. 젊고 감각적인 이탈리아 디자인을 만날 수 있다. 아직 유명하지는 않지만 이제 막 학교를 졸업한 새내기 디자이너들의 색다른 감각을 만나 볼 수 있다.
🕐 토 12:00~21:30, 일 12:00~19:30, 화~금 15:30~21:00, 월 휴무
🏠 Alzaia Naviglio Grande, 14, 20144 Milano MI, 이탈리아
📍 45.451967, 9.175105

베네치아

        죽기 전에 꼭 가 봐야 할 도시. 언제 사라질지 모르는 베네치아는 아름다운 물의 도시
로 불린다. 베네치아는 567년 훈족에 쫓긴 롬바르디아의 피난민이 만 기슭에 마을을 만든 것에서 시작
되었다. 현재는 118개 섬들이 400여 개 다리로 연결된 거대한 수상 도시이다. 7세기부터 지중해 무역으
로 부를 축적하기 시작하였고 13세기에는 강력한 해상공화국이 되었다. 베네치아는 석호 위에 경이로
운 건축물과 수많은 예술작품을 탄생시키면서 천 년에 걸친 번영을 누렸다. 그러나 18세기 후반 나폴
레옹에 의해 점령당한 후 급속히 쇠락의 길을 걸었다. 그럼에도 베네치아를 다스렸던 세레니시마 가
문의 유산들은 전 세계에 손꼽히는 관광문화 유산을 이탈리아에 남겨주었다. 마치 상상 속에서나 있
을 법한 도시는 실존하는 모습으로 바다에 우뚝 서 있고 그 길을 따라 곤돌라가 미끄러지듯이 흐른
다. 곤돌리에(곤돌라에서 노를 젓는 뱃사공)의 노랫가락은 오늘도 베네치아 곳곳으
로 사람들을 실어 나른다.

베네치아 들어가기

1. 항공편

베네치아에는 마르코 폴로 공항Aeroporto Marco Polo이 있다. 2018년부터 아시아나항공이 직항편을 운영 중이다. 공항에서 본섬까지는 13km 정도로 매우 가까워 수상버스를 타면 본섬으로 바로 이동할 수 있다.

2. 렌터카

베네치아는 서쪽으로 베로나, 남쪽으로 볼로냐, 북쪽으로 코르티나 담페초와 가깝다. 자동차 여행자들은 돌로미티 일정과 연계하여 베네치아 일정을 잡는 경우가 많다. 베로나에서 볼차노로 이동 후 돌로미티를 관광하고 코르티나 담페초에서 베네치아로 내려온다. 베네치아에서 코르티나 담페초로 이동 후 돌로미티 관광을 하고 베로나로 내려오는 경로도 많이 이용된다.

베로나 → 베네치아
거리 115km 도로 A4/E70
소요시간 1시간 20분

볼로냐 → 베네치아
거리 156km 도로 A13
소요시간 1시간 50분

코르티나 담페초 → 베네치아
거리 161km 도로 SS51/A27
소요시간 2시간 10분

공항에서 시내로 이동하기

공항에서 메스트레Mestre역이나 베네치아 본섬으로 이동하는 방법은 버스와 수상버스를 이용할 수 있다. 숙소가 본섬이라면 수상버스를 이용하고 메스트레역 부근이라면 버스를 이용하면 된다.

1. 버스 레오나르도 익스프레스 Leonardo Express

공항에서 시내로 이동하는 버스는 공항버스인 ATVO와 일반버스인 ACTV로 구분된다. 로마 광장으로 가는 노선과 메스트레역까지 가는 두 개의 노선을 운영한다. 탑승 전 행선지를 꼭 확인하고 타야 실수가 없다. 승차권은 공항 내 매표소나 자동판매기에서 구입하면 된다. 버스 기사한테도 구입 가능하다. 운행 시간표는 시기별로 달라진다. 정확한 시간표는 웹사이트(www.atvo.it와 www.actv.it)에서 확인하면 된다.

종류	노선	운행시간	소요시간	요금
ATVO	공항~로마 광장	05:20~01:20	평균 20분	편도 8€ 왕복 15€
ACTV5	공항~로마 광장	04:08~01:10	평균 25분	편도 8€ 왕복 15€
ACVO	공항~메스트레역	06:06~01:20	평균 17분	편도 8€ 왕복 15€
ACTV15	공항~메스트레역	05:45~20:15	평균 25분	편도 8€ 왕복 15€

2. 수상버스 바보레토 Vaporetto

숙소를 산 마르코 광장Piazza San Marco이나 리알토 다리Ponte di Rialto 쪽에 구했다면 수상버스를 이용한다. 알리라구나Alilaguna사의 보트를 이용하면 된다. 노선은 블루Blu, 로사Rossa, 아란치오Arancio, 베르데Verde 이렇게 네 개의 노선으로 운영되고 있다. 수상버스는 이동이 편리한 대신 가격이 비싸고 정류장까지 10분 정도 이동해야 하는 단점이 있다. 정류장은 공항 앞 버스정류장에서 왼쪽 길로 워터트랜스포터Watertransport 이정표를 따라가면 된다.

⊕ www.alilaguna.it *온라인으로 티켓을 구매하면 1€ 할인되니 참고할 것.

종류	노선	운행시간	소요시간	요금
블루 노선 Linea Blu	공항~산 마르코 광장~ 크루즈 터미널	05:20~00:20	평균 1시간 30분	편도 15€(수화물 1개는 무료. 추가 3€)
로사 노선 Linea Rossa (4~10월 시즌 노선)	공항~무라노섬~부라노 섬~산 마르코 광장	09:40~18:40	평균 1시간 35분	편도 15€(수화물 1개는 무료. 추가 3€)
아란치오 노선 Linea Arancio	공항~리알토 다리~ 산 마르코 광장	08:50~23:50	리알토 다리까지 1시간	편도 15€(수화물 1개는 무료. 추가 3€)

알리아구나 수상버스

렌터카 픽업 및 반납하기

베네치아는 자동차가 필요 없으며, 입국 후 바로 관광을 하기 때문에 공항에서 렌터카를 픽업하는 경우는 거의 없다. 주로 관광을 마친 후 시내지점에서 픽업을 하는 편이다. 반납 역시 도착 후 바로 시내지점에 하고 관광을 마친 후 출국하는 일정이 대부분이다. 베네치아 렌터카 픽업 및 반납 방법은 이탈리아 주요 도시 렌터카 픽업 및 반납(366p)편을 참고하도록 한다.

ZTL

베네치아는 차량 자체를 운행할 수 없는 지역으로 ZTL은 크게 신경 쓸 필요 없다. 메스트레 지역 일부에 ZTL이 있지만 렌터카 대리점과 메스트레역 인근 주차장, 그리고 본섬까지 이동하는 구간 등은 모두 상관이 없다.

주차장

베네치아 본섬은 자동차가 진입할 수 없다. 본섬 초입인 로마 광장 인근 주차장을 이용해야 한다. 아니면 메스트레역 부근의 주차장을 이용하면 된다. 대부분 1박 이상을 하는 곳이라 숙소 위치에 따라 주차장을 선택하면 된다. 메스트레역 주변에 숙소를 얻은 경우 차는 숙소 또는 인근 주차장에 두고 대중교통으로 본섬까지 이동하면 된다. 본섬에 숙소를 얻은 경우에는 토렌체토Tronchetto섬에 있는 주차장을 이용하거나 로마 광장 주변의 주차장을 이용해야 한다. 본섬 앞 로마 광장 주변의 주차장들은 매우 비싸서 인근의 트렌체토섬 주차장을 이용하는 경우가 많다. 한국인들에게 아직 잘 알려지지 않은 방법도 있다. 리도 디 예솔로Lido di Jesolo 지역에 숙소를 구하는 방법이다. 이곳은 현지인들이 주로 머무는 한적하고 깨끗한 휴양 지역으로 4성급 캠핑장이 즐비하다. 숙박비도 저렴한 편이다. 베네치아 본섬까지 바포레토로 30분 정도 소요되지만 자동차를 이용할 수 있다는 장점이 있다. 단점이라면 메스트레역에서 서쪽으로 약 한 시간 정도 더 이동해야 한다. 베네치아 다음 여정으로 동유럽 일정이 계획되어 있다면 적합하다. 그렇지 않다면 여행 루트가 효율적이지 못하다.

메스트레Mestre역 부근

파르케지오 사바 스타지오네 베네치아 메스트레
Parcheggio Saba Stazione Venezia Mestre

메스트레역 맞은편 플라자 호텔 바로 옆에 위치한 실내주차장이다. 렌터카 픽업 및 반납 주차장이기도 하다. 플라자 호텔 투숙객도 이 주차장을 이용하면 된다. 할인 혜택이 있다.

P 실내주차장 Ⓒ 월~일 08:00~24:00 € 1시간 주차 2.5€ 종일 주차 19€ ⊕ bit.ly/2thpUbr 🏠 Viale Stazione, 10, 30171 Venezia VE, 이탈리아 ♀ 45.482503, 12.233724

로마 광장Piazzale Roma 주변

오토리메싸 코무날레 Autorimessa Comunale
로마 광장에 위치한 주차장으로 렌터카 회사들의 픽업 및 반납 주차장이기도 하다. 접근성은 좋지만 하루 단위로만 요금을 받는다.

P 실내주차장 Ⓒ 24시간 € 시간당 요금 없음. 24시간 26€ ⊕ bit.ly/2FW8tj0 🏠 Ponte della Libertà, 1961, 30135 Venezia VE, 이탈리아 ♀ 45.438990, 12.317230

트론체토Tronchetto섬

베네치아 트론체토 파킹 Venezia Tronchetto Parking
베네치아 서쪽의 인공 섬인 트론체토에 위치한 대형 타워 주차장이다. 본섬 인근 주차장 중에서는 가장 저렴하고 이용률이 높은 곳이다. 1일 단위 요금을 받는 다른 곳에 비해 시간 단위로 요금을 정산할 수 있다. 주차장 1층에 바포레토 매표소와 승선장이 있어서 바로 탑승하고 이동하면 된다.

P 실내주차장 Ⓒ 24시간 € 1시간 3€, 4시간부터는 종일 요금 적용 22€ ⊕ bit.ly/3QiGJIC 🏠 Isola Nova del Tronchetto, 14, 30135 Venezia VE, 이탈리아 ♀ 45.443417, 12.307412

이 밖에 로마 광장 안쪽에 파르케지오 산 안드Parcheggio S. Andre와 가라지 산 마르코Garage S.Marco 주차장이 서로 마주 보고 위치해 있다. 안드레Andre 주차장은 2시간마다 7€가 부과된다. 산 마르코 주차장은 종일 요금제로만 운영되는데 요금이 매우 비싸다(하루 45€).

리도 디 예솔로Lido di Jesolo

파킹 스카르파 Parking Scarpa
푼타 사보니Punta Saboni 바포레토 승선장 근처에 위치한 주차장이다. 하루 5€에 주차가 가능하다.

P 야외 사설주차장 € 하루 5€ 🏠 30013 Punta Sabbioni VE, 이탈리아 ♀ 45.447249, 12.425963

곤돌라

곤돌라는 한때 베네치아의 대표적인 교통수단이었지만 지금은 관광 상품으로 이용되고 있다. 베네치아의 좁은 운하를 이동하기 쉽게 길고 날렵하게 제작되었다. 원래는 귀족들이 부를 과시하기 위해 화려하게 치장하였다. 그러나 정도가 지나치자 사치금지법이 제정되었고 모두 검은색으로만 칠하게 되었다. 요금은 곤돌라협회에서 정해진 요율로 배 한 척당 비용을 지불하는 방식이다. 최대 탑승 인원은 6명이고 인원수에 상관없이 거리와 이동 시간에 따라 최소 80유로부터 시작한다.

시내 교통

모든 교통수단은 배를 이용한다. 그 외 교통수단은 메스트레역에서 본섬 로마 광장까지만 운행할 수 있다. 산타 루치아역이나 로마 광장에서 하차해서 바포레토(수상버스)를 이용하여 베네치아 관광을 한다.

기차

메스트레역에서 베네치아 중앙역인 산타 루치아역까지 이동한다. 산타 루치아역은 마지막 역이라 아무 기차나 타고 가도 된다.
🕐 약 10분 € 편도 1.64€

산타 루치아역

버스

메스트레역에서 베네치아 본섬의 로마 광장까지 이동하는 노선이다. 2번 버스를 타면 된다. 메스트레역에서 바포레토 티켓을 구매하면 버스는 무료로 탑승이 가능하다. 약 12분 정도 소요된다.

수상택시 모토스카피Motoscafi

택시와 같은 개념의 스피드 보트로 목적지까지 빠르게 이용할 수 있다. 최대 10명까지 탑승 가능하고 5명까지는 기본요금이다. 그 이상인 경우 1인당 10€가 추가된다. 짐은 12개까지 실을 수 있는데 5개까지는 무료이고 추가 1개당 5€가 붙는다.
요금은 마르코폴로 공항에서 산 마르코 광장까지 100~110€ 산타 루치아역에서 산마르코 광장까지 50~60€ 정도 생각하면 된다.
🌐 www.motoscafivenezia.it

일반 기차표와 동일하게 발권하면 된다.

버스

트라게토Traghetto

곤돌라와 생김새는 비슷하지만 길이가 더 길고 큰 배다. 곤돌리에도 두 명이다. 베네치아에는 수많은 다리가 있지만 대운하 양쪽을 연결하는 다리는 네 개밖에 없다. 따라서 운하 양쪽을 이동하는 저렴한 교통편이 필요했고 트라게토가 만들어졌다. 비싼 곤돌라의 대안이기도 하다. 비용은 2~4€로 뱃사공에게 지불한다. 운하를 건너는 소요시간은 5분이다.

수상택시

바포레토Vaporetto

베네치아 전역을 거미줄처럼 연결한 노선으로 여행객들이 주로 이용하는 대중교통 수단이다. 요금은 1회권, 24시간권, 48시간권, 72시간권으로 구분되어 있다. 하루에도 여러 번 바포레토를 타야 하기 때문에 종일권을 구입하면 된다.

€ 1회권 7.5€ / 24시간권 21€ / 48시간권 30€ / 72시간권 40€

1 바포레토 2 바포레토 24시간권 티켓

티켓 구매처

티켓은 주요 승선장에 있는 매표소에서 구매한다. 산타 루치아역 관광 안내소나 메스트레역 주변 상점에서도 구매할 수 있다.

탑승 방법

탑승장 앞에 게이트가 있고 게이트에는 티켓 검표기가 부착되어 있다. 이곳에 티켓을 터치하고 들어가면 된다. 티켓은 바포레토를 탑승할 때마다 매번 터치해야 한다. 터치하지 않고 탔다가 단속에 걸리면 무임승차로 벌금을 내야 하니 주의하도록 하자.

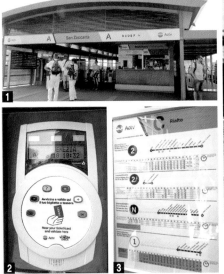 

1 티켓 판매점 겸 바포레토 승선장 2 티켓 검표기 3 바포레토 노선도 4 메스트레역 플라자 호텔의 바에서도 티켓을 구매할 수 있다.

바포레토 똑똑하게 이용하기

바포레토 노선은 20개가 넘는다. 노선별로 정차하는 곳과 무정차하는 곳이 노선도에 다 표시되며, 야간 운행과 모노레일도 노선도에 표기되어 있다. 때문에 관광객이 얼핏 보면 매우 복잡해 보일 수밖에 없다. 그러나 이는 그야말로 TMI(Too Much Info)! 여행자가 이 모든 노선을 다 이해할 필요는 없다. 1번 노선과 2번 노선 정도만 알면 주요 스폿들은 거의 섭렵할 수 있다. 그럼 주요 노선의 경로를 좀 더 자세히 살펴보자.

① ━━━ 1번 노선

산타 루치아역을 출발하여 대운하를 따라 산 마르코 광장까지 이동한다. 여행객들은 주로 이 노선을 이용한다. 리알토 다리, 아카데미아 등 주요 관광지를 대부분 정차한다.

로마 광장P.le Roma/Bus Stn. ➡ 산타 루치아역Ferrovia/Railway Stn. ➡ Riva de Biasio ➡ 산 마르코 광장 S.Marcuola ➡ S.stae ➡ Ca' d'Oro ➡ 리알토 시장Rialto Mercato ➡ 리알토Rialto ➡ S.Silvestro ➡ S.Angelo ➡ S.Tomà ➡ Ca' Rezzonico ➡ Accademia ➡ Giglio ➡ Salute ➡ S.Marcovallaresso ➡ 산 마르코 광장 S.Marco / S.Zaccaria ➡ Arsenale ➡ Giardini ➡ S.Elena ➡ Lido Santa Maria ElisabettaS.M.E

❷ ━━━ 2번 노선

1번과 비슷한 경로로 운행한다. 하지만 1번 노선보다 정차하는 승선장이 좀 더 적다. 산 마르코 광장을 목적지로 한다면 1번이든 2번이든 먼저 오는 것을 타면 된다. 바포레토 승하차 시에는 안내원이 정류장을 큰 목소리로 말해주기 때문에 크게 실수 없이 원하는 곳에 내릴 수 있다.

S.Marco Giardinetti ➡ Accademia ➡ S.Samuele ➡ S.Tomà ➡ 리알토Rialto ➡ S.Marcuola-Casinò ➡ 산타 루치아역Ferrovia / Railway Stn. ➡ 로마 광장P.le Roma/Bus Stn. ➡ 트론체토Tronchetto/Car Park ➡ Sacca Fisola ➡ S.Basilio ➡ Zattere ➡ Palanca ➡ Redentore ➡ Zitelle ➡ S.Giorgio ➡ 산 마르코 광장S.Marco / S.Zaccaria

④1 ━━ ④2 ━━━ 4.1번과 4.2번 노선

무라노Murano와 부라노Burano까지 가고자 한다면 1번과 2번 노선 이외에도 관심을 가져야 하는 노선이 있다. 우선 부라노섬을 가고 싶다면 LN선을, 무라노섬을 가고자 한다면 4.1 노선과 4.2 노선, 그리고 LN선과 DM선을 살펴보아야 한다. 특히 DM선은 무라노 직행이다. 4.1 노선과 4.2 노선은 서로 반대 방향이며 본섬과 무라노섬을 순환한다.

④1 ━━━ 4.1선

산타 루치아역Ferrovia/Railway Stn. ➡ 로마 광장P.le Roma/Bus Stn. ➡ S.Marta ➡ 무라노Murano ➡ Sacca Fisola ➡ Giudecca Palanca ➡ Redentore ➡ Zitelle ➡ 산 마르코 광장S.Marco / S.Zaccaria ➡ Arsenale ➡ Giardini ➡ S.Elena ➡ Certosa ➡ S.Pietro di Castello ➡ Bacini-Arsenale Nord ➡ Celestia ➡ Ospedale ➡ Fondamente Nove ➡ Cimitero ➡ 무라노Murano

④2 ━━━ 4.2선

산타 루치아역Ferrovia/Railway Stn. ➡ Guglie ➡ Crea ➡ S.Alvise ➡ Orto ➡ Fondamente Nove ➡ Cimitero ➡ 무라노Murano

12 ━━━ DM선

트론체토Tronchetto/Car Park ➡ 로마 광장P.le Roma/Bus Stn. ➡ 산타 루치아역Ferrovia/Railway Stn. ➡ 무라노섬Murano

비포레토 주요 노선

Treporti
Punta Sabbioni
Lido Venezia
Lido Santa Maria Elisabetta (S.M.E)
S. Lazzaro
S. Erasmo
Burano
Mazzorbo
Torcello
Aeroporto Marco Polo
Venier
Museo
Da Mula
무라노 Murano
Navagero
Faro
Serenella
Colonna
Cimitero
Certosa
S. PIETRO
S. Elena
Giardini
Chiesa di San Giorgio Maggiore 산 조르조 마조레 성당
S. Servolo
S. Zaccaria
Arsenale
S. Giorgio
S.Marcovia/Iaresco
Bacini
Celesta
Ospedale
Fondamete Nove
Zitelle
Redentore
Spirito Santo
Palanca
Zattere
S.Marco/Vallaresso
Gigio
Salute
아카데미아 다리
아카데미아 Accademia
Rialto 리알토 다리 광장
Piazza S. Marco 산 마르코 광장
Mercato
Rialto Mercato
Ca' d'Oro
S. STAE
S. Marcuola
S. Samuele
C'a Rezzonico
S. Basilio
Molino Stucky
Sacca Fisola
S. Silvestro
S. Angelo
S. Tomà
Riva de Vlasio
Ferrovia
Fusina
S. Maria
P.le Roma 로마 광장
Mercato
Tronchetto Car Park 트론체토 주차장
Tronchetto/ Ferry-Boat 트론체토 페리선
Mestre
철도역 Ferrovia/ Railway Stn.

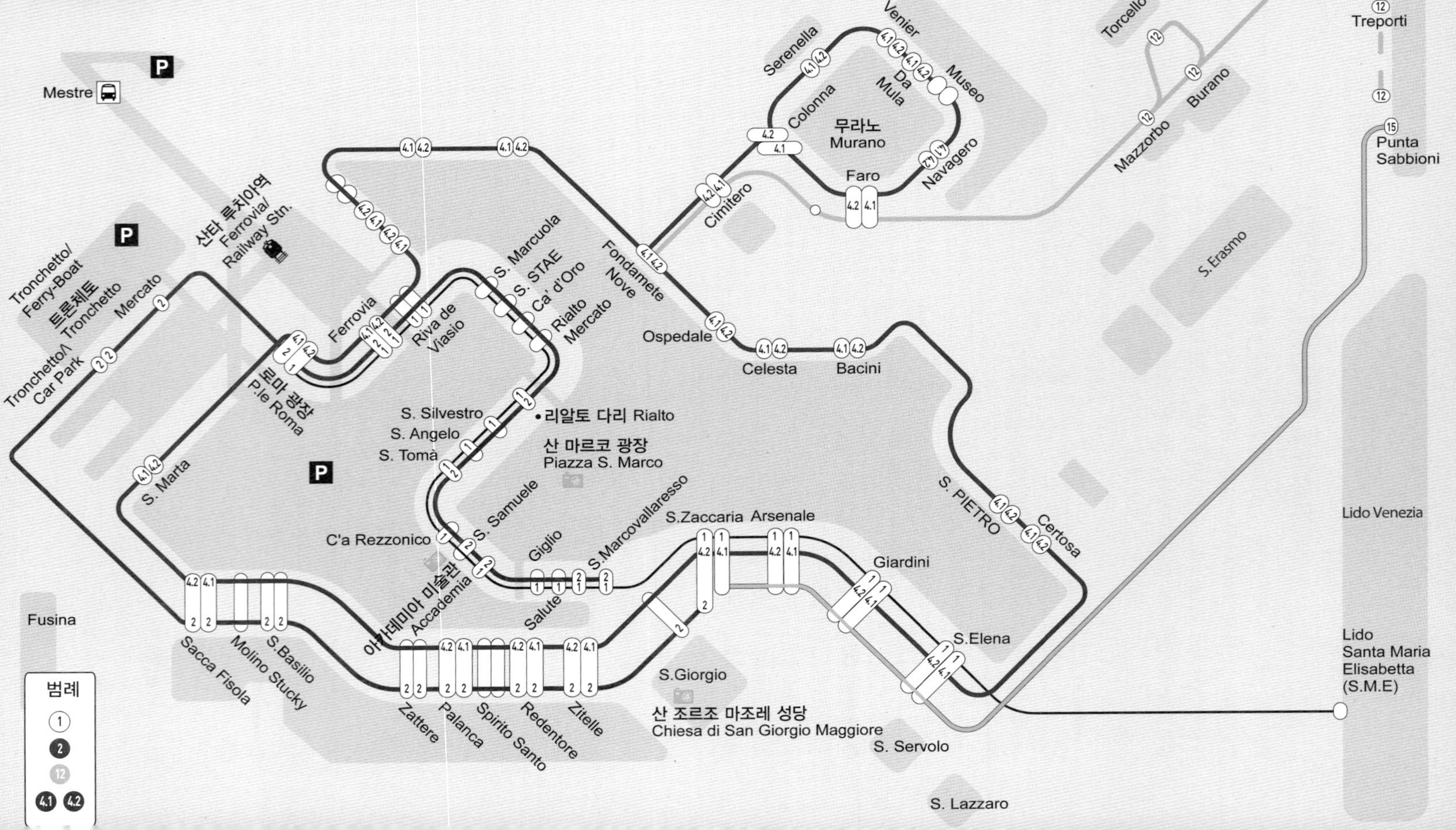

범례
① ② ⑫ 42
41 42

트렌체토역이나 산타 루치아역에서 바포레토를 탑승하고 대운하를 따라 주요 명소를 관광하면 된다. 첫 날은 대운하를 중심으로 베네치아의 명소들을 둘러 보고 다음날은 무라노, 부라노섬을 관광하는 일정으로 계획하면 된다.

DAY 1

산타 루치아역에서 바포레토를 탑승한다. 산 마르코 광장으로 이동하면서 주요 명소를 둘러본다. 산 마르코 광장 관광이 끝나고 산 조르조 마조레 성당을 둘러보면 베네치아의 주요 랜드마크는 모두 챙겨보게 된다. 성당이나 미술관 등을 모두 관람한다면 하루로는 부족하기 때문에 미술관이나 성당은 선택적으로 관람해야 한다.

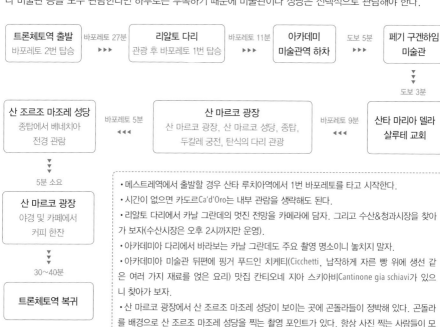

트론체토역 출발 (바포레토 2번 탑승) ▶▶▶ 바포레토 27분 ▶▶▶ 리알토 다리 (관광 후 바포레토 1번 탑승) ▶▶▶ 바포레토 11분 ▶▶▶ 아카데미 미술관역 하차 ▶▶▶ 도보 5분 ▶▶▶ 페기 구겐하임 미술관

↓ 도보 3분

산 조르조 마조레 성당 (종탑에서 베네치아 전경 관람) ◀◀◀ 바포레토 5분 ◀◀◀ 산 마르코 광장 (산 마르코 광장, 산 마르코 성당, 종탑, 두칼레 궁전, 탄식의 다리 관광) ◀◀◀ 바포레토 9분 ◀◀◀ 산타 마리아 델라 살루테 교회

↓ 5분 소요

산 마르코 광장 (야경 및 카페에서 커피 한잔)

↓ 30~40분

트론체토역 복귀

- 메스트레역에서 출발할 경우 산타 루치아역에서 1번 바포레토를 타고 시작한다.
- 시간이 없으면 카도르Ca'd'Oro는 내부 관람을 생략해도 된다.
- 리알토 다리에서 카날 그란데의 멋진 전망을 카메라에 담자. 그리고 수산&청과시장을 찾아 가 보자(수산시장은 오후 2시까지만 운영).
- 아카데미아 다리에서 바라보는 카날 그란데도 주요 촬영 명소이니 놓치지 말자.
- 아카데미아 미술관 뒤편에 핑거 푸드인 치케티(Cicchetti, 납작하게 자른 빵 위에 생선 같은 여러 가지 재료를 얹은 요리) 맛집 칸티오네 지아 스키아비Cantinone gia schiavi가 있으니 찾아가 보자.
- 산 마르코 광장에서 산 조르조 마조레 성당이 보이는 곳에 곤돌라들이 정박해 있다. 곤돌라를 배경으로 산 조르조 마조레 성당을 찍는 촬영 포인트가 있다. 항상 사진 찍는 사람들이 모여 있어서 금세 찾을 수 있다.

DAY 2

베네치아 본섬 옆에 있는 아름다운 작은 섬들을 둘러보는 일정이다. 본섬과는 또 다른 베네치아를 만날 수 있다.

산타 루치아역 (바포레토 탑승) ▶▶▶ 20분 소요 ▶▶▶ 무라노섬 (유리공방 관람 후, 바포레토 탑승) ▶▶▶ 25분 소요 ▶▶▶ 부라노섬 (바포레토 탑승) ▶▶▶ 1시간 소요 ▶▶▶ 리도섬

최소 관광 시간

베네치아 관광은 최소 2일 정도는 할애해야 한다. 3~4일 정도면 여유 있게 볼 수 있다.

관광 안내소 🚗 Venezia Unica 산타 루치아역 내부 🏠 Fondamenta Santa Lucia, 30100 Venezia VE, 이탈리아

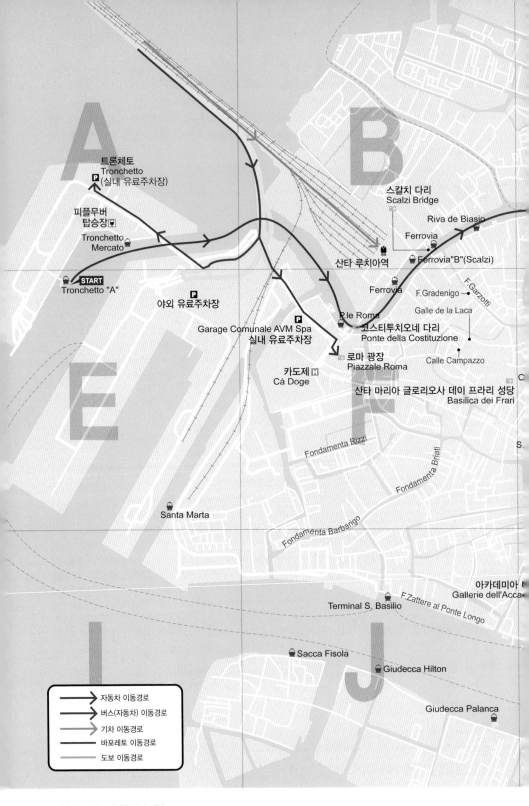

트론체토
Tronchetto
(실내 유료주차장)

피플무버
탑승장
Tronchetto
Mercato

START
Tronchetto "A"

야외 유료주차장

Garage Comunale AVM Spa
실내 유료주차장

카도제
Cà Doge

P.le Roma

코스티투치오네 다리
Ponte della Costituzione

로마 광장
Piazzale Roma

산타 마리아 글로리오사 데이 프라리 성당
Basilica dei Frari

스칼치 다리
Scalzi Bridge

Riva de Biasio

Ferrovia

산타 루치아역

Ferrovia"B"(Scalzi)

Ferrovia

F.Garzotti

F.Gradenigo

Galle de la Laca

Calle Campazzo

Fondamenta Rizzi

Fondamenta Briati

Fondamenta Barbarigo

Santa Marta

Terminal S. Basilio

F.Zattere al Ponte Longo

아카데미아
Gallerie dell'Acca

Sacca Fisola

Giudecca Hilton

Giudecca Palanca

자동차 이동경로
버스(자동차) 이동경로
기차 이동경로
바포레토 이동경로
도보 이동경로

실전편 01 돌로미티와 북부 지역

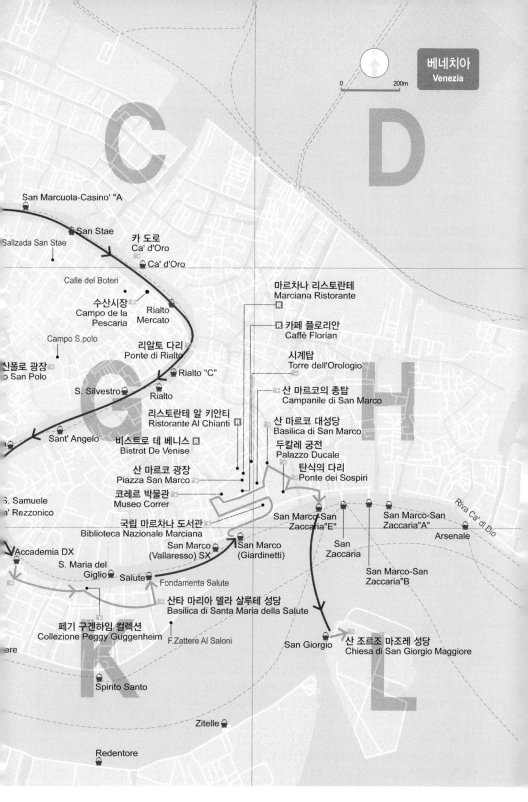

베네치아
Venezia

0   200m

San Marcuola-Casino' "A

San Stae

Sallzada San Stae

카 도로
Ca' d'Oro

Ca' d'Oro

Calle del Boteri

마르차나 리스토란테
Marciana Ristorante

수산시장
Campo de la
Pescaria

Rialto
Mercato

카페 플로리안
Caffè Florian

Campo S.polo

리알토 다리
Ponte di Rialto

시계탑
Torre dell'Orologio

산폴로 광장
o San Polo

Rialto "C"

산 마르코의 종탑
Campanile di San Marco

S. Silvestro

Rialto

리스토란테 알 키안티
Ristorante Al Chianti

산 마르코 대성당
Basilica di San Marco

Sant' Angelo

비스트로 데 베니스
Bistrot De Venise

두칼레 궁전
Palazzo Ducale

산 마르코 광장
Piazza San Marco

탄식의 다리
Ponte dei Sospiri

S. Samuele
a' Rezzonico

코레르 박물관
Museo Correr

국립 마르차나 도서관
Biblioteca Nazionale Marciana

San Marco-San
Zaccaria"E"

San Marco-San
Zaccaria"A"

Riva Ca' di Dio

Accademia DX

San Marco
(Vallaresso) SX

San Marco
(Giardinetti)

San
Zaccaria

Arsenale

S. Maria del
Giglio

Salute

Fondamenta Salute

San Marco-San
Zaccaria"B

산타 마리아 델라 살루테 성당
Basilica di Santa Maria della Salute

페기 구겐하임 컬렉션
Collezione Peggy Guggenheim

F.Zattere Al Saloni

San Giorgio

산 조르조 마조레 성당
Chiesa di San Giorgio Maggiore

ere

Spirito Santo

Zitelle

Redentore

리알토 다리 Ponte di Rialto

리알토 다리는 대운하를 가로지르는 최초의 다리이다. 처음에는 목조로 건축되었다. 그 후 공모전을 통해 1591년 1만 개 이상의 나무 말뚝을 박아 지금의 석조 다리로 완성되었다. 다리 근처에는 600년 전통의 수산시장이 매일 아침에 열린다. 리알토 다리에서 보는 대운하의 모습은 정말 아름답다. 특히 리알토 다리의 주변의 야경은 여행자들에게 강한 인상을 남긴다.

🚤 바포레토 1, 2, A번 리알토Rialto 정류장에서 하차
🏠 Sestiere San Polo, 30125 Venezia VE, 이탈리아
📍 45.438044, 12.335844

산 마르코 광장 Piazza San Marco

나폴레옹이 베네치아를 점령한 후 세상에서 가장 아름다운 응접실이라고 극찬했던 광장이다. 베네치아 여행의 핵심 지역으로 종탑, 성당, 궁전, 카페, 공연장 등 대부분의 관광지가 이곳 주변에 모여 있다. 광장에는 베네치아의 수호성인인 마르코(마가)를 상징하는 날개 달린 사자와 마르코 이전에 수호성인이었던 테오도르 성인의 조각상이 놓여 있다. 야경이 특히 아름답다.

🚤 바포레토 1,2,10,A,B,R번 산 마르코S.Marco 정류장에서 하차 🏠 Piazza San Marco, 30100 Venezia VE, 이탈리아
📍 45.433983, 12.337568

종탑 Campanile

산 조르조 마조레 성당의 종탑과 함께 베네치아의 모습을 한눈에 담을 수 있는 곳으로 높이가 98.6m나 된다. 1514년 지금의 모습으로 완성되었지만 1902년 번개를 맞고 완전히 무너져버렸다. 종탑을 복원하기 위해 돌 하나하나에 일련번호까지 매겨 10년만에 완벽하게 재건되었다. 복원 시 엘리베이터를 설치해 지금은 누구나 쉽게 오를 수 있다. 이 종탑에서 갈릴레오는 자신이 만든 8배율의 망원경으로 달을 관측했다.

🚤 산 마르코 광장 안에 있어서 바로 눈에 들어온다 🕐 월~일 08:30~21:00 (하절기 4월 16일~9월 30일 기준) € 13€ 🏠 Piazza San Marco, 30124 Venezia VE, 이탈리아 📍 45.434009, 12.339051

탄식의 다리 Ponte de Sospiri

재판소 역할을 하던 두칼레 궁전과 감옥을 연결해주는 다리로 1601년에 만들어졌다. 재판을 받고 종신형에 처해진 죄수가 다리를 지날 때 깊은 탄식을 했다는 데서 이름이 유래됐다. 다리를 통해 감옥으로 들어간 사람 중 유일하게 탈출에 성공한 사람이 바로 지오바니 카사노바Giovanni Casanova 다. 탈출한 카사노바는 산 마르코 광장에 있는 카페 플로리안Cafe Florian 에 들러 커피를 마실 정도로 여유로웠다고 한다.

🚤 두칼레 궁전에서 산 자카리아S. Zaccaria 정거장으로 가다 보면 다리를 하나 건넌다. 그곳에서 탄식의 다리를 조망할 수 있다.
🏠 Piazza San Marco, 1, 30100 Venezia VE, 이탈리아 📍 45.434061, 12.340911

두칼레 궁전 Palazzo Ducale

두칼레 궁전은 베네치아의 두카(총독)가 머무는 곳이었다. 두칼레 궁전은 바다의 물이 퍼지는 현상을 상징화한 흰색과 분홍색의 대리석으로 화려하게 장식되었다. 9세기에 지어졌지만 1577년에 일어난 큰 화재로 대부분 파괴되었다. 지금의 모습은 그 이후 다시 재건된 것이다. 열주 위쪽의 네잎클로버 마크는 베네치아의 권력을 상징하는 문양이다. 열주 중에 유난히 붉은색을 띠고 있는 기둥이 두 개 있다. 이곳에서 죄수들에 대한 처형 선고를 내렸고 죽은 죄수들의 피가 흰색 대리석을 붉게 물들였다는 설이 있다. 실제 베네치아 사람들은 이 열주를 불길하게 생각한다. 지금은 다양한 회화와 조각품이 전시된 박물관으로 사용되고 있다.

🚻 산 마르코 광장 내에 위치해 있다.
🕐 월~일 08:30~19:15
€ 25€
🏠 Piazza San Marco, 1, 30124 Venezia VE, 이탈리아
📍 45.433638, 12.340397

산 마르코 대성당 Basilica di San Marco

산 마르코 대성당은 독특한 비잔틴 양식의 성당이다. 마르코(마가)의 유해가 보관되어 있는 곳으로 유명하다. 마르코 성인의 유해를 모시기 위해 건축되었고 976년 화재로 크게 훼손되었다. 지금의 모습은 여러 번의 증축과 보수를 통해 15세기에 완성된 것이다. 비잔틴 양식은 물론 로마네스크, 고딕 양식까지 시대를 아우르는 다양한 양식이 조화롭게 어우러져 있다. 성당 앞쪽에 있는 청동 말은 콘스탄티노플(이스탄불)에서 가져온 전리품이다. 성당 내부에는 마르코 성인의 생애를 그린 화려한 모자이크도 있다. 황금과 루비, 진주, 사파이어, 자수정, 에메랄드 등을 사용해 장식이 화려하다.

🚻 산 마르코 광장 내에 위치해 있다.
🕐 월~금 09:45~17:00 € 성당 무료, 박물관 7€, 보물관 3€
*기간에 따라 입장 시간이 다르니 꼭 확인할 것
🏠 Piazza San Marco, 328, 30100 Venezia VE, 이탈리아
📍 45.434456, 12.339429

산 조르조 마조레 성당 Chiesa di San Giorgio Maggiore

베네치아를 가장 아름답게 볼 수 있는 곳이다. 성당은 16세기 베네치아 최초의 성당이 있던 자리에 지어졌다. 처음에는 수도원으로 건설되었지만 성직자 생활에 적응하지 못한 귀족의 자녀들을 일시적으로 감금하는 장소로 사용되기도 했다. 성당 내부에는 틴토레토의 벽화 〈최후의 만찬〉, 〈성모 마리아의 집회〉 등이 있다. 전망대에는 엘리베이터가 설치되어 있어 누구라도 쉽게 오를 수 있다.

🚻 바포레토 2번 산 지오르지오
S. Giorgio에서 하차
🕐 월~일 09:00~18:00
€ 6€
🏠 Isola di S.Giorgio Maggiore,
30133 Venezia VE, 이탈리아
📍 45.428868, 12.343827

산타 마리아 델라 살루테 성당 Santa Maria della Salute

살루테 성당은 흑사병이 물러난 것을 감사하기 위해 착공되어 1687년에 완성되었다. 대운하의 끝자락에 위치한 이 성당의 입구에는 마태오, 마르코, 루카, 요한의 조각상이 지키고 있고 8각형 모양의 내부는 6개의 예배당으로 나뉘어 있다. 두 개의 돔이 인상적인 성당으로 바로크 양식의 우아함을 느낄 수 있다. 틴토레토의 〈가나의 혼인 잔치〉와 티치아노의 〈성령강림〉 등 15~17세기의 작품들을 만나볼 수 있다.

🚣 바포레토 1번 살루테Salute역에서 하차
🕐 월~토 09:30~17:30
€ 성당 무료, 성구실 4€
🏠 Dorsoduro, 1, 30123 Venezia VE, 이탈리아
📍 45.430765, 12.334720

페기 구겐하임 미술관 Collezione Peggy Guggenheim

현대 유럽 미술 수집가로 유명한 미국의 재벌 상속녀 페기 구겐하임Peggy Guggenheim에 의해 1951년에 오픈된 미술관이다. 마티스, 몬드리안, 칸딘스키, 미로, 자코메티, 폴록, 피카소, 달리 등의 작품 컬렉션을 300여 점 넘게 보유하고 있다. 이곳은 페기 구겐하임이 30년간 머물면서 여생을 보낸 곳이다. 그만큼 베네치아를 사랑했던 그녀는 죽어서도 자신의 애완견과 함께 이곳에 묻혔다.

🚣 바포레토 1번 아카데미아Accademia역에서 하차 후 도보 3분 🕐 수~월 10:00~18:00 € 16.5€ 🏠 Dorsoduro, 701-704, 30123 Venezia VE, 이탈리아
📍 45.430815, 12.331535

아카데미 다리&미술관 Gallerie dell'Accademia&Ponte dell'Accademia

베네치아 미술사를 한눈에 볼 수 있는 아카데미 미술관은 1750년에 설립되었다. 1807년 베네치아를 점령한 나폴레옹에 의해 왕립 예술아카데미로 변경되면서 현재의 자리에 위치하게 되었다. 대중에게는 공개하지 않다가 1817년 처음으로 공개되었다. 800점의 회화를 보관하고 있으며 유명한 레오나르도 다빈치의 〈비투르비우스의 인체 비례도〉가 있다.
미술관 바로 앞에는 베네치아의 유일한 목조다리인 아카데미 다리가 있는데 다리 위에서 대운하를 배경으로 촬영하는 유명한 사진 포인트가 있다.

🚣 바포레토 1번 아카데미아Accademia역에서 하차
🕐 월 08:15~14:00, 화~일 08:15~19:15, 휴관 1/1, 5/1, 12/25
€ 17€(예약비 1.5€), 18세 미만 무료, 신분증 필요
🏠 Campo della Carita, 1050 30123 Venezia VE, 이탈리아
📍 45.431504, 12.328178

리스토란테 알 키안티 Ristorante Al Chianti

구글평점 3.9/5

산 마르코 성당 근처에 위치한 식당이다. 비교적 저렴하게 음식을 맛볼 수 있다. 먹물 스파게티, 해물 스파게티, 간단한 고기요리를 판매한다.

☐ 9 041 522 4385
🏠 Calle Larga S. Marco, 655, 30124 Venezia VE, 이탈리아
📍 45.435174, 12.339344

마르차나 리스토란테 Marciana Ristorante

구글평점 4.2/5

산 마르코 성당 근처에 있다. 친절한 서비스와 재치 있는 입담이 이 식당의 매력이다. 물론 음식도 맛이 있다. 봉골레, 해물 피자, 해물 스파게티 등을 추천한다. 가끔 레몬첼로Limoncello를 서비스로 주기도 한다.

☐ +39 041 520 6524
🏠 Calle Larga S. Marco, 367 A/B, 30124 Venezia VE, 이탈리아 📍 45.435152, 12.339393

비스트로 드 베니스 Bistrot de Venise

구글평점 4.5/5

산 마르코 광장과 리알토 다리 중간에 위치한 식당이다. 미슐랭 가이드에서 포크 3개를 받은 맛집이다. 이용을 위해선 반드시 예약을 해야 한다. 다양한 이탈리아 요리를 고급스러운 분위기에서 맛볼 수 있다. 음식값은 좀 비싼 편이다. 하지만 분위기나 맛만큼은 아주 만족스럽다.

☐ +39 041 523 6651
🏠 Calle dei Fabbri, 4685, 30124 Venezia VE, 이탈리아
📍 45.435598, 12.336476

카페 플로리안 Caffè Florian

구글평점 4/5

산 마르코 광장에 있는 카페로 1720년에 오픈했다. 카사노바, 괴테, 바그너, 모차르트 등 수많은 예술가들이 즐겨 찾던 역사적인 곳이다. 유럽 최초로 핫초코를 만들어 판매한 집으로도 유명하다. 바에서 먹을 때와 좌석에 앉아 먹을 때, 야외에서 음악을 들으면서 먹을 때 가격이 각각 다르다.

☐ +39 041 520 5641
🏠 Piazza San Marco, 57, 30124 Venezia VE, 이탈리아
📍 45.433664, 12.338214

더 플라자 호텔 The Plaza Hotel ★★★★ 구글평점 4/5

메스트레역 앞에 위치한 4성급 호텔이다. 늦은 밤에도 버스나 열차로 본 섬까지 손쉽게 이동할 수 있는 장점이 있다. 깔끔한 현대식 호텔로 주변에 마트나 주차장을 쉽게 이용할 수 있어 자동차 여행자들에게 추천한다.

🌐 www.hotelplazavenice.com
🅿 호텔 옆 '파르케지오 사바 스타지오네 베네치아 메스트레 Parcheggio Saba Stazione Venezia Mestre' 주차장 유료 € 1박 기준 : 120€(일반 트윈룸)
🏠 Viale Stazione, 36, 30171 Venezia VE, 이탈리아 📍 45.482792, 12.232741

베스트 웨스턴 호텔 볼로냐 Best Western Hotel Bologna ★★★★
구글평점 4.4/5

베네치아 메스트레역에 위치한 4성급 호텔로 고급스러운 분위기와 넓은 객실이 장점이다. 조식도 다른 인근 호텔에 비해 잘 나오는 편이고 서비스가 친절하다. 호텔 리셉션에서 베네치아 수상버스 바포레토 티켓을 판매한다.

🌐 www.hotelplazavenice.com
🅿 호텔 내 주차장 유료 € 1박 기준 : 150€(일반 트윈룸)
🏠 Via Piave, 214, 30171 Mestre VE, 이탈리아 📍 45.483073, 12.232145

카 도제 Cà Doge ★★★ 구글평점 4.3/5

베네치아 로마 광장 인근에 자리한 호텔이다. 호텔 시설 자체는 그리 좋은 편은 아니다. 하지만 전용주차장을 보유하고 있고 산타 루치아Santa Lucia역까지 도보 5분 거리로 최적의 입지를 자랑한다. 인기 있는 숙소라 예약은 서두르는 것이 좋다.

🅿 호텔 내 전용 주차장 유료
€ 1박 기준 : 비수기 60~70€(더블룸) 성수기 200~220€
🌐 www.cadoge.it
🏠 Rio Terà Sant'Andrea, 30135 Venezia VE, 이탈리아
📍 45.437613, 12.317593

노벤타 디 피아베 디자이너 아웃렛
Noventa di Piave Designer Outlet

베네치아 산타 루치아역 인근에서 약 40분 거리에 위치한 아름다운 아웃렛이다. 유럽에서 단 하나뿐인 폴스미스 아웃렛부터 프라다, 구찌, 알마니, 펜디 등 160개 이상의 패션 부티크가 들어서 있다.
🕐 10:00~20:00 🏠 Via Marco Polo, 1, 30020 Noventa di Piave VE, 이탈리아
📍 45.671518, 12.535326

메르체리에 델로롤로조 거리
Mercerie dell'orologio

리알토 다리에서 산 마르코 광장까지 이어지는 명품 거리이다. 구찌, 막스마라, 맥 등 명품 브랜드가 있다. 베네치아를 대표하는 가면과 유리 제품, 레이스 등 전통 공예품점들이 몰려 있다.
🕐 월~토 10:00~19:30, 일 11:00~19:00 (상점에 따라 다르다)
🏠 Mercerie Dell'orologio, 191 30124 Venezia VE 이탈리아
📍 45.435130, 12.338622

베로나

사랑의 도시 베로나! 셰익스피어의 비극 《로미오와 줄리엣》의 배경이 된 베로나는 아디제Adige강이 도시를 둥글게 감싸듯이 흐르는 아름다운 도시이다. 세계문화유산으로 지정된 이곳은 도시 곳곳에 아레나를 비롯한 로마 시대의 유적과 중세시대의 건축물들이 조화롭게 남아 있다. 세련되고 모던한 쇼핑 거리인 마치니 거리Via Mazzini를 따라 걷다가 만나는 명소들은 진짜 소설 속 배경 안에 들어와 있는 듯한 느낌을 주기도 한다. 매년 6월 말부터 9월 말 사이에 펼쳐지는 베로나 오페라는 이 아름다운 도시를 더욱 로맨틱하게 만들어준다. 또한 영화 《레터스 투 줄리엣Letters To Juliet》에 소개된 산 피에트로성의 전경은 피렌체 미켈란젤로 광장에서 본 전망 못지않은 아름다운 장관을 우리에게 선사해준다.

베로나 여행 정보 www.tourism.verona.it

관광 안내소

브라 광장Piazza Bra 앞 그란 과르디아Gran Guardia 궁전
과 치타델라Cittadella 문Porta 사이에 위치한다.

🏠 Via degli Alpini, 9, 37121 Verona VR, 이탈리아
📱 +39 045 806 8680
🕐 월~토 08:00~19:00 / 일 09:00~18:00

방문하기

베로나는 밀라노와 베네치아의 중간 지점에 위치해 있
다. 그래서 보통 베네치아에서 밀라노로 이동하거나,
반대로 밀라노에서 베네치아로 여행 중 방문하는 것이
일반적이다. 인근에 아름다운 가르다 호수를 품은 시
르미오네도 자리 잡고 있다. 돌로미티 지역의 서쪽 관
문인 볼차노와도 가까워 돌로미티로의 여정을 시작하
기에도 안성맞춤이다.

도시별 주요 경로와 이동 시간은 다음과 같다.

거리 160km **도로** A4
볼로냐 ➡ 베로나
소요시간 2시간~2시간 30분

거리 114km **도로** A4/E70
베네치아 ➡ 베로나
소요시간 1시간 30분~2시간

거리 43km **도로** A4/E70
시르미오네 ➡ 베로나
소요시간 50분~1시간

거리 154km **도로** A22/E45 경유
볼차노 ➡ 베로나
소요시간 1시간 40분~2시간

ZTL

구도심이 시작되는 브라 광장Piazza Bra부터 안쪽은 모
두 ZTL 보호 구역으로 지정되어 있어 일반차량은 브
라 광장 앞쪽까지만 진입할 수 있다. 관광지가 모여
있는 구도심은 크지 않아 도보로 충분히 관광할 수 있
고 대중교통도 잘 되어 있기 때문에 여행에 불편함은
없다.

주차장

ZTL 지역인 구도심 인근에 여러 곳의 주차장이 있기
때문에 주차는 크게 문제될 것은 없다. 이 중 가장 접
근성이 좋아 추천할 만한 곳은 파르케지오 인테라토
치타델라Parcheggio Interrato Cittadella 주차장으로 ZTL
경계 바로 앞쪽에 위치하고 있다. 이곳에서 주요관광
지는 도보로 모두 이동이 가능하다.

주차비는 다소 비싼 편이지만 그만큼 시설도 좋고 안
전하다.

파르케지오 인테라토 치타델라
Parcheggio Interrato Cittadella

🅿 지하주차장
🕐 24시간
€ 20분 1€, 1시간 3€, 종일 주차 18€(6시간 이상 주차는 종
일 주차 요금으로 계산)
🏠 Via Paglieri, 37122 Verona VR, 이탈리아
📍 45.436675, 10.991445(주차장 진입로 입구 앞)

파르케지오 사바 아레나 Parcheggio Saba Arena

🅿 지하주차장
🕐 24시간
€ 1시간 2.3€, 종일 주차 17€
🏠 Via Marcantonio Bentegodi, 8, 37122 Verona VR, 이
탈리아
📍 45.435498, 10.992046

베로나 관광은 브라 광장의 아레나부터 시작해서 산 피에트로성까지 이어지는 코스로 관광하면 된다.

| 주차장 | 도보 5분 ▶▶▶ | 브라 광장, 아레나-마치니 거리 | 도보 8분 ▶▶▶ | 줄리엣의 집 | 도보 3분 ▶▶▶ | 에르베 광장 | 도보 3분 ▶▶▶ | 시뇨리 광장 |

도보 3분

| 주차장 | 도보 10분 ◀◀◀ | 베키오 다리 | 도보 15분 ◀◀◀ | 두오모 | 도보 7분 ◀◀◀ | 피에트라 다리, 산 피에트로성 | 도보 8분 ◀◀◀ | 산타 아나스타시아 성당 |

최소 관광 시간

베로나는 볼거리가 많은 곳이다. 충분히 즐기려면 하루는 할애하는 것이 좋다. 빠르게 보면 반나절도 가능하다.

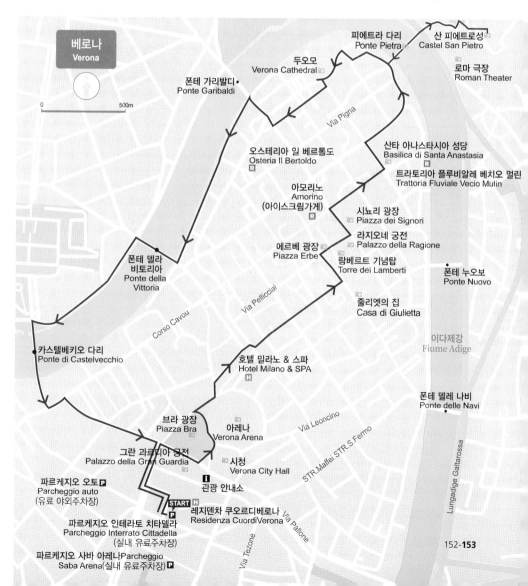

브라 광장 Piazza Bra

베로나 여행의 시작점이다. 브라 광장은 고대 로마 시절부터 존재했다. 일요일엔 베로나 장터가 이곳에서 열린다. 장터에서 다양한 먹거리와 기념품 등을 구입할 수 있다. 베로나를 본격적으로 여행하기 전, 이곳에 먼저 들러 광장 주변 카페에 앉아 사람들의 모습을 바라보는 것도 즐거운 일이다.

🏠 Piazza Bra, 37121 Verona VR, 이탈리아 📍 45.438588, 10.992920

베로나 아레나 Verona Arena

베로나 아레나는 2천 년의 역사를 고스란히 간직하고 있는 곳이다. 검투사 경기가 열렸던 곳으로 바닥에 피를 제거하기 위해 모래를 깔았는데 라틴어로 모래를 아레나라고 불렀다. 약 3만 명의 관중을 수용할 수 있다. 로마제국 원형경기장 중 세 번째로 큰 규모이다. 지금은 매년 6월 셋째 주 금요일부터 8월 마지막 주 일요일까지 열리는 야외 오페라 축제 무대로 사용되고 있다.

🕐 월 13:30~19:20, 화~일 08:30~19:30 € 10€
🏠 Piazza Bra, 1, 37121 Verona VR, 이탈리아 📍 45.438929, 10.994257

에르베 광장 Piazza Erbe

고대 로마 시대 때 전차 경주를 하던 곳으로 현재에는 시장으로 이용된다. 에르베는 약초를 뜻하는데 과거 이곳이 약초를 판매했던 곳이었기 때문에 이런 이름이 유래되었다. 이곳은 베로나에서 가장 중심이 되는 곳으로 관광객뿐만 아니라 현지인들로 늘 북적이는 곳이다. 광장 중앙에는 2천 년 전 만들어진 마돈나 분수가 있으며 베로나가 베네치아의 지배를 받을 때 만들어진 성 마가를 상징하는 사자상도 볼 수 있다. 이곳은 과거 고대 로마 시절 정치 집회나 시민 재판의 장소로 또는 법령이나 판결문 등을 붙이는 장소로 이용되기도 했다.

🏠 Piazza Erbe, 37121 Verona VR, 이탈리아
📍 45.442990, 10.997368

줄리엣의 집 Casa di Giulietta

셰익스피어의 《로미오와 줄리엣》은 사실 1520년대에 비첸차Viecenza의 루이지 다 포르토Luigi da Porto가 저술한 글이다. 셰익스피어는 베로나를 배경으로 이 매력적인 이야기를 다시 자신만의 시각으로 만들어낸다. 1905년 베로나 시에서는 13세기 줄리의의 집을 재현해놓았다. 소설 속의 발코니와 줄리엣의 있다. 들어가는 벽 입구에는 전 세계에서 방문한 많은 사람들이 자신의 사랑 이야기를 붙여놓았다. 줄리엣 동상의 왼쪽 가슴을 쓰다듬으면 소원이 이뤄진다는 속설이 있어 여행자들이 항상 긴 줄을 만든다.

🕐 월 휴무, 화~일 09:00~17:00 € 안뜰 무료, 박물관 6€
🏠 Via Cappello, 23, 37121 Verona VR, 이탈리아
📍 45.441932, 10.998388

시뇨리 광장 Piazza dei Signori

피렌체의 외교 사절인 단테를 기념한 동상 때문에 단테의 광장이라고도 불린다. 광장에는 12세기에 만들어진 시청사를 비롯해 베로나의 모습을 한눈에 담을 수 있는 람베르티의 탑, 14세기에 만들어진 군주의 저택이라는 뜻의 카피타노 궁Palazzo del Capitano 등 중세시대 베로나의 주요한 건축물이 모여 있다.

람베르티의 탑 Torr dei Lamberti

🕐 월~일 11:00~19:00 € 8€(탑 / 겔러리)

🏠 Piazza dei Signori, 37121 Verona VR, 이탈리아 ♀ 45.443460, 10.998107

산타 아나스타시아 성당 Basilica di Santa Anastasia

아나스타시아 성당은 1280년에 건축이 시작되어 1400년에 완성된 도미니코 수도원 소속의 고딕 양식 성당이다. 72m 높이의 탑에는 각기 다른 모양의 종이 9개가 있다. 이 성당에는 르네상스 시대의 대가 피사넬로가 그린 산 지오르지오와 공주San Giorgio e la Principessa 프레스코화가 있는데 한쪽 면이 많이 훼손되었지만 피사넬로의 천재성을 엿볼 수 있다.

🕐 월~토 09:30~18:00 일·공휴일 13:00~18:00) € 4€

🏠 Piazza S.Anastasia, 37121 Verona VR, 이탈리아 ♀ 45.444989, 10.999446

피에트라 다리 Ponte Pietra

고대 로마 시대에 만들어진 다리로 2100년의 역사를 가지고 있다. 오래된 다리인 만큼 여러 차례 무너진 적이 있는데 1298년 한 차례 붕괴된 이후 2차 세계대전 독일군에 의해 한 차례 더 파괴된다. 지금의 모습은 고대 로마 시대의 건축 방식을 고증해 1957년에 다시 만들어진 것이다. 이 다리를 건너면 바로 산 피에트로성으로 이어진다.

🏠 Ponte Pierta, 37121 Verona VR, 이탈리아 ♀ 45.447746, 10.999977

산 피에트로성 Castel San Pietro

영화 《레터스 투 줄리엣》의 배경이 되었던 곳으로 고대 로마 시대의 요새가 있었던 곳에 성이 만들어졌다. 베로나를 한눈에 조망할 수 있어 베로나 여행의 마침표를 찍을 수 있는 장소이기도 하다. 산 피에트로 다리를 건넌 후 계단을 이용해 오를 수도 있고 근처에 있는 푸니쿨라를 이용해서 오를 수도 있다.

🕐 06:30~24:00 입장료 무료

🏠 Castel San Pietro, 37121 Verona VR, 이탈리아

♀ 45.447956, 11.002926

푸니쿨라 탑승장

€ 왕복 요금 2.50€ 🏠 Via S. Stefano, 37129 Verona VR, 이탈리아

♀ 45.448777, 11.000637

트라토리아 플루비알레 베치오 멀린 Trattoria Fluviale Vecio Mulin 구글평점 4.2/5

베로나를 흐르는 아디제 강변에 위치한 레스토랑이다. 현지인들에게도 인기가 많다. 다양한 종류의 와인, 베네토 지역의 특별한 요리를 맛볼 수 있다.

🍽 Fettuccine con astice zucchine zafferano e dirietti (랍스터 파스타) 📞 +39 045 806 5146
🏠 Via Sottoriva, 42/A, 37121 Verona VR, 이탈리아 📍 45.444985, 11.000771

오스테리아 일 베르톨도 Osteria Il Bertoldo 구글평점 4.5/5

베네토 지역의 전통 코스요리를 맛볼 수 있는 곳이다. 인기가 좋아 미리 예약을 해야 한다. 시내에 위치해 접근성이 좋다. 낮 시간보다는 저녁 시간에 인기가 더 많다.

🍽 Fusilli pugliesi con vongole veraci sgusciate e bottarga di merluzzo affumicato (봉골레 파스타) / Entrecôte di manzo Irlandese (cube roll) alla griglia (소갈비살 스테이크) 📞 +39 045 801 5604
🏠 Vicolo Cadrega, 2a, 37121 Verona VR, 이탈리아 📍 45.444844, 10.994620

아모리노 Amorino 구글평점 4.3/5

장미꽃 모양의 젤라토를 판매하는 곳으로 유명하다. 런던과 마드리드 등에서 매장을 운영하고 있는 프랑스 브랜드지만 이색적인 젤라토를 경험할 수 있다. 선택한 맛과 색깔에 따라 다양한 젤라토 모양을 만들어준다.

📞 +39 045 208 0294
🏠 Corso Sant'Anastasia, 1, 37121 Verona VR, 이탈리아
📍 45.443666, 10.996916

그랜드 호텔 데 자르

Grand Hotel des Arts ★★★ 구글평점 4.5/5

그랜드 호텔은 1920년대에 오스트리아의 명문 가문 라이첸바흐Reichenbach의 저택을 새롭게 리모델링한 건물이다. 호텔 내부는 유명한 예술가들의 그림과 조각상 등으로 고급스럽게 장식되었다. ZTL 외부에 있어 자동차 여행자들이 편리하게 이용할 수 있다.

🅿 호텔 내 유료주차장 € 1박 기준 : 100€(일반 트윈룸)
🌐 www.grandhotel.vr.it/en
🏠 Corso Porta Nuova, 105, 37122 Verona VR, 이탈리아
📍 45.433431, 10.989528

호텔 밀라노 & 스파

Hotel Milano & SPA ★★★ 구글평점 4.5/5

베로나 아레나에서 5분 거리에 위치한 3성급 호텔이다. 현대적인 감각으로 고급스럽게 디자인되었다. 베로나 전경을 볼 수 있는 옥상에 스파 시설을 갖추고 있다. 내부 주차장도 있다. 주차 요금은 조금 비싼 편. 조식과 전체적인 서비스는 만족스럽다.

🅿 호텔 내 유료주차장 € 1박 기준 : 80€(일반 트윈룸)
🌐 www.hotelmilano-vr.it
🏠 Vicolo Tre Marchetti, 11, 37121 Verona VR, 이탈리아
📍 45.440110, 10.994546

레지덴차 쿠오르디베로나 Residenza CuordiVerona ★★★ 구글평점 4.7/5

아레나에서 불과 3분 거리에 위치해 있는 레지던스로 파르케지오 멀티피아노 치타델라Parcheggio Multipiano Cittadella 주차장 바로 앞에 위치하고 있다. 주차는 이곳에 하면 되고 주차 요금은 별도로 내야 한다. 조식이 다소 부실한 것이 아쉽지만 자동차 여행자에게는 더할 나위 없이 좋은 숙소라 할 수 있다. 알 카피탄 치타델라Al Capitan della Cittadella 식당이 있는 하얀색 건물이 숙소이고 우측에 출입문이 있다.

🅿 숙소 바로 앞 대형 실내주차장 이용 € 1박 기준 : 95€(더블룸)
🏠 Piazza Cittadella, 9, 37122 Verona VR, 이탈리아 📍 45.437023, 10.993158

주세페 마치니 거리 Via Giuseppe Mazzini

베로나에서 생산되는 붉은색 대리석으로 장식된 곳이며, 쇼핑하기 좋은 거리다. 프랑스 명품 브랜드에서부터 중저가의 이탈리아 브랜드까지 다양한 쇼핑 품목을 만날 수 있다.

🏠 Via Giuseppe Mazzini, 37121 Verona VR, 이탈리아
📍 45.439695, 10.993752

시르미오네

이탈리아 3대 호수 중 하나인 가르다 호수에는 기다란 모양의 반도 하나가 있다. 그곳에 온천 휴양 도시가 있는데, 바로 시르미오네이다. 가르다 호수는 이탈리아에서 가장 큰 호수로 마치 바다라고 해도 될 정도로 넓은 크기를 자랑한다. 시르미오네는 이 가르다 호수의 아름다움을 가장 제대로 만끽할 수 있는 곳이다. 시르미오네는 기원전 1세기부터 인근 베로나의 부유한 귀족들의 온천 휴양도시로 이용되었다. 고대 로마 시인인 카툴루스Catulus가 아름다운 서정시들을 남긴 곳으로도 유명하다. 13세기에 이곳을 지배한 스칼라 가문에 의해 건축된 스칼리제라성Rocca Scaligera과 카툴루스의 이름을 딴 고대 로마 유적인 그로테 디 카툴로Grotte di Catullo가 주요 볼거리이다. 시르미오네에 들어서면 깨끗하게 단정된 거리와 고급 리조트, 호텔들이 이곳이 고급 휴양도시임을 말해준다. 유명한 꼬모 호수보다 이곳의 손을 들어주는 사람들이 더 많을 정도로 이탈리아 북부의 숨겨진 보석 같은 곳이다.

시르미오네 여행 정보 www.sirmioneitaly.com

관광 안내소

성문 앞 주차장 안에 위치

Tourist information - IAT - Province Of Brescia

📞 +39 030 374 8721 🕐 월~일 10:00~18:30 🏠 Viale
Guglielmo Marconi, 8, 25019 Sirmione BS, 이탈리아

방문하기

시르미오네는 밀라노와 베로나 사이에 위치하고 있다.
주요 관광지는 가르다 호수의 반도 끝 쪽에 몰려 있어
차를 타고 반도 안쪽 끝까지 들어가면 된다. 매우 유
명한 휴양 도시라 주말이나 성수기에 많은 인파가 몰
린다. 반도 안쪽으로 들어가는 길은 정체 구간이 많고
주차 공간도 찾기 어렵다. 가급적 방문은 오전 일찍
하는 것이 좋다.

주요 도시별 주요 경로와 이동 시간은 다음과 같다.

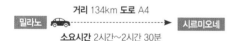

거리 134km 도로 A4
밀라노 ----------▶ 시르미오네
소요시간 2시간~2시간 30분

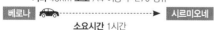

거리 43km 도로 A4 이동 후 E70 경유
베로나 ----------▶ 시르미오네
소요시간 1시간

ZTL

스칼리제라성Rocca Scaligera 안쪽부터 ZTL 구간으로
설정되어 있다. 입구 앞에 ZTL 진입 금지 표시가 명
확하게 구분되어 있고 그 옆으로 주차장이 이어져 있
다. ZTL을 위반할 일은 거의 없다. 시르미오네에서
ZTL은 크게 신경 쓰지 않아도 된다.

주차장

파르케지오 Parcheggio

시르미오네는 스칼리제라성 입구 앞 공용주차장에 주
차를 하면 된다. 주차장은 호수와 도로를 끼고 길게
이어져 있어 작지 않다. 하지만 오전 11시만 되도 주
차장이 가득 차기 때문에 일찍 방문하는 것이 좋다.
오후에 방문한다면 기다리거나 다른 주차장을 알아두
는 것도 필요하다.

🅿 야외 공용주차장 🕐 07:00~24:00 € 1시간 2.2€
🏠 25019 Sirmione BS 📍 45.491282, 10.607774

시내 교통

작은 곳이라 도보로 둘러보면 충분하다. 마을 끝에 위
치한 로마 유적인 그로테 디 카툴로Grotte di Catullo까
지는 트레니노Trenino라는 꼬마기차가 운행된다. 탑승
비용은 1€이고 마을 안쪽의 테르메 카툴로Terme Catullo
정문 앞에서 탑승하면 된다.

시르미오네 관광의 핵심은 스칼리제라성Rocca Scaligera과 그로테 디 카툴로Grotte di Catullo 별장 유적지이다. 주차를 하고 마을로 들어서면 바로 스칼리제라성을 만날 수 있다. 성을 관람하고 난 후 그로테 디 카툴로 별장 유적지로 이동하면 된다. 가는 방향은 두 가지 방향이 있다. 마을 중심을 지나가는 길은 아기자기한 상점과 레스토랑, 그리고 빌라 코르티니Villa Cortini와 같은 고급 리조트 호텔 등을 볼 수 있다. 가르다 호수 산책길 쪽으로 이동한다면 중간에 노천 온천인 아쿠아 테르말레 퍼블리카 Acqua Termale Pubblica를 놓치지 말아야 한다. 추천하는 동선은 그로테 디 카툴로로 올라갈 때에는 마을 중심을 도보나 꼬마기차를 이용하고 내려올 때는 가르다 호수 산책길로 내려오는 것이다.

주차장 출발
▼ 도보 2분
스칼리제라성 관람
▼ 도보 5분
카툴로 온천 정문 경유
▼ 도보 3분
빌라 코르티니 정문 경유
▼ 도보 5분
그로데 디 카툴로 관람
▼ 도보 2분
노천 온천
▼ 도보 7분
주차장 도착

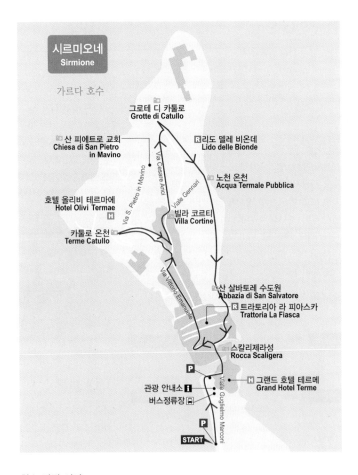

최소 관광 시간

시르미오네는 세 시간이면 충분히 볼 수 있다. 하지만 왠지 서둘러 떠나기엔 아쉬움이 많이 남는 곳이다. 최소 반나절 정도는 할애하는 것이 좋다.

스칼리제라성 Scaligera Castle

섬과 반도를 잇는 좁은 다리를 통해 시르미오네 구시가지에 들어서면 웅장한 성채가 눈에 들어온다. 13세기 중세에 만들어진 요새인 스칼리제라성은 이탈리아에서 가장 잘 보존된 성 중 하나다. 성으로 들어서면 4개의 높은 벽과 3개의 탑으로 둘러싸인 안뜰을 볼 수 있는데 아래에는 지하 감옥이 있다. 또한 성 내부에는 배를 정박해서 보관할 수 있는 선착장이 들어서

있다. 성의 탑 꼭대기에 올라가면 아름다운 가르다 호수와 시르미오네 마을을 볼 수 있으니 꼭 올라가보자.

🕐 월 휴무, 화~토 08:30~19:30(마지막 입장 19:00), 일 08:30~13:30(마지막 입장 13:00) € 성인 6€ 🌐 bit.ly/3HcWD2M
🏠 Piazza Castello, 34, 25019 Sirmione BS, 이탈리아 📍 45.492392, 10.608375

그로테 디 카툴로 Grotte di Catullo

로마 시대 고급 빌라 유적지로 온천을 사용한 흔적이 아직도 남아 있다. 발견 당시 동굴로 착각해 카툴로 동굴이라고도 불린다. 날씨가 좋다면 멀리 돌로미티 산맥을 볼 수 있다. 온천을 즐기면서 아름답고 웅장한 경치를 감상했던 곳이다.

🕐 월 휴무, 화~토 08:30~19:30, 일 09:30~18:30
€ 성인 8€ 🌐 www.grottedicatullo.beniculturali.it
🏠 Grotte di Catullo, Piazza Orti Manara, 4, 25019 Sirmione BS, 이탈리아 📍 45.500625, 10.605324

리스토란테 리소르지멘토 Ristorante Risorgimento 구글평점 4.5/5

아름다운 가르다 호수의 모습에 반해 이곳에 정착한 셰프가 운영하는 레스토랑이다. 맛과 분위기 모두 좋다. 이탈리아 전통 요리뿐만 아니라 로컬 음식을 주로 판매한다. 관광객들에겐 물론 현지인에게도 인기가 많다. 계절별로 추천 요리가 조금씩 달라진다.

🍽 Filetto di manzo in tartare tradizionale(이탈리아 전통 스테이크 2인) / Tortelloni di branzino e burrata, crema di Grana Padano, dadolata di zucca scotatta(해산물을 주로 한 홈 메이드 라비올리) / Risotto al nero di seppia (해산물 리조토)
📱 +39 030 916325
🏠 Piazza giosue carducci, 5/6, 25019 Sirmione BS, 이탈리아
📍 45.492555, 10.607592

라르침볼도 리스토란테 L'Arcimboldo Ristorante 구글평점 4.2/5

시내 중심지에 위치한 레스토랑이다. 친절한 서비스와 맛이 일품이다. 주로 지중해 스타일의 요리를 선보인다. 전통적인 저택을 개조한 곳으로 호수를 바라보며 식사할 수 있다.

🍽 Spagheti di Grano duro, con vongole al pizzico legero e cubeti di pomodoro(토마토 소스 봉골레 스파게티) / Costlete d'Agnelo ala scotadit con crema di patat al'aglio(토마토 마늘 양고기 스테이크) 📱 +39 030 916409 🏠 Via Vittorio Emanuele, 71, 25019 Sirmione BS, 이탈리아 📍 45.494606, 10.605830

시르미오네의 숙소

호텔 콘티넨탈 테르마에 앤 스파 Hotel Continental Thermae & Spa ★★★★ 구글평점 4.6/5

스파 시설을 가장 잘 갖추고 있는 시르미오네 휴양 호텔이다. 도심 안쪽에 위치하고 있다. 누구의 방해도 받지 않고 편안한 휴식을 취할 수 있다. 호텔 스파 시설에서 바라보는 가르다 호수의 전망이 압권이다. 훌륭한 조식과 서비스, 모던한 객실까지 어느 것 하나 나무랄 것이 없다.

🅿 호텔 내 유료주차장 € 1박 기준 : 150€(일반 트윈룸)
🌐 www.continentalsirmione.com 🏠 Via Punta Staffalo, 7/9, 25019 Sirmione BS, 이탈리아 📍 45.495761, 10.603547

호텔 올리비 테르마에 앤 스파 Hotel Olivi Thermae & Natural Spa ★★★★ 구글평점 4.5/5

휴양 도시 시르미오네에서 확실한 휴식을 취할 수 있는 곳이다. 스파 시설을 보유하고 있는 리조트 형 호텔이다. 호수가 보이는 레스토랑을 비롯해 야간에도 야외 스파 시설을 이용할 수 있다. 여행자들의 만족도가 높다. 객실이 깔끔하고 모던한 스타일로 꾸며져 있다. 호텔에서 도보로 주변 관광지까지 쉽게 이동할 수 있다.

🅿 호텔 내 무료 주차장 € 1박 기준 : 120€(일반 트윈룸) 🏠 Via S. Pietro in Mavino, 5, 25019 Sirmione BS, 이탈리아 📍 45.496507, 10.603085

호텔 이든 Hotel Eden ★★★★ 구글평점 4.7/5

스파 시설을 보유하고 있지는 않다. 대신 호수가 보이는 수영장과 일광욕을 즐길 수 있는 테라스 등 리조트 내 부대시설을 갖추고 있다. 객실은 목재 마룻바닥으로 마감되어 있다. 깔끔하면서 모던한 디자인이 돋보인다. 시르미오네를 찾는 많은 유명 인사들이 찾을 정도로 인기 있는 호텔이다.

🅿 호텔 근처 유료주차장 € 1박 기준 : 80€(일반 트윈룸)
🌐 www.hoteledensirmione.it 🏠 Piazza giosue carducci, 19, 25019 Sirmione BS, 이탈리아 📍 45.492707, 10.607696

친퀘 테레

Cinque Terre

친퀘 테레! 그 이름만으로도 범상치 않음을 느낄 수 있는 곳이다. 이탈리아어로 숫자 5를 뜻하는 친퀘Cinque와 땅이라는 뜻의 테레Terr의 뜻이 결합된 지명이다. 친퀘는 5개 어촌마을을 가르킨다. 즉, 몬테로쏘, 베르나차, 코르닐리아, 마나롤라, 리오마조레로 이루어졌다. 1870년대 철도가 놓이기 전까지는 바다를 통해서만 접근할 수 있었지만 지금은 도보용 산책길과 철도를 통해 손쉽게 접근할 수 있다. 친퀘 테레가 이렇게 유명 관광지로 개발된 것은 근래의 일이다. 우리나라에는 몇 년 전 모 항공사의 광고로 유명해져 단숨에 이탈리아 여행의 빼놓을 수 없는 주요 관광지가 되었다. 유네스코 세계문화유산인 친퀘 테레는 요즘 몰려드는 관광객들로 인해 너무도 번잡해졌다. 하지만 찾아가지 않을 수 없는 마성의 매력을 내뿜는 곳이다.

친퀘 테레 여행 정보 www.cinqueterre.it
친퀘 테레 국립공원 www.parconazionale5terre.it

관광 안내소

다섯 마을의 기차역 안 매표소에는 친퀘 테레 포인트 Cinque Terre Point라는 곳이 있다. 친퀘 테레 카드를 판매하는 이곳이 관광 안내소를 겸한다.

🕐 07:30~19:30

방문하기

친퀘 테레 지역은 남동쪽으로는 피렌체, 피사, 루카와 가깝다. 북서쪽으로는 제노아와 인접해 있다. 라 스페치아와 레반토까지만 자동차로 이동하고 마을은 기차로 진입하면 된다.

주요 도시별 최단 경로와 이동 시간은 다음과 같다.

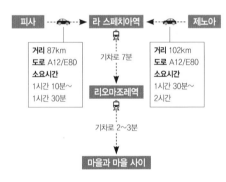

```
피사 ┈┈🚗┈▶ 라 스페치아역 ◀┈🚗┈┈ 제노아
                      🚆
거리 87km        기차로 7분      거리 102km
도로 A12/E80                    도로 A12/E80
소요시간                        소요시간
1시간 10분~      리오마조레역     1시간 30분~
1시간 30분          🚆          2시간

              기차로 2~3분

            마을과 마을 사이
```

ZTL

친퀘 테레는 마을 안이 ZTL 구역이다. 마을 안쪽은 진입할 수 없게 되어 있으니 신경 쓰지 않아도 된다.

주차장

친퀘 테레 관문 도시인 라스페치아와 레반토에서는 기차역 주차장을 이용하면 된다. 5개 마을 중에서 몬테로쏘, 리오마조레, 마나롤라에 주차장이 있다.

라 스페치아 중앙역 주차장
La Spezia Centro Stazione Car Park

🅿 지하주차장 🕐 24시간 € 1시간 1.5€(20:00~08:00 0.6€) *성수기에는 아침 일찍 방문하지 않으면 주차하기 쉽지 않다. 🏠 Via Fiume, 147-143 19122 La Spezia SP, 이탈리아 📍 44.110586, 9.814337

파르케지오 마레 몬테로쏘(몬테로쏘 마을)
Parcheggio Mare Monterosso

🅿 야외 공용주차장 🕐 24시간 3월 15일~11월 15일 € 1시간 2.5€(11월 16일~3월 14일은 2€)/22:00~08:00 0.5€ / 종일 주차 25€(11월 16일~3월 14일은 20€) 🏠 Via Fegina, 140, 19016 Monterosso al Mare SP, 이탈리아 📍 44.144477, 9.646866

레반토 기차역Levanto stazione 앞 주차장

🅿 야외 공용주차장 🕐 24시간 € 1시간 2€ / 8시간 13€ / 종일 주차 24€ 🏠 19015 라스페치아 이탈리아 📍 44.173852, 9.615536

*리오마조레와 마나롤라 마을에도 주차장이 있다. 하지만 마을 위쪽에 위치하고 있어 주차 후 해안가 마을까지는 꽤 걸어야 한다. 굳이 이곳을 이용할 필요는 없다.

친퀘 테레 자동차 여행을 위한 사전 정보

친퀘 테레 여행을 5개의 해안가 마을을 둘러보면 되는 것 정도로 단순하게 생각할 수 있다. 하지만 아무런 사전 정보가 없다면 친퀘 테레 여행은 힘들어진다. 특히 자동차 여행자의 경우 더욱 그렇다. 사전 정보를 꼭 체크하자!

1. 해안도로를 자동차로 드라이브 할 수 있는 곳이 아니다

해안가 마을 여행은 해안도로를 달리는 낭만을 상상할 수 있다. 하지만 이곳은 그렇지 않다. 마을로 가는 길은 위쪽 산길을 통해서 나 있다. 길이 험하고 좁다. 멋진 해안가 풍경을 볼 수 있지만 기대하는 그런 낭만적인 도로는 아니다. 주차 상황도 좋지 않다. 한마디로 친퀘 테레 지역은 자동차 여행에 적합한 곳은 아니다.

2. 라 스페치아역이나 레반토역에 주차하는 것이 가장 좋다

라 스페치아와 레반토는 친퀘 테레 마을과 인접한 큰 도시이다. 친퀘 테레 마을을 기차로 들어가기 위해서는 이 두 곳 중 한 곳에서 기차를 타야 한다. 주차 역시 이 두 곳 중 한 곳에 하면 된다. 라 스페치아역에서 탑승하면 리오마조레 마을부터 시작한다. 5개 마을을 지나 레반토로 향한다. 반대로 레반토에서 출발하면 몬테로쏘 마을부터 시작해서 5개의 마을을 역순으로 지난다. 마지막에 라 스페치아역으로 향하게 된다. 사람들이 가장 많이 출발지로 삼는 곳은 라 스페치아역이다. 라스페치아 중앙역 지하 주차장에 주차하고 여행을 시작하는 것이 가장 효율적이라고 할 수 있다.

3. 자동차로 간다면 몬테로쏘 마을로 이동하자

친퀘 테레 마을까지 자동차로 이동하는 것은 가능하다. 하지만 마을 안으로 외부 차량이 들어갈 수 없다. 리오마조레, 마나롤라의 주차장은 마을 꼭대기에 있어서 차를 가지고 가는 것이 더 불편하다. 몬테로쏘만이 해안가에 대형 주차장이 마련되어 있다. 이곳에 주차하고 나머지 마을은 기차나 페리를 이용해서 둘러보면 된다.

시내 교통

라 스페치아역이나 레반토역에서 친퀘 테레 카드를 구입하고 기차를 타면

된다. 라 스페치아역에서 출발하면 리오마조레~마나롤라~코르닐리아~
베르나차~몬테로쏘~레반토 순으로 이동하게 된다. 레반토에서 출발할
경우 역순으로 이동한다. 기차로 모든 마을을 이동하는 것보다 중간에 페
리를 한번 이용해보는 것도 좋다. 페리 티켓은 각 마을의 승선장에서 구입

할 수 있다. 구간별 요금 및 시간표는 매년 변동될 수 있기 때문에 홈페이
지를 참고한다.

친퀘 테레 유람선 정보 www.navigazionegolfodeipoeti.it

TIP 친퀘 테레 카드

친퀘 테레를 자유롭게 이용할 수 있는 일종의 통합권이다. 친퀘 테레 여행을 위해서는
필수적으로 구매하는 것이 좋다. 친퀘 테레 카드는 두 가지가 있다. 친퀘 테레 기본 카
드Cinque Terre Card는 모든 산책로, 에코 버스, 와이파이를 이용할 수 있다. 열차 카드
Cinque Terre Treno는 기본 카드 혜택에 라 스페치아~친퀘 테레 5개 마을~레반토 구간
의 기차 2등석을 무제한 이용할 수 있다. 따라서 트레킹 위주로만 한다면 기본 카드를
구매하고, 열차 이용과 트레킹을 같이 한다면 열차 카드를 구매하면 된다. 친퀘 테레 카
드는 각 역마다 있는 '친퀘 테레 포인트Cinque Terre Point'라는 별도 부스에서 구매할 수
있다. 구입 후에는 뒷면에 이름과 국적을 기입하고 탑승 전 개찰기에서 꼭 각인을 하고
이용해야 한다.

카드 정보 www.cinqueterrecard.com

카드 종류 및 요금

종류		일반	어린이(만 4~18세)	가족권
친퀘 테레 기본 카드	1일권	7.5€	4.5€	19.6€
친퀘 테레 열차 카드	1일권	18.20€	11.40€	48€

라 스페치아에서 출발하는 코스가 가장 무난하다. 리오마조레 마을부터 순차적으로 이동해도 되지만 맨 마지막 마을인 몬테로쏘 마을을 먼저 방문하고 역순으로 내려오는 코스가 더 낫다. 기차만 이용하는 것보다 유람선을 적절히 활용하는 것을 추천한다. 유람선은 베르나차부터 마나롤라 구간을 이용하자. 그러면 코르닐리아를 배에서 조망할 수 있다.

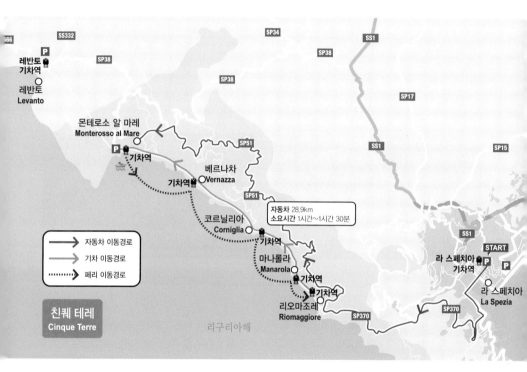

최소 관광 시간

5개 마을을 전부 제대로 돌아보려면 하루는 투자해야 한다. 한두 군데 마을을 제외하면 반나절도 가능하다. 그러나 코르닐리아를 제외한 4개 마을만 관광한다고 해도 최소 6~7시간 정도는 소요된다. 코르닐리아는 5개 마을 중 내륙 안쪽에 위치해 있는데 이 마을을 건너뛰는 여행자가 많다.

친퀘 테레 트레킹

5개 각 마을 사이는 열차로 이동한다. 하지만 날씨와 시간이 허락한다면 트레킹을 꼭 해보길 권한다. 가장 긴 구간은 2~3시간이 소요되는 코스로 몬테로쏘에서 시작해 베르나차를 연결하는 구간이다. 난이도가 높은 만큼 최고의 절경을 감상할 수 있다. 반대로 가장 짧은 구간은 20분이면 완주가 가능한 마나롤라~리오마조레를 연결하는 '연인의 길'이다. 이 길은 특히 노을이 질 때 걸어보는 것이 좋다. 다만, 아쉽게도 연인의 길은 낙석사고로 현재 폐쇄되어 있다.

*트레킹을 하기 위해서는 반드시 현장에서 길이 개방되어 있는지 미리 확인해야 한다.

몬테로쏘 Montersso

친퀘 테레 5개 마을 중 가장 큰 마을로 자동차로 접근하기가 가장 수월한 곳이다. 주차 시설도 잘 갖추어져 있기 때문에 자동차로 방문한다면 이곳으로 오면 된다. 주차장 옆과 기차역 앞 아름다운 모래 해변이 이어져 있어서 여름이면 특히 인기 높은 해변이다. 기차역에서 좌측으로 이동하면 구시가로 갈 수 있는데 터널을 통과해도 되고 절벽 옆 산책로로 이동해도 된다. 산책로로 이동하면 탁 트인 바다와 몬테로쏘 마을의 전경을 한눈에 담을 수 있어 추천할 만하다. 구시가 안에는 산 조반니 바티스타 성당Church of San Giovanni Battista과 포데스타 궁전Palazzo del Podesta을 비롯한 몇 개의 건축물들이 있다. 마을은 산책하듯 돌아보자.

코르닐리아 Corniglia

가장 작은 마을이자 유일하게 해변가를 마주하고 있지 않은 마을이다. 100m 높이의 절벽 위에 자리 잡고 있다. 다른 마을들과는 전혀 다른 코르닐리아만의 매력이 있다. 마을로 진입하는 데는 기차역에서 내린 후 377개의 벽돌 계단을 오르거나 에코 버스를 타야 한다. 에코 버스는 오전 7시 30분부터 저녁 7시 30분까지 20~30분 간격으로 운행한다. 소요시간은 약 5분 정도. 친퀘 테레 카드를 소지하면 무료로 탑승 가능하다. 시간이 많지 않은 경우라면 코르닐리아를 건너뛰는 여행자도 많다. 일정상 코르닐리아를 건너뛰어야 한다면 유람선에서라도 마을 전경을 볼 수 있게 계획을 잡도록 한다.

베르나차 Vernazza

작은 항구를 품고 있는 베르차나는 알록달록한 집들이 조화롭게 어울려 있는 아름다운 마을이다. 5개 마을 중 마나롤라와 더불어 가장 예쁜 마을로 손꼽히는 곳이기도 하다. 항구 바로 앞에는 중세시대에 세워진 산타 마르게리타 디 안티오키아Santa Margherita di Antiochia 성당이 자리 잡고 있고, 반대편으로는 해적의 침입을 방지하고자 지은 도리아성Castello dei Doria이 있다. 마을의 상징과도 같은 벨포르테 탑Torre Belforte도 눈에 띤다. 베르나차는 기차역이 마을 한가운데 위치하고 있어서 기차에서 내린 후 로마 거리Via roma를 내려가면 바로 해안가를 만날 수 있다. 해변으로 내려가는 길 양쪽에는 다양한 식당과 상점들이 있어 구경하는 재미도 쏠쏠하다. 기차역 위쪽으로 올라가면 한적한 주택가를 만날 수 있는데 마을 끝쪽 주차장 옆에는 한국인들에게 유명한 맛집도 있으니 한번 방문해 보는 것도 좋다.

마나롤라 Manarola

친퀘 테레를 대표하는 풍경으로 광고 등에 자주 등장하는 가장 예쁜 마을이다. 바다를 마주한 절벽에 빼곡히 들어서 있는 알록달록한 집들은 절벽과 하나된 모습으로 아름다운 절경을 자아낸다. 항구 오른쪽으로 길게 이어진 산책로를 따라 걷다 보면 마을 전체 절경을 마주할 수 있다. 누가 찍어도 그림 같은 인생 사진을 건질 수 있다. 마나롤라는 매년 특별한 행사를 연다. 12월 8일부터 1월 말까지 마을을 감싸고 있는 포도밭에 1만 5천 개의 등으로 크리스마스 트리 모양을 장식한다.

리오마조레 Riomaggiore

라 스페치아에서 출발하는 경우 가장 첫 번째로 만나는 마을이다. 기차역에서 나오면 벽화가 있는 작은 광장이 나오고 터널을 통과해 마을로 진입하게 된다. 아래쪽으로 내려가면 항구로 이어진다. 이곳은 마을 자체보다 마나롤라로 연결되는 연인의 길, 비아 델라모레Via dell'Amore로 유명한 곳이다. 세상에서 가장 로맨틱한 산책로라 불린다. 그러나 2012년에 발생한 낙석 사고로 인해 지금까지 통제되어 있다. 아쉽게도 지금은 이용할 수 없다.

친퀘 테레의 추천 레스토랑

트라토리아 달 빌리 Trattoria dal Billy

구글평점 4.4/5

포도밭과 바다가 보이는 멋진 전경을 가진 마나롤라의 레스토랑이다. 어업을 같이 겸하는 집안에서 직접 3대째 운영을 하고 있다. 해산물의 신선도만큼은 보증한다. 성수기 시즌에는 자리를 잡기 어려울 정도로 인기가 좋다. 사전에 예약을 하는 게 좋다.

🍽 Pasta di Mare(씨푸드 파스타)
🏠 Via A. Rollandi, 122, 19017 Manarola SP, 이탈리아
📞 +39 0187 920628
📍 44.106657, 9.729266

일 피라타 델레 친퀘 테레 Il Pirata delle 5 Terre

구글평점 4.3/5

베르나차 안쪽 마을 끝 부분에 위치한 레스토랑이다. 주차장 바로 앞에 위치하고 있다. 주변 풍경은 볼 것 없지만 소문난 맛집이다. 해안가에서 멀리 떨어져 있지만 관광객들의 발걸음이 끊이지 않는다. 가이드들의 단골 추천 레스토랑이기도 하다. 이곳은 신선한 해산물 파스타와 디저트가 특징이다.

🍽 Pasta di Mare(씨푸드 파스타)
🏠 Via Gavino, 36/38, 19018 Vernazza SP, 이탈리아
📍 44.136499, 9.685066

호텔 엔에이치 라 스페지아

Hotel NH La Spezia ★★★★ **구글평점** 3.8/5

라 스페지아 선착장과 아주 가까운 호텔이다. 몬테로
쏘까지 운영하는 배를 쉽게 이용할 수 있다. 보통 자
동차 여행으로 친퀘 테레 지역을 방문하면 라 스페지
아에서 숙박을 하는 것이 더 편리하다. NH 계열답게
호텔은 깔끔한 현대식 분위기다. 부대시설도 잘 갖추
고 있다. 하지만 객실이 조금 좁은 편이다.

P 호텔 내 주차장 유료
€ 1박 기준 : 80€(일반 트윈룸)
⊕ www.nh-hotels.com/hotel/nh-la-spezia
🏠 Via XX Settembre, 2, 19124 La Spezia SP, 이탈리아
📍 44.106564, 9.827538

르 빌레 리레 에 리스토란테

Le Ville Relais e Ristorante **구글평점** 4.6/5

라 스페지아에서 차량으로 10분 정도 떨어진 높은 언
덕 위에 위치한 펜션 형태의 숙소다. 아름다운 바다를
감상할 수 있는 인피티니 풀을 가지고 있다. 객실의
수가 많지 않아 성수기 시즌에는 예약을 하려는 사람
들도 늘 붐빈다.

P 호텔 내 주차장 무료
€ 1박 기준 : 100€(일반 트윈룸)
⊕ www.levillerelais.it
🏠 Salita al Piano, 19, 19131 La Spezia SP, 이탈리아
📍 44.081879, 9.817222

씨디에이치 라 스페지아 CDH Hotel La Spezia ★★★★

구글평점 3.9/5

라 스페지아는 구시가지에 위치한 4성급 호텔로 깔끔하고 현대적인 스타
일로 꾸며져 있다. 4성급 호텔치고는 조금 시설이 떨어지지만 가격을 생
각한다면 충분히 만족할 수 있는 곳이다. 친퀘 테레로 가는 배를 타기 위
한 선착장도 도보로 이동이 가능하며 역에서 걸어올 수도 있는 거리이다.

P 호텔 내 주차장 유료
€ 1박 기준 : 80€(일반 트윈룸)
⊕ www.compagniedeshotelslaspezia.it
🏠 Via XX Settembre, 81, 19122 La Spezia SP, 이탈리아
📍 44.105583, 9.820707

포르토피노

친퀘 테레가 평범한 사람들의 어촌 마을 느낌이라면 포르토피노는 휴양지 느낌이 물씬 풍기는 럭셔리한 해안마을이다. 리비에라 해안에 있는 이 작은 마을은 이탈리아어로 돌고래delfino 항구Porto라는 뜻이다. 오래전부터 전 세계의 유명한 셀럽과 재력가 그리고 예술가들의 안락한 휴양지로 명성을 드높였다. 해안가를 거닐다 보면 초호화 요트들이 가깝게 정박해 있고 동네 슈퍼같이 보이는 작은 가게들도 자세히 보면 루이 비통, 디올, 페라가모, 에르메네질도 제냐 등 하나 같이 모두 명품 숍이다. 해안가를 따라 곳곳에 고급 레스토랑들이 자리 잡고 있어 평화로운 바다와 고급 요트들을 바라보며 로맨틱한 식사를 즐길 수 있기도 하다. 항구의 끝으로 이동하면 브라운성으로 올라갈 수 있는 진입로가 나온다. 브라운성에 오르면 포르토피노의 환상적인 뷰를 즐길 수 있으므로 놓치지 말자.

포르토피노 여행 정보 www.portofinotourism.com

방문하기

포르토피노는 친퀘 테레 또는 제노아에서 오는 경우가 많다.

주요 도시별 최단 경로와 이동시간은 다음과 같다.

유람선 Line 1

라펠로Rapallo → 산타 마르게리타 리구에Santa Margherita Ligure → 포르토피노Portofino → 산 프루투오소San Fruttuoso

산타 마르게리타 – 포르토피노 구간

€ 편도 8€, 왕복 14€

포르토피노 유람선 정보 traghettiportofino.it/en

ZTL

포르토피노 해안가 안쪽의 마을은 ZTL 구역으로 설정되어 있다. 마을 입구 앞 주차장에 차를 세우고 도보로 이동하면 된다. 크게 문제될 곳은 없다.

주차장

포르토피노는 주차장의 선택권이 없다. 유일한 주차장인 포르토피노 주차장에 차를 세우면 된다. 주차 후 5분 정도 내려가면 마르티리 델 올리베타 광장Piazza Martiri dell'Olivetta과 해안가가 나온다. 포르토피노 주차장은 1시간에 5.5€나 할 만큼 주차비가 비싸다. 반나절 이상 머물 계획이라면 인근의 산타 마르게리타 리구레 지역에 주차를 하는 게 낫다. 그곳에서 버스를 타고 오면 된다.

오토파르케지오 디 포르토피노

Autoparcheggio di Portofino

🕐 24시간

€ 1시간 5.5€, 2시간 11€, 3시간 14€

🏠 Piazza della Libertà, 13/A, 16034 Portofino GE, 이탈리아

📍 44.304285, 9.207120

포르토피노 진입 전 야외 공용주차장

포르토피노 해안을 따라 달리다 보면 도로 왼쪽에 야외 공용주차장이 하나 있다. 이곳에서 포르토피노까지는 약 3.5km 떨어져 있다. 성수기나 주말에 포르토피노에 차량이 몰릴 경우 길이 통제되는 경우가 있다. 이럴 때에는 이곳 주차장에 차를 주차해야 한다. 주차 후 82번 버스를 타고 포르토피노까지 이동하면 된다. 성수기에는 포르토피노 주차장은 만차인 경우가 많다.

📍 44.321934, 9.215952

포르토피노는 아기자기한 마을과 해안을 거닐면 되고 포르토피노의 전망을 한눈에 담을 수 있는 포토 스폿 장소인 브라운성을 오르면 된다.

| 주차장 출발 | 도보 3분 ▶▶▶ | 마르티리 델 올리베타 광장 | 도보 5분 ▶▶▶ | 산 조르노 교회 | 도보 5분 ▶▶▶ | 브라운성 |

▼
도보 10분

| 주차장 도착 | 도보 3분 ◀◀◀ | 해변가 산책 |

최소 관광 시간

해안가 위주로만 가볍게 둘러본다면 한 시간으로도 충분하다. 브라운성과 산 조르노 교회를 둘러보기 위해선 2~3시간 정도 소요된다.

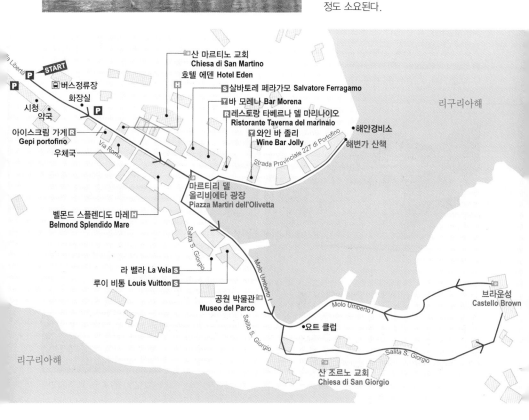

브라운성 Castello Brown

포르토피노 항구를 한눈에 조망할 수 있다. 1554년 군사 건축가 지안 마리아 올지아토Gian Maria Olgiato에 의해 성 전체가 요새화되어 1557년 완공되었다. 수 세기에 걸쳐 요새로서의 역할을 수행하다가 1867년 영국인 집정관인 몬타규 예이츠 브라운Montague Yeats Brown이 매입한 이후 주거시설로 개조되었다. 1961년에 포르토피노 시로 소유권이 이전되어 지금은 박물관과 전망대로 사용되고 있다.

🕐 10:00~17:00 € 5€ 🌐 www.castellobrown.com
🏠 Via alla Penisola, 13, 16034 Portofino GE, 이탈리아
📍 44.302089, 9.214114(브라운 성 올라가는 철문 입구)

산 지오르지오 교회 Chiesa di San Giorgio

이 성당은 1154년 로마네스크 양식으로 지어졌다. 산 지오르지오라는 포르토피노의 수호성인을 기리기 위해 건축되었다. 산 조르지오는 초기 기독교 14성인 중 한 사람이다. 교회에서 바라보는 전망이 아름답다. 왼쪽으로 포르토피노의 전경을, 오른쪽으로 지중해를 조망할 수 있다. 오렌지색의 교회 외관은 포르토피노의 햇살과 잘 어울려 따뜻한 느낌을 전해준다.

🏠 Salita S. Giorgio, 16034 Portofino GE, 이탈리아
📍 44.301461, 9.211463(교회 올라가는 계단 입구)

1 포르토피노 전경. 왼쪽 산 위의 성이 브라운성 2 여유로운 포르토피노의 풍경 3 세상에서 가장 소박한 디올 매장 4 포르토피노의 명물 코뿔소

트라토리아 트리폴리 Trattoria Tripoli 구글평점 4.5

1920년부터 4대째 운영하고 있는 전통 레스토랑이다. 포르토피노 어부
들에게 직접 신선한 해산물을 구입해 요리 재료로 이용하는 곳이다. 항구
를 내려다볼 수 있는 야외 좌석은 언제나 인기가 좋다. 오래된 지역 식당
이니 만큼 주민들에게 인기가 많다. 성수기에는 예약을 하는 것이 좋다.

🍴 Spaghetti ai frutti di Mare(씨푸드 스파케티) / Filetto di Fassona Piemontese(스테이크) 📞 +39 0185 269011
🏠 Piazza Martiri dell'Olivetta, 49, 16034 Portofino GE, 이탈리아 📍 44.302667, 9.209692

리스토란테 타베르나 델 마리나이오 Ristorante Taverna del

Marinaio 구글평점 4.3

포르토피노에서 태어나고 자란 피누치오 형제에 의해 만들어진 이탈리아
전통 해산물 레스토랑이다. 지금은 피누치오 형제의 아들과 손자가 운영
하고 있다. 물가가 비싼 포르토피노에서 비교적 저렴한 가격으로 식사를 할 수 있다. 아름다운 항구 쪽을 바라볼
수 있는 야외 좌석도 마련되어 있다. 야경을 감상하며 식사를 한다면 잊지 못할 추억을 쌓을 수 있다.

🍴 Taglierini ai gamberi(새우 파스타) / Spaghetti ai frutti di mare(씨푸드 스파케티) / Frittura di pesce(해물 튀김)
📞 +39 0185 269103 🏠 Piazza Martiri dell'Olivetta, 36, 16034 Portofino GE, 이탈리아 📍 44.303286, 9.210056

포르토피노의 숙소

호텔 피콜로 포르토피노 Hotel Piccolo Portofino ★★★★ 구글평점 4.5/5

포르토피노 계곡 사이에 있어 아름다운 항구를 바라볼 수 있는 호텔이
다. 마을에 위치한 것은 아니지만 도보로 이동이 가능한 거리에 있다. 바
다 전망은 조금 비싸도 선택할 만한 충분한 가치가 있다. 포르토피노 안
에 위치한 호텔은 매우 비싸다. 그런 점에서 이곳은 적절한 대안이다. 하
룻밤 묵어보면 이곳만 한 곳은 없다고 생각하게 된다.

🅿 호텔 근처 주차장 유료 € 1박 기준 : 200€(일반 트윈룸) 🌐 www.hotelpiccoloportofino.it
🏠 Via Duca degli Abruzzi, 31, 16034 Portofino GE, 이탈리아 📍 44.305590, 9.211295

베스트 웨스턴 레지나 엘레나 Best Western Regina Elena ★★★★ 구글평점 4.1/5

포르토피노에서 차량으로 20분 정도 떨어진 곳에 위치한 호텔이다. 물가
가 비싼 포르토피노를 피하고 싶다면 이 호텔을 추천한다. 바다를 감상할
수 있는 개별 테라스와 옥상에 있는 야외 수영장이 이 호텔의 자랑이다.
꼭 포르토피노에 머물 것이 아니라면 이곳을 강력히 추천한다.

🅿 호텔 근처 주차장 유료 € 1박 기준 : 100€(일반 트윈룸)
🌐 www.bestwestern.com 🏠 Via Milite Ignoto, 44, 16038 Santa Margherita Ligure GE, 이탈리아
📍 44.325631, 9.215147

산타 마르게리타 리구레

산타 마르게리타 리구레는 아직까지는 포르토피노를 방문하기 위한 베이스 캠프 같은 곳으로 활용되는 곳이다. 럭셔리한 휴양지답게 포르토피노의 숙박비나 물가는 일반인들이 감당하기에 벅찬 부분이 있다. 그래서 옆 마을인 산타 마르게리타 리구레에 숙소를 잡거나 주차를 하고 버스나 유람선을 통해서 포르토피노를 다녀오는 곳이 경제적이다. 대부분 처음엔 포르토피노의 대안으로 이곳을 선택하게 되지만 산타 마르게리타 리구레 자체의 매력도 결코 무시할 수 없다. 리구리아해의 아름답고 한적한 풍광을 경험하는 것만으로도 이곳을 들를 만한 충분한 가치가 있다. 게다가 인근에 위치한 라팔로Rapallo를 비롯한 아름다운 도시들은 생소하지만 그만큼의 여유로움을 만끽할 수 있다. 관광객에게 점령당한 복잡한 이탈리아의 해안마을이 아닌 조금 여유로운 이탈리아의 해안마을을 보고 싶다면 이곳을 한번 방문해 보도록 하자.

방문하기

산타 마르게리타 리구레는 제노아와 친퀘 테레의 중간 쯤에 위치해 있다. 친퀘 테레 레반토 마을에서 북서쪽으로 1시간 30분 정도 달리면 도착한다. 제노아에서는 남동쪽으로 40분 정도 이동하면 된다.

주요 도시별 최단 경로와 이동 시간은 다음과 같다.

고속도로 A12/E80 이용 시 29.6km

소요시간 40분

제노아 → 산타 마르게리타 리구레

고속도로 A12/E80 이용 시 60.8km

소요시간 1시간

레반토 → 산타 마르게리타 리구레

유람선 Line 1

라펠로Rapallo→산타 마르게리타 리구에Santa Margherita Ligure→포르토피노Portofino→산 프루투오소San Fruttuoso

라팔로 – 산타 마르게리타 리구레 구간

€ 편도 5.5€, 왕복 7.5€
유람선 정보 traghettiportofino.it/en

주차장

해안가에 위치한 공용주차장 회전 교차로 옆에 위치하고 있다. 바로 옆으로 관광 안내소와 페리 탑승장이 가깝다. 위치상으로 매우 좋다.

파르케지오 피아차 비토리오 베네토
Parcheggio Piazza Vittorio Veneto

🅿 공용주차장 🕐 08:00~23:00 € 1시간 2.5€
🏠 Piazza Vittorio Veneto, 16038 Santa Margherita Ligure GE, 이탈리아 📍 44.334741, 9.213756
* 포르토피노를 가려면 관광 안내소 앞 또는 비토리오 베네토 광장에서 82번 버스를 타면 된다. 약 20분 정도 소요된다. 비용은 1회권에 1.8€다.

산타 마르게리타 주변 마을

산타 마르게리타 인근은 친퀘 테레처럼 5개의 주요 관광마을로 이루어져 있다. 라팔로Rapallo부터 시작해서 산 미첼라 디 파그나San Michela di Pagna, 산타 마르게리타 리구레Santa Marghrita Ligure, 파라지Paraggi, 포르토피노Portofino로 이루어져 있다. 이 중 파그나와 파라지는 마을이라고 부르기 민망할 정도로 작다. 조그만 해변이 전부인 곳이다. 하지만 여름이면 현지인들이 프라이빗 비치처럼 애용하는 인기 있는 곳들이다. 관광객이 적은 조용한 곳을 찾는다면 추천한다.

02

토스카나 평원과
중부 지역

루카
피사
피렌체
시에나
산 지미냐노
몬테풀치아노
아시시
몬탈치노
스펠로
산 퀴리코 도르차
오르비에토
피엔차
로마
사투르니아
치비타 디 반뇨레조
피틸리아노

중부 지역의 하이라이트, 토스카나 평원

토스카나Tuscana 지역은 이탈리아 중부의 아펜니노 산맥과 티레니아해 사이에 위치한다. 여행자들은 토스카나 지역의 아름다운 전원 풍경을 즐기기 위해 이곳을 찾는다. 수많은 구릉 지대와 평원으로 이루어진 토스카나 지역은 올리브나무, 포도밭, 밀밭 그리고 사이프러스 나무 등이 어우러져 있다. 그림엽서에서나 나올듯한 풍경이 눈 앞에 펼쳐지기 때문에 마치 영화 속 한 장면 속으로 뛰어든 것만 같은 기분이 든다. 이런 토스카나의 목가적인 풍경을 제대로 즐길 수 있는 방법이 바로 자동차 여행이다. 이탈리아를 자동차로 여행하겠다는 계획을 세웠다면 절대 놓쳐서는 안 될 장소일 것이다. 엽서나 달력에 자주 등장하는, 초록색 밀밭과 사이프러스 길이 있는 유명한 지역은 바로 발도르차 평원이다. 토스카나 지역 중 여행객들이 가장 많이 찾는 곳으로 유명하다. 피엔차Pienza, 산 퀴리코 도르차San Quirico d'Orcia, 몬탈치노 Montalcino 등 중세시대 모습을 그대로 간직한 마을이 곳곳에 자리 잡고 있어 더욱 매력적인 곳이다.

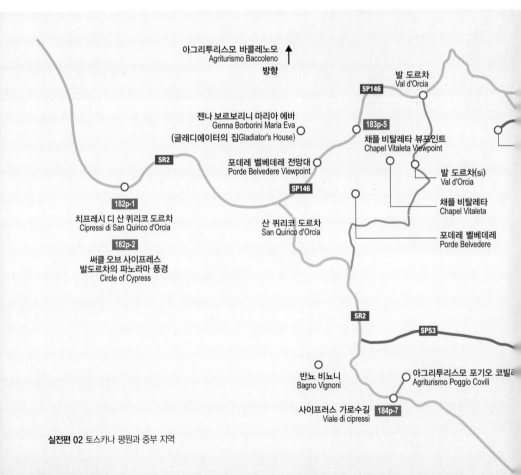

토스카나 뷰포인트

※시작 지점은 어디든 상관없다.

SP146
피엔차 Pienza

184p-8
글래디 에이터 영화 촬영지
Gladiator Shooting Spot

Monticchiello

184p-8
'S' 로드 뷰포인트
'S' Road Viewpoint

코빌리

'Z' 로드 뷰포인트
'Z' Road Viewpoint

토스카나의 대표적인 포토 스폿

끝없는 밀밭 위에 서 있는 사이프러스 나무. 영화 속 한 장면 같은 풍경. 눈으로 보면서도 현실이라고는 믿기지 않는 그림 같은 경치. 어느 곳에 카메라 렌즈를 갖다 대도 인생 사진을 건질 수 있는 곳. 놓치면 반드시 후회하게 될 토스카나 최고의 사진 명소를 알아보자.

▲

치프레시 디 산 퀴리코 도르차 Cipressi di San Quirico d'Orcia

산 퀴리코 도르차에서 시에나 방면으로 이어진 SR2 도로를 타고 달리다 보면 교량과 같은 다리를 하나 지난다. 이곳에서 토스카나의 유명한 포토 스폿인 치프레시 디 산 퀴리코 도르차를 만날 수 있다.

◌ 43.063952, 11.559531

◀

써클 오브 사이프레스

Circle of Cypress

치프레시 디 산 퀴리코 도르차 옆으로 난 길을 따라 10여 분 정도 걸어 올라가면 만날 수 있다. 인상적인 사이프러스 나무가 원형으로 둘러싸고 있는 모습이 그림 속으로 뛰어든 것처럼 아름답다. 밤에 별이 쏟아지는 모습에 대한 찬사가 줄을 잇는 곳이다.

◌ 43.060841, 11.558510

◄

포데레 벨베데레 발 도르차
Podere Belvedere Val D'orcia

산 퀴리코 도르차에서 피엔차 방향으로 이어진 SP146 도로를 5분 정도 운전하면 닿는 곳이다. 포데레 벨베데레는 토스카나를 대표하는 가장 유명한 포토 스폿이다. 이곳의 포토 포인트는 바라보는 위치에 따라 2~3 군데가 있다. 위 사진과 가장 동일한 촬영 포인트는 도로에서 밀밭 안쪽으로 조금 걸어 들어간 곳이다.

📍 포인트 1 43.065058, 11.612580,
포인트 2 43.066356, 11.615502

젠나 보르보리니 마리아 에바
Genna Borborini Maria Eva

(글래디에이터의 집 Gladiator's House)

▶

영화 《글래디에이터》의 막시무스 장군의 집으로 설정된 곳이다. 이곳은 포데레 벨베데레Podere Belvedere의 촬영 포인트 바로 건너편에 있다. 많은 사람들이 포기오 코빌리Poggio Covili를 막시무스의 집으로 알고 있으나, 이는 잘못 알려진 것. 실제 영화 속의 막시무스의 집은 바로 이곳이다.

📍 43.065725, 11.612092

◄

채플 비탈레타 뷰포인트
Chapel Vitaleta Viewpoint

포데레 벨베데레Podere Belvedere 포인트에서 2분 정도 더 가면 채플 비탈레타Chapel Vitaleta 교회를 멀리서 조망할 수 있는 촬영 포인트가 나온다. 이 교회는 직접 찾아가도 좋지만 멀리서 봐야 더 예쁜 사진을 찍을 수 있다.

📍 43.073084, 11.625716

아그리투리스모 바콜레노모
Agriturismo Baccoleno

석양과 노을 포토 포인트로 유명한 곳. 최적의 방문 시기는 4월 하순이다. 농가주택으로 이어진 굽이진 길들로 늘어선 사이프러스 나무가 전형적이고 목가적인 토스카나 풍경을 자아낸다.

📍 43.200827, 11.589468

▶

7

◀

사이프러스 가로수길 Viale di cipressi

많은 사람들에게 영화 《글래디에이터》 막시무스의 집으로 잘못 알려진 곳이다. 영화 개봉 이전부터 유명한 곳이었지만 막시무스의 집으로 잘못 알려지면서 더욱 유명해졌다. 반뇨 비뇨니Bagno Vignoni 마을에서 갈리나Gallina 마을로 연결된 SR2 도로를 타고 가다 보면 만날 수 있다. 멀리서부터 독특한 사이프러스 나무가 펼쳐진 길이 보이기 때문에 금세 찾을 수 있다. 안쪽은 포기오 코빌리라는 숙소로 사유지이기 때문에 차를 가지고 들어가거나 너무 깊게 들어가지 않는 게 좋다. ♀ 43.021845, 11.636765

글레디에이터 영화 촬영지 Gladiator Shooting Spot

영화 《글래디에이터》 엔딩 씬에서 등장한 곳이다. 꽤 인상적인 사진을 찍을 수 있는 장소다. 다만 좁고 일방통행인 비포장도로를 한참 달려야 한다. 접근이 쉽지만은 않다. 근처 피엔차 성벽 밖에 있는 코르니냐노Corsignano 교회 주변에 차를 주차해놓고 걸어가는 것이 좋다. 아그리투리스모 테라필레Agriturismo Terrapille 방향으로 걸어가다 보면 만날 수 있다.

♀ 43.074938, 11.668076

8

▶

◀

'S' 로드 뷰포인트

S자 형태로 구부러진 길을 따라 심어진 사이프러스 나무들이 멋진 경치를 선사하는 곳이다. 피엔차에서 몬티키엘로Monticchiello로 이어진 SP88 도로를 달리다가 마을 진입 전 우회전한다. 이후 오르막길을 좀 오르면 촬영 포인트를 만날 수 있다. 사진을 찍은 후 실제 이 길을 드라이브하는 것도 놓치지 말자. 아침에는 역광으로 사진이 잘 안 나온다. 오후에 방문할 것.

♀ 43.061845, 11.722810

9

'Z' 로드 뷰포인트

이곳의 촬영 포인트는 세 군데다. 가장 좋은 것은 라 포체La Foce 정원이다. 하지만 유료 입장이라 굳이 들어갈 필요는 없다. 두 번째 촬영 포인트인 라 포체 정원 초입의 라 포체 뷰포인트에서도 충분히 경관을 즐길 수 있기 때문이다. 마지막 한 군데는 구글지도에 'Z자 도로 관찰 주차'라고 표기된 곳이다. 주차장에서 바로 볼 수 있다. 하지만 나무들로 인해 부분적으로 시야가 가려진다는 단점이 있다. 라 포체로 향하는 SP40 도로를 따라가면 세 군데 포인트를 모두 만날 수 있다. 이곳은 늦은 오후가 역광이다. 아침에 방문하는 것이 좋다.

♀ 포인트 1 43.025190, 11.778167
포인트 2 43.024986, 11.769595

▶

10

토스카나 지역 여행을 위한 조언

토스카나Tuscana 지역의 운전 여건

이곳을 발도르차 평원이라고 부르기 때문에 운전도 수월할 것이라고 생각할 수 있다. 하지만 능선들이 부드럽게 이어지면서 밀밭과 포도밭이 펼쳐져 있기 때문에 평원처럼 보일 뿐이다. 운전하다 보면 수많은 능선을 넘어야 하고 구불구불한 길을 쉼 없이 지나야 한다. 게다가 주요 포토 포인트들을 찾아가는 길들은 비포장 도로인 경우가 많다. 전날 비라도 온다면 진흙탕길이 되기 십상이다. 그럴 때는 도로 곳곳에 포트홀이 지뢰밭처럼 깔려 있어서 운전에 매우 유의를 해야 한다. 물론 돌로미티 지역이나 남부 아말피 코스트 해안도로를 운전하는 것보다는 수월한 편이다. 그리고 아무 곳에나 차를 정차하고 멋진 풍경을 바라볼 수 있다는 것은 토스카나 드라이브의 최대 장점이라고 할 수 있다.

토스카나 지역 최적의 방문 시기

토스카나 지역의 잔디처럼 보이는 초록색 초지들은 실제로는 밀밭이다. 밀은 4월부터 6월 초까지 가장 예쁜 초록색을 유지한다. 6월 중순만 넘어가도 누렇게 익는다. 새파란 초록의 풍경을 기대했다면 실망할 수도 있다. 따라서 토스카나 지역의 여행 최적기는 4월부터 5월까지다. 이 시기를 놓치면 초록 물결의 발도르차는 볼 수 없다. 물론 9월부터 10월 말까지의 가을 여행도 나름대로 매력을 느낄 수 있다. 단, 가장 피해야 할 계절은 바로 7~8월 여름이다. 작열하는 토스카나의 태양은 견딜 수 없을 만큼 뜨겁고 그늘조차 없다. 웬만한 인내심이 없으면 버티기 힘들고 초록색 밀밭도 보지 못한다. 또 1~2월에는 대부분의 숙소와 상점이 문을 닫는다. 이 기간도 피하는 것이 좋다.

1 이런 아름다운 비포장 도로가 비라도 오면 금세 포트홀 지뢰밭으로 변하기 십상이다. **2** 멋진 풍경이 나오면 언제든 아무 곳에나 차를 세우고 사진에 담을 수 있다.

로마

이탈리아의 수도이자 한때는 전 유럽의 수도이기도 했던 로마는 2500년의 역사를 고스란히 간직하고 있는 도시이다. 도시 전체가 거대한 박물관이라고 불러도 손색이 없다. 로마의 고대 유적들은 현대 문명과 함께 공존하지만 아무런 이질감이 없다. 더할 나위 없이 조화롭고 도시를 더욱 아름답게 만드는 거대한 오브제의 역할을 한다. 로마에는 콜로세움, 판테온, 포로 로마노와 같은 수많은 고대 유적들과 영화 속 명소로 널리 알려진 스페인 광장, 트레비 분수가 있다. 이 밖에도 로마를 채우는 명소들은 헤아릴 수 없이 많다. 또한 바티칸 시국을 품고 있는 가톨릭의 본산이자 성지이기도 하다. 이제 전 세계인들이 사랑하는 도시 로마에 당신이 머무를 차례다. 오늘도 트레비 분수의 하늘을 가로지르는 수많은 동전들은 끊임없이 사람들을 로마로 다시 불러들일 것이다.

로마 여행 정보 www.turismoroma.it

방문하기

로마에는 두 개의 공항이 있다. 하나는 레오나르도 다 빈치 공항이라고도 불리는 피우미치노 공항Aeroporto di Fiumicino(FCO), 다른 하나는 저가 항공사가 주로 이용하는 참피노 공항Aeroporto Champino이다. 국제선 여객기는 대부분 피우미치노 공항으로 도착한다.

시내 이동하기

피우미치노 공항에서 시내로 이동하는 방법 중 가장 추천할 만한 것은 레오나르도 익스프레스나 공항버스를 이용하는 것이다. 택시는 정찰제이지만 바가지 요금이 심한 편이고 국철은 시간이 너무 오래 걸린다.

1. 레오나르도 익스프레스 Leonardo Express

시내로 이동하는 가장 빠른 방법이다. 테르미니역까지 32분 만에 도착하지만 요금이 가장 비싸다.
공항 출발 06:23~23:23
테르미니역 출발 05:35~23:35
운행 간격 15~30분 사이
🕐 32분 € 1인 편도 14€ 🌐 www.trenitalia.com

2. 공항버스

코트랄Cotral, 테라비전Terravision, 시트Sit 등 여러 회사에서 운영한다. 요금과 시간 및 노선이 조금씩 다르다. 대부분 테르미니역에서 정차한다. 티켓은 버스 기사나 버스 앞 매표원에게 구입한다.
🕐 약 1시간 € 1인 편도 7€

렌터카 픽업하기

로마가 전체 여행의 마지막 일정이라면 렌터카는 공항점에서 픽업한다. 다른 지역을 먼저 여행한 후 테르미니역에서 반납하고 로마 관광을 한 후 바로 출국한다. 로마부터 관광한다면 먼저 로마 관광을 한 후에 렌터카는 테르미니역에서 픽업하는 게 좋다. 보통은 다른 곳을 먼저 여행한 뒤에 공항에서 차를 반납하고 출국하는 게 일반적이다. 아웃 도시를 달리할 경우에는 밀라노, 베니스, 나폴리 등에서 차량을 반납 후 출국하는 경우도 적지 않다. 로마에서의 렌터카 픽업 및 반납방법은 이탈리아 주요 도시 렌터카 픽업 및 반납(364p)편을 참고하도록 한다.

시내 운전

도시의 주요 관광지는 모두 ZTL로 지정되어 있다. 로마 시내는 엄청난 교통 체증과 비싼 주차비, 무질서한 운전과 차량 털이범까지 출몰하는 최악의 운전 환경이다. ZTL이 해제되는 야간이나 일요일이라고 하더라도 운전을 권할 만한 곳이 못 된다. 로마에서의 운전은 득보다는 실이 많다. 차량은 숙소나 테르미니역 인근의 안전한 주차장에 두고, 대중교통이나 시티투어 버스를 적절히 활용하자. 로마는 천천히 도보로 둘러보기 좋은 곳이다.

로마의 흔한 교통 체증

주차장

로마 시내 곳곳에는 주차장이 잘 갖추어져 있다. 하지만 ZTL을 고려해야 하기 때문에 신중하게 주차장 선택을 잘해야 한다. ZTL 외곽에 있으면서 접근성이 좋은 주차장들은 다음과 같다.

오토실로 테르미날 파크 Autosilo Terminal Park

테르미니역 앞쪽 베스트 웨스턴 호텔 바로 옆에 있는 주차 빌딩.
- 🅿 실내주차장
- 🕐 월~토 06:00~01:00, 일 07:00~12:00
- € 1시간 4.2€(소형차 3€) / 추가 시간 2.5€(소형차 2€) / 종일 주차 20~22€
- 🏠 Autosilo Terminal Park Via Marsala, 30-32 00185 Roma
- 📍 41.903044, 12.501666

이에스 파크 지올리티 ES Park Giolitti

테르미니역 바로 아래쪽에 위치한 주차 빌딩이다. 주요 렌터카 회사들의 픽업 및 반납 주차장이기도 하다.
- 🅿 실내주차장
- 🕐 24시간
- € 1시간 2.5€ / 2시간 5€ / 8시간~24시간 20€
- 🌐 www.veniceparking.it (검색창에 ROMA 입력)
- 🏠 Via Giovanni Giolitti 267, 00185 Roma
- 📍 41.896856, 12.506297

이에스 파크 지올리티 주차장

파르케지오 빌라 보르게세
Parcheggio Villa Borghese

보르게세 공원 ZTL 경계 바로 앞에 있다. 스페인Spagna 역 지하통로로 연결되어 스페인 광장으로의 진입이 간편하다.
- 🅿 실내주차장
- 🕐 24시간
- € 20분 0.5€ / 1시간 2.3€ / 2시간 2.5€
- 🌐 bit.ly/39dcGkN
- 🏠 Viale del Galoppatoio 00197 Roma RM, 이탈리아
- 📍 41.908794, 12.485162

파르케지오 테르미날 쟈니콜로
Parcheggio Terminal Gianicolo

베드로 성당, 베드로 광장과 가까운 거리에 있다.
- 🅿 실내주차장
- 🕐 06:30~01:30
- € 1시간 2.4€
- 🏠 Via Urbano VIII 00165 Roma RM, 이탈리아
- 📍 41.899500, 12.459846

ZTL

로마의 ZTL은 A Zone부터 G Zone까지 7개 주간통제 구역과 산 로렌조San Lorenzo, 트라스테베레Trastevere 그리고 테스타치오Testaccio 3개의 야간통제 구역으로 나뉜다.

A구역 월~금 06:30~19:00, 토 10:00~19:00
B, C, D, E, F 구역 월~금 06:30~18:00,
토 14:00~18:00
G 구역 월~토 06:00~10:00
야간 구역 산 로렌조San Lorenzo & 트라스테베Trastevere
금~토 21:30~03:00(5월 1일~10월 1일),
수~목 21:30~03:00
바티칸 지역을 제외한 로마의 주요 관광지 전역은 ZTL 통제구역이다. 차량을 가지고 들어가지 않는 것이 좋다.

시내 교통

메트로 1회권

로마는 지하철, 버스, 시티투어 버스 등 대중교통 시설이 잘 되어 있다. 이를 활용하면 도보로 여행하는 데 아무런 문제가 없다. 지하철과 버스, 트램은 티켓 한 장으로 모두 이용이 가능하다. 티켓은 메트로역, 버스정류장, 담배 가게Tabacci, 신문 가판대 등에서 구입하면 된다. 반드시 탑승 전에 각인을 해야 무임승차로 인한 불이익을 받지 않는다(24시간권 이상은 첫 번째 탑승 시에만 펀칭).
- € 1회권 1.5€ 개시 후 100분간 사용 가능(버스에서 버스, 지하철에서 버스는 무료 환승, 단 지하철은 1회만 허용) / 24시간권 7€ / 48시간권 12.5€ / 72시간권 18€
- 🌐 www.atac.roma.it

로마 패스

로마 시내 모든 대중교통을 무료로 이용 가능하다. 주요 유적지 및 박물관 미술관도 무료로 입장하거나 할인 혜택을 받을 수 있다. 단, 바티칸 박물관은 제외된다.
구매처 공항, 테르미니역, 트레비 분수 등 유명 관광지의 여행안내소
€ 48시간 32€ (지정한 1곳 무료 입장, 그 외 할인 혜택) / 72시간 52€ (지정한 2곳 무료 입장, 그 외 할인 혜택)
⊕ www.romapass.it

버스

버스 탑승도 지하철과 별반 다르지 않다. 다만, 버스 내부에 정차역 안내방송이 없기 때문에 정차역을 가늠하기 힘들다. 버스 정보 어플을 활용하는 것이 필요하다. 하차 시에는 버스 내부의 벨을 누르면 된다. 버스티켓은 버스 안에서도 구입 가능하지만 거스름돈은 반환되지 않는다. 버스는 새벽까지 운행(05:30~24:00)하며 평균 배차 간격은 10~20분이다.

주요 버스 노선
40번 테르미니역~베네치아 광장~산탄젤로성
64번 테르미니역~베네치아 광장~판테온, 나보나 광장
75번 테르미니역~콜로세움, 대전차 경기장(진실의 입)
81번 바티칸 시국(테르미니역 미정차, 콜로세움이나 대전차 경기장에서 탑승)

시티 투어 버스

로마 시내 주요 관광지를 연결하는 2층 투어버스도 추천할 만한 여행 방법이다. Hop On-Hop Off, City Sightseeing Rome, Big Bus Tours 등이 주요 투어버스 회사다. 로마의 주요 관광지를 2시간 정도 운행한다. 티켓은 24시간, 48시간, 72시간 등에서 선택할 수 있다. 정해진 시간 내에는 자유롭게 탑승이 가능하다. 가격은 24시간권 기준 평균 28~30€이다. 테르미니역 500인 광장 주변에서 출발한다.
*한국어 안내방송은 I Love Rome 핑크색, Hop On-Hop Off 버스만 지원한다.
⊕ www.hop-on-hop-off-bus.com

메트로

A, B, B1, C 노선이 있다. 대부분의 관광지는 A, B선을 통해 이동할 수 있다. 타는 방법은 우리나라와 유사하다. 큰 어려움은 없다. 내릴 때 문에 달려 있는 버튼을 눌러야 문이 열린다.

주요 관광지 정차역 [Line A, B]
바르베리니Barberini**역** 트레비 분수 역 인접
스페인Spagna**역** 스페인 광장 인접 역
플라미니오Flaminio**역** 보르게세 공원 인접 역
오타비아노Ottaviano**역** 바티칸 시국 하차 역
콜로세오Colosseo(B-Line)**역** 콜로세움, 개선문, 포로 로마노 인접 역

로마의 최소 관광 시간

로마 관광에 보통 3~5일 정도를 할애하는 것이 일반적이다. 일정이 빠듯할 경우 최소한으로 줄인다고 해도 꼬박 2일은 소요된다.

관광 안내소

PIT 테르미니Termini
🚇 테르미니역 24번 플랫폼 옆(렌터카 업체들 데스크와 인접) 🏠 Via Giovani Giolitti,34 Inside Building F - Platform 24

Ferrovia metropolitana
Ferrovia regionale Roma-Viterbo
Ferrovia regionale Roma-Lido
M A **Metro linea A**
M B **Metro linea B**
공항 직통열차
(FS non stop Termini- Fiumicino Aeroporto)

환승역
(Stazione di scambio(metro-ferrovia))

P **주차장 환승**
(Parcheggio di scambio)

교외버스 종착역
(Capolinea bus extraurbani)

FM1 Orte-Fara Sabina-Tiburtina-
Fiumicino aeroporto
FM2 Roma-Tivoli
FM3 Roma-Cesano di Roma
FM4 Roma-Frascati / Albano / Velletri
FM5 Roma-Cerveteri / Ladispoli-
Civitavecchia
FM6 Roma-Frosinone
FM7 Roma-Campoleone-Nettuno / Latina

FM3

Cesano
Olgiata
La Storta
La Giustiniana
Ipogeo degli Ottavi
Ottavia
San Filippo Neri
Monte Mario
Gemelli
Balduina
Proba Petronia
Appiano
Valle Aurelia
Anastasio II
Cipro - Musei Vaticani
Ottaviano - San Pietro
Lepanto
P

M A
P Battistini
Cornelia
Baldo
degli Ubaldi
Flaminio -
Piazza del Popolo
Ca

Aurelia
San Pietro
Colosseo
Quattro Venti
Circo Massimo

FM5
Cerveteri-Ladispoli
Torre in Pietra-Palidoro
Maccarese-Fregene
Trastevere
Pira

Ostiense
Porta S. Paolo
Garb
Ba

Villa Bonelli
Mar
Magliana
EU
Muratella
Tor di Valle
EUR Palasport
EUR
Ponte Galeria
Vitinia **P**
P ✈ **공항 직통열차**
Fiumicino Aeroporto
Fiera di Roma
Casal Bernocchi
FM1
Acilia
Ostia Antica
Lido Nord **P**
Lido Centro
Stella Polare
Castel Fusano
Cristoforo
Colombo

V

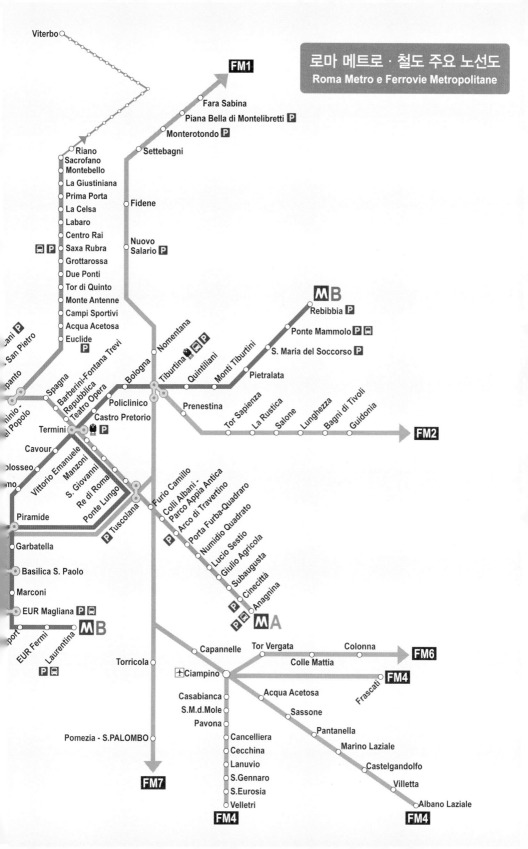

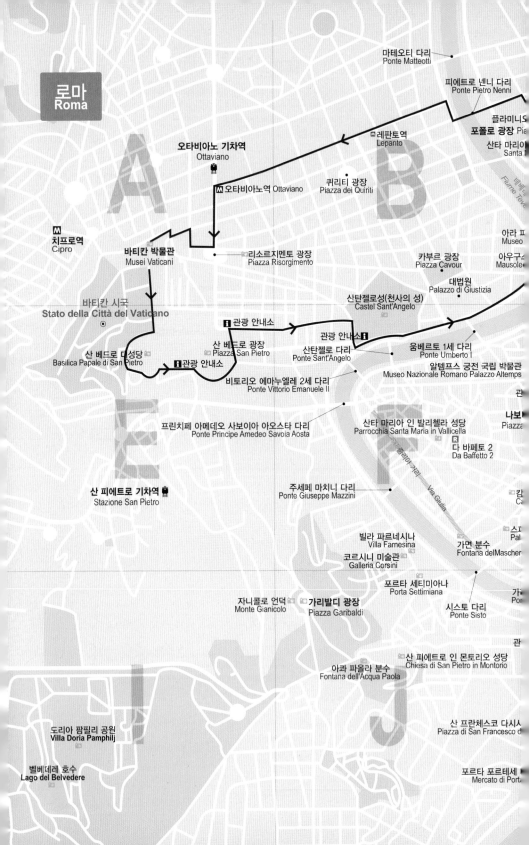

로마
Roma

마테오티 다리
Ponte Matteotti

피에트로 넨니 다리
Ponte Pietro Nenni

플라미니오
포폴로 광장 Pia

산타 마리아
Santa

오타비아노 기차역
Ottaviano

레판토역
Lepanto

퀴리티 광장
Piazza dei Quiriti

M 오타비아노역 Ottaviano

치프로역
Cipro

바티칸 박물관
Musei Vaticani

리소르지멘토 광장
Piazza Risorgimento

카부르 광장
Piazza Cavour

아라 P
Museo

아우구스
Mausole

대법원
Palazzo di Giustizia

바티칸 시국
Stato della Città del Vaticano

산탄젤로성(천사의 성)
Castel Sant'Angelo

관광 안내소

산 베드로 광장
Piazza San Pietro

관광 안내소

움베르토 1세 다리
Ponte Umberto I

산 베드로 대성당
Basilica Papale di San Pietro

산탄젤로 다리
Ponte Sant'Angelo

알템프스 궁전 국립 박물관
Museo Nazionale Romano Palazzo Altemps

관광 안내소

비토리오 에마누엘레 2세 다리
Ponte Vittorio Emanuele II

나보
Piazza

프린치페 아메데오 사보이아 아오스타 다리
Ponte Principe Amedeo Savoia Aosta

산타 마리아 인 발리첼라 성당
Parrocchia Santa Maria in Vallicella

다 바페토 2
Da Baffetto 2

산 피에트로 기차역
Stazione San Pietro

주세페 마치니 다리
Ponte Giuseppe Mazzini

캄
Ca

빌라 파르네시나
Villa Farnesina

스
Pal

코르시니 미술관
Galleria Corsini

가면 분수
Fontana delMascher

포르타 세티미아나
Porta Settimiana

가
Po

자니콜로 언덕
Monte Gianicolo

가리발디 광장
Piazza Garibaldi

시스토 다리
Ponte Sisto

관

산 피에트로 인 몬토리오 성당
Chiesa di San Pietro in Montorio

아콰 파올라 분수
Fontana dell'Acqua Paola

산 프란체스코 다시
Piazza di San Francesco d

도리아 팜필리 공원
Villa Doria Pamphilj

벨베데레 호수
Lago del Belvedere

포르타 포르테세
Mercato di Porta

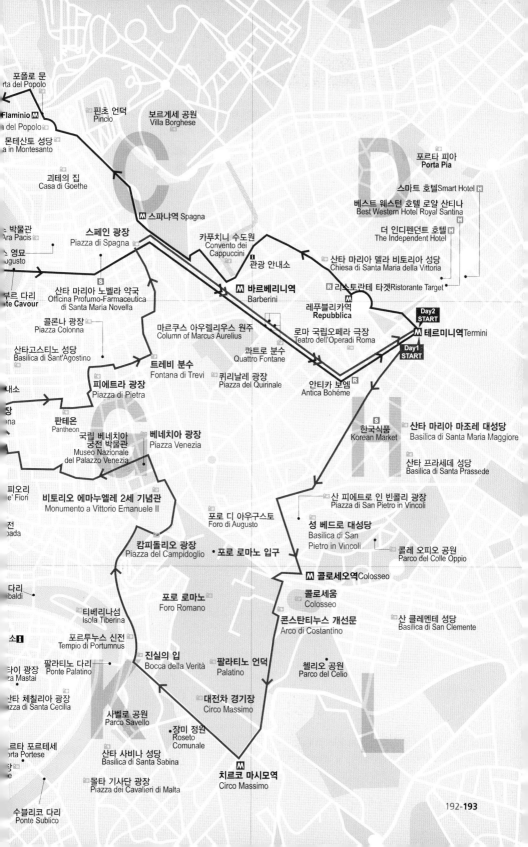

포폴로 문
rta del Popolo

Flaminio M
a del Popolo

몬테산토 성당
a in Montesanto

핀초 언덕
Pincio

보르게세 공원
Villa Borghese

포르타 피아
Porta Pia

괴테의 집
Casa di Goethe

스마트 호텔Smart Hotel

베스트 웨스턴 호텔 로얄 산티나
Best Western Hotel Royal Santina

더 인디펜던트 호텔
The Independent Hotel

박물관
Ara Pacis

영묘
ugusto

M 스파냐역 Spagna

스페인 광장
Piazza di Spagna

카푸치니 수도원
Convento dei
Cappuccini

관광 안내소

산타 마리아 델라 비토리아 성당
Chiesa di Santa Maria della Vittoria

르 다리
te Cavour

산타 마리아 노벨라 약국
Officina Profumo-Farmaceutica
di Santa Maria Novella

M 바르베리니역
Barberini

리스토란테 타켓Ristorante Target

레푸블리카역
Repubblica

Day2
START

콜론나 광장
Piazza Colonna

마르쿠스 아우렐리우스 원주
Column of Marcus Aurelius

로마 국립오페라 극장
Teatro dell'Operadi Roma

M 테르미니역Termini

산타고스티노 성당
Basilica di Sant'Agostino

콰트로 분수
Quattro Fontane

Day1
START

내소

트레비 분수
Fontana di Trevi

퀴리날레 광장
Piazza del Quirinale

안티카 보엠
Antica Bohéme

피에트라 광장
Piazza di Pietra

판테온
Pantheon

한국식품
Korean Market

산타 마리아 마조레 대성당
Basilica di Santa Maria Maggiore

국립 베네치아
궁전 박물관
Museo Nazionale
del Palazzo Venezia

베네치아 광장
Piazza Venezia

산타 프라세데 성당
Basilica di Santa Prassede

피오리
e' Fiori

비토리오 에마누엘레 2세 기념관
Monumento a Vittorio Emanuele II

포로 디 아우구스토
Foro di Augusto

산 피에트로 인 빈콜리 광장
Piazza di San Pietro in Vincoli

oada

성 베드로 대성당
Basilica di San
Pietro in Vincoli

캄피돌리오 광장
Piazza del Campidoglio

포로 로마노 입구

콜레 오피오 공원
Parco del Colle Oppio

다리
baldi

M 콜로세오역Colosseo

포로 로마노
Foro Romano

콜로세움
Colosseo

산 클레멘테 성당
Basilica di San Clemente

티베리나섬
Isola Tiberina

콘스탄티누스 개선문
Arco di Costantino

소

포르투누스 신전
Tempio di Portumnus

진실의 입
Bocca della Verità

팔라티노 언덕
Palatino

첼리오 공원
Parco del Celio

이 광장
za Mastai

팔라티노 다리
Ponte Palatino

타 체칠리아 광장
azza di Santa Cecilia

대전차 경기장
Circo Massimo

사벨로 공원
Parco Savello

장미 정원
Roseto
Comunale

르타 포르테세
orta Portese

산타 사비나 성당
Basilica di Santa Sabina

M 치르코 마시모역
Circo Massimo

몰타 기사단 광장
Piazza dei Cavalieri di Malta

수블리코 다리
Ponte Sublico

로마 추천 루트

로마를 여행하는 동선은 다양하게 구성할 수 있다. 여행 동선을 전략적으로 잡아야 시간 낭비를 줄이고 즐겁고 수월하게 관광을 할 수 있다. 여기서 제시하는 추천 루트는 최소한의 관광 일정인 2일 동안 로마의 주요 관광지를 압축해서 효율적으로 볼 수 있는 루트다. 시간은 일몰이 늦어지는 여름이 기준이다. 3~5일의 시간을 할애할 수 있는 경우에는 이 루트를 기준으로 관광지를 추가하거나 좀 더 여유 있게 둘러보면 된다.

DAY 1

테르미니역 — 지하철 4분 ▶▶▶ 치르코 마시모역 — 도보 5분 ▶▶▶ 대전차 경기장 — 도보 5분 ▶▶▶ 진실의 입 — 도보 15분 ▶▶▶ 콜로세움

도보 3분 ▼

포로 로마노 ◀◀◀ 도보 15분 — 캄피돌리오 광장 ◀◀◀ 도보 3분 — 비토리오 에마누엘레 2세 기념관 ◀◀◀ 도보 1분 — 베네치아 광장

도보 10분 ▼

나보나 광장 — 도보 4분 ▶▶▶ 판테온 — 도보 5분 ▶▶▶ 마르쿠스 아우렐리우스 원주 — 도보 5분 ▶▶▶ 트레비 분수

도보 8분 ▼

스페인 광장 & 스페인 광장역 ◀◀◀ 지하철 5분 — 테르미니역

TIP 대기 줄이 긴 진실의 입은 개장시간에 가는 것이 좋다. 대기 줄이 없으면 10분 내에 관람도 가능하다. 그다음 콜로세움으로 이동해서 순차적으로 스페인 광장까지 이어서 관광을 하면 된다. 진실의 입과 대전차 경기장은 호불호가 갈리고 동선도 다소 떨어져 있다. 그래서 지나치는 경우도 있다. 지나칠 경우에는 콜로세움부터 관광을 시작하면 된다.

DAY 2

테르미니역 — 지하철 9분 ▶▶▶ 오타비아노역 — 도보 7분 ▶▶▶ 바티칸 박물관 — 도보 11분 ▶▶▶ 성 베드로 대성당 — 도보 10분 ▶▶▶ 성 천사의 성

도보+버스 20분 ▼

테르미니역

TIP 바티칸은 박물관과 성당을 모두 관람하면 하루 일정이 거의 소요된다. 바티칸을 반일 투어만 하고 전날 일정 일부를 이튿날 소화하면 조금 더 여유 있다.

콜로세움 Colosseo

로마를 상징하는 건축물로 세계 7대 불가사의 중 하나다. 남북으로 188m, 동서로 156m, 둘레 527m로 총 4층으로 되어 있다. 도리아, 이오니아, 코린트 양식의 기둥으로 각 층을 장식했다. 콜로세움의 실제 건축 기간은 5년 정도밖에 되지 않았다고 한다. 콜로세움이란 이름은 원래 이곳에 있던 '거대하다'는 뜻을 가진 네로의 석상 콜로수스Colossus에서 따왔다. 콜로세움에는 좌석 5만여 명, 입석을 포함해 총 7만여 명이 들어갈 수 있었다. 1층에 있는 80개의 입구에 각각 번호가 있어 입장하고 퇴장하는 시간이 15분을 넘지 않았다. 좌석은 신분과 성별에 의해 구별되었다. 황제는 이곳에서 주로 검투사의 경기를 열었다. 더불어 로마 시민의 목소리를 듣고 정치에 반영했다. 과거의 화려한 영광을 지금은 찾아볼 수 없지만 경이로움을 느끼기에는 부족함이 없다.

🕐 월~일 08:30~19:15(계절별로 다름) 마감 1시간 전까지 입장 가능 € 12€(콜로세움+포로 로마노+팔라티노 통합권 2일간 사용 가능)*기간에 따라 입장 시간이 다르니 꼭 확인할 것 🌐 www.archeoroma.beniculturali.it
🏠 Piazza del Colosseo, 1, 00184 Roma RM, 이탈리아 📍 41.890207, 12.492309

TIP 입장권은 콜로세움 입구보다는 팔라티노 입구에서 통합권을 사는 것이 빠르다. 콜로세움은 티켓 소지자와 티켓 구매자를 위한 줄이 다르다.

포로 로마노 & 팔라티노 Foro Romano & Palatino

고대 로마의 종교, 정치, 경제, 행정, 사법 기관의 중심이 되었던 곳이다. 이곳은 원래 습지여서 사람이 살 수 없는 곳이었다. 그러나 7세 무렵부터 배수 시설이 발달하게 되면서 모든 물을 테베레강으로 흘려보냈다. 대신 이곳에 여러 건축물을 지었다. 자연스럽게 언덕 아래로 사람들이 모여들었다. 정치의 중심이었던 원로원을 비롯해 베스타 신전, 셉티미우스 세베루스 개선문, 티투스 개선문, 시장 등이 만들어졌다. 말 그대로 로마 제국의 중심이 되었다. 이곳에 양자였던 브루투스에게 암살당한 카이사르를 추모하기 위한 신전도 있었다.
포로 로마노에서 오를 수 있는 팔라티노 언덕은 대전차 경기장과 포로 로마노 사이에 위치한다. 과거 황제의 궁전이 있던 곳으로 영어의 'Palace'라는 단어가 이곳 팔라티노Palatino에서 나왔다. 지금은 두 곳 모두 화려한 과거는 사라지고 폐허만 남아 있다. 하지만 화려한 로마 제국의 역사를 잠시나마 상상해볼 수 있다.

🕐 월~일 08:30~19:15(계절별로 다름) € 16€(콜로세움+포로 로마노+팔라티노 통합권 개시 후 24시간 유효)
🌐 예약 사이트 www.coopculture.it 🏠 Via di San Gregorio, 30, 00186 Roma RM, 이탈리아 📍 41.887366, 12.487156

콘스탄티누스 개선문 Arco di Costantino

콜로세움 앞쪽에 위치한 거대한 개선문이다. 높이가 21m, 너비가 25.9m에 달한다. 콘스탄티누스의 밀비우스 다리 전투의 승리를 기념하기 위해 만들어졌다. 개선문에는 당시 전투의 모습을 부조로 조각했다. 이곳을 방문한 프랑스의 나폴레옹은 이 개선문을 보고 크게 감동을 받아 파리 개선문을 만들 것을 명령했다.

🏠 Via di San Gregorio, 00186 Roma RM, 이탈리아
📍 41.889802, 12.490602

베네치아 광장 Piazza Venezia

로마 교통의 중심이 되는 곳이다. 베네치아 광장으로 불린 것은 과거 이곳에 베네치아 공화국의 대사관이 들어서면서부터다. 이곳 대사관 건물에서 무솔리니가 2차 세계대전 참전을 선포하기도 했다. 영화 《로마의 휴일》에서 남녀 주인공이 스쿠터를 타고 이곳을 지난다. 광장 앞에 있는 비토리오 에마뉴엘리 2세 기념관은 사진에 담기에 좋은 장소다.

🏠 Piazza Venezia, 00186 Roma RM, 이탈리아
📍 41.895787, 12.482526

비토리오 에마뉴엘레 2세 기념관

Vittorio Emanuele II

베네치아 광장 앞에 자리 잡은 하얀 대리석의 건물로 이탈리아 통일을 기념하기 위해 만들었다. 통일의 주역이었던 비토리오 에마뉴엘레 2세 청동상이 이곳에 있다. 우리나라 현충원 같은 곳이라서 다른 방문지와 다르게 까다롭게 관리한다. 외부라고 하더라도 큰소리로 소란을 피우거나 계단에 앉는 행동이 금지되어 있다. 건물 뒤편에 마련된 엘리베이터를 타고 오르면 로마 시내 전경을 한눈에 내려다볼 수 있다.

🕐 엘리베이터 전망대 월~일 09:30~19:30
€ 12€ 🌐 vive.beniculturali.it/ 🏠 Piazza Venezia, 00186 Roma RM, 이탈리아 📍 41.894710, 12.483036

대전차 경기장 Circo Massimo

영화 《벤허》의 배경이 된 곳이다. 길이와 폭이 600m, 200m가 넘는다. 수용 인원이 콜로세움보다 무려 여섯 배가 많은 약 30만 명이었다고 한다. BC 4세기경에 만들어졌다. 이후 549년까지 천 년 가까운 시간 동안 로마의 대전차 경기장으로 활용되었다. 지금은 일부 과거의 흔적을 제외하면 마치 버려진 땅처럼 보인다. 지금은 로마에서 진행되는 여러 가지 행사 장소와 시민들의 운동 장소로 쓰이기도 한다. 대전차 경기장의 중앙 부분 언덕에서 바라보면 팔라티노 언덕을 배경으로 멋진 사진을 찍을 수 있다.

🏠 Via del Circo Massimo, 00186 Roma RM, 이탈리아
📍 41.886108, 12.485061

캄피돌리오 광장 Piazza del Campidoglio

캄피돌리오 광장은 미켈란젤로가 정교한 기하학을 이용하여 원근법 파괴로 인한 착시효과를 적용해 만들었다. 언덕을 오르는 코르도나타 계단은 사람이 아닌 말이 쉽게 오르내릴 수 있도록 설계됐다. 미켈란젤로는 말의 보폭과 속도를 계산하여 설계에 반영했다. 이런 계단 때문인지 광장 한가운데에는 청동 기마상이 우뚝 솟아 있다. 이 기마상의 주인공은 우리에게 명상록으로 유명한 로마 5현제賢帝의 마지막 황제인 마르크스 아우렐리우스다. 로마의 시청과 세계에서 가장 오래된 박물관인 카피톨리니 박물관도 이곳에 있다. 시청 오른쪽 골목길로 들어서면 포로 로마노, 팔라티노, 그리고 콜로세움까지 한눈에 들어온다.

🏠 Piazza del Campidoglio, 00186 Roma RM, 이탈리아 📍 41.893336, 12.482807

트레비 분수 Fontana di Trevi

로마에서 가장 유명한 분수. 유명세만큼이나 언제나 사람들로 붐빈다. 1762년 건축가 니콜라 살비에 의해 바로크 양식으로 만들어졌다. 바다의 신 넵튠과 그를 호위하고 있는 두 명의 트리톤의 모습이 조각되어 있다. 분수에 동전을 던지면 로마에 다시 돌아올 수 있다는 전설이 있어 누구나 한번 동전을 던지게 된다. 1년에 약 10억 원에 이르는 동전은 주기적으로 교황청에서 수거해 좋은 목적으로 기부한다.

🏠 Piazza di Trevi, 00187 Roma RM, 이탈리아 📍 41.900882, 12.483315

> **TIP 동전 던지기**
>
> 동전은 오른손에 쥐고 왼쪽 어깨 너머로 던져야 한다. 한 번 성공하면 로마에 다시 올 수 있고, 두 번 성공하면 사랑을 이룰 수 있다고 한다. 세 번째 동전 던지기의 성공은 사랑하는 사람과의 이별을 뜻하니 무리하지 말자.
>
>

진실의 입 Bocca della Verita

영화 《로마의 휴일》에서 그레고리 팩과 오드리 햅번이 서로의 감정을 잠시나마 확인했던 장소로 유명해진 곳이다. 중세시대에는 이곳에서 자신의 손목을 걸고 진실을 서약했다고 한다. 원래는 하수구 뚜껑이었다거나 분수로 사용하던 조각상이었다는 설이 있다. 이름이 진실의 입이지만 정확한 유래의 진실은 알 수 없다. 기념사진을 찍기 위한 관광객들로 늘 붐비는 곳이다.

🕐 월~일 09:30~17:50 € 자유 기부금 🏠 Piazza della Bocca della Verità, 18, 00186 Roma RM, 이탈리아 🌐 bit.ly/3xvr9BK 📍 41.887938, 12.481452
*진실의 입은 입장을 기다리는 관광객들의 대기 줄이 무척 길다. 개장 시간에 맞춰 일찍 가면 기다리는 시간을 줄일 수 있다.

판테온 Pantheon

판테온은 '모든 신들의 신전'이란 뜻이다. 과거 두 번의 대화재로 모두 전소되었다. 그 이후 125년 아그리파 장군에 의해 다시 지어진 신전이 지금의 모습이다. 2000년 가까운 기간 동안 신전은 완벽하게 보존되어 왔다. 당시 로마의 건축 기술이 얼마나 대단한 수준인지 직접 느낄 수 있다. 내부에 들어서면 커다란 공을 안에 놓은 듯한 인상을 받는다. 바닥에서 천장까지 43.3m, 천장을 덮고 있는 돔의 지름도 43.3m다. 지붕은 하늘을 5개의 층으로 보았던 로마인들의 생각을 본떠 만들었다. 정중앙에 뚫려 있는 지름 8.7m의 구멍(오쿨루스)은 태양을 상징한다. 신전의 입구를 닫고 내부에 불을 피우면 대류 작용에 의해 비가 오는 날도 비가 들이치지 않는 구조로 되어 있다. 이곳은 로마의 국교가 기독교로 된 이후 성당으로 사용되었다. 지금은 르네상스 시대의 천재 화가 라파엘로와 이탈리아 통일의 주역 비토리오 에마뉴엘레 2세의 무덤이 있다.

🕐 월~일 09:00~19:00(주말과 공휴일은 하루 전 예약 필수)
€ 18세 미만 무료, 18~25세 2€, 25세 이상 🏠 Piazza della Rotonda, 00186 Roma RM, 이탈리아
🌐 www.pantheonroma.com/
📍 41.898668, 12.476821

나보나 광장 Piazza Navona

도미티아누스 황제가 86년에 만든 로마 최초의 대전차 경기장이 있던 곳에 만들어진 광장이다. 지금의 모습은 17세기 인노켄티우스 10세 교황에 의해 조성된 것이다. 세 개의 분수로 인해 로마의 응접실로 불린다. 로마에서 가장 아름다운 광장으로 알려져 있다. 세 개의 분수 가운데 특히 4대 강(도나우, 나일, 갠지스, 플라타)의 분수로 불리는 베르니니의 분수가 가장 유명하다. 광장 중앙에 있는 산타네제 인 아고네 성당Chiesa di Sant'agneses in Agone에는 이곳 광장에서 순교한 아그네스 성녀의 유해가 보관되어 있다. 나보나 광장은 영화 《천사와 악마》에 등장하기도 했다.

🏠 Piazza Navona, 00186 Roma RM, 이탈리아
📍 41.899131, 12.473036

바티칸 박물관 Musei Vaticani

세계에서 가장 작은 나라인 바티칸에 있는 박물관이다. 너무 많은 볼거리 때문에 하루는 족히 투자해야 하는 곳이다. 이곳이 박물관으로 역할을 시작한 것은 1506년 율리우스 2세 교황에 의해 라오콘 군상이 대중에게 공개되면서부터다. 고대 이집트 유물에서부터 그리스 시대의 조각, 르네상스 시대 조토의 작품, 라파엘로의 작품, 바로크 시대를 대표하는 카라바조의 작품까지 다양한 볼거리를 제공한다. 특히 이곳 시스티나 소성당에 있는 미켈란젤로의 〈천지창조〉와 〈최후의 심판〉은 보는 이에게 경이로움까지 선사한다. 한국어 오디오 서비스를 받을 수 있어서 가이드 없이 선택적 관람이 가능하다. 워낙 많은 사람들이 찾는 곳이므로 사전예약이 필수이다.

🕐 월~토 09:00~16:00
*바티칸 박물관은 오후보다는 오전에 방문하는 것이 체력소모를 줄이는 데 도움이 된다.
€ 17€~ 🏠 Viale Vaticano, 00165 Roma RM, 이탈리아
🌐 m.museivaticani.va
📍 41.906900, 12.453749

솔방울 모양의 조각상이 있는 피냐 정원Cortile della Pigna

라파엘로의 아테네 학당School of Athenes

주세페 모모의 나선형 계단

미켈란젤로의 최후의 심판

벨베데레의 토르소Torso del Belvedere

바티칸 시국 근위대

성 베드로 대성당 Basilica di San Pietro

베드로가 십자가에 거꾸로 못 박혀 처형되었던 곳에 지어진 성당으로 바티칸의 중심이다. 세계에서 가장 큰 성당으로 길이가 220m에 이른다. 베드로 대성당은 당시 최고의 건축가였던 브라만테, 베르니니, 미켈란젤로, 라파엘로 등에 의해 1506년 건축을 시작해 1626년 완공되었다. 너무 많은 건축 비용이 소요되었고 면죄부를 팔아 건축 비용을 충당하는 바람에 마르틴 루터 종교개혁의 발단이 되었다. 성당 안쪽에는 미켈란젤로의 피에타와 베드로 청동상, 베르니니가 만든 나선형의 월계수 재단, 그리고 발다키노와 장식 등 다양한 작품을 볼 수 있다. 성당의 지붕인 쿠폴라에 오르면 광장과 로마 전경이 한눈에 들어온다. 오르는 길이 조금 힘들지만 꼭 올라가 볼 만한 곳이다.

🕐 월~일 07:00~19:00 € 성당: 무료 / 지붕: 엘리베이터+320계단 8€, 551계단 10€ 🏠 Piazza San Pietro, 00120 Città del Vaticano, 바티칸 시국 📍 41.902082, 12.454059

쿠폴라에서 바라본 바티칸

성 베드로 성당

미켈란젤로의 피에타

베르니니의 천개天開, 발다키노Baldacchino

성 베드로의 옥좌Cathedra San Pietro

천사의 성 Castel Sant'Angelo

흑사병이 물러나길 기원하며 기도행렬을 이끌던 교황 그레고리우스는 천사의 성 근처에서 미카엘 천사의 환영을 보게 된다. 그 이후 흑사병이 서서히 사라지자 이를 기념하기 위해 건축되었다. 천사의 성은 바티칸의 대피 장소로도 사용되는데 비밀 통로가 영화 《천사와 악마》를 통해 소개되기도 했다. 해질 무렵 석양에 물드는 로마를 보기 위해 많은 관광객이 찾는 명소이다.

🕐 월~일 09:00~19:30 € 16.50€ 🏠 Lungotevere Castello, 50, 00193 Roma RM, 이탈리아 📍 41.903001, 12.466265

스페인 광장 Piazza di Spagna

영화 《로마의 휴일》에서 오드리 햅번이 젤라토를 먹는 장소로 유명해진 곳이다. 지금은 법적으로 젤라토를 먹는 것이 금지되어 있다. 17세기 스페인 대사관이 이곳에 생기고 광장이 조성되면서 스페인 광장이라는 이름이 붙여졌다. 광장과 이어지는 콘도티 거리Via di Condotti에서는 이탈리아를 대표하는 명품 브랜드를 만날 수 있다. 로마에서 가장 쇼핑하기 좋은 장소다. 광장 근처에는 바이런, 리스트, 쾨테, 바그너 같은 예술가들이 즐겨 찾았던 카페 그레코Antico Gaffe Greco가 있다. 스페인 광장은 특히나 야경이 아름답다. 광장 주변의 건축물에서 나오는 은은하고 빛바랜 조명, 중앙에 있는 피에트로 베르니니가 만든 조각배 분수 바르카차Barcaccia가 특별한 분위기를 만들어 낸다. 그 모습을 즐기려는 여행자들은 계단을 의자 삼아 앉아 있다.

🏠 Piazza di Spagna, 00187 Roma RM, 이탈리아 📍 41.905977, 12.482145

로마의 추천 레스토랑

리스토란테 타겟 Ristorante Target 구글평점 4.3/5

테르미니역 근처의 식당으로 한국 사람들에게 제법 많이 알려져 있다. 랍스터 한 마리를 통째로 파스타에 넣은 랍스터 스파게티가 인기 메뉴(2인 기준). 고급스러운 내부 인테리어와 편하게 즐길 수 있는 야외 테이블을 모두 가지고 있다.

🍽 랍스터 스파게티(Tagliolini all'astice / 2인), 새우 리조또(Risotto ai gamberi) 등 ⏰ 12:00~15:30, 19:00~00:30 (일요일은 저녁만 오픈) 📞 +39 06 474 0066 🏠 Via Torino, 33,00184 Roma 📍 41.902520, 12.494827

안티카 보엠 Antica Bohéme 구글평점 4.3/5

테르미니역 근처의 식당으로 1946년에 오픈했다. 지역에서 맛집으로 정평이 나 있다. 고급스러운 분위기는 아니지만 이탈리아의 집밥을 먹고 싶다면 이곳을 추천한다. 저렴한 비용으로 전통 남부 스타일의 요리와 와인을 맛볼 수 있다.

📞 +39 06 482 5556
🏠 Via Napoli, 4, 00184 Roma RM, 이탈리아
📍 41.899654, 12.495773

다 바페토 2 Da Baffetto 2 구글평점 3.9/5

나보나 광장 및 피오리 광장 근처의 식당으로 이 집만의 독특한 피자인 바페토 피자Baffetto Pizza를 맛볼 수 있다. 이탈리아 음식을 특별히 좋아하지 않는 사람들도 극찬할 정도로 한국 입맛에 잘 맞는 피자이다. 다 바페토 1Da Baffetto 1보다는 이곳을 이용하는 것이 서비스 면에서 더 좋다.

☐ +39 06 6821 0807 🏠 Vicolo della Cancelleria, 13, 00186 Roma RM, 이탈리아 📍 41.897516, 12.471311

마라네가 로마 Maranega Roma 구글평점 4.2/5

피오리 광장에 위치한 식당으로 다양한 이탈리아 로컬 요리를 판매하는데 해물 스파게티가 특히 맛있다. 노천에서 식사를 하게 된다면 피오리 광장에서 진행하는 거리 공연을 볼 수도 있다.

☐ +39 06 9293 5687
🏠 Piazza Campo de' Fiori, 47/49,
00186 Roma RM, 이탈리아
📍 41.895470, 12.472659

로마의 추천 숙소

베스트 웨스턴 호텔 로얄 산티나 Best Western Hotel Royal Santina ★★★★ 구글평점 4.2/5

테르미니역 근처에 위치한 호텔이다. 세계적인 체인 호텔답게 깔끔하고 현대적인 시설을 자랑한다. 테르미니역까지 도보로 5분도 채 안 걸린다. 교통이 편리하고 현대적인 호텔 시설을 좋아한다면 추천한다.

🅿 호텔 옆 오토실로 테르미날 파크Autosilo terminal park 주차장 이용(20€)
€ 1박 기준 : 250€(일반 트윈룸)
🌐 www.hotelroyalsantina.com
🏠 Via Marsala, 22, 00185 Roma RM, 이탈리아
📍 41.903111, 12.501604

더 인디펜던트 호텔 The Independent Hotel
★★★★☆ 구글평점 4.5/5

테르미니역 근처의 호텔로 현대적이면서 세련된 감각의 인테리어로 내부를 장식했다. 특히 건물 옥상 위의 루프톱 바에서는 로마 시내를 한눈에 내려다볼 수 있다. 낭만적인 여행을 꿈꾸는 사람들에게 인기가 좋다.
🅿 호텔 인근 오토실로 테르미널 파크Autosilo terminal park 주차장 이용(20€) € 1박 기준 : 300€(일반 트윈룸) ⊕ www.theindependenthotel.it
🏠 Volturno, 48, 00185 Roma RM, 이탈리아
📍 41.903917, 12.500496

스마트 호텔 Smart Hotel ★★★★
구글평점 4.2/5

테르미니역 근처의 호텔이다. 다른 4성급 호텔에 비해 저렴하다. 시설 만족도는 좋은 편이다. 실속 있게 4성급 호텔을 이용하는 여행자에게 추천한다.
🅿 호텔 인근 도로 주차장 유료
€ 1박 기준 : 150€(일반 트윈룸)
⊕ www.smarthotelrome.com
🏠 zza Indipendenza, 13 b, 00185 Roma RM, 이탈리아
📍 41.903863, 12.502385

로마의 추천 쇼핑

콘도티 거리 Via Dei Condotti

쇼핑 1번지로 꼽히는 대표적인 쇼핑 거리다. 스페인 광장에서부터 시작된다. 구찌, 에르메스, 프라다, 루이 비통 등 세계적인 명품 매장이 즐비해 있다. 우리나라보다 한두 시즌 빠르게 명품을 선보인다. 길거리 쇼윈도에 진열된 명품을 구경하는 것만으로도 하루가 모자라다.
🏠 Via dei Condotti 00187 Roma RM 이탈리아 📍 41.905165, 12.480515

코르소 거리 Via Dei Corso

포폴로 광장에서 베네치아 광장까지 이어지는 쇼핑 거리다. 주로 자라, H&M 등 캐주얼 브랜드와 각종 보세 매장이 모여 있다. 거리가 꽤 길기 때문에 쇼핑하다가 지칠 수 있다. 중간중간 미니버스 정류장이 있으니 적절히 이용하는 것이 좋다.
🏠 Via del Corso Roma RM 이탈리아 📍 41.903206, 12.479506

카스텔 로마노 디자이너 아웃렛 Castel Romano Designer Outlet

로마 시내에서 차로 약 30분 정도 떨어진 곳에 위치해 있다. 버버리, 페라가모, 발렌티노 등 럭셔리 브랜드, 라코스테, 시슬리, 훌라 등 캐주얼 브랜드, 액세서리와 라이프 스타일 브랜드까지 총 240개의 브랜드 매장을 한 곳에서 볼 수 있다. 테르미니역과 트레비 분수 근처에서 셔틀버스로 이동이 가능하다.
🕐 월~목 10:00~20:00 / 금~일 10:00~21:00 🏠 Via del Ponte di Piscina Cupa, 64, 00128 Castel Romano RM, 이탈리아
📍 41.716913, 12.444473

피렌체

피렌체는 토스카나 공국의 주도로서 막강한 영향력을 행사하였다. 특히 메디치 가문의 후원 아래 도시 전체가 미술관이라 할 만큼 찬란한 문화예술을 꽃피웠다. 당시의 찬란한 문화예술품이 고스란히 남아 있는 피렌체는 매년 300만 명의 관광객을 불러들이는 전대미문의 예술 도시가 되었다. 피렌체는 영화 《냉정과 열정 사이》의 쿠폴라, 단테와 베아트리체의 운명적인 사랑이 시작된 베키오 다리, 메디치 가문을 상징하는 우피치 미술관과 시뇨리아 광장 등 수많은 역사적인 건축물과 예술 작품을 가득 품고 있다. 어느 곳을 가더라도 감성적인 여행을 즐길 수 있는 곳이 바로 피렌체다. 해가 지기 시작하면 사람들은 미켈란젤로 광장으로 모여든다. 이곳에서 노을에 물드는 피렌체를 바라보면 한 폭의 그림이 따로 없다. 노을마저 하나의 예술품이 되어버리는 곳. 피렌체는 바로 그런 도시이다.

피렌체 여행 정보 www.firenzeturismo.it

방문하기

피렌체는 아메리고 베스푸치 공항Aeroporto Amerigo Vespucci이라는 작은 국제공항이 있지만 국내 직항편이 없다. 직항편이 있는 밀라노와 로마 사이에 위치하기 때문에 피렌체로 입국하는 경우는 많지 않다. 대부분 로마나 밀라노로 입국하여 렌터카 픽업 후 토스카나 지역과 함께 방문하게 된다.

주요 도시별 최단 경로와 이동시간은 다음과 같다.

거리 271km **도로** A1/E5
로마 ● ------------------------► 피렌체
소요시간 3시간

거리 86km **도로** SGC 피렌체~피사~리브르노
피사 ● ------------------------► 피렌체
소요시간 1시간 16분

거리 106km **도로** A1/E35
볼로냐 ● ------------------------► 피렌체
소요시간 1시간 25분

렌터카

주로 중앙역에서 픽업 및 반납을 하게 되지만 중앙역 안에 렌터카 지점이 없다. 중앙역에서 도보 5~10분 정도 떨어진 곳에 주요 렌터카 회사들이 모여 있다. 그런데 이곳의 위치가 ZTL 구역에 해당하기 때문에 이용자들이 당황하는 경우가 많다. 영업소와 픽업 및 반납 주차장이 ZTL 구역 내에 위치하고 있지만 나가거나 들어오는 길은 카메라가 없는 구간이다. 렌터카 회사에서 알려주는 길로 다니면 문제없다. 그러나 길을 잘못 들면 단속에 걸릴 수 있으니 미리 이동 경로를 알아두는 것이 좋다. 피렌체에서의 렌터카 픽업 및 반납 방법은 이탈리아 주요 도시 렌터카 픽업 및 반납(364p) 편을 참고하도록 한다.

렌터카 지점이 모여 있는 비아 보르고 오니산티Via Borgo Ognissanti 거리

주차장

중앙역 부근의 공용주차장이나 사설 주차장을 이용한다. 미켈란젤로 광장 공용주차장을 이용해도 된다. 여행의 출발을 어디서부터 시작하느냐에 따라 결정하면 된다. 중앙역 부근의 주차장들은 지도상으로 ZTL 구역에 포함되어 있다. 이곳은 ZTL 구역에 포함되어 있지만 차량이 진입해도 괜찮은 곳들이다. 혹시 주차장을 찾다가 단속카메라에 촬영되어도 사설 주차장에서 이를 처리해준다.

피렌체 중앙역 부근

가라제 라 스타지오네
Garaze la Stazione(The Florence Station Garage)

피렌체역 인근에 위치한 사설 주차장

🅿 실내주차장
🕐 월~금 05:30~00:30, 주말·공휴일 06:30~00:30
€ 1시간 4€ / 2시간 8€ / 3시간 12€ / 종일 주차 35~40€
🌐 www.florenceparking.it
🏠 Santa Maria Novella, 50123 Firenze FI, 이탈리아
📍 43.776203, 11.246627
*구글 지도 상에서 명칭으로 검색하면 위치가 조금 다르다. 좌표로 검색하도록 한다.

스타지오네 산타 마리아 노벨라
Stazione S. M. Novella

중앙역 지하에 위치한 공용주차장이다. 입구가 두 곳이다. 중앙역 앞쪽에서 진입할 수 있다. 가라제 라 스타지오네 주차장을 조금 지난 삼거리에도 다른 주차장 입구가 있다.

🅿 실내주차장 🕐 24시간 € 1시간 3.8€ / 종일 40€
🌐 www.veniceparking.it (검색창에 florence 입력)
🏠 Firenze Parcheggi - Stazione Santa Maria Novella
50123 Firenze FI, 이탈리아 📍 43.775808, 11.249258

중앙역 지하에 위치한 공용주차장

미켈란젤로 광장 공용주차장 Parcheggio per auto

미켈란젤로 광장은 주차장으로도 이용된다. 예전에
무료였으나 지금은 유료로 변경되었다. 차량털이가
종종 발생하니 이용을 추천하지는 않는다.

🅿 실외 공용주차장 🕗 08:00~20:00
€ 1시간 1€ / 일요일 무료 🏠 50125 Firenze FI, 이탈리아
📍 43.762795, 11.264857

ZTL

피렌체의 ZTL은 A, B, O 구역으로 설정되어 있다.
여름철에는 야간 구역이 별도로 설정된다.

A, B, O 구역 공통 ZTL 단속시간

월~금 07:30~20:00 토 07:30~16:00

ZTL 여름철 야간 구역(Summer Night)

4월 첫 번째 목요일~10월 첫 번째 일요일, 목~토
23:00~03:00

*해당 시간 이외에는 통행이 가능하다. 하지만 복잡한
피렌체 시내를 운전할 생각은 하지 않는 것이 좋다.
차량은 숙소나 안전한 주차장에 두고 가벼운 마음으
로 여정을 즐기도록 하자.

시내 교통

피렌체는 도보로 충분히 관광이 가능하지만 미켈란젤
로 광장까지는 다소 거리가 있다. 미켈란젤로 광장과
중앙역을 오가는 버스는 12,13번 버스로 이 가운데 하
나를 타면 된다. 타는 방향에 따라 노선은 조금 다르
다. 산타 마리아 노벨라역에서 미켈란젤로 광장을 간
다면 12번 버스를 탑승한다(역 바로 앞 정류장). 미켈
란젤로 광장에서 산타 마리아 노벨라역으로 간다면 13
번 버스를 탑승한다(광장 앞 정류장).

🕗 25~30분 € 1회권 1.5€, 버스기사에게 직접 구입 시 2.50€
(승차 시 티켓 각인 필수)
🌐 www.at-bus.it (피렌체 버스 노선 및 시간표 참고)

피렌체 카드

3일간 모든 대중교통
을 무료 이용할 수 있
는 카드다. 주요 유적
지 및 박물관 미술관도 할인 금액으로 바로 입장할
수 있다. 미술관이나 박물관 관람 계획이 많다면
구매하는 것이 좋다.

구매처 관광 안내소, 주요 박물관 및 미술관 매표소
€ 72시간 85€(입장권은 지정한 2곳 무료, 그 외 할인
혜택) 🌐 www.firenzecard.it

최소 관광 시간

피렌체는 박물관이나 미술관을 관람하지 않는다면 반
나절 만에도 주요 관광지를 관광할 수 있다. 그러나
박물관, 미술관 관람은 피렌체의 핵심 관광 요소이다.
보통 1박 2일에서 2박 3일을 권장한다.

관광 안내소 Centro Informazioni Turistiche

산타 마리아 노벨라역 광장 건너편에 위치
🕗 월~토 09:00~19:00 / 일요일과 공휴일 09:00~14:00
🌐 www.firenzeturismo.it
🏠 Piazza della Stazione, 4, 50123 Firenze FI, 이탈리아

메디치 가문Medici Fmaily

피렌체 역사에서 메디치 가문이 차지하는 위치는 매우 특별하다. 메디치 가문이 없었다면 지금의 피렌체는 전혀 다른 모습이었을 것이다. 단순히 피렌체뿐만 아니라 유럽의 가장 중요한 역사 중 하나인 르네상스 운동도 그렇게 크게 부흥하여 유럽 역사의 주류가 되지는 못했을 것이다. 이 모든 것에는 모두 메디치 가문의 손길이 맞닿아 있다.

메디치 가문은 13세기부터 17세기까지 피렌체를 지배한 가문으로 두 명의 교황(레오 10세, 클레멘스 7세)과 두 명의 프랑스 왕비를 배출한 유럽 최고의 가문 중 하나이다. 조반니 디 비치를 시작으로 약 350년 간의 메디치 가문은 피렌체를 다스렸고 유럽 전역에 막대한 영향력을 행사했다.

그러나 그들이 정치와 종교적인 권력만을 중시하는 가문이었다면 오늘날까지 이렇게 많은 사람들에게 알려진 가문으로 역사에 남지는 않았을 것이다. 그들은 그들이 가진 부와 권력을 기반으로 수많은 문화·예술가를 후원하면서 역사에 길이 남을 많은 명작과 건축물을 후대에 남겨주었다. 우리에게 너무나 유명한 미켈란젤로, 라파엘로, 보티첼리, 도나텔로 등을 비롯한 예술가들이 메디치 가문의 후원을 받았고 그들은 메디치 가문과 이탈리아에 엄청난 문화유산을 남겼다. 물론 메디치 가문의 이런 투자는 그들의 태생적 한계였던 고리대금업과 상인이라는 신분을 탈피하고 권력을 추구하려는 욕망의 산물이기도 했다. 또 흑사병으로 교회의 권위는 무너지고 교회의 재건을 위해 자본가와 결탁할 수밖에 없었던 당시의 시대 상황도 한몫을 했다. 그래도 메디치 가문이 특유의 겸손함과 시민들을 위한 정책 그리고 진정으로 예술가들을 후원하려 했던 사실은 분명하다. 그렇기 때문에 그들의 명성과 그들의 자본으로 탄생한 예술작품들은 지금도 사랑받는 인류의 중요한 유산이 될 수 있는 것이다.

메디치 가문 가계도와 주요 예술가

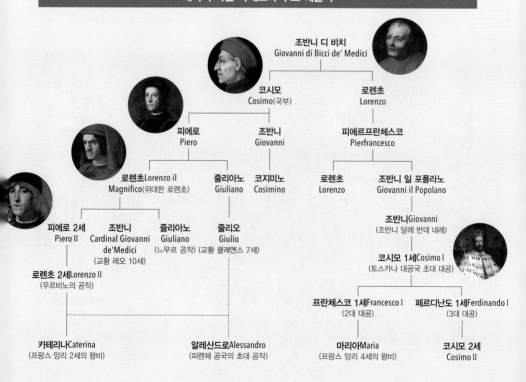

조반니 디 비치
Giovanni di Bicci de' Medici

코시모
Cosimo(국부)

로렌초
Lorenzo

피에로
Piero

조반니
Giovanni

피에르프란체스코
Pierfrancesco

로렌초Lorenzo il
Magnifico(위대한 로렌초)

줄리아노
Giuliano

코지미노
Cosimino

로렌초
Lorenzo

조반니 일 포폴라노
Giovanni il Popolano

피에로 2세
Piero II

조반니
Cardinal Giovanni
de'Medici
(교황 레오 10세)

줄리아노
Giuliano
(느무르 공작)

줄리오
Giulio
(교황 클레멘스 7세)

조반니Giovanni
(조반니 달레 반데 네레)

로렌초 2세Lorenzo II
(우르비노의 공작)

코시모 1세Cosimo I
(토스카나 대공국 초대 대공)

프란체스코 1세Francesco I
(2대 대공)

페르디난도 1세Ferdinando I
(3대 대공)

카테리나Caterina
(프랑스 앙리 2세의 왕비)

알레산드로Alessandro
(피렌체 공국의 초대 공작)

마리아Maria
(프랑스 앙리 4세의 왕비)

코시모 2세
Cosimo II

미켈란젤로 광장 주차장에 주차를 하고 피렌체를 여행하는 루트다. 숙소를 산타 마리아 노벨라역 인근에 얻었거나 역 근처에 주차했다면 산타 마리아 노벨라역부터 관광을 시작하면 된다. 피렌체는 미켈란젤로 광장을 제외하고는 주요 관광지가 도보 거리에 위치해 있어 관광이 힘들지 않다. 볼거리, 먹거리, 즐길거리가 많은 만큼 즐거운 여행이 될 수 있는 곳이다.

| 미켈란젤로 광장 13번 버스 탑승 | 버스 30분 ▶▶▶ | 산타 마리아 노벨라역 하차 | 도보 3분 ▶▶▶ | 산타 마리아 노벨라 성당 | 도보 5분 ▶▶▶ | 산 로렌조 성당 |

도보 5분

| 베키오 다리 | 도보 4분 ◀◀◀ | 우피치 미술관 | 도보 3분 ◀◀◀ | 시뇨리아 광장 | 도보 3분 ◀◀◀ | 공화국 광장 | 도보 3분 ◀◀◀ | 두오모 주변 |

도보 4분

| 피티 궁전 | 택시 9분 ▶▶▶ | 미켈란젤로 광장 복귀 후 야경 감상 12번 버스 탑승 | 차량, 버스 20~30분 ▶▶▶ | 산타 마리아 노벨라역 |

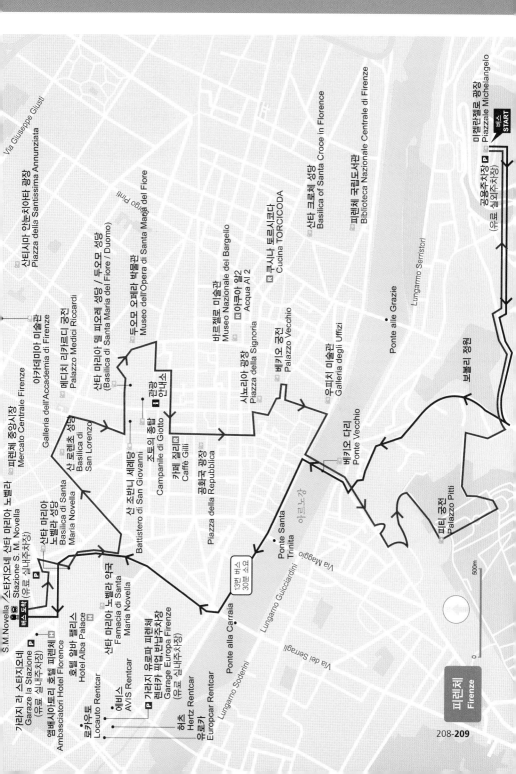

버스
START
미켈란젤로 광장
Piazzale Michelangelo

공용주차장 P
(유료 실외주차장)

Via Giuseppe Giusti

산티시마 인눈치아타 광장
Piazza della Santissima Annunziata

Largo Pinti

아카데미아 미술관
Galleria dell'Accademia di Firenze

메디치 리카르디 궁전
Palazzo Medici Riccardi

피렌체 중앙시장
Mercato Centrale Firenze

산타 마리아 델 피오레 성당 / 두오모 성당
(Basilica di Santa Maria del Fiore / Duomo)

두오모 오페라 박물관
Museo dell'Opera di Santa Maria del Fiore

바르젤로 미술관
Museo Nazionale del Bargello

아쿠아 알2
Acqua Al 2

쿠치나 토르시코다
Cucina TORCICODA

산타 크로체 성당
Basilica of Santa Croce in Florence

피렌체 국립도서관
Biblioteca Nazionale Centrale di Firenze

Lungarno Serristori

산 로렌초 성당
Basilica di
San Lorenzo

관광
안내소

조토의 종탑
Campanile di Giotto

산 조반니 세례당
Battistero di San Giovanni

카페 질리
Caffè Gilli

시뇨리아 광장
Piazza della Signoria

베키오 궁전
Palazzo Vecchio

우피치 미술관
Galleria degli Uffizi

베키오 다리
Ponte Vecchio

Ponte alle Grazie

보볼리 정원

산타 마리아 노벨라 성당
Basilica di Santa
Maria Novella

S.M.Novella / 스타지오네 산타 마리아 노벨라
Stazione S. M. Novella

가라지 라 스타지오네
Garaze la Stazione
(유료 실내주차장)

앰배서이토리 호텔 피렌체
Ambasciatori Hotel Florence

호텔 알바 팔라스
Hotel Alba Palace

산타 마리아 노벨라 약국
Famacia di Santa
Maria Novella

로카우토
Locauto Rentcar

에비스
AVIS Rentcar

유로카
Europcar Rentcar

하츠
Hertz Rentcar

가라지 유로파 피렌체
렌타카 피에남주차장
Garage Europa Firenze
(유료 실내주차장)

공화국 광장
Piazza della Repubblica

13번 버스
30분 소요

Ponte Santa
Trinita

Lungarno Guicciardini

Via Maggio

아르노 강

Lungarno Soderini

Ponte alla Carraia

Via del Serragli

피티 궁전
Palazzo Pitti

500m

0

두오모 성당 Basilica di Santa Maria del Fiore / Duomo

영화 《냉정과 열정 사이》의 촬영지로 잘 알려진 두오모 성당은 이탈리아에서 세 번째로 큰 성당이다. 이탈리아를 상징하는 세 가지 색(흰색, 붉은색, 녹색)의 대리석으로 만들어졌으며 최대 3만 명이 들어갈 수 있다. 성당에서 가장 유명한 것은 바로 필리포 브루넬레스키가 만든 45.3m의 돔 형태 지붕 쿠폴라다. 463개의 계단을 힘들게 올라야 하지만 피렌체 전망을 360도 파노라마로 볼 수 있다. 예약은 필수로 하는 것이 좋다.

🕙 10:15~17:00(부분별로 다름) € 성당 무료, 통합권(쿠폴라, 종탑, 세례당, 박물관) 30€(예약비 포함) 🏠 Piazza del Duomo, 50122 Firenze FI, 이탈리아 🌐 duomo.firenze.it 📍 43.773119, 11.255956

조토의 종탑 Companile di Giotto

성당 오른쪽에 위치한 85m 높이의 탑이다. 미켈란젤로가 종탑을 담을 수 있는 유리 상자가 있다면 이 탑에 보관해야 한다고 극찬했던 곳이기도 하다. 종탑 역시 414개의 계단을 통해 올라갈 수 있는데 전망대에서 바라보는 피렌체의 전경은 정말 기가 막히게 아름답다. 예약이 필수인 쿠폴라에 비해 종탑은 예약 없이 올라갈 수 있다.

🕙 08:15~19:45 € 통합권(쿠폴라, 종탑, 세례당, 박물관) 30€(예약비 포함) 🏠 Piazza del Duomo, 50122 Firenze FI, 이탈리아 📍 43.772880, 11.255705

🕙 월~토 09:00~19:45, 일 08:15~13:30
€ 통합권(쿠폴라, 종탑, 세례당, 박물관) 30€(예약비 포함)
*기간에 따라 입장 시간이 다르니 꼭 확인할 것.
🏠 Piazza San Giovanni, 50122 Firenze FI, 이탈리아
📍 43.773164, 11.255149

산 조바니 세례당 Battistero di San Giovanni

두오모 성당 앞에는 단테가 세례를 받은 것으로 알려진 산 조바니 세례당이 있다. 천재 조각가 기베르티가 27년 동안 매달려 만든 두 개의 문이 유명하다. 미켈란젤로는 이문을 보고 천국의 문이 있다면 이와 같을 것이라고 극찬했다. 세례당은 8각형 모양으로 성경 창세기에 등장하는 노아의 방주에서 그 유래를 찾을 수 있다. 방주에 탑승해 구원받은 사람은 총 여덟 명으로 8이라는 숫자는 구원을 의미한다. 그래서 두오모 성당의 쿠폴라 역시 8각형의 돔 모양이다. 나중에 로댕 역시 이 문의 영감을 받고 지옥의 문을 제작하게 된다.

TIP · 종탑과 쿠폴라 중 하나만 간다면 종탑을 추천한다. 탑에서 찍는 쿠폴라의 모습이 장관이다.
· 입장권은 각각 구매가 불가능하며 한 개로 모든 입장(박물관, 종탑, 지붕, 세례당 등)이 가능하다(유효 기간 2일).
· 쿠폴라는 사이트에서 예약하는 것이 좋다. 20€(예약비 포함), 예약 사이트 : bit.ly/3aPmT2U
· 두오모 성당 쿠폴라의 계단은 476 계단으로 끝까지 걸어 올라가야 한다.

시뇨리아 광장 Piazza della Signoria

14세기 이후부터 지금까지 피렌체의 행정과 예술의 중심지다. 광장 중앙에 메디치 가문의 코시모 1세의 기마상이 있고, 미켈란젤로가 대리석만 낭비했다고 혹평한 넵튠의 분수, 괴짜 조각가 벤베누토 첼리느의 페르세우스 청동상, 로마 건국 사건을 묘사한 잠볼로냐의 사비나 여인의 강탈 조각상 등이 있다. 이 중 가장 유명한 작품은 역시 미켈란젤로의 다비드 조각상이다. 오리지널 원본은 아카데미아 박물관에 전시되어 있다. 넵튠 분수 앞쪽에 메디치 가문에 대항하다가 이곳에서 교수형을 당한 사보나롤라를 기리기 위한 동판이 있다. 시뇨리아 광장 주변에는 다양한 카페와 레스토랑 등이 있어 잠시 쉬어가기에 좋다.

🏠 Piazza della Signoria, 50122 Firenze FI, 이탈리아
📍 43.769678, 11.255657

베키오 궁전 Palazzo Vecchio

피렌체 두오모 성당과 산타 크로체 성당을 담당한 건축가 캄비오가 설계한 궁전이다. 94m에 이르는 높은 탑은 피렌체 어디에서도 눈에 잘 보인다. 이곳은 군주론으로 유명한 마키아벨리가 업무를 보던 곳으로 알려져 있다. 16세기 메디치 가문의 코시모 1세가 자신의 업무 공간으로 쓰기 위해 건축가 바사리에게 요청해 지금의 모습으로 리모델링했다. 나중에 피티 궁전이 지어지고 나서 바사리는 베키오 다리 위의 공간을 통해 이곳과 피티 궁전을 잇는 비밀 통로를 만들었다. 지금은 피렌체 시청사로 사용되고 있다.

🏠 Piazza della Signoria, 50122 Firenze FI, 이탈리아
📍 43.769313, 11.256116

우피치 미술관 Galleria degli Uffizi

르네상스 최고의 예술 작품들을 전시하고 있는 곳이다. 예전에는 메디치 가문의 사무실로 쓰였다. 우피치라는 말은 영어의 오피스Office에 해당된다. 메디치 가문은 예술가들을 지원하기 위해 자신들의 많은 부를 사용했고 많은 작품을 수집했다. 메디치 가문의 마지막 상속녀인 안나 마리아 루이자Anna Maria Luisa de'Medici가 국가에 기증하면서 우피치 미술관의 역사가 시작되었다. 보티첼리의 비너스의 탄생, 봄(프라마베라)을 비롯해 치마부에, 조토, 레오나르도 다 빈치, 미켈란젤로, 라파엘로, 티치아노, 카라바조 당대 천재 화가들의 작품을 직접 만나 볼 수 있다. 개인적으로 예약 후 관람을 할 수도 있지만 전문 가이드 투어를 통해 감상할 것을 권한다.

🕐 화~일 08:15~18:50
€ 20€(예약비 4€)
🏠 Piazzale degli Uffizi, 6, 50122 Firenze FI, 이탈리아
🌐 www.uffizi.it/gli-uffizi
📍 43.767776, 11.255323

베키오 다리 Ponte Vecchio

피렌체 아르노강에 있는 6개의 다리 중 가장 오래된 다리다. 2차 세계대전 때도 유일하게 파괴되지 않았다. 오래된 다리라는 뜻의 베키오 다리의 시작은 무려 2천여 년 전 로마 시대로 거슬러 올라간다. 처음에는 목조 다리로 건축되었지만 증축과 보수를 거듭하며 1177년에 석조 다리로 개축되었다. 그러나 1333년 대홍수로 유실되었고 1345년에 보강 공사를 통해 지금의 모습을 하고 있다. 다리는 2층 구조로 되어 있다. 1층에는 처음에 가죽 가게나 푸줏간 등이 있었다. 하지만 냄새와 위생 등의 이유로 정비를 하게 되었다. 이때 금세공점과 보석상이 들어서게 되어 지금까지 유지되고 있다. 단테와 베아트리체가 만난 장소이기도 하고, 푸치니의 오페라 자니 스키키Gianni Schicchi의 《오 사랑하는 나의 아버지》의 배경이 되기도 하였다.

🏠 Ponte Vecchio, 50125 Firenze FI, 이탈리아
📍 43.767921, 11.253149

피티 궁전 Palazzo Pitti

1458년 피렌체의 은행가였던 루카 피티가 메디치 가문을 누르기 위해 건축가 브리넬리스키에게 의뢰해 만들었다. 하지만 재정 악화로 완성하지 못하고 코시모 1세가 인수를 하면서 메디치 가문의 새 주거지가 되었다. 나폴레옹 점령 당시 사택으로 사용했을 정도로 웅장하고 아름다운 궁전이다. 내부에는 마차, 의상, 도자기 등을 전시한 다양한 박물관과 팔라티나, 근대 미술관이 있다. 또한 성 안에 코시모 1세가 아내 에레오노라를 위해 만든 산책하기 좋은 보볼리 정원이 있다. 16세기의 모습을 그대로 간직하고 있어 피렌체 시내와 다른 또 다른 느낌을 준다.

🕐 월~일 08:15~18:30
*기간에 따라 입장 시간이 다르니 꼭 확인할 것
€ 16€(예약비 3€)
🏠 Piazza de' Pitti, 1, 50125 Firenze FI, 이탈리아
📍 43.765173, 11.249959

미켈란젤로 광장 Piazzale Michelangelo

피렌체 전체를 조망할 수 있는 장소다. 미켈란젤로 탄생 400주년을 기념하기 위해 1873년 다비드 복제 조각상을 이곳에 세웠다. 특히 많은 여행객들과 현지인들이 이곳에서 일몰을 맞이한다. 붉게 물들어가는 피렌체의 전경과 두오모 성당의 쿠폴라, 그리고 황금빛 아르노강을 보고 있노라면 이곳이 얼마나 예술과 어울리는 도시인지 새삼 깨닫게 된다.

🏠 Piazzale Michelangelo, 50125 Firenze FI, 이탈리아
📍 43.762946, 11.265063

산타 마리아 노벨라 성당 Chiesa di Santa Maria Novella

피렌체 중앙역 길 건너편에 위치한다. 이 성당은 13세기에 도미니크 수도회의 성당으로 건립되었다. 이후 15세기에 현재의 기하학적인 대리석 문양의 아름다운 성당으로 재구성되었다. 성당 내부에는 초기 르네상스 회화의 걸작인 마사초Massaccio의 성 삼위일체Holy Trinity가 보존되어 있다.

🕐 계절별로 다름(7월~9월 기준)
월~목 09:30~17:30,
금 11:00~17:30, 토 09:30~17:30,
일·공휴일 12:00~17:30 € 7.5€
🏠 Piazza di Santa Maria Novella,
18, 50123 Firenze FI, 이탈리아
🌐 www.smn.it
📍 43.774153, 11.249388

산 로렌초 성당 Chiesa di San Lorenzo

393년 지어진 후 르네상스 건축의 아버지로 불리는 브루넬레스키에 의해 1419년에 재건된 이 성당은 피렌체에서 가장 오래된 성당이다.
외관은 흙벽돌로 지은 듯 수수하다. 하지만 내부는 웅장하고 아름다운 바로크 양식으로 장식되어 있다. 미켈란젤로가 설계한 아우렌치아나 도서관 등 건축학적으로 중요한 여러 개의 부속 건물로 구성되어 있다.

🕐 월~토 09:30~17:30
€ 9€ 🏠 Piazza di San Lorenzo, 9, 50123 Firenze FI, 이탈리아
🌐 sanlorenzofirenze.it 📍 43.774772, 11.254671

피렌체 중앙시장 Mercato Centrale Firenze

산 로렌초 성당 인근에 중앙시장이 자리 잡고 있다. 중앙시장 내에는 다양한 푸드 코트와 식재료 상점들이 입점해 있다. 저렴하게 피렌체 현지 음식을 다양하게 즐길 수 있다. 시장 1층에는 유명한 곱창 버거 맛집인 네르보네Nerbone 등 다양한 피자 파스타 맛집이 있다. 특히 중앙시장에서 가장 유명한 것 중 하나는 바로 가죽제품이다. 가죽 판매상들이 우리나라 시장 같은 거리를 이루고 있다. 한국말을 능숙하게 하는 상인들과의 가격 흥정도 빼놓을 수 없는 즐거움이다.

🕐 08:00~24:00 🏠 50123 Firenze FI, 이탈리아 43.776797, 11.253275 📍 43.776797, 11.253275

쿠치나 토르치코다 Cucina Torcicoda 구글평점 4.3/5 할인 쿠폰 발행 가능

산타 크로체 성당 근처에 있는 식당이다. 피렌체에서 꼭 먹어야 하는 티본 스테이크(비스테카 알라 피오렌티나)를 판매하는 곳이다. 티본 스테이크를 요리하는 식당은 정말 많다. 하지만 고급스러운 분위기에서 대접받으며 먹을 수 있는 집은 흔하지 않다. 이곳은 가격, 분위기, 서비스, 맛까지 다 만족스러운 곳이다.

🍽 세트 메뉴(빵, 치즈, 생햄 + 스파게티 볼로네제 + 티본 스테이크, 셀러드 + 아이스크림 + 물 + 하우스 와인) / 사전 예약 시 30€(투리스타로 예약)
📱 +39 055 265 4329
🏠 Via Torta, 5/r, 50122 Firenze FI, 이탈리아
📍 43.769460, 11.260416

아쿠아 알 2 Acqua Al 2 구글평점 4.2/5

시뇨리아 광장 근처에 위치한 식당이다. 포도로 만든 이탈리아 전통 식초인 발사믹 소스로 요리한 스테이크를 맛볼 수 있다. 강한 양념이 많지 않은 이탈리아에서 흔하지 않은 스타일의 소스를 개발했다. 많은 여행자들에게 사랑을 받고 있는 곳이다.

📱 +39 055 284170 🏠 Via della Vigna Vecchia, 40r, 50122 Firenze FI, 이탈리아 📍 43.770246, 11.258841

옐로우 바 Yellow Bar 구글평점 4.2/5

두오모 성당 광장에서 가까운 식당이다. 피자를 비롯해 여러 가지 이탈리아 요리를 판매한다. 특히 피자는 가볍게 먹기 좋다. 일정 중 점심에 이용하는 것이 좋다. 봉골레 파스타도 여행자들이 많이 찾는 메뉴다.

📱 +39 055 211766 🏠 Via del Proconsolo, 39r, 50122 Firenze FI, 이탈리아 📍 43.771230, 11.257869

피렌체의 추천 숙소

앰배시아토리 호텔 피렌체 Ambasciatori Hotel Florence ★★★★
구글평점 4.1/5

피렌체 중앙역에 위치하고 있다. 객실은 좁은 편이지만 최근에 리모델링해서 깔끔하고 인테리어가 감각적이다. 주차장 건물이 바로 옆에 위치하고 있어 자동차 여행도 편리하다. 시내 중심인 두오모 성당까지는 도보로 15분 정도 거리다.

🅿 호텔 근교 주차장 유료 € 1박 기준 : 200€ (일반 트윈룸) 🌐 www.hotelambasciatori.net 🏠 Via Luigi Alamanni, 3, 50123 Firenze FI, 이탈리아 📍 43.776100, 11.246661

호텔 클럽 피렌체 Hotel Club Florence ★★★★

구글평점 4.1/5

건물의 외관은 오래돼 보인다. 하지만 현대적이면서도 감각적인 파란 계열의 인테리어로 여행자들을 맞이한다. 중앙역에서 매우 가까운 거리에 위치해 있다. 주차장 건물도 가깝다.

🅿 호텔 근교 주차장 유료

€ 1박 기준 : 200€ (일반 트윈룸)

🌐 www.hotelclubflorence.com

🏠 Via Santa Caterina da Siena, 11, 50123 Firenze FI, 이탈리아

📍 43.775328, 11.246468

스타호텔 투스카니 Starhotels Tuscany ★★★★

구글평점 4.3

피렌체 시내에서 약 3km 정도 떨어진 곳에 있다. 현대적 시설의 4성급 호텔이다. 대중교통을 이용해서 시내로 들어가야 하지만 시설에 비해 숙박 비용이 저렴하다. 무료 주차장도 이용할 수 있다.

🅿 호텔 내 주차장 무료

€ 1박 기준 : 180€ (일반 트윈룸)

🌐 www.starhotels.com/en/our-hotels/tuscany-florence

🏠 Via di Novoli, 59, 50127 Firenze FI, 이탈리아

📍 43.791572, 11.223834

피렌체의 추천 쇼핑

더 몰 럭셔리 아웃렛

The Mall luxury outlets

피렌체에서 토스카나 교외로 40분 거리에 위치한 아웃렛이다. 엄선된 최고의 하이패션 브랜드들의 남성복, 여성복, 아동복, 액세서리, 신발, 향수와 선물 용품 등을 구매할 수 있다. 가장 인기 있는 매장은 프라다와 구찌 매장이다. 구찌 매장 최상층에는 모던하면서 우아하게 꾸며져 있는 구찌 카페가 위치해 있다. 쇼핑으로 지친 몸을 달랠 수 있다.

🏠 Via Europa, 8, 50066 Leccio FI, 이탈리아 📍 43.702223, 11.464090

토르나부오니 거리

Via de' Tornabuoni

토르나부오니Tornabuoni 거리를 중심으로 데에일 스트로치Degil Strozzi, 델라 비냐 누오바Della Vigna Nuova 거리에도 명품 숍들이 즐비하다. 특히 구찌와 페라가모 본점이 있어서 좀 더 다양한 제품을 볼 수 있다. 페라가모 본점 3층에는 살바토레 페라가모의 작품을 전시하는 박물관이 있다. 입장료가 있다.

🏠 Via de' Tornabuoni 50123 Firenze FI 이탈리아

📍 43.770932, 11.251376

산타 마리아 노벨라 약국

Santa Maria Novella Pharmacy

산타 마리아 노벨라 성당의 수도사들이 만든 화장품 가게 겸 약국이다. 각종 화장품, 향수, 비누, 오일 등을 판매한다. 우리나라에서는 일명 '고현정 수분 크림'으로 유명하다.

🕐 월~일 09:00~20:00

🏠 Via della Scala, 16 50123 Firenze Italy

📍 43.774162, 11.247781

시에나

이탈리아 중부 여행의 중심은 단연 피렌체와 시에나다. 그중 토스카나 평원을 여행하는 사람들에게 시에나는 가장 중요한 거점도시라고 할 수 있다. 시에나라는 말은 '오래된'이란 뜻이다. 이름에서 알 수 있듯이 시에나는 기원전 900년경 에트루리아인들에 의해 세워진 도시다. 그만큼 오랜 역사를 간직하고 있고 중세시대의 모습 또한 그대로 간직하고 있다. 피렌체와 함께 문화, 예술, 건축 분야에서 토스카나의 맹주 자리를 놓고 치열하게 경쟁했던 도시였지만 지금은 고즈넉함만을 간직하고 있다. 그래도 팔리오 축제가 시작되면 그 어느 곳보다 열정적인 도시로 변신하는 곳, 시에나. 이제는 당신의 발걸음이 닿을 차례다.

시에나 여행 정보 www.enjoysiena.it

관광 안내소

두오모 광장 산타 마리아 델라 스칼라 1층에 위치
- ⏰ 월~금 10:00~18:30, 토·일·공휴일 10:30~18:30
- 🌐 www.aboutsiena.com
- 🏠 Piazza del Duomo, 2, 53100 Siena SI, 이탈리아
- 📱 +39 0577 280551

방문하기

시에나는 보통 피렌체, 아시시, 오르비에토 등에서 방문하게 된다.

주요 도시별 최단 경로와 이동 시간은 다음과 같다.

거리 71.3km 도로 Raccordo Autostradale
소요시간 50분~1시간 15분
피렌체 → 시에나

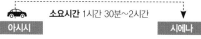

거리 129km 도로 Raccordo Autostradale A1 Perugia
소요시간 1시간 30분~2시간
아시시 → 시에나

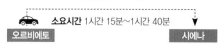

거리 125km 도로 A1 / E35
소요시간 1시간 15분~1시간 40분
오르비에토 → 시에나

ZTL

구시가지 전역 및 주요 관광지는 모두 ZTL 구역으로 지정되어 있다. 차량을 성벽 바깥의 주차장에 주차하면 ZTL은 크게 신경 쓰지 않아도 된다.

주차장

시에나의 주차장은 성벽 바깥쪽에 여러 군데가 있다. 이 중 추천할 만한 곳은 두오모 성당 아래쪽에 위치한 산타 카테리나 주차장Parcheggio Santa Caterina이다. 실내주차장이라 안전하고 이동 편의성도 좋다. 인근의 에스컬레이터를 이용하여 구시가지로 손쉽게 진입할 수 있다. 주차장에서 두오모 성당까지는 에스컬레이터와 도보로 약 10분 내외면 이동할 수 있다.

파르케지오 산타 카테리나
Parcheggio Santa Caterina

⏰ 24시간 € 1시간 2€, 일일권(1day parking pass) 35€, 삼일권(3days parking pass) 85€ 🏠 Parcheggio Santa Caterina Via Esterna di Fontebranda, 15 53100 Siena SI, 이탈리아 📍 43.317277, 11.323973

시에나는 크게 시에나 대성당과 캄포 광장 중심으로 관광을 하면 된다. 골목골목 다채로운 볼거리가 많고 쇼핑하기에도 안성맞춤인 곳이다.

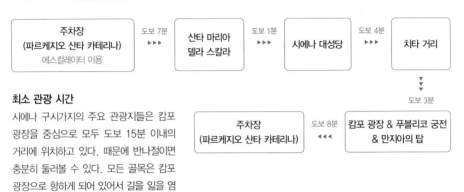

| 주차장 (파르케지오 산타 카테리나) 에스컬레이터 이용 | 도보 7분 ▶▶▶ | 산타 마리아 델라 스칼라 | 도보 1분 ▶▶▶ | 시에나 대성당 | 도보 4분 ▶▶▶ | 치타 거리 |

최소 관광 시간

시에나 구시가지의 주요 관광지들은 캄포 광장을 중심으로 모두 도보 15분 이내의 거리에 위치하고 있다. 때문에 반나절이면 충분히 둘러볼 수 있다. 모든 골목은 캄포 광장으로 향하게 되어 있어서 길을 잃을 염려도 거의 없다.

| 주차장 (파르케지오 산타 카테리나) | 도보 8분 ◀◀◀ | 캄포 광장 & 푸블리코 궁전 & 만지아의 탑 |

도보 3분

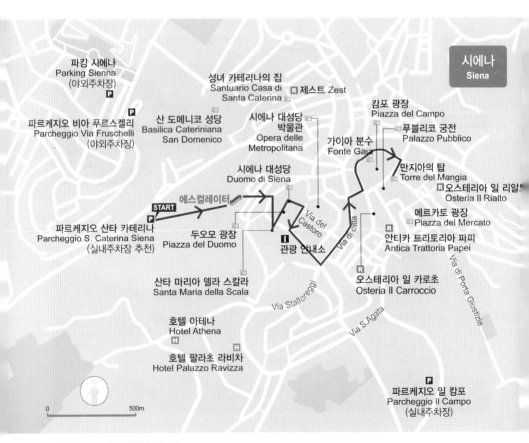

캄포 광장 Piazza del Camp

이탈리아에서 가장 아름다운 광장으로 손꼽히는 곳이다. 이곳에 들어서면 시에나 사람들의 평범한 일상을 마주할 수 있다. 모두들 광장에서 한가롭고 여유로운 시간들을 보낸다. 부채꼴 모양의 광장은 9개의 구역으로 나뉘어 있는데 중세시대의 통치자 9명을 상징한다고 한다. 또 성모 마리아의 망토 주름을 상징하기는 이야기도 있다. 광장 중앙에는 1419년에 만들어진 대지의 여신 가이야 분수 복제품이 있다.

🏠 Il Campo, 53100 Siena SI, 이탈리아 📍 43.318420, 11.331694

푸블리코 궁전 Palazzo Pubblico

캄포 광장 한쪽에 자리 잡고 있는 웅장한 푸블리코 궁전은 13세기에 지어진 시에나 시청사 건물이다. 중세시대를 대표하는 고딕 스타일의 건축물로 내부는 화려한 프레스코화로 장식되어 있다. 현재는 박물관으로 이용된다. 이곳의 백미는 102m의 종탑인 만지아의 탑Torre del Mangia이다. 500여 개 계단을 오르면 시에나와 그 주변 풍경이 한눈에 들어온다.

🕐 3월 1일~10월 15일(10:00~18:00), 10월 16일~2월 28일(10:00~16:00)
€ 10€(만지아의 탑), 9€(박물관), 20€(두오모+만지아의 탑+박물관 통합권)
*기간에 따라 입장 시간이 다르니 사전에 꼭 확인할 것!
🏠 Piazza del Campo, 1, 53100 Siena SI, 이탈리아 📍 43.318014, 11.332004

두오모 Duomo

두오모 성당이 지어지기 시작한 것은 12세기였다. 지금처럼 화려하게 꾸며진 것은 예술가들의 모임이 본격적으로 이루어진 15세기 후반부터다. '화려하다'라는 말의 뜻이 무엇인지 두오모를 만나보면 알 수 있다. 외부는 시에나를 상징하는 검은색과 흰색의 대리석으로 화려하게 장식되어 있다. 내부에는 1285년에 완성된 천재 조각가 니콜라의 팔각형 대리석 설교단에서부터 베르니니와 미켈란젤로의 조각, 도나텔로와 기베르티의 세례단, 13세기에 만들어진 현존하는 가장 오래된 스테인드글라스 중 하나인 두치오의 스테인드글라스 등 다양한 볼거리가 있다. 또한 '천국의 문'이라고 불리는 지붕에 올라 성당 내부를 바라보면 얼마나 많은 예술가들의 손길이 들어갔는지 새삼 느낄 수 있다.

🕐 3월~10월 10:30~19:00, 11월~2월 10:00~17:30, 일요일·공휴일 13:30~18:00 € 5~8€(성당), 13~15€(OPA SI PASS 지붕 불포함), 20€(PORTA del CIELO 지붕 포함) *기간에 따라 입장 시간과 가격이 다르니 사전에 꼭 확인할 것!
🏠 Piazza del Duomo, 8, 53100 Siena SI, 이탈리아 📍 43.317731, 11.328874

산타 마리아 델라 스칼라 Santa Maria Della Scala

유럽에서 가장 오래된 병원 중 하나다. 9세기부터 최근까지 병원으로 이용됐다. 지금의 모습은 13세기에 완성된 모습이다. 이 병원은 주로 로마로 향하는 순례자들이 쉬어가던 장소였다. 병원 내부 순례자의 홀(펠레그리나이오Pellegrinaio에는 가난한 사람들과 고아들을 돌보는 병원의 모습을 담은 프레스코화가 그려져 있다. 지금은 병원이 아닌 박물관으로 사용되고 있다. 지하에는 캄포 광장에 있는 가이아 분수의 진품이 전시되어 있다.

🕐 월·수~금 10:00~17:00, 토~일 10:00~19:00, 화 휴무 € 9€, 시립미술관+산타 마리아 델라 스칼라 통합권은 13~18€, 시립미술관+만지아의 탑+산타 마리아 델라 스칼라 통합권은 20€ 🏠 Piazza del Duomo, 1, 53100 Siena SI, 이탈리아
📍 43.317137, 11.328305

팔리오 축제 Palio di Siena

시에나 캄포 광장에서 매년 7월 2일과 8월 16일 두 차례 걸쳐 열린 기마시합이다. 13세기부터 이어진 축제로 역사가 600년이 넘었다. 시에나의 하부 조직에 속하는 17개 콘트라다Contrada(독립자치구)들이 모여 10개의 팀을 선별해 축제를 진행한다. 캄포 광장을 먼저 세 바퀴 도는 팀이 이기는 방식이다. 규칙은 단순하다. 우승한 팀에게는 우승 깃발이 상으로 주어진다. 경기가 있는 날에는 다양한 퍼레이드는 물론 여러 행사가 열린다.

시에나의 추천 레스토랑

오스테리아 일 카로초 Osteria Il Carroccio

구글평점 4.5/5

시에나의 전통 요리, 두꺼운 면발의 피치 파스타를 맛볼 수 있는 곳이다. 캄포 광장 근처에 위치한다. 파스타뿐만 아니라 다양한 로컬 음식을 보유하고 있다. 이곳은 슬로우 푸드를 지향하는 곳이기도 하다.
☕ Pici Pasta(피치 파스타), Panforte(시에나식 전통 쿠키) 📞 +39 0577 41165
🏠 Casato di Sotto, 32, 53100 Siena SI, 이탈리아
📍 43.317521, 11.331467

제스트 ZEST

성녀 카테리나의 집 옆 비탈길에 위치한 레스토랑 겸 와인 바이다. 비탈길을 따라 배치한 야외 테이블이 인상적이다. 테이블에 앉아 멀리 두오모를 조망할 수 있다. 관광객과 현지인들에게 인기가 많은 레스토랑이다.
☕ Pici Pasta(피치 파스타)
📞 +39 0577 47139
🏠 Costa Sant'Antonio, 13, 53100 Siena SI, 이탈리아
📍 43.320119, 11.328918

오스테리아 일 리알토 Osteria Il Rialto 구글평점 4.6/5

캄포 광장 뒤편 작은 골목에 위치한다. 로컬 식당으로 규모는 작다. 하지만 신선한 재료를 사용해 시에나 전통의 맛을 고집하고 있는 곳이다. 다양한 파스타 종류와 디저트를 보유하고 있다.

🍽 Gnocchi with sea ragù(해물이 들어간 뇨키), Rigliata Mista di Pesce(그릴 생선구이) 📞 +39 0577 236580 🏠 Via del Rialto, 4, 53100 Siena SI, 이탈리아
📍 43.318049, 11.333737

안티카 트라토리아 파피 Antica Trattoria Papei 구글평점 4.2/5

1939년에 문을 연 로컬 레스토랑이다. 대대로 비법을 이어받아 현재 3대째 운영 중이다. 오랜 역사와는 다르게 깔끔한 인테리어가 돋보인다. 맛 또한 우수하다. 날씨가 좋을 때는 야외 테라스에서 식사를 하는 것도 좋다.

🍽 Cinghiale in Umido con Olive(멧돼지 고기 스튜), Tagliata di Rucola(루콜라를 곁들인 소고기), Fiorentina(T-Bone 스테이크) 📞 +39 0577 280894
🏠 Piazza Mercato, 6, 53100 Siena SI, 이탈리아 📍 43.317065, 11.332569

시에나의 추천 숙소

호텔 아테나 Hotel Athena ★★★★ 구글평점 4.5/5

구시가지와 가까운 곳에 위치하고 있다. 자체 주차장도 보유하고 있어 렌터카 여행자에게 더없이 좋은 호텔이다. 고풍스러운 외관과 다르게 내부 시설도 현대식으로 깔끔하게 되어 있다. 조식 또한 맛이 좋다. 옥상에 마련된 루프톱 레스토랑에서 바라보는 시에나 전경도 꼭 경험할 것.

🅿 호텔 주차장 무료 (예약 필수) € 1박 기준 : 120€ (일반 트윈룸)
🌐 www.hotelathena.com 🏠 Via Paolo Mascagni, 55, 53100 Siena SI, 이탈리아 📍 43.314811, 11.325154

엔에이치 호텔 시에나 NH Hotel Siena ★★★★구글평점 4.1/5

구시가지와 가까운 곳에 위치한 현대식 호텔이다. 가격대비 만족도가 높다. 고풍스러운 곳보다 깔끔한 현대식 스타일을 선호하는 여행자에게 추천한다. 시에나 구시가지까지 도보로 이동이 가능하다. 조식 또한 체인 호텔답게 잘 준비되어 있다.

🅿 호텔 인근 주차장 유료 € 1박 기준 : 100€ (일반 트윈룸) 🌐 www.nh-hotels.com/hotel/nh-siena 🏠 Via La Lizza, 53100 Siena SI, 이탈리아 📍 43.322819, 11.327327

호텔 팔라초 라비차 Hotel Palazzo Ravizza ★★★ 구글평점 4.5/5

구시가지와 매우 가까운 곳에 위치한 3성급 호텔이다. 자체 주차장을 보유하고 있다. 고풍스러운 건물을 그대로 살린 인테리어 때문에 투숙객들에게 역사적인 건축물을 이용하는 느낌을 준다.

🅿 호텔 주차장 유료 € 1박 기준 : 80€ (일반 트윈룸) 🌐 www.palazzoravizza.com
🏠 Pian dei Mantellini, 34, 53100 Siena SI, 이탈리아 📍 43.314606, 11.327192

루카

Lucca

유럽의 수많은 중세 도시 중 성벽이 잘 보존된 곳은 많다. 하지만 루카만큼 사람들과 자연스럽게 융화된 곳은 많지 않다. 루카의 성벽은 다른 성벽들과 달리 폭이 넓어, 루카 시민들의 산책로로 애용되고 있다. 이곳을 산책하거나 자전거로 돌아보는 것 자체가 소소하지만 잊지 못할 경험이 된다. BC 180년경 로마에 의해 건설된 이 도시는 9~10세기에는 토스카나 주도의 제1 도시였다. 이탈리아의 오페라 작곡가 푸치니의 고향이기도 한 루카. 과거 명성은 퇴색했지만, 여행자에게는 더할 나위 없는 힐링을 선사한다. 루카는 자전거의 도시라고 할 만큼 자전거 이용자가 많다. 잠시라도 자전거로 루카를 한 바퀴 둘러보자.

루카 여행 정보 www.turismo.lucca.it

실내주차장인 파르케지오 만치니 주차장

관광 안내소

산 도나토 문으로 진입 후 오른쪽 도나토 광장에 커다란 건물이 관광 안내소다.

🕐 월~일 09:00~19:00 🌐 www.luccaturismo.it 📱 +39 0583 583150 🏠 Piazzale Verdi, 55100 Lucca LU, 이탈리아

방문하기

루카는 피렌체에서 피사를 가는 길에 방문하거나 피사에서 피렌체를 가는 길에 방문하게 되는 경우가 많다.

주요 도시별 최단 경로와 이동시간은 다음과 같다.

| 피렌체 | 🚗 | 거리 84km 도로 A11 경유
소요시간 1시간~1시간30분 | 루카 |

| 피사 | 🚗 | 거리 21km 도로 SS12 경유
소요시간 30~40분 | 루카 |

ZTL

루카 성벽 안쪽 대부분은 ZTL 구역으로 지정되어 있다. 성벽 안으로 진입하지 않는 것이 좋다.

주차장

주차장은 성벽 외부와 성벽 안쪽에 위치해 있다. 성벽 안쪽은 ZTL이 시작되는 지점이라 안전하게 성벽 외부 주차장에 주차할 것을 추천한다. 추천 주차장은 산 도나토 문 인근의 팔라투치 주차장과 성벽 내 실내주차장인 만치니 주차장이다. 팔라투치 주차장은 야외 주차장이긴 하지만 안전하고 주차요금이 저렴한 것이 장점이다. 만치니 주차장은 주요 관광지와는 다소 떨어져 있지만 안전한 실내주차장을 선호한다면 이곳을 선택하면 된다.

루카 주차장 정보 bit.ly/38IHsBL

파르케지오 팔라투치 Parcheggio Palatucci

🅿 야외 공용주차장 🕐 08:00~20:00
€ 처음 1시간 0.5€, 추가 1시간 1€, 1일 최대 요금 8€
🌐 www.metrosrl.it/it/parcheggio/mappa
🏠 Via Tagliate di Sant'Anna, 55100 Lucca LU, 이탈리아
📍 43.846611, 10.494453

파르케지오 만치니 Parcheggio Mazzini

🅿 실내 지하주차장 € 처음 1시간 1€, 추가 1시간 1.5€
🏠 Via dei Bacchettoni, 55100 Lucca LU, 이탈리아
📍 43.846198, 10.513610

루카는 성문으로 진입한 후 주요 명소를 둘러본 다음 성벽길로 올라 산책을 하는 일정으로 동선을 잡으면 된다. 성벽길 산책은 산 피에트로 문에서 시작하여 세인트 도나토 문까지 쭉 걸어가면 된다.

| 주차장 | 도보 7분 ▶▶▶ | 세인트 도나토 문 | 도보 8분 ▶▶▶ | 푸치니 동상 & 생가 박물관 | 도보 2분 ▶▶▶ | 산 미켈레 성당 |

도보 6분 ▼

| 산 피에트로 문 | 도보 6분 ◀◀◀ | 산 마르티노 대성당 | 도보 9분 ◀◀◀ | 산 프레디아노 성당 | 도보 2분 ◀◀◀ | 안피테아트로 광장 |

도보 15분 ▼

세인트 도나토 문
(성벽길 산책로 이용)

도보 7분 ▼

주차장

루카 관광의 꿀팁
루카는 자전거의 도시이다. 이곳에서는 자전거를 꼭 타보는 것이 좋다. 자전거 대여점은 각 성벽 입구에 있다. 구글지도에서 'luca bike'라고 검색한 후, 주차장과 가까운 대여점에서 자전거를 빌리면 된다.

최소 관광 시간
루카는 도보로 반나절이면 충분히 둘러볼 수 있다.

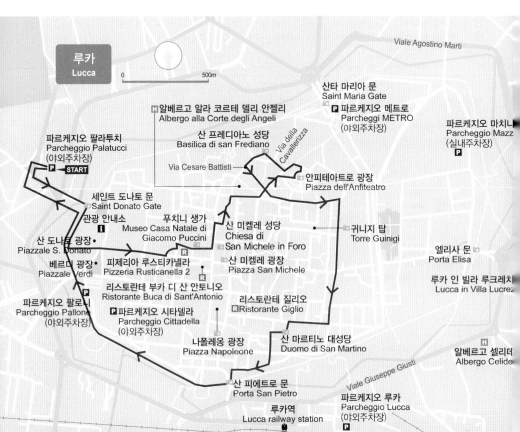

산 마르티노 대성당 Duomo di San Martino

6세기에 세워진 산 마르티노 두오모 대성당은 루카의 주교 산 프레디아노San Frediano로부터 시작되었다. 성당 외관은 피사 두오모 성당의 영향을 받아 기존의 로마네스크 양식과는 다르게 화려하다. 성당 내부에는 나무로 만든 예수 조각상이 있다. 루카 사람들은 이 조각상을 '거룩한 얼굴Il Volto Santo'이라 부르며 중요시한다. 또한 예수의 제자 니고데모가 나무 십자가에 예수의 모습을 조각했다는 전설이 전해지는 유물도 있다. 많은 순례자들이 그 조각상을 보기 위해 이곳을 찾는다.

🕐 3월15일~11월2일 월~토 09:30~19:00, 일 09:00~10:00 와 12:00~19:00 / 11월3일~3월14일 월~금 09:30~17:00, 토 09:30~19:00, 일 12:00~18:00
*기간에 따라 입장 시간이 다르니 사전에 꼭 확인할 것!
€ 성당은 3€, 성당+박물관+고고학 유적과 종탑 통합권 9€
🏠 Piazza Antelminelli, 55100 Lucca LU, 이탈리아
📍 43.840659, 10.505747

산 미켈레 성당 Chiesa di San Michele

고대 로마 시대의 중심지였던 포로Foro 위에 세워졌다. 포로Foro는 '포럼Forum', 즉 많은 사람들이 모여 토론을 벌이던 공공장소를 말한다. 산 마르티노 성당과 마찬가지로 로마네스크 스타일로 건축되었다. 정면의 파사드는 다른 성당에 비해 더욱 화려하다. 지금의 모습은 1070년에 교황 알렉산드로 2세Alessandro II)가 산 마르티노 대성당을 재건하면서 같이 디자인한 것이다. 성당 지붕 위에는 용과 싸우는 미켈레Michele 대천사의 모습이 조각되어 있다. 성당 측면에 있는 성모 모자상은 중세 시기 유럽을 강타한 흑사병이 사라진 것을 기념하기 위해 만든 것이다.

🕐 08:30~12:00, 15:00~18:00 주일 미사 중에는 입장 제한
* 기간에 따라 입장 시간이 다르니 사전에 꼭 확인할 것!
€ 무료
🏠 Piazza San Michele, 55100 Lucca LU, 이탈리아
📍 43.843144, 10.502764

산 프레디아노 성당 Basilica di san Frediano

성 프레디아노San Frediano 신부에 의해 세워진 성당으로 루카에서 가장 오래된 성당 중 하나다. 13세기 말에 로마네스크 양식으로 증축되었다. 정면의 비잔틴 양식 모자이크는 두 천사가 들고 있는 보좌에 앉아 승천하는 예수의 모습과 12 사도를 담고 있다. 성당 내부에는 여러 예배당이 있다. 그중 가장 아름다운 예배당으로 손꼽히는 곳이 바로 1500년대 화가 아미코 아스페르티니Amico Aspertini의 십자가 예배당Cappella della Croce 이다. 또한 12세기에 만들어진 모세와 사도의 이야기를 주제로 한 조각으로 꾸며진 세례반도 볼 수 있다.

🕐 09:30~17:00 € 3€
🏠 Piazza S. Frediano, 16, 55100 Lucca LU, 이탈리아
📍 43.846210, 10.504806

푸치니 생가 Museo Casa Natale di Giacomo Puccini

루카 출신인 푸치니의 집은 1979년 복원 과정을 거쳐 현재 푸치니 박물관으로 이용되고 있다. 내부에는 그의 악보와 가족사진, 1926년 뉴욕 메트로폴리탄 오페라 하우스에서 공연했던 투란도트의 의상과 그가 직접 연주했던 피아노 등이 전시되어 있다. 푸치니 생가 앞에는 루카 시에서 만든 푸치니의 조각상도 전시되어 있다.

🕐 10:00~18:00, 11월2일~2월29일 13:00~14:00, 매주 화 휴무 (크리스마스 휴관)
€ 9€ 🏠 Corte S. Lorenzo, 9, 55100 Lucca LU, 이탈리아
📍 43.843271, 10.501487

귀니지 탑 Torre Guinigi

귀니지 탑은 1300년대 루카의 부유한 상인이었던 귀니지Guinigi 가문에 의해 세워졌다. 14세기만 하더라도 이탈리아의 부유한 가문들은 자신의 부를 과시하기 위한 목적으로 도시에 많은 탑을 건설했다. 그러나 루카에는 시계탑과 귀니지 탑 두 개만 남아 있다. 귀니지 탑 위에는 특이하게도 작은 정원이 있다. 정원에는 부와 르네상스(부활, 재생)를 상징하는 올리브 나무가 있다.

🕐 09:30~18:30 € 5€ 🏠 Via Sant'Andrea, 55100 Lucca LU, 이탈리아
📍 43.843698, 10.506985

안피테아트로 광장 Piazza Anfiteatro

안피테아트로 광장은 처음에는 무너진 로마의 원형경기장 흔적 위에 만들어졌다. 사람들은 이 광장을 가장 인간적인 광장이라고 부른다. 1830년 건축가 로렌조 노토리니Lorenzo Nottolini는 주변의 건물을 철거하고 원형으로 재건축하면서 지금의 원형 광장을 탄생시켰다. 오랜 시간을 담고 있는 곳이기에 고대부터 중세까지 다양한 시대의 건축물을 만나 볼 수 있다. 이곳은 루카의 중심 광장이다. 시민들과 여행자들로 항상 붐빈다.

🏠 Piazza dell'Anfiteatro, 55100 Lucca LU, 이탈리아
📍 43.845368, 10.506010

루카의 추천 레스토랑

피제리아 루스티카넬라 Pizzeria Rusticanella 2 **구글평점** 4.3/5

시내 중심에 위치한 전통 레스토랑이다. 다양한 토스카나 스타일의 육류 요리와 파스타, 그리고 피자까지 맛볼 수 있다.

🍽 Rucola e Parmigiano(루콜라와 파르메산 치즈가 들어간 피자) / Lombatina di Maiale(돼지 엉덩이살 스테이크) 🕐 11:30~15:00, 18:45~24:00, 매주 월 휴무
📱 +39 0583 55383 🏠 Via S. Paolino, 32, 55100 Lucca LU, 이탈리아
📍 43.842944, 10.501150

리스토란테 질리오 Ristorante Giglio 구글평점 4.5/5

고풍스러운 분위기와 맛, 그리고 친절한 서비스로 현지인들에게 인기가 좋은 로컬 레스토랑이다. 육류와 생선을 이용한 전통요리를 주로 하고 있다. 1979년에 문을 열었다.

🍖 Bistecca alla fiorentina(T-bone 스테이크) / Pollo arrosto, tartufo nero e insalate alla brace(송로버섯과 함께 구운 닭 요리) 🕐 12:15~14:45, 수요일만 저녁 시간 19:00~22:30 오픈, 매주 화 휴무 📞 +39 0583 494058
🏠 Piazza del Giglio, 2, 55100 Lucca LU, 이탈리아 📍 43.841105, 10.503284

리스토란테 부카 디 산 안토니오

Ristorante Buca di Sant'Antonio 구글평점 4.5/5

1782년에 오픈한 로컬 레스토랑이다. 그 전통만큼이나 루카에서 유명한 곳이다. 고급스러운 분위기와 친절한 서비스 그리고 맛까지 모든 것을 갖추고 있다.

🍖 Lombatina di vitello alla griglia con patate(송아지 스테이크) / Petto di faraona all'uva moscato(와인으로 조리한 닭가슴살)
🕐 12:30~14:00, 19:30~22:00, 매주 월 휴무 📞 +39 0583 55881 🏠 Via della Cervia, 3, 55100 Lucca LU, 이탈리아 📍 43.842761, 10.501695

루카의 추천 숙소

알베르고 알라 코르테 델리 안젤리 Albergo alla Corte Degli Angeli ★★★★ 구글평점 4.7/5

루카 구시가지 안쪽에 위치한 호텔이다. 전통적인 느낌을 최대한 살려 내부를 장식했다. 오래된 건축물이지만 깨끗하게 관리되고 있다. 친절한 서비스가 특징이다.

🅿 호텔 주차장 유료(15€), 예약 필수(ZTL 안에 위치한 호텔, 사전 문의 필수) € 1박 기준 : 170€(일반 트윈룸) ⊕ www.allacortedegliangeli.it 🏠 Via Degli Angeli, 23, 55100 Lucca LU, 이탈리아 📍 43.845228, 10.503606

루카 인 빌라 루크레치아 Lucca in Villa Lucrezia ★★★★ 구글평점 4.2/5

포르타 엘리사Porta Elisa 앞쪽에 위치하고 있어 구시가지 진입이 쉽다. 가격 대비 높은 만족도를 느낄 수 있는 곳이다. 이탈리아인의 친절이 무엇인지 제대로 느낄 수 있을 만큼 친절하다. 자전거도 무료로 대여 가능하다.

🅿 호텔 내 주차장 무료 € 1박 기준 : 90€ (일반 트윈룸) ⊕ www.luccainvilla.it 🏠 Viale Luigi Cadorna, 30, 55100 Lucca LU, 이탈리아 📍 43.842698, 10.516095

알베르고 셀리데 Albergo Celide ★★★★ 구글평점 4.2/5

구시가지와 가까운 성벽 쪽에 위치하고 있다. 자체 주차장도 보유하고 있다. 렌터카 여행자에게 좋은 호텔이다. 전통적인 스타일보다 심플한 현대적 스타일을 좋아하는 여행자들에게 잘 맞는다.

🅿 호텔 주차장 무료 € 1박 기준 : 100€ (일반 트윈룸) ⊕ www.albergocelide.it 🏠 Via Paolo Mascagni, 55, 53100 Siena SI, 이탈리아 📍 43.840348, 10.514442

피사

피사는 과거에 제노바, 베네치아, 아말피와 더불어 4대 해양국가로 강력한 세력과 막대한 부를 이룬 항구도시였다. 그러나 피렌체공국에 합병되고 아르노강의 토사가 계속 쌓여 항구도시로서의 기능을 상실하고 나서는 토스카나의 작은 소도시로 전락하고 말았다. 그런데 그때 건축한 사탑 하나가 기울어지기는 하지만 무너지지 않는 불가사의한 일이 일어났다. 이 사탑은 세계 7대 불가사의가 되면서 이탈리아를 대표하는 랜드마크 중 하나로 자리 잡았다. 피사는 기적의 광장이라 불리는 미라콜리 광장Piazza dei Miracoli에 모여 있는 피사의 사탑과 두오모, 세례당, 납골당 정도의 볼거리밖에 없지만 피사의 사탑을 실제로 본다는 것만으로도 꼭 방문해야 할 도시다.

피사 여행 정보 www.turismo.pisa.it

관광 안내소

미라콜리 광장Piazza dei Miracoli 두오모 앞에 위치

🕐 월~일 09:30~17:30

📱 +39 050 550100

🌐 www.turismo.pisa.it

🏠 Piazza del Duomo, 7, 56126 Pisa PI, 이탈리아

방문하기

피사는 피렌체 또는 루카에서 방문하거나 친퀘 테레의 관문인 라스페치아에서 오는 경우가 많다.

주요 도시별 최단 경로와 이동 시간은 다음과 같다.

거리 89km **도로** SGC 피렌체 리보르노

🚗 **소요시간** 1시간 30분~2시간

피렌체 ▶ 피사

거리 20km **도로** SS12

🚗 **소요시간** 30분

루카 ▶ 피사

거리 78km **도로** A12 / E80

🚗 **소요시간** 1시간~1시간 30분

라스페치아 ▶ 피사

ZTL

피사는 주요 관광지인 피사의 사탑 주변은 물론이고 도심의 상당수가 ZTL 구역으로 지정되어 있다. 하지만 피사의 사탑만 관광할 계획이라면 다음의 추천 주차장으로 가면 된다.

주차장

피사의 사탑을 관광하기 위한 가장 가까운 주차장은 미라콜리 광장 주차장Parcheggio di Piazza dei Miracoli 이다. 하지만 최근 이곳에서 차량털이 사고가 빈번하게 일어나서 주의가 필요하다. 그래서 인근에 관리인이 상주하는 피사 타워 주차장Parcheggio Tower Parking 을 이용할 것을 추천한다.

피사 타워 파킹 주차장
Parcheggio Tower Parking - outside ZTL

🅿 야외주차장 🕐 07:00~20:30 € 1시간 2.5€

🏠 Via Andrea Pisano, 17, 56122 Pisa PI, 이탈리아

📍 43.72223, 10.39078

주차장에서 미라콜리 광장으로 이동한 후 미라콜리 광장 내에 있는 두오모, 세례당, 납골당, 피사의 사탑을 둘러보고 다시 주차장으로 돌아오면 된다.

미라콜리 광장 주차장	도보 3분 ▶▶▶	산타 마리아 문	도보 5분 ▶▶▶	피사의 사탑	도보 1분 ▶▶▶	피사 대성당

도보 3분 ▼

산 조바니 세례당	도보 1분 ◀◀◀	캄포 산토 납골당

최소 관광 시간

피사의 사탑과 주변 건축물만을 둘러본다면 1시간 정도로도 가능하다. 그러나 사탑을 올라가고 좀 더 여유를 즐긴다면 3~4시간 정도 소요된다.

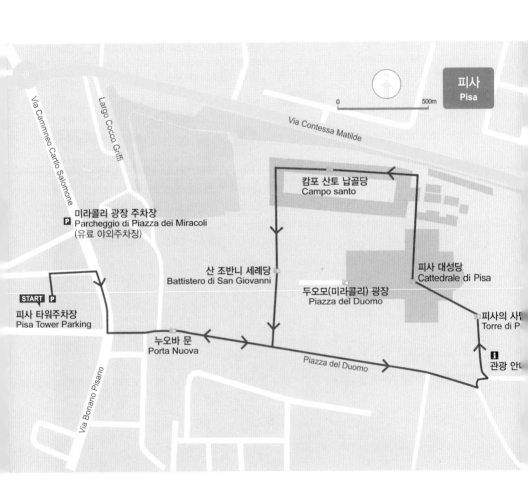

피사의 탑 Torre Pendente di Pisa

피사를 상징하는 이 탑은 당장이라서 넘어갈 듯 위태로운 모습으로 서 있다. 그래서 사람들은 이곳을 기적의 광장Piazza dei Miracoli이라고 부른다. 높이 56m, 지름 15.5m, 8층 높이의 사탑은 약 4도 정도 기울어져 있다. 1173년 8월 9일 처음 이 탑이 만들어지기 시작했을 때만 해도 탑이 기울어질 것이라고 예상하지 않았다. 그러나 4층 공사가 한창 진행될 때 주변 지반의 침하로 탑은 서서히 기울어지기 시작했다. 결국 이 난제를 해결하지 못하고 공사는 중단됐다. 그러나 1275년 기울어진 채로 탑을 완성시키기로 하고 다시 공사를 시작했다. 1350년에 와서야 탑은 완성될 수 있었다. 1990년 탑이 무너질 위기에 처하자 보수 공사 후 2001년부터 다시 입장이 가능해졌다. 사탑에 올라가기 위해서는 반드시 사전 예약을 해야만 한다.

🕐 11월~3월 09:00~18:00, 4~8월 09:00~20:00, 6월17일~8월31일 08:30~22:00, 9월 09:00~22:00, 10월 09:00~19:00 € 20€
🌐 예약 사이트 bit.ly/36DjmBy 🏠 Piazza del Duomo, 56126 Pisa PI, 이탈리아
📍 43.722971, 10.396632

두오모 성당 Duomo di Pisa

두오모 성당은 피사가 해상 무역의 강국이던 시절인 11세기에 조성됐다. 이탈리아를 대표하는 로마네스크 양식의 성당이다. 그들은 경쟁 상대였던 베네치아의 산 마르코 성당보다 더 크고 화려한 성당을 짓기 원했다. 당대 위대한 건축가들을 총동원해 두오모 성당을 만들었다. 지금의 모습은 12세기에 만들어진 것이다. 갈릴레오는 이곳에서 천장에 걸린 상들리에가 흔들리는 모습을 보고 '추의 진동이론'을 정립했다고 한다.

🕐 11월~3월 10:00~18:00, 4월~9월 10:00~20:00, 10월 10:00~19:00
€ 무료 🏠 Piazza del Duomo, 56126 Pisa PI, 이탈리아
📍 43.723258, 10.395871

세례당 바티스테로 Battistero

피사의 세례당은 1153년 건축가 디오티살비Diotisalvi에 의해 처음 만들어졌다. 로마네스크 양식의 원형 건물이다. 내부로 들어서면 중앙에 팔각형의 세례단이 마련되어 있다. 니콜라 피사노Nicola Pisano가 지은 설교단도 인상적이다. 피사 출신인 갈릴레오 갈릴레이는 1564년 이곳에서 세례를 받았다.

🕐 11월~3월 09:00~18:00, 4월~9월 08:00~20:00, 10월 09:00~19:00
€ 7€, 세례당·납골당·시노피에 박물관 중 두 곳 선택 통합 입장권은 7€, 이들 중 세 곳 통합 입장권은 8€
🏠 Piazza del Duomo, 56126 Pisa PI, 이탈리아 📍 43.723267, 10.394098

캄포 산토 Campo santo 납골당

거룩한 뜰이라는 뜻의 캄포 산토는 13세기에 지어졌다. 십자군 전쟁 때
예루살렘 골고다 언덕에서 가져온 흙을 깔았다고 한다. 내부에는 피보나
치 수열로 유명한 피사 출신의 천재 수학자 레오나르도 피보나치의 조각
상이 전시되어 있다. 피보나치는 로마 숫자 대신 아라비아 숫자를 유럽에
전달해준 사람이기도 하다. 벽화면 한쪽에는 1330년대에 그려진 〈죽음의
승리Trionfo della Morte〉라는 작품이 있다. 하지만 2차 세계대전 당시 폭격
으로 거의 소실되었다.

- 🕐 11월~3월 09:00~18:00, 4월~9월 08:00~20:00, 10월 09:00~19:00
- € 7€(세례당·납골당·시노피에 박물관 중 두 곳 선택 통합 입장권은 7€, 이들 중 세 곳 통합 입장권은 8€)
- 🏠 Piazza del Duomo, 56126 Pisa PI, 이탈리아 📍 43.723999, 10.394862

피사의 추천 레스토랑

콰르토 도라 이탈리아노 Quarto D'ora Italiano **구글평점** 4.4/5

피사의 탑에서 가까운 거리에 위치하고 있는 피자 전문 레스토랑이다. 화덕
으로 구운 피자가 아주 맛이 좋다. 다양한 종류의 피자를 팔고 있어 입맛에
맞게 고를 수 있다. 단, 종류에 따라 아주 짠 피자도 있으니 조심할 것.

🍽 Margherita(토마토 소스와 모차렐라 치즈만으로 만든 기본 피자),
Marinara(마르게리타 피자에 바질을 첨가한 것), Quattro Formaggi(4가지 치즈
로 토핑한 피자, 조금 짜다) 📱 +39 050 991 1380 🕐 12:00~15:00, 18:30~22:00
🏠 Via Santa Maria, 117, 56126 Pisa PI, 이탈리아 📍 43.720763, 10.397015

오스테리아 데이 카발리에리 Osteria dei Cavalieri **구글평점** 4.4/5

지역 주민들에게도 사랑을 받는 전통 레스토랑이다. 피사의 사탑에서 비교적 가까운 거리에 위치하고 있다. 식당
입구에 붙어 있는 다양한 스티커만 봐도 공식적인 맛집으로 인정받은 것을 알 수 있다. 가격대도 부담이 없어서
여행자들에게 인기가 좋다.

🍽 Alle Vongole Verci e Cozze Pasta(봉골레 파스타), Filetto di Manzo alla Griglia(그릴 스테이크), Totanini alla
Piastra Con Rucola(루콜라 해물 샐러드) 🕐 12:30~14:00, 19:45~22:00 (토요일은 밤에만 오픈), 매주 일 휴무 📱 +39 050
991 1380 🏠 Via Santa Maria, 117, 56126 Pisa PI, 이탈리아 📍 43.718504, 10.399994

리스토란테 일 콜로니노 Ristorante il Colonnino 구글평점 4.2/5

따뜻한 느낌의 벽돌 인테리어가 눈에 띈다. 가족이 운영하는 토스카나 전통 레스토랑이다. 독특한 인테리어 덕에 유적지 안에서 식사를 하는 느낌이다. 다양한 토스카나 요리를 취급하며 맛도 아주 좋은 편이다. 아르노강 쪽에 위치하며 피사의 사탑에서 걸어서 15분 정도 소요된다.

🍴 Menù alla Fiorentina(티본 스테이크를 기본으로 하는 2인 세트 메뉴), Bistecchina di Maiale, Salsiccia e Verdure Grigliate(돼지고기 스테이크), Uovo al Tartufo(송로 버섯과 계란 요리) 🕐 12:00~15:00, 19:00~23:00, 수요일은 점심시간만 오픈 📱 +39 050 544954 🏠 Via San Andrea, 37, 56127 Pisa PI, 이탈리아 📍 43.717049, 10.405836

피사의 추천 숙소

아 듀에 파시 달라 토레 A due Passi Dalla Torre
구글평점 4.4/5

피사의 탑에서 도보로 15분 정도 거리에 위치한 B&B 이다. 규모는 아담하나 현대적인 감각으로 꾸며져 있다. 자체 주차장을 가지고 있다.

🅿 호텔 주차장 무료
€ 1박 기준 : 90€ (일반 트윈 룸)
🏠 Via Bonanno Pisano, 21, 56100 Pisa PI, 이탈리아
📍 43.716149, 10.387949

호텔 엔에이치 피사 Hotel NH Pisa ★★★★
구글평점 3.7/5

피사역 맞은편에 위치하고 있는 호텔이다. 세계적 체인인 NH 계열이다. 현대적인 건물에 깔끔한 스타일로 꾸며졌다. 피사의 사탑까지 도보로 걸어가기에는 조금 멀지만 대중교통을 이용하면 쉽게 갈 수 있다.

🅿 호텔 주차장 유료
€ 1박 기준 : 110€ (일반 트윈룸)
🌐 www.nh-hotels.com/hotel/nh-pisa
🏠 Piazza della Stazione, 2, 56125 Pisa PI, 이탈리아
📍 43.709050, 10.399154

피엔차

피엔차는 산 퀴리코 도르차San Quirico d'Orcia와 더불어 토스카나 지역의 수많은 포토 포인트를 만날 수 있는 중심도시이다. 이 도시는 15세기 교황 비오 2세Pius II가 자신의 고향을 이상적인 르네상스 도시로 재건하고자 유명 건축가인 베르나르도 로셀리노Bernardo Rossellino에게 설계를 맡겨 재건되었다. 피엔차라는 이름도 비오 2세의 이름에서 유래된 것이다. 그러나 도시는 갑작스러운 비오 2세의 죽음으로 작업이 중단되었고 피엔차는 미완의 도시가 되었다. 하지만 비오 2세 광장과 피콜로미니 궁, 보르자 궁Borgia Palace 등의 건축물이 이곳에 남아 있다. 피엔차를 찾는 사람들의 대부분은 발 도르차Val d'Orcia 평원의 아름다운 광경을 눈에 담기 위해 이곳을 찾는다. 감탄과 탄성이 절로 나오는 발 도르차 평원의 진수를 제대로 즐길 수 있는 피엔차는 이탈리아 중부 여행에서 절대 놓쳐서는 안 되는 곳이다.

피엔차 여행 정보 www.pienza.org

관광 안내소

뮤렐로 문Porta al Murello 입구 오른쪽에 위치

🏠 Piazza Dante Alighieri, 18, 53026 Pienza SI, 이탈리아
🌐 ufficioturisticodipienza.it
📱 +39 0578 748359
🕐 월~일 09:00~13:00, 15:00~18:30

방문하기

산 퀴리코 도르차와 몬테풀치아노의 중간에 위치하고 있다. 발 도르차 평원의 중심 지역에 있어 인근의 소도시들을 방문하기에 좋은 위치에 자리 잡고 있다.

주요 도시별 최단 경로와 이동 시간은 다음과 같다.

거리 55km 도로 SR2
시에나 ➔ 피엔차
소요시간 1시간 10분~1시간 30분

거리 10km 도로 SP146
산 퀴리코 도르차 ➔ 피엔차
소요시간 15분~20분

거리 15km 도로 SP146
몬탈치노 ➔ 피엔차
소요시간 20분

ZTL

역사 지구 안쪽만 ZTL 보호구역으로 지정되어 있다. ZTL 구역 표시가 잘 되어 있다. 인근 주차장에 주차를 하고 도보로 관광을 하면 크게 신경 쓰지 않아도 된다.

주차장

피엔차는 성벽 주변에 주차장이 마련되어 있다. 추천 주차장은 가장 큰 주차장인 푼토 소스타 코뮤날레 Punto Sosta Comunale 주차장과 성벽 아래 전망대와 가까운 카셀로Via del Cassello Parking 주차장이다. 카셀로 주차장은 전망대와 피콜로미니 궁전 등 피엔차 랜드마크와 가장 가깝다. 하지만 주차공간이 적어서 아침에 가지 않는다면 주차하기 쉽지 않다. 안전한 주차장을 찾는다면 푼토 소스타 주차장을 이용한다. 이곳에서 피엔자 두오모까지는 약 5분 정도 소요된다.

푼토 소스타 코뮤날레 Punto Sosta Comunale

🅿 야외 공용주차장 🕐 08:00~22:00
€ 1시간 1.7€ 🏠 Via Mario Mencatelli, 40, 53026 Pienza SI, 이탈리아 📍 43.07760, 11.68059

비아 델 카셀로 파킹 Via del Cassello Parking

🅿 야외주차장 🕐 24시간 € 1시간 1.7€
🏠 Viale di Circonvallazione, 25, 53026 Pienza SI, 이탈리아 📍 43.076098, 11.680163

피엔차는 어느 곳에 주차를 하든 마을 중심으로 손쉽게 진입할 수 있다. 따라서 비오 2세 광장 주변을 먼저 둘러보고 전망대까지 둘러본 후 마을 구경을 해도 되고 마을의 시작점인 프라토 문부터 시작해서 주요 명소를 둘러보아도 된다.

| 주차장 | 도보 6분 ▶▶▶ | 프라토 문 | 도보 2분 ▶▶▶ | 피콜로미니 궁전 | 도보 1분 ▶▶▶ | 비오 2세 광장 & 두오모 |

도보 1분

최소 관광 시간

피엔차는 모든 랜드마크가 비오 2세 광장에 모여 있는 작은 마을이다. 마을 구경까지 포함하여 1~2시간 정도 할애하면 된다.

| 주차장 | 도보 6분 ◀◀◀ | 전망대 | 도보 2분 ◀◀◀ | 보르자 궁전 |

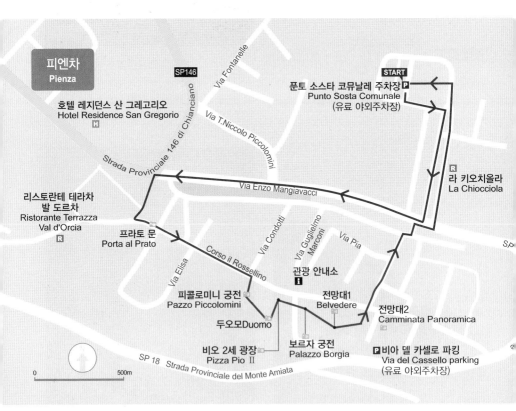

실전편 02 토스카나 평원과 중부 지역

비오 2세 광장 Piazza Pio II

피엔차를 재건한 교황 비오 2세를 기리기 위해 만든 사다리꼴 모양의 광장이다. 이곳에 피엔차의 주요 건축물들이 밀집해 있다. 광장 주변의 건축물은 대부분 1459년부터 1462년 사이 베르나르도 로셀리로가 디자인한 것이다. 광장에 위치한 시계탑 안에는 15세기에 그려진 성모 마리아와 아이, 그리고 피엔차의 귀족이라는 작품이 전시되어 있다.

🏠 Piazza Pio II, 2, 53026 Pienza SI, 이탈리아 📍 43.076518, 11.678906

두오모 Duomo

1459년 베르나르도 로셀리노Bernardo Rossellino에 의해 디자인되어 성모 마리아를 위해 헌납되었다. 원래 성당이 있던 자리에는 오래전 세워진 고대 로마네스크 성당이 있었다. 중앙에 있는 커다란 장미 모양의 스테인드글라스는 프랑스에서, 내부는 북유럽에서 영향을 받았다. 특히 교회에 전시된 작품 중에는 14세기 화가인 조반니 디 파올로, 마테오 디 조반니, 로렌초 디 피에트로 등의 그림이 있다. 지하실에는 이전 고대 로마네스크 성당의 조각상과 로셀리노의 세례 문구가 적혀 있다.

€ 무료 🏠 Piazza Pio II, 2, 53026 Pienza SI, 이탈리아
📍 43.076346, 11.678863

피콜로미니 궁전 Palazzo Piccolomini

비오 2세의 여름 별장으로 이용되었던 궁전으로 15세기에 지어진 건축물이다. 궁전을 디자인한 베르나르도 로셀리노Bernardo Rossellino는 피렌체의 루셀리아 궁전에서 영감을 받아 사임으로 이곳을 만들었다. 비오 2세의 명에 의해 르네상스풍으로 만들어진 이 궁전은 현재 박물관으로 개방되어 있다. 교황의 초상화는 물론 아름다운 침실과 15세기 벽난로, 천장, 가구, 그림, 태피스트리 등도 볼 수 있다.

🕐 10월 16일~3월 14일 10:00~16:30, 3월 15일~10월 15일 10:00~18:30, 매주 화 휴무 € 7€ 🏠 Piazza Pio II, 2, 53026 Pienza SI, 이탈리아
📍 43.076602, 11.678586

보르자 궁전 Palazzo Borgia

보르자 궁전은 교황 로드리고 보르자Rodrigo Borgia가 사용했던 궁전이다. 지금은 두오모 성당에서 나온 유물을 전시하는 곳으로 쓰인다.

🕐 3월~10월 월~일 10:30~18:30 매주 화 휴무, 11월~2월 토·일만 오픈 10:00~16:00
€ 4.5€ 🏠 Corso il Rossellino, 30, 53026 Pienza SI, 이탈리아
📍 43.076455, 11.679210

리스토란테 테라차 발 도르차 Ristorante Terrazza Val d'Orcia 구글평점 4/5

아름다운 발 도르차 평원을 조망하면서 식사를 할 수 있는 가족 경영 레스토랑이다. 가격도 비교적 저렴한 편이다. 맛과 분위기 서비스까지 모든 것이 빠지지 않는다. 구시가지에서 조금 걸어 이동해야 한다.
🍽 Pasta with Spicy Tomato and Garlic Sauce(마늘소스를 이용한 매운 토마토 파스타) / Filetto di Maiale in Crosta di Erbe Con Salsa Senape Antica (겨자 소스를 이용돤 돼지고기) 📞 +39 0578 749924 🏠 Via S. Caterina, 1/3, 53026 Pienza SI, 이탈리아 📍 43.077022, 11.676046

라 키오치올라 La Chiocciola 구글평점 4.3/5

구시가지 중심지에 위치한 레스토랑이다. 맛과 서비스가 우수하다. 식당뿐만 아니라 작은 B&B도 운영을 하고 있다.
🍽 Ravioli Crema di Tartufo e Pecorino(송로버섯 치즈로 요리한 이탈리아식 만두) / Filetto Alla Griglia con guanciale di cinta senese(돼지고기 목살 바비큐) 📞 +39 0578 748683 🏠 Via Mario Mencattelli, 2, 53026 Pienza SI, 이탈리아 📍 43.077574, 11.680896

피엔차의 추천 숙소

아그리투리스모 일 카살리노 Agriturismo Il Casalino ★★★ 구글평점 4.8/5

한국인들에게 사랑받는 농가 주택이다. 숙소의 바로 앞은 유명한 사진 포인트다. 일몰 시간이 다가오면 많은 사람들이 사진을 찍으러 모여들 정도로 주변 풍광이 멋있다. 취사 가능 시설이 완비되어 있고 주차 또한 편리하다. 인근에 영화 《글래디에이터》의 엔딩 장면이 촬영된 사이프러스 길이 있다.
🅿 호텔 내 무료 € 1박 기준 : 100€ (일반 더블룸) ⊕ www.agriturismoilcasalino.it
🏠 Via Podere Casalino, 33, 53026 Pienza SI, 이탈리아 📍 43.067241, 11.673666

아그리투리스모 일 마치오네 Agriturismo Il Macchione ★★★ 구글평점 4.6/5

18세기에 만들어진 농가 건물로 전체가 하나의 성처럼 보인다. 이탈리아 농가 숙소답게 고풍스러운 느낌을 받을 수 있으며 따뜻한 서비스도 느낄 수 있다. 내부 인테리어와 소품은 고급스럽게 꾸며졌다. 피엔차 시내에서는 조금 떨어져 있지만 자동차 여행자들에게는 큰 문제가 되지는 않는다.
🅿 호텔 내 무료 € 1박 기준 : 100€ (일반 트윈룸) ⊕ www.fattoriafregoli.it 🏠 SP71, 53026 Pienza SI, 이탈리아
📍 43.092221, 11.659149

호텔 레지던스 산 그레고리오 Hotel Residence San Gregorio ★★★ 구글평점 4.5/5

피엔차 시내와 가까우면서도 자체 주차장을 보유하고 있다. 자동차 여행자들에게 적합한 호텔이다. 가격대에 비해 깔끔하고 훌륭한 시설을 보유하고 있다. 아름다운 피엔차의 전경을 보기에도 좋다.
🅿 호텔 내 무료 € 1박 기준 : 80€ (일반 트윈룸) ⊕ www.sangregorioresidencehotel.it
🏠 Via della Madonnina, 4, 53026 Pienza SI, 이탈리아 📍 43.077992, 11.676737

산 지미냐노

탑들의 도시라 불리는 산 지미냐노의 풍경은 여느 토스카나 소도시 풍경과는 사뭇 다른 인상을 준다. 마을 전체가 세계문화유산이기도 한 산 지미냐노는 13~14세기 무렵 중세 유럽의 순례길로 번영을 누렸던 곳이다. 탑들은 모두 이 시기에 집중적으로 건축되었다. 탑들은 당시 이곳을 지배하던 귀족들이 자기 가문의 부와 권력을 과시하기 위해 세우기 시작하였다. 최대 72개까지 되었으나 현재는 14개만 남아 있다. 산 지미냐노에는 탑 못지않게 유명한 명소가 하나 더 있다. 바로 젤라토 월드 챔피언 가게인 젤라테리아 돈도리Gelateria Dondoli이다. 주말에 방문한다면 두오모 성당과 광장에서 열리는 산 지미냐노만의 독특한 결혼식 풍경을 구경할 수 있을지도 모른다.

산 지미냐노 여행 정보 www.sangimignano.com

관광 안내소

두오모 광장 내 위치

🕐 월~일 10:00~13:00, 15:00~19:00 📱 +39 0577 940008
🏠 Piazza Duomo, 1, 53037 San Gimignano SI, 이탈리아

방문하기

산 지미냐노는 시에나와 피렌체 사이에 위치하고 있다. 인근에 '체르탈도'라는 소도시도 있다.

주요 도시별 최단 경로와 이동 시간은 다음과 같다.

거리 49km **도로** Raccordo Autostradale Firenze

 소요시간 50분~1시간

시에나 → 산 지미냐노

거리 58km **도로** Raccordo Autostradale Firenze

소요시간 1시간 15분 ~ 1시간 30분

피렌체 → 산 지미냐노

ZTL

성벽 안쪽은 모두 ZTL 구역으로 지정되어 있다. 성벽 바깥쪽에 주차를 하게 되어 있어 크게 신경 쓰지 않아도 된다.

주차장

성벽 바깥쪽에 주차장들이 여러 군데 있다. 추천 주차장은 산 조반니 문 근처의 공용주차장이다. 이곳에서 산 조반니 문Porta San Giovanni까지는 도보로 3분이 채 걸리지 않는다.

파르케지오 2 몬테마지오
Parcheggio 2 Montemaggio

🅿 야외 공용주차장 🕐 24시간 € 1시간 2€
🏠 Via dei Fossi, 1, 53037 San Gimignano SI, 이탈리아
📍 43.464657, 11.041445

산 지미냐노의 관광은 산 조반니 문에서부터 시작하여 차스테르나 광장까지 쭉 올라갔다 내려오면 된다. 그만큼 길이 단순하고 동선이 직선 코스라 복잡하지 않다. 주요 랜드마크도 차스테르나 광장 인근에 모여 있어 계속 걷는 관광이 아닌 쉼표가 있는 여행이 가능하다. 광장까지는 약간의 오르막길인데 도착하고 나면 이탈리아 최고의 젤라토라고 불리는 돈도리 가게가 있으니 달콤한 젤라토 한 스푼으로 피로를 날려버리자.

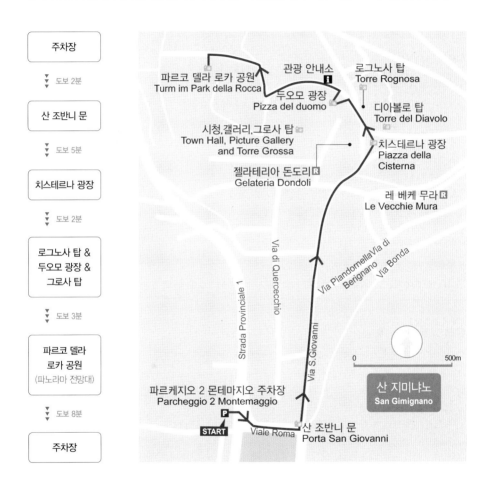

주차장

▼ 도보 2분

산 조반니 문

▼ 도보 5분

치스테르나 광장

▼ 도보 2분

로그노사 탑 &
두오모 광장 &
그로사 탑

▼ 도보 3분

파르코 델라
로카 공원
(파노라마 전망대)

▼ 도보 8분

주차장

최소 관광 시간
산 지미냐노는 작은 곳이다. 주요 관광지들은 최소 2~3시간 정도면 둘러볼 수 있고 반나절 정도 할애하면 충분히 볼 수 있다.

치스테르나 광장 Piazza della Cisterna

아름다운 삼각형 모양의 광장이다. 다양한 레스토랑과 젤라토 매장이 들어서 있다. 광장에는 악마의 탑이라고 불리는 토레 델 디아볼로Torre del Diavolo가 있다. 탑의 주인이 오랫동안 여행을 다녀온 후 이상하게도 탑의 높이가 높아졌다고 한다. 사람들은 이것이 악마 때문이라고 생각했고, 그 후 이 탑을 악마의 탑이라 불렀다. 광장 중앙에는 13세기에 만들어진 우물이 있는데, 우물의 계단은 여행자들의 쉼터로 인기 있다.

🏠 Piazza Della Cisterna, 23, 53037 San Gimignano SI, 이탈리아 📍 43.467444, 11.043654

두오모 광장 Piazza del duomo

산 지미냐노의 정치, 경제, 문화의 중심으로 주요 건축물들이 이곳에 모여 있다. 로마네스크 양식과 화려한 프레스코화로 장식된 두오모 성당을 비롯해 인포메이션 센터가 있는 시립박물관Musei Civici, 산 지미냐노에서 가장 높은 탑인 토레 그로사Tore Grossa, 산 지미냐노 시장의 거처로 사용했던 포데스타 궁전Palazzo del Podesta, 1500년대까지 감옥으로 사용됐던 토레 료노사Tore Rognosa, 포폴로 궁전Palazzo del Popolo 등이 있다.

🕐 월~금 10:00~19:30, 토 10:00~17:00, 일 12:30~19:30
€ 통합권 13€ 🏠 Piazza Duomo, 8, 53037 San Gimignano SI, 이탈리아
📍 43.467805, 11.043163

포폴로 궁전과 시립박물관
🕐 4월~9월 09:00~19:00, 10월 09:30~17:30, 11월~2월 11:00~17:30, 3월 10:00~17:30

토레 그로사 Torre Grossa

1311년에 만들어진 탑으로 높이가 54m 된다. 산 지미냐노에서 가장 높은 탑이다. 내부 계단을 통해 꼭대기에 오르면 아기자기한 중세 도시의 전경이 펼쳐진다. 포도밭과 올리브밭, 그리고 전형적인 토스카나의 구릉지가 만들어낸 그림 같은 자연을 볼 수 있다. 계단을 오르기 부담스러운 사람이면 근처에 있는 산 지미냐노 요새 파르코 델라 로카Parco della Rocca를 오르는 것도 좋다.

🕐 4월 1일~10월 31일 10:00~19:30, 11월 1일~3월 31일 11:00~17:30 € 통합권 13€

1 전망대에서 바라본 산 지미냐노 2 산 지미냐노의 독특한 결혼식 풍경

레 베키에 무라
Le Vecchie Mura **구글평점** 4.5/5

환상적인 풍경을 보면서 식사 할 수 있는 곳이다. 저녁 시간(18:00 ~22:00)에만 문을 연다. 너무 늦은 시간에 가면 풍경을 볼 수 없다.
🍽 Filetto All'aceto Balsamico(발사믹 소스 스테이크) / Osso Buco in Umido(송아지 정강이 요리)
📱 +39 0577 940270
🏠 Via Piandornella, 15, 53037 San Gimignano SI, 이탈리아
📍 43.466939, 11.044849

젤라테리아 돈도리
Gelateria Dondoli **구글평점** 4.6/5

이탈리아 내에서 가장 유명한 젤라토 매장 중 하나다. 젤라토 월드 챔피언을 2회나 수상했다. 산 지미냐노에 온다면 반드시 들러야 하는 곳이다. 낮 시간에는 늘 관광객들로 붐빈다. 계절마다 젤라토 종류는 바뀌지만 무엇을 시켜도 최고의 맛을 보여준다.
🏠 Piazza Della Cisterna, 4, 53037 San Gimignano SI, 이탈리아
📍 43.467424, 11.043349

쿰 쿠이부스 Cum Quibus
구글평점 4.7/5

구시가지 중심에 위치한 로컬 레스토랑이다. 관광객들뿐만 아니라 현지인에게도 인기가 좋다. 미슐랭 가이드 원스타를 받은 소문난 맛집이다. 3가지 코스요리가 있다. 코스요리를 먹기 위해서는 사전 예약이 필수다.
🍽 5개 코스 85€, 7개 코스 105€, 9개 코스 115€ 📱 +39 0577 943199
🏠 Via S. Martino, 17, 53037 San Gimignano SI, 이탈리아
📍 43.470048, 11.041810

산 지미냐노의 추천 숙소

아그리투리스모 모르모라이아 Agriturismo Mormoraia **구글평점** 4.8/5

산 지미냐노에서 차량으로 10분 정도 가면 나오는 농가 숙소이다. 위치, 풍경, 시설, 서비스 등 어느 것 하나 부족하지 않다. 토스카나의 풍경을 보면서 수영할 수 있다. 자체 운영하는 식당과 사우나 시설도 갖추고 있다.
🅿 호텔 내 무료 € 1박 기준 : 150€ (일반 트윈룸) 🌐 www.mormoraia.it
🏠 Località S. Andrea, 53037 San Gimignano SI, 이탈리아
📍 43.501988, 11.052622

B&B I Coppi **구글평점** 4.5/5

토스카나 풍경을 감상할 수 있는 테라스를 가지고 있다. 산 지미냐노에서 도보로 이동이 가능하다. 친절한 서비스와 맛있는 조식을 제공한다. 많은 여행자들에게 인기가 좋은 편이다.
🅿 호텔 내 무료 € 1박 기준 : 80€ (일반 트윈룸) 🌐 www.icoppi.com/en
🏠 Via Dante, 12, 53037 San Gimignano SI, 이탈리아
📍 43.471174, 11.035446

몬테풀치아노

Montepulciano

토스카나 소도시 중 가장 높은 곳에 위치한 몬테풀치아노는 르네상스풍의 멋진 건물이 많은 중세마을이다. 이탈리아 최고 품종에 속하는 몬테풀치아노 포도로 만든 레드 와인인 '비노 노빌레 디 몬테풀치아노Vino Nobile di Montepulciano'로 유명하다. 와인에 큰 관심이 없는 사람들에게는 생소한 곳일 수 있지만 영화 트와일라잇의 시리즈인 《뉴 문》을 촬영한 장소로도 잘 알려져 있다. 특히 몬테풀치아노는 해발 605m 고지대에 위치하고 있어서 뛰어난 전망을 자랑한다. 구석구석 연결된 골목길을 따라가다 보면 어느 곳에서든 아름다운 토스카나 풍경을 마주할 수 있다. 유명 맛집에서 와인과 함께 즐기는 다양한 특산요리는 여행을 더욱 풍요롭게 해줄 것이다.

몬테풀치아노 여행 정보 www.prolocomontepulciano.it

관광 안내소

마을 입구 P1 주차장 안에 위치

🕐 월~일 9:00~13:00 / 15:00~19:00 📞 +39 0578 757341
🏠 Minzoni G. (Piazza), 53045 Montepulciano SI, 이탈리아

방문하기

몬테풀치아노는 피엔차Pienza와 가깝다. 두 곳을 함께 당일치기로 여행하는 경우가 많다.

거리 14km 도로 SP146
피엔차 🚗 ▶ 몬테풀치아노
소요시간 20분

ZTL

성벽 안쪽은 모두 ZTL 구역으로 일반 차량은 들어갈 수 없다. 성벽 바깥 쪽에 주차를 하고 도보로 관광해야 하기 때문에 크게 신경 쓰지 않아도 된다.

주차장

주차장은 성벽을 따라서 P1부터 P8까지 주차장이 곳곳에 마련되어 있다. 가장 많이 이용하는 주차장은 관

광 안내소가 있는 P1 주차장이다. 이곳에 주차를 한 후 관광 정보를 얻고 프라토의 문(포르타 알 프라토, Porta al Prato)을 통해 마을로 진입하면 된다.

P1 주차장

🅿 실외 공용주차장 € 1시간 1.5€
🏠 Piazza Don Giovanni Minzoni, 53045 Montepulciano SI, 이탈리아 📍 43.097891, 11.7850

> **TIP** 주차장이 다소 협소한 편이다. 한낮에는 빈 자리를 찾기 어려울 수 있다.

*나머지 주차장들은 구글 지도에서 쉽게 위치를 확인할 수 있다. 만차를 대비해 2~3군데 주차장 위치를 파악해 두는 것이 좋다.

몬테풀치아노는 매우 높은 지역에 위치한 성벽 도시이다. 프라토 문에서부터 시작하여 그란데 광장까지 이동하면서 관광을 하면 된다. 그런데 광장까지 오르는 길은 토스카나 인근 소도시 중에서도 가장 경사가 높은 편이다. 따라서 한여름에 방문한다면 쉽게 지칠 수 있기 때문에 미니 투어버스를 이용하여 올라가는 것이 좋다.

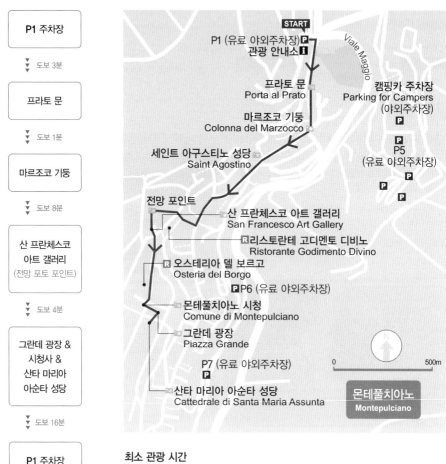

P1 주차장

↓ 도보 3분

프라토 문

↓ 도보 1분

마르조코 기둥

↓ 도보 8분

산 프란체스코 아트 갤러리
(전망 포토 포인트)

↓ 도보 4분

그란데 광장 & 시청사 & 산타 마리아 아순타 성당

↓ 도보 16분

P1 주차장

최소 관광 시간
몬테풀치아노 주요 관광지들은 두 시간 정도면 충분히 둘러볼 수 있다.

TIP 주차장에서 그란데 광장까지 오르막길을 한참 걸어야 한다. 미니 투어 버스가 운행되니 더운 여름에는 타고 가는 게 좋겠다(40분 코스 / 성인 8€, 아이 6€)
자세한 정보는 홈페이지(www.montepulcianocitytour.it) 참고

그란데 광장 Piazza Grande

몬테풀치아노의 중심이 되는 광장이다. 17세기에 만들어진 로마네스크 양
식의 두오모 성당이 있다. 르네상스 스타일의 15세기 고딕 양식 탑을 가지
고 있는 시청사와 코무날레 궁전도 볼 수 있다. 특히 이곳은 영화 《뉴 문》
의 촬영 장소로 이용되었던 곳이다.

🏠 Piazza Grande 53045 Montepulciano SI, 이탈리아
📍 43.092882, 11.780812

리씨 거리 Via Ricci

도시를 관통하는 메인 거리다. 다양한 기념품을 살 수 있다. 상점과 레스
토랑 와인 전문 매장들이 들어서 있다. 몬테풀치아노를 대표하는 와인은
비노 노빌레 디 몬테풀치아노Vino Nobile di Montepulciano다. 과거 귀족에
게 공급되었다는 고급 와인을 구입하고 싶다면 이곳에 있는 매장들을 방
문하면 된다.

🏠 Via Ricci 53045 Montepulciano SI, 이탈리아 📍 43.093594, 11.780886

1 리씨 거리 **2** 산 프란체스코 아트 갤러리San Francesco Art Gallery 오르막길. 이곳
을 오르면 유명한 전망 포인트를 만날 수 있다.

전망 포인트

몬테풀치아노에는 유명한 전망 포인트가 있다. 이곳에서 보는 토스카나풍 가옥들과 어우러진 평원의 풍경은 매우 아
름답다. 전망 포인트는 산 프란체스코 광장Piazza di S.Francesco에 위치해 있는데 마을을 다니다가 발견하기는 쉽지
않다. 아래 좌표나 주소를 구글 지도에 입력하고 찾아가는 것이 좋다. 특히 이곳 전망 포인트에서 보는 노을은 너무
나도 아름답다.

사진 속 전망 포인트 위치 🏠 Piazza di S. Francesco, 5-2 53045 📍 43.094480, 11.780813

오스테리아 델 보르고

Osteria del Borgo 구글평점 4.5/5

14세기에 완공된 건물에 위치한 로컬 레스토랑으로 그란데 광장에 있다. 관광객은 물론 현지인들에게도 인기가 많다. 토스카나의 노을을 보면서 식사할 수 있는 테라스가 있는데 예약은 필수로 해야 한다.

☏ Tagliata Alle Erbe Aromatiche(로즈마리와 곁들인 채끝 등심) / Bistecca Fiorentina(티본 스테이크)

📱 +39 0578 716799 🏠 Via Ricci, 5, 53045 Montepulciano SI, 이탈리아 📍 43.093151, 11.780770

리스토란테 고디멘토 디비노

Ristorante Godimento Divino 구글평점 4.3/5

독특한 스타일의 인테리어를 느낄 수 있는 곳이다. 고딕 양식의 아치가 그대로 노출되어 있다. 마치 동굴 레스토랑에서 식사를 하는 느낌이다. 토스카나 전경을 감상할 수 있는 야외 테라스도 마련되어 있다. 서비스와 맛 또한 좋은 편이다.

📱 +39 0578 716183

🏠 Via della Stamperia, 3, 53045 Montepulciano SI, 이탈리아 📍 43.094305, 11.781367

몬테풀치아노의 추천 숙소

아그리투리스모 라 코르테 델 카발리에리노 Agriturismo La Corte del Cavalierino 구글평점 4.8/5

몬테풀치아노에서 차량으로 10분 정도 떨어진 곳에 있는 농가 주택이다. 몬테풀치아노 전경을 한눈에 볼 수 있고 특히 노을이 아름답다. 2인실부터 취사 가능시설이 구비된 패밀리룸까지 다양한 객실을 보유하고 있다. 조식을 따로 준비해주지 않지만 직접 만든 케이크와 과자 등을 준다.

🅿 숙소 내 무료 € 1박 기준 : 150€ (일반 트윈룸)
🌐 www.agriturismocortecavalierino.it 🏠 Via di Poggiano, 6, 53045 Montepulciano SI, 이탈리아 📍 43.096002, 11.747510

살케토 와인하우스 Salcheto WineHouse 구글평점 4.4/5

허니문 관광객에게 추천해주고 싶은 로맨틱한 농가 주택이다. 야외에 개별로 이용할 수 있는 나무 욕조가 마련되어 있다. 야간에 토스카나의 별을 보면서 낭만적인 시간을 가질 수 있다.

🅿 호텔 내 무료 € 1박 기준 : 150€ (일반 트윈룸) 🌐 www.salcheto.it/le-suite
🏠 Via Villa Bianca, 15, 53045 Montepulciano SI, 이탈리아
📍 43.084978, 11.799307

몬탈치노

몬탈치노는 토스카나 언덕 위 웅장한 성채Fortezza가 인상적인 도시다. 토스카나의 대표적인 와인 산지 중 하나이기도 하다. 와인 애호가들에게 널리 알려진 반피Banfi로 유명한 브루넬로 디 몬탈치노Brunello di Montalcino의 생산지가 이곳에 있다. 마을 안에는 브루넬로 디 몬탈치노 와인을 맛볼 수 있는 에노테카Enoteca가 곳곳에 있고 인근에는 카스텔로 반피Castello Banfi 와이너리뿐 아니라 유명한 페루치오 비온디 산티Ferruccio Biondi Santi 와이너리도 있다. 와인의 도시답게 와이너리 투어를 위한 방문객이 많으며 한국인 방문객도 매년 늘어나고 있다. 몬탈치노는 가리발디 광장Piazza Giuseppe Garibaldi 과 포폴로 광장Piazza del Popolo 을 중심으로 마을을 둘러보는 게 전부다. 와인에 큰 관심이 없는 사람들이라면 다소 심심할 수도 있다. 하지만 그 심심함조차 매력적인 곳이 바로 몬탈치노라 할 수 있다.

몬탈치노 여행 정보 www.prolocomontalcino.com

관광 안내소

가리발디 광장 내 위치

🕐 월~일 10:00~13:00, 14:00~18:00

📱 +39 0577 849331 🏠 Costa del Municipio, 1, 53024
Montalcino SI, 이탈리아

방문하기

몬탈치노는 산 퀴리코 도르차San Quirico d'Orcia와 인
접해 있고 SR2 도로를 따라 이동하면 도착한다. 이동
중에 유명한 사이프러스 나무 서클을 볼 수 있는 뷰포
인트를 만날 수 있다.

주요 도시별 최단 경로와 이동 시간은 다음과 같다.

ZTL

구도심 안쪽은 모두 ZTL 구역으로 지정되어 있다. 성
벽 바깥쪽에 주차하면 크게 신경 쓰지 않아도 된다.

주차장

몬탈치노 주차장은 크게 3군데가 있다. 이곳 중 한 곳
에 주차를 하고 마을을 관광하면 된다.

파킹 피아찰레 포르테차 Parking Piazzale Fortezza

🅿 야외 공용주차장 🕐 08:00~20:00 € 1시간 1.5€
🏠 Piazzale Fortezza, 5, 53024 Montalcino SI, 이탈리
아 📍 43.056572, 11.490182

> **TIP** 출차 시에는 자칫하면 ZTL인 마을 안쪽으로 들
> 어갈 수 있다. 가리발디 광장까지는 카메라가 없어서
> 단속은 되지 않지만 광장에서 바로 돌아나가야 한다.

이스타시오나멘투 Estacionamento

🕐 08:00~20:00 € 1시간 1.6€ 🏠 Via Aldo Moro, 5,
53024 Montalcino SI, 이탈리아 📍 43.055996,
11.487648

파르케지오 비알레 스트로치
Parcheggio Viale Strozzi

🅿 야외주차장 🕐 08:00~20:00 € 1.6€
🏠 Via Pietro Strozzi, 53024 Montalcino SI, 이탈리아
📍 43.058459, 11.486453

타베르나 델 그라폴로 블루 Taverna del Grappolo Blu

몬탈치노 성채 앞 주차장에서부터 관광을 시작하면 된다. 가리발디 광장에서부터 피에리 궁전까지 마을을 한 바퀴 돌아오면서 몬탈치노의 정취를 즐기는 게 좋다.

| 주차장 & 성채 | 도보 3분 ▶▶▶ | 가리발디 광장 | 도보 1분 ▶▶▶ | 포폴로 광장 & 프리오리 궁전 | 도보 1분 ▶▶▶ | 그라폴로 블루 레스토랑 입구 (와인 간판 있는 계단길) |

도보 4분 ▼

최소 관광 시간

몬탈치노 주요 관광지들은 한 두 시간이면 모두 둘러볼 수 있다.

| 주차장 | 도보 2분 ◀◀◀ | 성 아우구스티노 성당 & 피에리 궁전 | 도보 2분 ◀◀◀ | 구세주 성당 |

몬탈치노
Montalcino

0 _____ 500m

그라폴로 블루 전망포인트
Taverna del Grappolo Blu

Via Cialdini Costa Spagni

구세주 성당
Cathedral of the Holy Savior

포폴로 광장
Piazza del Popolo

ℹ️인포메이션

파르케지오 비알레 스트로치
Parcheggio Viale Strozzi
(야외주차장)

프리오리 궁전
Palazzo dei Priori

산 아고스티노 몬탈치노 성당
Sant'Agostino, Montalcino

라파치오
L'Affaccio

Via Pietro Strozzi

Viale della Liberta

가리발디 광장
Piazz Garibaldi

오스테리아 포르타 알 카세로
Osteria Porta Al Cassero

START
🅿️

에스타슈나메인토
Estacionamento
(야외주차장)🅿️

파킹 피아찰레 포르테차
Parking Piazzale Fortezza
(야외주차장)

몬탈치노 요새
Fortezza di Montalcino

TIP 토스카나 소개 영상과 몬탈치노 소개 책자에 빠지지 않고 나오는 골목 계단 레스토랑이 있다. 그라폴로 블루 레스토랑 간판을 배경으로 펼쳐진 토스카나 평원을 찍는 포토 포인트가 유명하다. 맛집으로도 유명하니 한번 들러볼 것.
업체명 Taverna del Grappolo Blu
📍 43.059033, 11.489772

몬탈치노 요새 Fortezza di Montalcino

몬탈치노에 들어서면 바로 만날 수 있다. 한 번도 함락된 적이 없는 난공불락의 요새로 유명하다. 지금은 마을의 주요 축제와 매년 7월에 열리는 유명한 재즈 와인 페스티벌과 같은 특별한 행사를 위한 장소로 사용된다. 성채에 오르면 아름다운 토스카나의 풍경과 도시의 전경을 볼 수 있다. 성채 내부에 유명한 와인 바가 있다.

🕐 09:00~20:00 € 성벽 전망대 입장료 4€
🏠 Via Ricasoli, 54, 53024 Montalcino SI, 이탈리아
📍 43.056066, 11.489757

프리오리 궁전 Palazzo dei Priori

포롤로 광장 한쪽에 시계탑과 함께 우뚝 솟아 있는 궁전이다. 13세기 초 건설될 당시 몬탈치노의 정치적 중심이 되었던 곳이다. 궁전에는 도시 통치자(포데스타)의 갑옷이 보관되어 있다. 현재는 시청사로 사용되고 있다.

🕐 09:00~17:30, 매주 일 휴무 🏠 Costa del Municipio, 2, 53024 Montalcino SI, 이탈리아 📍 43.058159, 11.490106

구세주 성당 Cathedral of the Holy Savior

최초 성당은 1,000년경에 세워졌다. 종탑은 18세기에 추가로 설치되었고 19세기에 지금의 모습으로 완성되었다. 성당 내부에는 예수와 세례 요한, 천사 등을 주제로 한 다양한 그림과 조각들이 전시되어 있다.

€ 무료 🏠 Via Spagni, 28, 53024 Montalcino SI, 이탈리아 📍 43.058733, 11.487696

리스토란테 디 포지오 안티코 Ristorante di Poggio Antico 구글평점 4.5/5

몬탈치노에서 차량으로 10분 거리에 있으며, 와이너리에서 운영하는 레스토랑이다. 와이너리 최고의 풍경을 바라보며 식사할 수 있는 곳이다. 토스카나 전통 요리를 최고급 와인과 함께 먹을 수 있다. 또한 와인을 시음할 수 있는 자체 투어도 운영 중이다.

☕ 다양한 와인을 함께 즐길 수 있는 세 가지 코스 요리가 준비되어 있다(1인 65€, 75€, 85€). ☐ +39 0577 846116 ⌂ Via Soccorso Saloni, 21 53024 Montalcino SI 이탈리아 ♀ 43.017825, 11.473586

오스테리아 포르타 알 카세로 Osteria Porta Al Cassero
구글평점 4.5/5

시내 중심에 위치한 로컬 레스토랑이다. 워낙 작은 식당이라서 관광객보다는 현지인들이 더 많은 곳이다. 다양한 파스타 종류를 취급한다. 내부로 들어서면 흰색 벽, 천장의 나무 대들보, 그리고 아치형의 벽돌을 보게 된다.

☕ Pappa al Pomodoro(토마토, 마늘, 양파 등이 들어간 수프), Scottiglia di Cinghiale(이탈리아식 돼지고기 요리) ☐ +39 0577 847196
⌂ Via Ricasoli, 32 53024 Montalcino SI 이탈리아 ♀ 43.056859, 11.489318

몬탈치노의 추천 숙소

라파치오 L'Affaccio 구글평점 5/5

고풍스러운 외관과 깔끔한 분위기의 객실이 여행자들을 사로잡는다. 몬탈치노 시내에 위치해서 관광이 편리하다. 주차장에서 조금 먼 것이 단점이다.

🅿 호텔 인근 주차장 무료 ☐ 1박 기준 : 200€ (일반 트윈룸)
⌂ 19, Piazza Giuseppe Garibaldi, 53024 Montalcino SI, 이탈리아
♀ 43.057641, 11.490342

카스텔로 반피 일 보르고 Castello Banfi il Borgo ★★★★★
구글평점 4.7/5

12세기에 만들어진 성을 호텔로 개조했다. 브르넬로 디 몬탈치노 와인을 생산하는 반피Banfi 와이너리에서 운영하는 호텔이다. 들어서는 순간 고풍스러운 고성의 모습에 매료된다. 반피에서 생산되는 최고급 와인을 시음할 수 있다.

🅿 호텔 내 무료 € 1박 기준 : 350€ (일반 트윈룸)
⊕ www.castellobanfiilborgo.com ⌂ Castello di Poggio alle Mura, 53024 Montalcino SI, 이탈리아 ♀ 42.980635, 11.400603

산 퀴리코 도르차

San Quirico d'Orcia

산 퀴리코 도르차San Quirico d'Orcia는 발 도르차Val d'Orcia 평원 한가운데 자리 잡고 있는 작은 마을이다. 이 지역은 일반 여행객들에게 잘 알려지지 않은 곳이다. 하지만 사진작가들에게는 토스카나 지역의 출사지로 유명한 곳이다. 우리를 감탄하게 한 토스카나 풍경 사진들은 대부분 산 퀴리코 도르차 인근에서 촬영된 것이라고 해도 과언이 아니다. 성벽으로 둘러싸인 구도심 안에는 콜레지아타 데이 산 퀴리코 성당Collegiata dei Santi Quirico e Giulitta, 산타 마리아 아순타 교회Chiesa di Santa Maria Assunta, 이탈리아 정원인 호르티 레오니Horti Leonini 등의 볼거리가 있다. 산 퀴리코 도르차는 마을을 보러 온다기보다는 마을 주변의 풍광과 유명한 포토 포인트를 찾아서 오는 경우가 대부분이다. 어느 곳을 찍어도 감탄이 절로 나오는 풍경이기 때문에 누구나 인생 사진을 건질 수 있다. 설령 사진작가들처럼 멋진 사진을 찍을 수 없더라도 사진 속 포인트를 직접 보는 것만으로도 인생의 큰 선물을 받은 것처럼 만족스러울 것이다. 놓치면 반드시 후회할 만한 곳이다.

산 퀴리코 도르차 여행 정보 www.comunesanquirico.it

관광 안내소

산 퀴리코 도르차 마을 시청에 위치

☐ +39 0577 899724 🏠 Piazza Chigi, 4A, 53027 San Quirico d'Orcia SI, 이탈리아

방문하기

산 퀴리코 도르차는 토스카나 평원 출사 여행의 베이스캠프 도시다. 인근에 피엔차Pienza, 몬탈치노 Montalcino, 반뇨비뇨니Bagno Vignoni, 몬테폴차노 Montepulciano와 가깝고 피엔차와 몬탈치노의 중간에 위치하고 있다. 시에나에서는 남동쪽으로 약 1시간 정도 거리다. 시에나를 거점 도시로 삼았다면 당일치기로 인근 도시들과 더불어 충분히 다녀올 수 있다.

주요 도시별 최단 경로와 이동 시간은 다음과 같다.

거리 45km **도로** SR2

| 시에나 | 🚗 ············· ▶ | 산 퀴리코 도르차 |

소요시간 50분~1시간

거리 10km **도로** SP146

| 피엔차 | 🚗 ············· ▶ | 산 퀴리코 도르차 |

소요시간 12~15분

거리 14km **도로** SP14와 SR2

| 몬탈치노 | 🚗 ············· ▶ | 산 퀴리코 도르차 |

소요시간 15분~20분

ZTL

마을의 성벽 안쪽은 ZTL 구역으로 지정되어 있다. 성벽 안쪽으로 들어가지만 않는다면 크게 신경 쓰지 않아도 된다.

주차장

마을 바깥쪽으로 카푸치니 문Porta ai Cappuccini 근처에 무료 공용주차장이 있다. 마을 안쪽으로는 성벽 밑에 무료 주차장들이 있다.

카푸치니 문 인근 무료 공용주차장

파르케지오 퍼블리코 Parcheggio Pubblico

🅿 야외주차장
🕐 24시간
🏠 53027 San Quirico d'Orcia SI, 이탈리아
📍 43.061267, 11.604505

퍼블릭 파킹 비아 데이 포시
Public Parking Via dei Fossi

🅿 야외주차장
🕐 24시간
🏠 Via dei Fossi, 12-14, 53027 San Quirico d'Orcia SI, 이탈리아
📍 43.058802, 11.606716

1 카푸치니 문 2 클레지아타 디 산 퀴리코 성당 3 산타 마리아 아순타 교회 4 호르티 레오니

산 퀴리코 도르차 추천 루트

산 퀴리코 도르차는 호르티 레오니 정원을 제외하면 큰 볼거리가 있는 곳은 아니다. 동네를 산책한다는 느낌으로 발길 닿는 대로 다니면 되는 곳이다.

| 주차장 | 도보 3분 ▶▶▶ | 산타 마리아 아순타 교회 | 도보 8분 ▶▶▶ | 콜레지아타 디 산 퀴리코 성당 | 도보 3분 ▶▶▶ | 호르티 레오니 정원 | 도보 5분 ▶▶▶ | 주차장 |

최소 관광 시간

마을의 주요 관광지를 둘러보는 데에는 한 시간이면 충분하다.

산 퀴리코 도르차 마을 인근에는 멋진 토스카나의 사진 포인트들이 있다. 마을 중심에서 자동차로 5분 정도만 나가면 토스카나를 대표하는 사진으로 많이 알려진 포데레 벨베데레 발 도르차Podere Belvedere Val D'orcia 농장의 전경을 감상할 수 있다. 그곳에서 2분 거리에는 글래디에이터의 집으로 알려진 제나 보르 보리니 마리아 에바Genna Borborini Maria Eva 농장의 전경을 볼 수 있는 포인트가 나온다. 이 밖에도 아름다운 르네상스풍의 교회인 비탈레타 교회(차펠 비탈레타Chapel Vitaleta)가 바로 인근에 자리 잡고 있다. 유명한 산 퀴리코의 사이프러스 나무 풍경도 자동차로 6분 정도 이동하면 만날 수 있을 정도로, 산 퀴리코 도르차 마을은 토스카나 뷰포인트의 중심지다.

1 차펠 비탈레타 **2** 산 퀴리코의 사이프러스 나무 **3** 포데레 벨베데레 **4** 산 퀴리코 도르차 인근 풍경

리스토란테 트라토리아 토스카나 '알 베키오 포르노'

Ristorante Trattoria Toscana 'Al Vecchio Forno'

구글평점 4.3/5

호텔에서 운영하는 로컬 식당이다. 구시가지 중심에
자리 잡고 있다. 이곳의 고급스러운 분위기와 인테리
어는 먹는 즐거움뿐만 아니라 머무는 즐거움도 선사한
다. 특히 야외 정원의 분위기는 중세시대로 시간 여행
을 온 듯 착각을 불러일으킨다. 음식 맛도 좋기로 정
평이 나 있는 곳이다.

📱 +39 0577 897380 🏠 Via della Piazzola, 8, 53027 San
Quirico d'Orcia SI, 이탈리아 📍 43.059820, 11.604739

일 가리발디 Il Garibaldi **구글평점** 4.3/5

시내에서 조금 떨어진 곳에 있다. 최상의 재료를 가지
고 가장 토스카나다운 맛을 내는 레스토랑이다. 다양
한 해물 파스타에서부터 고기요리, 피자까지 모두 다
맛볼 수 있다. 분위기보다는 실속과 맛을 추구하는 여
행자들에게 추천한다.

🍴 Tortelli ripieni di Gamberi e Capesante in vellutata
di Pomodorini Ciliegini e spuma di Bufala(새우 송로버
섯 토마토 파스타) 🏠 SR2, 17A, 53027 San Quirico
d'Orcia SI, 이탈리아 📍 43.059599, 11.608705

아그리투리스모 칸타갈리

Agriturismo Cantagalli **구글평점** 4.7/5

마을과 가까워 아름다운 산 퀴리코 도르차를 즐기기에
는 최적의 장소다. 전형적인 농가 호텔로, 친절한 서
비스와 저렴한 가격이 매력적이다. 시설도 비교적 잘
관리되고 있어 투숙객들의 만족도가 높다. 흔들의자
에 앉아 바라보는 노을은 이 호텔이 주는 또 다른 선
물이다.

🅿 호텔 내 무료 € 1박 기준 : 80€(일반 트윈룸)
🏠 Str. di Ripa d'Orcia, 53027 San Quirico d'Orcia SI,
이탈리아 📍 43.044163, 11.600547(호텔 입구 진입로)

반뇨 비뇨니

Bagno Vignoni

반뇨Bagno는 이탈리아어로 목욕이나 목욕탕을 의미한다. 이곳은 이름에서 알 수 있듯이 로마 시대부터 이용되었던 온천휴양지였다. 예전에는 로마로 순례하는 순례자들이 지친 심신을 회복하기 위해 많이 찾았다. 마을 중앙에 있는 소르젠티 광장Piazza delle Sorgenti에는 직사각형의 커다란 노천 온천이 있다. 이 온천은 현재 사용되지 않지만 광장을 벗어나면 고대 로마 시대의 온천장 유적지가 나온다. 지금은 흔적만 남아 있지만 여전히 온천수가 용출되고 있다. 이곳에서 발을 담그면 옛날 순례자들이 그랬듯이 여행의 피로를 잠시나마 풀 수 있다. 현재 반뇨 비뇨니는 인구 30여 명이 거주하는 아주 작은 마을이다. 온천을 중심으로 레스토랑과 카페들이 자리 잡고 있는 모습이 마을의 전부이다. 그러나 이런 아기자기함이 반뇨 비뇨니만의 매력이라고 할 수 있다. 작은 마을이지만 미슐랭 식당이 있을 정도로 미식의 마을이기도 하다. 너무도 작아서 둘러보는 데 30분도 안 걸리는 곳이지만 이 작은 마을에 머문 여운은 생각보다 오래 기억될 것이다.

방문하기

산 퀴리코 도르차San Quirico d'Orcia 남쪽으로 10분 정도면 도착할 수 있다.

주요 도시별 최단 경로와 이동 시간은 다음과 같다.

거리 5.5km **도로** SR2
소요시간 10분 내외
산 퀴리코 도르차 → 반뇨 비뇨니

ZTL

마을 안쪽은 ZTL 구역이지만 차로 들어갈 일은 전혀 없다. 신경 쓰지 않아도 된다.

주차장

마을 초입의 공영주차장에 주차를 하고 도보로 1~2 분 정도 들어가면 바로 마을 중심부로 들어갈 수 있다. 도보 3분 거리에는 무료 주차장도 찾을 수 있다.

파르케지오 데이 몰리니 Parcheggio dei Molini

P 야외 공영주차장 ⏱ 24시간 € 1시간 1€
🏠 Str. di Bagno Vignoni, 1C, 53027 Bagno Vignoni SI, 이탈리아 📍 43.028186, 11.619510

무료 주차장

🏠 53027 Bagno Vignoni SI, 이탈리아
📍 43.028966, 11.620433
*마을에서 도보 3분 거리에 주차장으로 사용하는 빈 공터가 있다.

반뇨 비뇨니 추천 루트

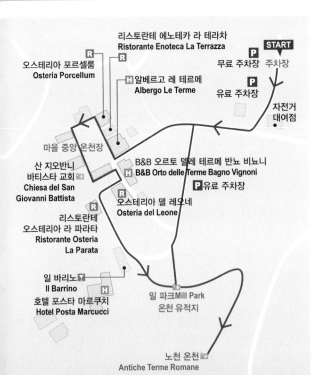

리스토란테 에노테카 라 테라차
Ristorante Enoteca La Terrazza
오스테리아 포르셀룸
Osteria Porcellum
알베르고 레 테르메
Albergo Le Terme
무료 주차장
START 주차장
유료 주차장
자전거 대여점
마을 중앙 온천장
B&B 오르토 델레 테르메 반뇨 비뇨니
B&B Orto delle Terme Bagno Vignoni
유료 주차장
산 지오반니 바티스타 교회
Chiesa del San Giovanni Battista
오스테리아 델 레오네
Osteria del Leone
리스토란테 오스테리아 라 파라타
Ristorante Osteria La Parata
일 바리노
Il Barrino
호텔 포스타 마르쿠치
Hotel Posta Marcucci
밀 파크Mill Park
온천 유적지
노천 온천
Antiche Terme Romane

주차장	도보 2분 ▶▶▶	마을 중앙 온천장
도보 7분 ▲		도보 2분 ▼
공용 족욕탕	도보 4분 ◀◀◀	온천 유적지

최소 관광 시간

마을은 둘러보는 데 30분도 걸리지 않는다. 야외족욕탕과 노천 온천까지 이용한다면 2~3시간 정도 할애하면 된다.

소르젠티 광장 Piazza delle Sorgenti

르네상스 시대에 지어진 야외 온천이 있다. 지금은 사용되지 않고 있다. 하지만 아직도 유황 온천수가 올라오는 것을 볼 수 있다. 온천과 주변과의 온도 차이 때문에 아침에는 물안개가 생겨 반뇨 비뇨니만의 독특한 장관을 만들어낸다. 광장 주변에는 반뇨 비뇨니 성당과 아기자기한 기념품 매장, 레스토랑이 있다.

🏠 Piazza delle Sorgenti, 53027 Bagno Vignoni, San Quirico d'Orcia SI, 이탈리아 📍 43.028198, 11.618262

온천 유적지 Parco dei Mulini-Mill Park

마을에는 아직도 로마 시대의 온천 유적지들이 남아 있다. 유적지 한가운데에는 작은 온천 물길이 마련되어 있다. 지금도 여행자들은 아름다운 발도르차의 평원을 바라보며 족욕을 즐긴다.

🏠 Via del Gorello, 53027 Bagno Vignoni SI, 이탈리아
📍 43.026936, 11.619059

(**TIP**)

온천 유적지 Parco dei Mulini-Mill Park 아래에는 고대 로마 목욕탕Antiche Terme Romane이라고 불리는 작은 노천 온천이 있다. 이곳은 지금도 누구나 무료로 이용이 가능하다. 하지만 온천이라고 하기엔 물이 너무 미지근하다. 따뜻한 물이 나오는 수영장에 가깝다고 해도 과언이 아니다.

오스테리아 델라 마돈나 Osteria della Madonna 구글평점 4.5/5

소르젠티 광장에 위치한 레스토랑이다. 식당이 많지 않은 반뇨 비뇨니에서 맛집으로 인기가 많은 곳이다. 들어가는 입구를 다양한 모양의 접시를 이용해 아기자기하게 꾸몄다. 다양한 와인과 토스카나 전통 요리를 전문으로 취급한다.

🍽 Costolette di maiale glassate al bianco docg(화인트 와인을 이용한 돼지 등갈비), Pici con guanciale pecorino di fossa e pera picciola(치즈를 곁들이 피치 파스타)
🏠 Via dei Mulini, 17, 53027 San Quirico D'orcia SI, 이탈리아
📍 43.028177, 11.618290

리스토란테 에노테카 라 테라차 Ristorante Enoteca La Terrazza 구글평점 4.3/5

소르젠티 광장에 위치한 로컬 레스토랑이다. 깔끔한 스타일의 인테리어와 훌륭한 음식 맛으로 인기가 좋다. 특히 직접 밀어서 만든 생면 파스타가 인기 메뉴다. 소르젠티 광장에 조명이 은은히 들어오는 저녁이 되면 야외 테라스는 이곳에서 식사를 하려는 주민들로 가득하다.

🍽 Spaghetti Biologici alle Vongole Veraci(봉골레 스파게티), Agnello Scottadito al Limone e Timo con Verdure Saltate (새끼 양 갈비)
🏠 Piazza delle Sorgenti, 13, 53027 Bagno Vignoni SI, 이탈리아
📍 43.028472, 11.618106

반뇨 비뇨니의 추천 숙소

호텔 아들러 테르말 바스 인 반뇨 비뇨니
Hotel Adler Thermal Baths in Bagno Vignoni

★★★★★ 구글평점 4.7/5

90제곱미터(1,000평방미터) 크기에 온천 수영장과 스파 센터를 보유하고 있다. 반뇨 비뇨니에 있는 최고의 스파 호텔이다. 야외 스파에서 보이는 발 도르차의 풍경은 여행자들의 혼을 쏙 빼놓을 정도다. 가격대는 비싸지만 그만큼 만족도도 높은 곳이다.

🅿 호텔 내 무료 € 1박 기준 : 450유로 (일반 트윈룸)
🌐 www.adler-thermae.com/en
🏠 Str. di Bagno Vignoni, 1, 53027 San Quirico D'orcia SI, 이탈리아 📍 43.029490, 11.623501

피시나 알베르고 포스타 마르쿠치
Piscina Albergo Posta Marcucci

구글평점 4.3/5

아름다운 정원과 깔끔한 객실과 부대 시설, 그리고 최고의 스파 시설까지 갖추고 있다. 하루쯤 바쁜 일정에서 벗어나 이곳에서 완벽한 휴식을 취하며 재충전의 시간을 가져 보는 것도 좋겠다.

🅿 호텔 내 무료
€ 1박 기준 : 350유로 (일반 트윈룸)
🌐 www.postamarcucci.it
🏠 Via Ara Urcea, 44, 53027 Bagno Vignoni, San Quirico d'Orcia SI, 이탈리아 📍 43.026917, 11.618093

오르비에토

오르비에토는 BC 9세기 에투루리아 시대에 해발고도 300미터 높이에 세워진 고대 도시다. 중세시대에는 한때 교황의 은거지로도 사용되어 번영을 누렸다. 이로 인해 이탈리아 최고의 로마네스크 고딕 양식 성당인 두오모가 장엄하게 도시를 아우르고 있다. 슬로우 시티 운동인 시타 슬로우 Citta Slow가 바로 오르비에토에서 시작되었다. 또한 유명 와인 산지로 오르비에토 클라시코Orvieto Classico 화이트 와인이 유명하다. 오르비에토에 머물 예정이라면 화이트 와인 한잔으로 여행의 피로를 풀고 느림의 미학을 한껏 누려보자.

오르비에토 여행 정보 www.orvietoviva.com

관광 안내소

두오모 맞은편에 위치

🕐 월~금 08:15~13:50, 16:00~19:00 / 토·일·공휴일
10:00~13:00, 15:00~18:00

📱 +39 347 383 1472

🏠 Piazza del Duomo, 23, 05018 Orvieto TR, 이탈리아

*카헨 광장Piazza Cahen에 있는 푸니쿨라 탑승장에도
관광 안내소가 있다.

방문하기

오르비에토는 로마 인근에 위치해 있다. 로마에서 토
스카나 지역으로 출발할 경우 치비타 디 반뇨레조
Civita di Bagnoregio와 더불어 방문하게 된다. 오르비에
토 근처에는 사투르니 온천Saturnia, 소라노Sorano, 피
틸리아노Pitigliano, 볼세나Bolsena와 같은 매력적인 소
도시들이 즐비하다.

주요 도시별 최단 경로와 이동 시간은 다음과 같다.

거리 152km 도로 A1/E5

🚗 **소요시간** 1시간 30분~2시간

| 로마 (피우미치노 공항) | 오르비에토 (카헨Cahen 광장 주차장) |

거리 125km 도로 A1/E35

🚗 **소요시간** 1시간 30분~1시간 40분

| 시에나 (산타 카테리나 Santa Caterina 주차장) | 오르비에토 (카헨Cahen 광장 주차장) |

ZTL

오르비에토의 구도심 지역은 ZTL 보호 구역이다. 특
히 오르비에토 구시가의 입구인 카헨 광장에서 오르비
에토의 메인거리인 코르소 카부르Corso Cavour 거리가
집중적으로 통제되고 있다. 그다음으로는 두오모 인
근이 주요 단속 지역이다. 오르비에토는 작은 도시이
고 도보로 충분히 관광이 가능하다. 차를 가지고 구시
가로 진입할 이유가 전혀 없다. ZTL 밖에 위치한 주
차장에 차를 세운다면 크게 문제가 되지는 않는다.

주차장

일반 여행자들은 보통 오르비에토를 오기 위해 푸니
콜라레Funicolare(산악열차)를 타야 한다. 하지만 자동
차 여행자들은 구도심 바로 앞까지 차를 가지고 이동
할 수 있다. 푸니쿨라를 타지 않아도 되는 것이다. 시
간적 여유가 있고 푸니쿨라를 타보고 싶다면 오르비에
토역 앞 주차장에 차를 세우고 나서, 푸니쿨라를 타고
오르비에토를 올라갔다 다시 내려와도 된다.

파킹 피아차 카헨 Parking Piazza Cahen (★ 추천)

오르비에토의 구도심 입구인 카헨 광장 야외주차장

P 야외 공용주차장 € 1시간 1€, 24시간 5€

> **TIP** 가장 많이 이용하는 주차장이다. 푸니쿨라를
> 타고 도착해서 나오면 바로 앞에 있다. 이곳에서 오르
> 비에토 두오모까지 운행하는 순환 버스를 탈 수 있다.
> P 05018 Orvieto TR, 이탈리아
> 📍 42.721600, 12.119598

파르케지오 오르비에토 페르코르소 메카니차토

Parcheggio Orvieto Percorso Meccanizzato

오르비에토 서쪽 끝에 있다. 에스컬레이터와 엘리베이
터로 두오모 성당까지 쉽게 갈 수 있다. 에스컬레이터
는 한 번에 이어져 있지 않아 가방을 들고 타기에는 어
려움이 있다. 에스컬레이터 우측에 있는 엘리베이터를
이용하는 것이 좋다.

P 지상+실내주차장 🕐 24시간 € 1시간 1.5€, 종일 12€

🏠 05018 Orvieto TR, 이탈리아 📍 42.715515, 12.106485

파킹 비아 로마 Parking Via Roma (Parking A Plans)
(★ 추천)

오르비에토 카헨 광장 뒤편의 실내주차장이다.

🅿 실내주차장 🕐 24시간 € 1시간 1.4€, 2시간 이후부터 1.4€ 🏠 Via Belisario, 10, 05018 Orvieto TR, 이탈리아
📍 42.721336, 12.117418

> **TIP** 오르비에토는 안전한 편이지만 실내주차장을 선호한다면 이곳을 선택하자.

시내 교통

오르비에토 시내는 도보로 충분히 관광이 가능하다. 하지만 카헨 광장에서 두오모까지는 15분 정도 오르막길을 올라야 한다. 카헨 광장에 있는 푸니쿨라 탑승장에서 두오모까지 순환하는 A선 버스를 이용하자. 5분이면 두오모에 도착할 수 있다.

버스 티켓 가격 편도 1.3€ (푸니콜라레 탑승자는 무료)
티켓 구매처 푸니콜라레역 안의 매표소

1 코헨 광장 푸니콜라레역 **2** 푸니콜라레 탑승장 **3** 로마 테르미니역 허츠 픽업반납 주차장 **4** 두오모 앞 광장 **5** 알보르노즈 요새
6 코헨 광장

두오모까지는 걸어가도 되고 푸니쿨라 정류장 앞에서 순환버스를 타도 된다. 올라갈 때에는 버스를 타고 내려올 때는 도보로 천천히 내려오면서 이것저것 구경하는 것이 좋다.

| 주차장 | 도보 3분 ▶▶▶ | 산 파트리지오 우물 | 버스 5분 ▶▶▶ | 두오모(A선 버스로 이동) & 오페라 델 두오모 박물관 | 도보 1분 ▶▶▶ | 지하 도시 |

| 주차장 | 도보 13분 ◀◀◀ | 공화국 광장 | 도보 1분 ◀◀◀ | 산탄드레아 교회 | 도보 5분 ◀◀◀ | 포폴로 궁전 | 도보 2분 ◀◀◀ | 모로 탑 |

(도보 3분)

최소 관광 시간

마을만 둘러본다면 두세 시간 이내로 관광이 가능하다. 하지만 산 파트리지오 우물과 지하 도시를 관광한다면 반나절 이상은 할애해야 한다. 특히 지하 도시는 정해진 시간에 가이드 투어로만 볼 수 있어서 더 오래 걸릴 수 있다.

두오모 Duomo

오르비에토 근교 볼세나에서 일어난 기적을 기념하기 위해 1290년에 건축된 성당이다. 볼세나의 기적이란 1263년 그리스도 현존에 대한 의문을 품고 괴로워하던 베드로 신부가 산타 크리스타 성당에서 미사를 집전하던 중 성체로(빵)부터 성혈이 흘러나와 성체포를 붉게 물들이게 된 사건을 말한다. 성당 안쪽 카펠라 델 코르포랄레Cappella del Corporale에는 그때 물든 성체포가 액자에 담겨 전시되어 있다. 흰색과 암녹색 대리석으로 장식한 측면과 화려한 황금빛 모자이크를 이용해 장식한 정면의 모습은 보는 이를 압도한다. 내부에는 다양한 예술가들의 작품과 조각품들이 있다. 특히 루카 시뇨렐리Luca Signorelli의 프레스코화 최후의 심판이 있는 카펠라 델 산 브리지오Cappell del San Brizio(교회)가 유명하다.

- ⏱ 4~9월 07:30~19:30, 11~2월 07:30~13:00, 3월 07:30~18:30, 10월 07:30~18:30
- € 무료, 산 브리지오 예배당 5€
- 🏠 Piazza del Duomo, 26, 05018 Orvieto TR, 이탈리아
- 📍 42.717085, 12.113313

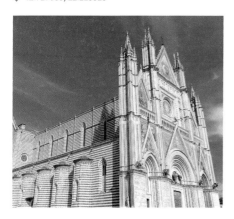

산 파트리지오 우물 Pozzo di San Patrizio

적의 침입에 대비해 물을 공급받기 위한 목적으로 교황 클레멘스 7세의 명에 의해 1527년에 만들어진 우물이다. 내려가는 계단과 올라가는 계단이 만나지 않는 구조로 되어 있다. 이 계단을 통해 나귀를 계속 내려보내고 올려 보내서 물을 공급받았다. 깊이가 62m 지름이 13m나 된다. 72개의 창문이 외부에서 빛을 받아 조명

과 같은 역할을 한다. 우물 앞쪽으로는 움브리아 지역을 감상할 수 있는 전망 포인트가 있다.

- ⏱ 11월~2월 10:00~16:45, 3월~4월 09:00~17:00, 5월~8월 09:00~18:00, 휴관 12/25, 1/1
- € 5€ 🏠 Piazza Cahen, 5B, 05018 Orvieto TR, 이탈리아
- 📍 42.722593, 12.120312

지하 도시, 파르코 델레 그로테
Parco delle Grotte

에투루리아들이 만든 비밀 공간이다. 높은 곳에 위치한 도시라 방어가 쉽지만 점령을 당하게 되면 다른 곳으로 피난을 갈 수 없어 만든 공간이다. 주요 건축물뿐만 아니라 일반 가정집도 지하도로 들어갈 수 있는 비밀 통로를 만들어 이용했다. 지금은 그중 일부를 공개해 가이드 투어를 진행하고 있다. 가이드 투어를 하기 위해서는 두오모 성당 앞에 위치한 관광 안내소에서 언어별 시간별로 진행되는 투어를 예약해 참여해야 한다.

- ⏱ 매일 11:00, 12:15, 16:00, 17:15 가이드 투어 진행 (12월 25일 휴무) € 7€ (5세 이하 무료)
- 🏠 Piazza del Duomo, 23, 05018 Orvieto TR, 이탈리아
- 📍 42.715144, 12.112139

공화국 광장 Piazza della Repubblica

두오모 광장만큼이나 오르비에토를 찾는 여행객들로 언제나 붐비는 곳이다. 1216년에 세워진 시청사, 에트루리아 유적 위에 세워진 산 안드레아 교회, 12각형의 종탑까지 볼거리로 가득 차 있다. 공화국 광장에서 3분 정도 떨어진 사거리에 위치한 모로 탑도 볼거리다. 높이 42m의 시계탑인 모로 탑에서는 도시는 물론 주변 풍경까지 한눈에 담을 수 있다.

🏠 Piazza della Repubblica, 13, 05018 Orvieto TR, 이탈리아
📍 42.718374, 12.108180

모로 탑 전망대

🕐 10:00~20:00(5월~8월 기준)
€ 3.8€
🏠 Corso Cavour, n° 87, 05018 Orvieto TR, 이탈리아
📍 42.71853, 12.11064

오르비에토의 추천 레스토랑

이 세테 콘솔리 I Sette Consoli 구글평점 4.5/5

오래된 건물 내부로 들어서면 다양한 그림으로 장식된 벽이 눈에 들어온다. 특히 야외 정원에 마련된 테이블은 인기가 좋다. '슬로우 푸드Slow Food'는 이 식당이 가장 중요하게 생각하는 모토다. 그래서인지 요리 하나 하나에 셰프의 정성이 가득 담겨 있다.

🍽 Trancio di Baccala Morro, Ratatuia Agrodolce di Verdure(대구 야채수프), Lombata di Agnello Farcita ai Carciofi ed Erbe Ripassate(아티쵸크 양갈비 구이) 🏠 Piazza Sant'Angelo, 1A, 05018 Orvieto TR, 이탈리아
📍 42.718679, 12.1147389 (보테가 로티치아니Bottega Roticiani 가게 옆쪽 끝에 있다)

리스토란테 그로테 델 푸나로 누오바 투어리스트

Ristorante Grotte del Funaro Nuova Tourist **구글평점** 4.4/5

동굴 속에 자리 잡은 전통 레스토랑으로 동굴 안에서 식사하는 이색적인 경험을 할 수 있다. 동굴 안쪽이지만 답답하거나 습하지 않다. 외부를 볼 수 있는 창문도 마련되어 있다. 다양한 종류의 피자는 물론 고기요리 등도 맛이 좋다.

🍽 Ravioli con Tartufo(송로 버섯 이탈리아식 만두), Bistecchine di Cinghiale alla Brace(멧돼지 스테이크)

🏠 Via Ripa Serancia, 41, 05018 Orvieto TR, 이탈리아 📍 42.717340, 12.105572

오르비에토의 추천 숙소

알타로카 와인 리조트 Altarocca Wine Resort ★★★★

구글평점 4.7/5

오르비에토에서 차량으로 15분 정도 떨어진 와인 리조트다. 두 개의 야외 수영장과 스파 시설을 보유하고 있다. 2인실부터 가족 단위로 쓸 수 있는 6인실까지 갖추고 있다. 다인실에는 조리를 할 수 있는 주방 시설이 마련되어 있다. 자체 운영하는 레스토랑도 운영 중이다. 아름다운 움브리아의 전경을 바라보며 완벽한 휴식을 취할 수 있을 뿐 아니라 자체 생산하는 와인, 발사믹, 올리브유 등도 판매 중이다.

🅿 호텔 내 무료 € 1박 기준 : 150€ (일반 트윈룸)

🏠 Località Rocca Ripesena, 62, 05010 Terni TR, 이탈리아

📍 42.723986, 12.061870

피에트라 캄파나 Pietra Campana **구글평점** 4.9/5

움브리아 평원을 볼 수 있는 농가 호텔로 고풍스러우면서도 깔끔한 시설이 좋다. 오르비에토에서 차량으로 10분 정도 떨어진 곳에 위치한다. 전경을 볼 수 있는 테라스를 갖추고 있다. 친근한 이탈리아인 호스트 덕에 가정집에서 쉬는 느낌을 주는 곳이다.

🅿 호텔 내 무료 € 1박 기준 : 100€ (일반 트윈룸)

🏠 Località La Badia, 40-41, 05018 Orvieto TR, 이탈리아

📍 42.701850, 12.109134

치비타 디 반뇨레조

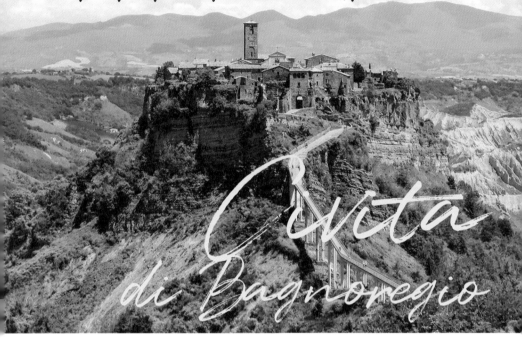

미야자키 하야오 감독의 애니메이션 《천공의 성 라퓨타》의 모티브가 된 도시는 여러 곳이다. 치비타 디 반뇨레조도 그중 한 곳. 특히 치비타 디 반뇨레조의 모습은 천공의 성과 다름없이 그대로다. 마을로 들어가기 전에 전망대에서 바라보는 마을의 모습은 비현실적으로 보일 정도다. 이 도시는 2,500년 전 고대 에트루리아인들에 의해 건설되었고 한때 무역로의 중요한 역할을 담당하였다. 그러나 도시를 지탱하는 융회암은 단단하지 않았고 지속적으로 침식되었다. 17세기에 발생한 큰 지진 때문에 도시는 거의 붕괴되었고, 지금은 소수의 주민과 고양이들만 살고 있다. 한때 언제 사라질지 모르는 마을로 불리기도 했다. 그러나 사라지고 있기 때문에 더욱 사랑받는 곳이기도 하다. 현재는 보수공사로 인해 더 이상의 붕괴는 일어나지 않고 있다. 마을로 이어지는 다리를 건넌 후 마을 입구로 들어서면 어느덧 과거 속으로 들어가는 듯 묘한 기분을 느낄 수 있다.

치비타 디 반뇨레조 여행 정보 www.tesoridietruria.it

관광 안내소

마을 입구를 들어서면 바로 기념품 상점처럼 보이는
서점이 있다. 이곳이 안내소 역할을 한다.

🏠 via porta santa maria 1, 01022 Civita di
Bagnoregio (VT) 📱 +39 3388618856
🕐 월~일 09:00~20:00 🌐 www.tesoridietruria.it

방문하기

오르비에토Orvieto와 함께 묶어서 당일치기로 방문하
는 경우가 많다. 가까이에 볼세나Bolsena도 있으니 함
께 들러봐도 좋겠다.

주요 도시별 최단 경로와 이동시간은 다음과 같다.

거리 22km **도로** SP12와 SP6

🚗 **소요시간** 30분~40분 ▼

오르비에토 ────── 치비타 디 반뇨레조

거리 14km **도로** SP53과 SP54

🚗 **소요시간** 20분~30분 ▼

볼세나 ────── 치비타 디 반뇨레조

거리 43km **도로** SR74

🚗 **소요시간** 1시간 ▼

피틸리아노 ────── 치비타 디 반뇨레조

ZTL

주차장에서 마을까지는 다리를 건너서 올라가야 하는
데 차량은 들어갈 수가 없다. ZTL은 신경 쓰지 않아
도 된다.

주차장

마을로 들어가기 전 주차장이 여러 군데 있다. 가장
가까운 주차장은 마을로 들어가는 다리 앞 카페 벨베
데레Caffe Belvedere 앞 주차장이었다. 하지만 지금은
ZTL구역으로 변경되어 더 이상 이용이 불가능하다. 마
을 초입의 주차장을 이용하고 셔틀버스로 와야 한다.

바탈리니 Parcheggio Battaglini **주차장**

🅿 야외주차장 🕐 08:00~20:00 € 1시간 1.5€,
종일 7€ 🏠 42.62738, 12.09350
€ 셔틀버스 비용 : 편도 1.5€, 왕복 2€

카페 벨베데레 주차장

치비타 디 반뇨레조 추천 루트

전망대에서 먼저 파노라마 경치를 구경하고 다리를 건너 마을로 들어가면 된다. 마을은 매우 작아서 금세 돌아볼 수 있다. 마을 구경을 마치면 노천카페에서 차 한잔 마시면서 여유를 부려보자.

| 주차장 | 도보 1분 ▶▶▶ | 카페 벨베데레 (파노라마 경치 관람) | 도보 10분 ▶▶▶ | 티켓 구매 | 도보 7분 ▶▶▶ | 마을 입구 | 도보 20분 ▶▶▶ | 주차장 |

최소 관광 시간

주차장에서 다리를 건너 마을 입구까지 약 20분 정도 소요된다. 마을 안은 매우 작아서 빠른 걸음으로는 15분, 천천히 보아도 30분쯤이면 충분하다. 바람이 심한 곳이라 다리를 건너 올라가는 길이 수월하지는 않다. 마을 안에서 간단히 요기라도 할 계획이라면 주차권은 두 시간 정도로 끊어두는 것이 좋다.

치비타의 골목길

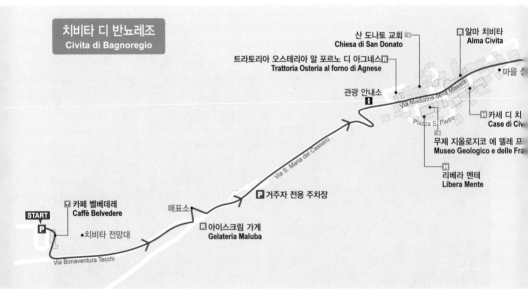

벨베데레 Belvedere(전망대)

주차장은 카페 벨베데레Caffe Belvedere로 이어져 있다. 안쪽으로 조금 들어가면 전망대가 나온다. 애니메이션에 등장할 것만 같은 풍경을 이곳에서 볼 수 있다. 먼저 마을의 모습을 둘러보고 들어가면 된다. 마을로 들어가기 위해서는 전망대 우측에 있는 계단으로 내려간다. 이후 조금 더 걸으면 매표소와 마을을 연결하는 다리가 나온다.

🏠 P.le Alberto Ricci, 3, 01022 Bagnoregio VT, 이탈리아
📍 42.625803, 12.105924

카페 벨베데레 안쪽

산 도나토 성당 Chiesa di San Donato

겉모습은 수수해 보이지만 무려 1,500년이 넘는 성당이다. 성당이 세워지기 전에는 로마의 신전이 있었다고 한다. 오래된 시간만큼이나 당대 유행하던 로마네스크, 르네상스 등 다양한 양식으로 증축과 재건을 반복했다. 1511년 건축가 니콜라 마테우치Nicola Matteucci에 의해 지금의 모습으로 완성되었다. 1695년 지진으로 손상을 입었으나 복원했다. 내부에는 유명한 르네상스 시대 조각가 도나텔로Donatello의 성스러운 나무 십자가가 있다.

🏠 Piazza S. Donato, 31, 01022 Civita VT, 이탈리아
📍 42.627798, 12.113363

1 산 도나토 성당 2 마을 광장의 레스토랑 3 마을 입구

라 칸티나 디 아리아나 La Cantina Di Arianna
구글평점 4.5/5

산 도나토 성당 근처 골목길에 위치한 식당으로 세심하게 꾸민 내부 인테리어가 돋보인다. 지역의 토속음식뿐만 아니라 일반적인 이탈리아 음식도 맛볼 수 있다. 벽난로를 이용해 조리하는 요리도 있어 특유의 불향도 느낄 수 있다.

🍽 Melone con Prosciutto e Mozzarella(생 햄과 같이 먹는 멜론과 모자렐라 치즈), Tagliata di Rucola(루콜라를 곁들인 소고기 채끝) 📱 +39 0761 793270

🏠 Via Madonna della Maestà, 121, 01022 Civita, Bagnoregio VT, 이탈리아 📍 42.627632, 12.114087

일 포조 데이 데시데리 Il Pozzo dei Desideri
구글평점 4.6/5

지하 와인 저장고로 쓰이던 동굴을 개조한 식당이다. 독특한 분위기가 이색적이다. 내부는 동굴벽을 그대로 활용해 조명과 촛불 등으로 꾸몄다. 특별한 경험을 해보고 싶다면 꼭 이용해보길 권한다.

🍽 Bistecca e Tartufo(송로버섯 스테이크)
📱 +39 348 038 7815
🏠 Via S. Maria del Cassero, 01022 Civita VT, 이탈리아
📍 42.627525, 12.113160(좌측 골목 진입)

치비타 디 반뇨레조의 추천 숙소

마그나 키비타스 Magna Civitas **구글평점** 4.4/5

벨베데레(전망대)에서 멀지 않은 B&B 스타일의 숙소다. 잘 갖춰진 정원과 깔끔한 객실 그리고 조리시설까지 갖추고 있다. 친절한 호스트의 서비스와 아름다운 전망은 여행자들에게 행복을 선사해준다.

🅿 호텔 내 무료 € 1박 기준 : 80유로 (일반 트윈룸)
🏠 Piazza Sant'Agostino, 10 E/F, 01022 Bagnoregio VT, 이탈리아
📍 42.625820, 12.099560

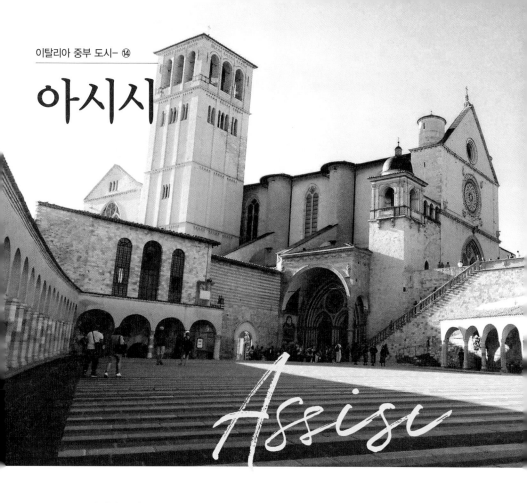

아시시

Assisi

아시시는 이탈리아 여느 소도시와는 조금 다른 색을 지니고 있다. 마을에 들어서는 순간 평온함과 경건함의 기운이 감싸는 듯 느껴진다. 이곳은 성 프란체스코 성인과 성녀 키아라의 고향으로 전 세계 가톨릭 신도들의 성지로 사랑받고 있다. 매년 수많은 순례 여행객들이 이곳을 방문한다. 마을 안에는 성 프란체스코 수도회의 많은 성당과 수도원이 남아 있다. 이곳을 둘러보는 것이 아시시 여행의 핵심이다. 따라서 가톨릭 신도가 아닐 경우에는 그냥 지나칠 수도 있다. 그러나 이곳을 종교적인 이유로 지나친다면 너무나 아쉬운 일이다. 종교에 상관없이 아시시는 충분히 방문할 가치가 있다. 미사를 마친 신부님이나 수녀님들과 함께 마을의 작은 골목들을 걷다 보면 이곳이 주는 특별한 감동에 흠뻑 젖는다. 또 아름다운 성당과 탁 트인 움브리아의 아름다운 평원을 조망할 수 있다. 잠시나마 마음의 평안을 얻을 수 있는 곳이 바로 아시시다.

아시시 여행 정보 www.visit-assisi.it

관광 안내소

코무네 광장

🕐 월~토 08:00~14:00, 일·공휴일10:00~13:00,
14:00~17:00 📞 +39 075 812534
🏠 Piazza del Comune 06081 ASSISI

ZTL

아시시 성벽 안은 모두 ZTL 구역으로 지정
되어 있다. 성벽 밖 주차장을 이용하면 크게
신경 쓰지 않아도 된다.

방문하기

아시시는 이탈리아 중부 내륙에 위치하고 있다. 페루자Perugia에
서 가깝고 오르비에토Orvieto와도 멀지 않다.

주요 도시별 최단 경로와 이동시간은 다음과 같다.

거리 25km **도로** SR316

페루자 🚗 ----------------------------→ 아시시

소요시간 30분

거리 90km **도로** SS448

오르비에토 🚗 ----------------------------→ 아시시

소요시간 1시간 20분~2시간

주차장

아시시를 여행할 때는 총 3개의 주차장을 알아두고 가는 것이 좋
다. 첫 번째는 성 프란체스코 성당과 가까운 피에트로 문Porta
San Pietro 앞 주차장, 두 번째는 아시시 관광의 기점인 마테오티
광장Piazza Matteotti의 주차장, 그리고 마지막으로는 산타 마리
아 안젤리 성당 옆에 있는 주차장이다.

아시시 파르케지오 사바 Assisi Parcheggio Saba

🅿 지하 주차창 🕐 24시간 € 1시간 1.5€, 종일 19€
🏠 Viale Guglielmo Marconi Piazza Giovanni Paolo II, 06081
Assisi PG, 이탈리아 📍 43.072632, 12.606704

파르케지오 사바 마테오티 Parcheggio Saba Matteotti,

🅿 지하, 야외 주차장 겸용 🕐 24시간 € 1시간 1.5€, 종일 19€
🏠 Viale Giacomo Matteotti, 06083 Assisi PG, 이탈리아
📍 43.070144, 12.618988

파르케지오 산타 마리아 안젤리 성당

Parcheggio Basilica di Santa Maria degli Angeli

무료 야외주차장이지만 게이트가 있다. 성당 앞쪽이라 안전하다.
🅿 야외 공용주차장 🕐 06:00~23:30 € 무료 🏠 06081 Santa
Maria degli Angeli PG, 이탈리아 📍 43.056315, 12.578712

아시시는 주요 명소가 여러 군데 산재되어 있다. 대부분의 관광 명소는 구도심 내에 있지만 산타 마리아 안젤라 성당과 산 다미아노 수도원은 구시가를 벗어난 지역에 있다. 따라서 구도심 내에서 모든 관광을 마칠 수 있는 다른 곳과 달리 이동이 많은 곳이다. 산타 마리아 안젤라 성당을 먼저 구경하고 구도심으로 이동하여 느긋하게 아시시를 둘러보는 것을 추천한다.

| 산타 마리아 안젤리 성당 | 차량 13분 ▶▶▶ | 주차장 | 도보 3분 ▶▶▶ | 산 루피노 성당 | 도보 8분 ▶▶▶ | 로카 마조레 |

도보 9분 ▼

| 주차장 | 도보 3분 ◀◀◀ | 산타 키아라 성당 | 도보 13분 ◀◀◀ | 성 프란체스코 성당 | 도보 11분 ◀◀◀ | 누오바 성당 | 도보 1분 ◀◀◀ | 코무네 광장 & 미네르바 신전 |

최소 관광 시간

주요 명소들은 세네 시간이면 충분히 둘러볼 수 있다. 산타 마리아 델리 안젤리 성당까지 본다 해도 반나절이면 충분하다.

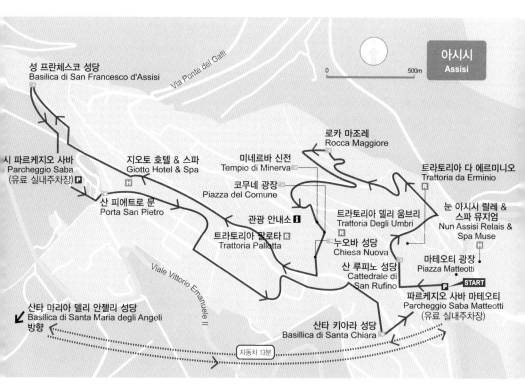

성 프란체스코 성당
Basilica di San Francesco d'Assisi

아시시
Assisi

0 500m

로카 마조레
Rocca Maggiore

트라토리아 다 에르미니오
Trattoria da Erminio

시 파르케지오 사바
Parcheggio Saba
(유료 실내주차장)

지오토 호텔 & 스파
Giotto Hotel & Spa

미네르바 신전
Tempio di Minerva

코무네 광장
Piazza del Comune

산 피에트로 문
Porta San Pietro

관광 안내소

트라토리아 델리 움브리
Trattoria Degli Umbri

눈 아시시 릴레 & 스파 뮤지엄
Nun Assisi Relais & Spa Muse

트라토리아 팔로타
Trattoria Pallotta

누오바 성당
Chiesa Nuova

마테오티 광장
Piazza Matteotti

산 루피노 성당
Cattedrale di San Rufino

START

파르케지오 사바 마테오티
Parcheggio Saba Matteotti
(유료 실내주차장)

산타 마리아 델리 안젤리 성당
Basilica di Santa Maria degli Angeli
방향

산타 키아라 성당
Basillica di Santa Chiara

Via Ponte dei Galli

Viale Vittorio Emanuele II

자동차 13분

산타 키아라 성당 Basillica di Santa Chiara

프란체스코 성인과 함께 존경받은 성녀 클라라를 위해 만들어진 성당이다. 그녀는 남성을 위한 프란체스코 수도회와는 달리 여성을 위한 클라라 수녀회를 만들어 활동했다. 성당의 지하에는 클라라 성녀의 무덤과 함께 그녀가 입었던 수도복과 일상용품 등이 같이 보관되어 있다. 움브리아의 아름다운 평원을 조망할 수 있다.

🕐 06:30~12:00, 14:00~19:00 € 무료
🏠 Piazza Santa Chiara, 1, 06081 Assisi PG, 이탈리아
📍 43.068847, 12.617002

산 루피노 성당 Cattedrale di San Rufino

아시시 첫 번째 주교이자 마을의 수호성인인 루피노를 위해 만들어진 성당이다. 아시시에서 가장 오래된 성당으로 5세기에 지어진 낡은 성당 위에 1228년 로마네스크 양식으로 새롭게 지었다. 유리바닥을 통해 낡은 성당을 확인해 볼 수 있다. 성 프란체스코가 모든 상속권을 포기한 장소로 알려져 있다.

🕐 07:00~12:00, 14:30~19:00, 겨울 ~18:00 € 무료
🏠 Piazza San Rufino, 3, 06081 Assisi PG, 이탈리아
📍 43.070371, 12.617740

코무네 광장 Piazza del Comune

아시시에서 가장 중심이 되는 광장이다. 고대 로마 제국 시절에는 정치, 경제, 문화, 종교의 중심이었던 포로 로마노가 이곳에 형성되어 있었다. 광장에는 시청사, 여행정보 센터, 세 마리 사자 분수, 4톤 무게의 종이 있는 시민의 탑Torre Del Popolo, 2천 년 전에 만들어진 미네르바 신전Tempio di Minerva이 있다. 미네르바 신전은 중세시대를 거치면서 성당으로 개조되었다가 지금은 시립 미술관으로 사용되고 있다. 내부가 바로크와 로코코 양식으로 꾸며져 아름답다. 주말에는 이 광장에서 벼룩시장이 열리기도 한다.

🏠 Piazza del Comune, 1, 06081 Assisi PG, 이탈리아
📍 43.071119, 12.614896

누오바 성당 Chiesa Nuova

프란체스코 성인이 태어난 장소로, 지금은 성당으로 사용되고 있다. 이곳은 지금도 순례자들이 끊임없이 찾아오는 성지다. 성당 곳곳에서 기도하는 모습을 쉽게 볼 수 있다. 건물 앞쪽 마당에는 프란체스코 성인의 부모 청동상을 볼 수 있다. 프란체스코를 못마땅하게 여겼던 아버지와 달리 어머니는 프란체스코를 위해 늘 기도했다고 한다. 남편과 아들 사이에서 고뇌하던 어머니의 마음을 대변하듯 어머니 청동상에만 쇠사슬이 묶여 있다.

🕐 08:00~12:30, 14:30~19:15 € 무료
🏠 Piazza Chiesa Nuova 1, 06081 Assisi PG, 이탈리아
📍 43.070684, 12.615195

산 프란체스코 성당 Basilica di San Francesco

프란체스코 성인의 무덤이 있는 성당이다. 성인이 된 직후 프란체스코를 모시기 위해 1228년부터 건축되었다. 성당이 세워지기 전에는 죄수들을 처형했던 장소였다. '지옥의 언덕'으로 불렸던 곳이지만 프란체스코 성당이 이곳에 지어진 후 '천국의 언덕'으로 불리고 있다. 2층으로 구성된 성당은 초기 이탈리아 고딕 양식 구조로 되어 있다. 1층은 치마부에의 프레스코화, 2층은 조토의 프레스코화로 장식되어 있다. 특히 2층에 장식된 프란체스코 성인의 생애를 그린 28점의 프레스코화는 초기 르네상스 미술의 최고봉으로 뽑히기도 한다. 2000년에 유네스코 문화유산으로 등재되었다. 매년 수많은 순례자들이 이 성당을 찾아 자신의 신앙을 고백한다.

🕐 월~토 08:00~19:30 € 무료
🌐 www.sanfrancescoassisi.org
🏠 Piazza Inferiore di S.Francesco, 2, 06081 Assisi PG, 이탈리아
📍 43.074988, 12.605397

산타 마리아 델리 안젤리 성당 Basilica di Santa Maria degli Angeli

프란체스코 성인이 생을 마감한 이곳은 수도회를 처음 시작한 곳이기도 하다. 성당 안에 포르치운콜라Porziuncola로 불리는 작은 예배당이 있는데 이곳이 수도회가 시작된 곳이다. 산타 마리아 델리 안젤리 성당은 이 포르치운콜라를 보호하기 위해 그 위에 지어진 성당이다. 아시시의 3대 기적이라고 불리는 기적 중 가시 없는 장미, 600년 동안 곁을 떠나지 않고 있는 하얀 비둘기 한 쌍, 이렇게 두 가지 기적을 볼 수 있는 곳으로 유명하다.

🕐 06:15~12:30, 14:30~19:30 € 무료 🏠 Piazza Porziuncola, 1, 06081 Santa Maria degli Angeli PG, 이탈리아 📍 43.057773, 12.579687

로카 마조레 Rocca Maggiore

과거 통일왕국 시대가 아니었던 시절 주변 국가와의 많은 전쟁을 대비해 도시를 보호하기 위해 성채로 쓰였던 곳이다. 이탈리아의 풍요로움과 아름다운 평원을 한눈에 내려다볼 수 있는 곳이다. 이곳의 노을은 특히 아름답기로 유명하다.

🕐 10:00~해질 때까지 € 3€ 🏠 Via della Rocca, 06081 Assisi PG, 이탈리아 📍 43.073226, 12.615320

아시시의 추천 레스토랑

트라토리아 델리 움브리 Trattoria Degli Umbri 구글평점 4.5/5

코무네 광장에 위치한 전통 이탈리아 레스토랑. 파스타 요리가 맛있다. 크림 파스타 스트란고치 알라 노르치나Strangozzi alla Norcina를 권한다.

📱 +39 075 812455 🏠 Piazza del Comune, 40, 06081 Assisi PG, 이탈리아 📍 43.071138, 12.615481

트라토리아 다 에르미니오 Trattoria da Erminio 구글평점 4.4/5

3대째 이어오는 미슐랭 가이드 추천 레스토랑이다. 어지간한 메뉴를 주문해도 다 맛있을 정도로 이 지역 맛집으로 정평이 나 있다. 여러 가지를 주문하는 것이 복잡하고 어렵다면 세트 메뉴를 선택하는 것도 좋다.

📱 +39 075 812506 🏠 Via Montecavallo, 19/a, 06081 Assisi PG, 이탈리아
📍 43.071024, 12.618051

트라토리아 팔로타 Trattoria Pallotta 구글평점 4.3/5

지하에 자체 와인 셀러를 보유하고 있는 움브리아 전통 레스토랑이다. 여행자들을 위한 투어리스트Tourist 메뉴를 가지고 있다. 티본 스테이크도 유명하다.

📱 +39 075 815 5273 🏠 Vicolo Della volta Pinta, 3, 06081 Assisi PG, 이탈리아
📍 43.071077, 12.614497

아시시의 추천 숙소

눈 아시시 릴레 & 스파 뮤지엄 Nun Assisi Relais & Spa Museum ★★★★★ 구글평점 4.7/5

13세기에 만들어진 수녀원을 개조해 만든 스파 전문 호텔이다. 아시시 내에서 가장 고급스러운 숙소다. 자체 보유하고 있는 레스토랑에서 이 지역 최고급 재료를 활용한 요리를 제공한다. 스파 요금은 객실에 포함되어 있다.

🅿 호텔 내 주차장 무료
€ 1박 기준 : 250€ (일반 트윈룸)
🌐 www.nunassisi.com
🏠 Via Eremo delle Carceri, 1A, 06081 Assisi PG, 이탈리아
📍 43.070536, 12.620131

지오토 호텔 & 스파 Giotto Hotel & Spa ★★★★ 구글평점 4.3/5

객실에서 움브리아의 평원을 바라볼 수 있는 전망 좋은 호텔. 수영장, 사우나, 마사지 숍 등 스파 시설을 갖추고 있다. 도시 초입에 위치하고 있어 주요 관광지까지 도보로 이동이 가능하다.

🅿 호텔 내 주차장 유료(1일 15€, 사전 예약 필수) € 1박 기준 : 100€ (일반 트윈룸) 📱 +39 075 812209
🌐 www.hotelgiottoassisi.it
🏠 Via Fontebella, 41, 06081 Assisi PG, 이탈리아
📍 43.072561, 12.608523

그란드 호텔 아시시 Grand Hotel Assisi ★★★★ 구글평점 4.2/5

1999년에 개장한 리조트 스타일의 호텔이다. 수영장과 스파 시설 등을 갖추고 있으며 잘 정돈된 정원이 인상적이다. 도심에서 약 2km 정도 떨어져 있다. 언덕 위에 있어 아시시 도시 전경을 감상하기 좋다. 테라스도 갖추고 있다.

🅿 호텔 내 주차장 무료
€ 1박 기준 : 100€ (일반 트윈룸)
📱 +39 075 81501
🌐 www.grandhotelassisi.eu
🏠 Via G. Renzi, 2, 06081 Assisi PG, 이탈리아 📍 43.060186, 12.629747

스펠로

Spello

꽃의 도시 스펠로. 스펠로에서는 매년 6월 인피오라타Infiorata라는 꽃 축제가 열린다. 2천 년의 역사를 지닌 고대 도시에서 200년 전부터 꽃 축제가 시작되었다. 축제 기간에는 마을의 골목길을 60여 종이 넘은 꽃들로 장식하여 마치 꽃 카펫 위를 걷는 것 같은 기분이 든다. 이 모습을 보기 위해 전 세계 관광객들이 작은 마을 스펠로를 찾는다. 과거에는 히스펠룸이라고 불린 이 마을은 기원 전 1세기에 로마의 식민지가 되었다. 지금도 그 당시의 유적이 마을 안에 남아 있다. 스펠로를 방문하기 가장 좋은 시기는 당연히 꽃 축제가 열리는 기간이다. 하지만 그 기간이 아니라고 해도 실망할 필요는 전혀 없다. 스펠로는 언제나 골목길 구석구석 창가마다 예쁜 꽃들로 장식돼 있기 때문이다. 아시시에서 차로 20분이면 도착할 수 있는 꽃의 도시. 꽃으로 수놓은 골목길을 걷다 보면 마음까지 꽃향기로 물들 것이다.

스펠로 여행 정보 www.comune.spello.pg.it

관광 안내소

포르타 콘솔라레Porta Consolare(콘솔라레 문) 안쪽에 위치

📱 +39 0742 30001 🏠 1 Via Tempio Di Diana, Spello, PG 06038, 06038 Spello PG, 이탈리아

방문하기

스펠로는 아시시에서 자동차로 20분도 안 걸리는 거리에 위치하고 있다.

주요 도시별 최단 경로와 이동 시간은 다음과 같다.

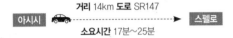

거리 14km **도로** SR147

아시시 ··············▶ 스펠로

소요시간 17분~25분

ZTL

스펠로 성벽 안은 모두 ZTL 구역으로 지정되어 있다.

성벽 바깥쪽 주차장을 이용하면 크게 신경 쓰지 않아도 된다.

주차장

스펠로 주차장 중 가장 접근성이 좋다. 추천할 만한 주차장은 콘솔라레 문 인근에 있는 주차장이다. 이곳에 주차하고 포르타 콘솔라레를 시작으로 스펠로 여행을 시작하면 된다. 야외 공영주차장이지만 안전한 편이다. 주차 공간도 여유가 있어서 축제 기간이 아니라면 주차하는 데 큰 문제는 없다.

스펠로 주차장 Spello Parcheggio Pubblico

🅿 야외 공용주차장(유료/무료 혼용) 🕐 08:00~20:00
€ 30분 무료 1시간 1.3€, 추가 1시간 1.4€
🏠 06038 페루자 이탈리아 📍 42.988470, 12.673854

스펠로 추천 루트

주차장 ──도보 1분──▶ 콘솔라레 문

도보 4분 ▼

산타 마리아 마조레 성당 & 마테오티 광장

▼ 도보 2분

일 포로 ──도보 2분──▶ 시청사

도보 6분 ▼

주차장 ◀──도보 15분── 전망대

최소 관광 시간

주요 관광지들은 두세 시간이면 충분히 둘러볼 수 있다.

- 🏛 산 세베리노 탑 Torre di San Severino
- 🏛 산 세베리노 교회 Chiesa di San Severino
- 전망대

- 🏨 알베르고 일 카차토레 Albergo Il Cacciatore

- 파노라마 전망대 Panoramic View

- 시청사 Palazzo Comunale

- 🅿 무료 야외 주차장

- 로마시대 유적지 il Foro

- 🍴 리스토란테 포르타 베네레 디 비자리 마르코 Ristorante Porta Venere di Bizzarri Marco

- 관광 안내소 🅸
- 에노테카 프로페르지오 Enoteca Properzio S.R.L.

- 🍴 산타 마리아 마조레 성당 Santa Maria Maggiore in Spello

- 지아코모 마테오티 광장 Piazza Giacomo Matteotti

- 🅿 스펠로 주차장 Parcheggio Spello (유료 야외주차장) **START**

- 콘솔라레 문 Porta Consolare

콘솔라레 문 Porta Consolare

2천 년의 역사를 가지고 있는 스펠로는 1세기에 로마의 식민지가 되었다. 도시 건축물의 80%가 로마 시대에 만들어진 것이다. 특히 도시로 들어가는 6개의 문이 잘 보존되어 있다. 콘솔라레 문 역시 1세기에 지어진 것으로 로마 시대 주요 출입문이었다. 이 문이 바로 스펠로 여행의 시작점이다. 총 3개의 아치로 구성되어 있고 오른쪽에는 종탑이 있다. 문 위쪽 3개의 동상은 고대 로마 극장에서 가져온 것이다.

🏠 Piazza Kennedy, 06038 Spello PG, 이탈리아 📍 42.988373, 12.672630

산타 마리아 마조레 성당 Santa Maria Maggiore in Spello

12세기 주노Juno와 베스타Vesta 신전이 있던 자리에 세워진 로마네스크 양식의 성당이다. 종탑은 13세기에 증축되었다. 성당 내부에는 초기 르네상스 화가이자 라파엘로의 스승인 페루지노Perugino와 페루자 출신의 화가 핀투리키오Pinturicchio의 작품이 있다. 특히 예수의 삶을 주제로 한 핀투리키오의 프레스코화가 유명하다. 폴리뇨의 대성당보다 이 성당이 문화적 예술적 가치가 더 크다고 한다.

🕐 09:30~12:30, 15:30~18:00 € 2€ 🏠 Piazza Giacomo Matteotti, 18, 06038 Spello PG, 이탈리아 📍 42.989868, 12.671881

시청사 Palazzo Comunale

도시 중심에 있는 공화국 광장에 들어서면 이 건축물이 가장 눈에 띈다. 과거 군주의 업무실로 사용되었던 곳이다. 1270년에 처음 지어졌고 1567년부터 1575년까지 건축물과 광장을 같이 정비하는 대규모 증축 공사가 이루어졌다. 광장 앞 분수도 그때 만들어진 것이다. 지금은 시청과 박물관으로 사용되고 있다.

🏠 Piazza della Repubblica, 06038 Spello PG, 이탈리아
📍 42.991865, 12.671526

TIP 인피오라타 Infiorata 축제

인피오라타는 '꽃으로 장식하다'라는 뜻이다. 매년 6~7월 두 달간 진행되는 축제로 도시 전체가 꽃으로 장식된다. 특히 꽃을 이용해서 만든 다양한 종교적 모자이크로 바닥이 장식된다. 이 시기가 되면 많은 여행객들이 작은 마을 스펠로를 가득 메운다.

리스토란테 포르타 베네레 디 비자리 마르코
Ristorante Porta Venere di Bizzarri Marco
구글평점 4.4/5

아름다운 전경을 감상할 수 있는 테라스를 보유하고 있는 전통 레스토랑이다. 특히 지역 특산품인 송로 버섯을 이용한 파스타가 유명하다.

🍝 Pasta con Tartufo(송로 버섯 파스타)
📱 +39 0742 301896 🏠 Via Torri di Properzio, 37, 06038 Spello PG, 이탈리아 📍 42.990985, 12.670297

에노테카 프로페르지오
Enoteca Properzio
구글평점 4.4/5

이탈리에서 세 번째로 오래된 식당으로 움브리아 지역에서는 가장 오래된 곳이다. 그만큼 지역의 명물이기도 하고 음식 맛도 좋다.

🍝 Tagliatelle al Tartufo Nero(홈메이드 송로 버섯 파스타)
📱 +39 0742 301521 🏠 Piazza Giacomo Matteotti, 8, 06038 Spello PG, 이탈리아 📍 42.990185, 12.671609

스펠로의 추천 숙소

라 레지덴자 데이 카푸치니
La Residenza Dei Cappuccini **구글평점** 4.7/5

스펠로 구시가지에 위치한 아름다운 아파트형 숙소다. 전통 가옥을 개조해 더 고풍스러운 느낌이다. 내부 인테리어가 깔끔하다. 도심 안쪽에 위치해 있어 도보로 모든 관광지 이동이 가능하다. 자체 주방 시설도 보유하고 있다.

🅿 호텔 근처 주차장 무료 € 1박 기준 : 60€ (일반 트윈룸)
🌐 www.residenzadeicappuccini.it
🏠 Via Cappuccini, 5, 06038 Spello PG, 이탈리아
📍 42.995335, 12.670803

알베르고 일 카차토레
Albergo Il Cacciatore ★★★ **구글평점** 4.3/5

자체 레스토랑을 보유하고 있는 호텔형 숙소다. 아름다운 경치를 감상할 수 있는 테라스가 있다. 구시가지 내부에 위치해 있어 주요 관광지까지 도보 이동이 가능하다. 누가 와도 만족할 수 있어 추천하는 호텔이다.

🅿 호텔 근처 주차장 무료
€ 1박 기준 : 80€ (일반 트윈룸)
🌐 www.ilcacciatorehotel.com
🏠 Via Giulia, 42, 06038 Spello PG, 이탈리아
📍 42.994068, 12.672219

피틸리아노

구두 모양을 놀랍도록 닮은 이 고대 도시에는 에트루니아 시대부터 사람들이 거주했다. 1293년에 오르시니Orsini 가문의 통치를 받으면서 시에나 공화국과 150년간 전쟁과 휴전을 반복했던 역사를 가지고 있다. 그 후 시에나 공화국에 의해 국가로 인정받아 시에나 공화국의 종주권 아래로 들어가게 되었다. 1562년에는 토스카나 대공국의 영토로, 또 그 이후엔 이탈리아 왕국과 통일되어 현재에 이르게 되었다. 피틸리아노는 1799년 나폴레옹 군대에 의해 토스카나 지역이 점령되었을 때 유대인들의 피난처로도 활용되었다. 그래서 작은 예루살렘이라고도 불렸다. 지금은 그 당시의 흔적만 남아 있다. 피틸리아노 구시가의 전경은 멋진 풍광을 자아내기로 유명하다. 좁은 골목길을 따라 거니는 여정은 치유의 시간이 되기에 충분할 것이다.

피틸리아노 여행 정보 www.comune.pitigliano.gr.it

관광 안내소

포르타 델라 시타델라Porta della Cittadella 문으로 들어서면 바로 시청이 보인다. 그곳에 위치해 있다.

🕐 화~토 10:00~12:30, 13:00~17:30 (여름 18:00),
일 10:00~12:30, 월 휴무
📱 +39 0564 617111
🌐 www.luccaturismo.it
🏠 Piazza G. Garibaldi 10 - 58017 Pitigliano

방문하기

피틸리아노는 사투르니 온천과 볼세나의 중간에 위치한다. 사투르니 온천 여행을 마치고 다음 목적지로 이동하기 좋다.

주요 도시별 최단 경로와 이동 시간은 다음과 같다.

ZTL

성벽 안쪽 공화국 광장Republic Square 앞부터 마을 안쪽은 모두 ZTL구역이다. 차량은 공화국 광장까지 진입할 수 있지만 되도록 가지고 들어가지 않는 것이 좋다.

주차장

성벽 바깥쪽 여러 군데에 주차장이 마련되어 있고 성벽 안쪽에도 주차장이 있다. 그러나 성벽 안 주차장들은 모두 작은 규모다. 만차인 경우 되돌아 나와야 하는데 번거롭다. 따라서 처음부터 성벽 바깥쪽에 주차를 하는 것이 낫다. 추천하는 곳은 피틸리아노를 한눈에 조망할 수 있는 전망 포인트가 있는 길가 주차장이다. 길가 주차장이지만 안전하다.

포토스폿 알트스타트블릭
Photospot Altstadtblick (전망대 주차장)

🅿 길가 주차장 🕐 24시간 € 2시간 2.25€
🏠 Via San Michele, 58017 Pitigliano GR, 이탈리아
📍 42.633838, 11.670602

이 안쪽으로는 ZTL 구역이다.

피틸리아노로 들어서기 전에 전망 포인트에서 피틸리아노를 즐길 수 있고 전망대 주차장에서 또 한 번 마을의 전경을 볼 수 있다. 마을은 작지만 구석구석 골목길로 미로처럼 얽혀 있다. 발길 닿는 대로 즐기면 된다.

| 피틸리아노
(뷰포인트 1) | 차량 3분
▶▶▶ | 주차장
(뷰포인트 2) | 도보 3분
▶▶▶ | 시타델라 문 | 도보 3분
▶▶▶ | 수로교와 분수 &
오르시니 궁전 |

도보 1분

알 빌라노
기념동상

도보 4분

피틸리아노 성당 &
유대인 박물관

도보 10분

주차장

최소 관광 시간

특별한 관광명소가 없어서 마을을 산책하듯 돌아보면 된다. 두 시간이면 충분하다.

TIP 피틸리아노로 진입하기 전, 마을 아래쪽에서 피틸리아노 마을 전체를 조망할 수 있는 전망 포인트가 있으니 놓치지 말자.

📍 42.630723, 11.664343

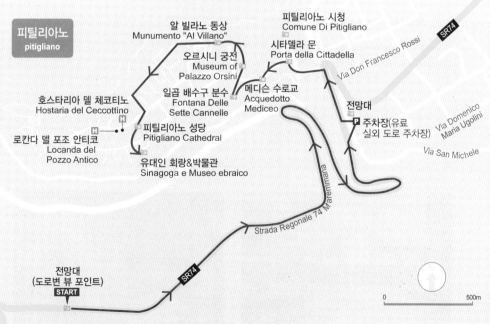

메디슨 수로교 Medicean Aqueduct

피틸리아노는 고지대에 위치한 만큼 늘 물이 부족했다. 16세기 도시를 통치하던 오르시니Orsini 가문과의 경쟁에서 승리한 메디치 가문은 건축가 안토니오 다 상갈로Antonio da Sangallo에게 수로 건축을 명했다. 지금의 모습은 18세기에 메디치 가문의 뒤를 이은 로라이네Lorraine 가문이 증축한 것이다. 입구에서 시작하는 수로는 마을 한가운데와 카보르 거리Via Cavour를 차례로 가로질러 공화국 광장의 분수까지 이어진다.

🏠 Via Cavour, 58017 Pitigliano GR, 이탈리아
📍 42.634733, 11.669104

오르시니 궁전 Museum of Palazzo Orsini

오르시니 가문은 중세 르네상스 시대에 이탈리아에서 강력한 통치권을 가지고 있었다. 오르시니는 교황을 두 명이나 배출한 막강한 가문이었다. 오르시니 궁은 그들의 힘이 절정일 때 만들어진 궁전이다. 14세기 전까지는 수녀원으로 이용되었다. 궁전의 외벽은 전쟁에 대비해 15세기에 증축되었다. 현재 내부에는 당시의 생활상을 알 수 있는 다양한 종류의 전시물이 있다. 미술 작품을 보관하는 박물관으로도 이용되고 있다.

🕐 10:00~13:00, 15:00~18:00, 매주 월 휴무
🏠 Piazza Fortezza Orsini, 25, 58017 Pitigliano GR, 이탈리아 📍 42.634706, 11.668260

일곱 배수구 분수 Fontana Delle Sette Cannelle

1545년 지안프랑코 오르시니Gianfranco Orsini 백작의 명령으로 세워진 분수다. 공화국 광장에 위치해 있다. 로마 수로교에서 직접 물을 끌어와 운영하고 있다. 5개의 아치로 이뤄져 있으며, 일곱 개의 배수구는 각기 다른 동물들로 장식되어 있다. 500여 년의 시간이 지난 지금도 시민들과 여행자들에게 깨끗한 물을 공급하고 있다.

🏠 Piazza della Repubblica, 267, 58017 Pitigliano GR, 이탈리아 📍 42.634154, 11.668150

유대인 성당 sinagoga di pitigliano

16세기 박해받던 유대인들을 받아주고 2차대전에도 유대인들을 숨겨준 도시가 바로 피틸리아노다. 그래서 사람들은 이곳을 작은 예루살렘Piccola Gerusalemme이라 불렀다. 지금도 도심 곳곳에는 유대인의 흔적이 남아 있고, 1598년에 만들어진 유대인 성당도 그중 하나다. 지금은 유대인들의 박물관으로 사용되고 있다.

🏠 Vicolo Marghera trav, Via Zuccarelli, 58017 Pitigliano GR, 이탈리아 📍 42.633454, 11.665979

호스타리아 델 체코티노 Hostaria del Ceccottino 구글평점 4.3/5

구시가지 중심에 위치한 전통 레스토랑으로 호텔을 함께 운영 중이다. 전통가옥을 개조해 꾸민 식당의 분위기는 도시와 잘 어울린다. 가격에 비해 만족도 있는 식사를 할 수 있는 곳이다. 지역 주민들에게도 인기가 좋다.

🍖 Bistecca alla Fiorentina(T-Bone 스테이크), 양고기(Abbacchio) 📞 +39 0564 614273 🏠 Piazza S. Gregorio VII, 64, 58017 Pitigliano GR, 이탈리아 📍 42.633698, 11.665510

로칸다 델 포조 안티코 Locanda del Pozzo Antico 구글평점 4.4/5

지역에서 생산되는 재료를 바탕으로 요리하는 로컬 레스토랑이다. 오래된 벽체를 그대로 살린 내부 인테리어가 이색적이다. 야외 테이블도 갖추고 있다. 와인과 올리브, 발사믹 등을 구입할 수 있는 숍도 운영 중이다.

🍖 Bistecca alla Fiorentina(T-Bone 스테이크), Cosciotti di Pollo in Salsa di Zafferano e Funghi(버섯을 이용한 닭 요리) 📞 +39 0564 614405 🏠 Via Generale Orsini, 21, 58017 Pitigliano GR, 이탈리아 📍 42.633648, 11.665423

컨트리 하우스 마렘마 넬 투포
Country House Maremma Nel Tufo 구글평점 4.7/5

고풍스러운 벽돌 건물로 만들어진 전형적인 농가 스타일의 숙소이다. 피틸리아노에서 차량으로 5분 거리에 위치해 있다. 아름다운 전경을 감상할 수 있다. 자체 수영장도 보유하고 있다. 농가 숙소답게 따뜻하면서 친근한 호스트의 서비스를 받을 수 있는 곳이다.

🅿 호텔 내 주차장 무료 € 1박 기준 : 80€(일반 트윈룸) ⊕ www.maremmaneltufo.com 🏠 S.R 74, Maremmana Ovest, 49271, 58017 Pitigliano GR, 이탈리아 📍 42.623789, 11.660096

아그리투리스모 에코-바이오 빌라 바카시오
Agriturismo Eco-Bio Villa Vacasio 구글평점 4.5/5

피틸리아노에서 차량으로 10분 거리에 위치한 농가 숙소이다. 자연 친화적으로 고풍스럽게 꾸며진 인테리어는 여행자들에게 이색적인 경험을 선사한다. 야외 수영장과 자체 레스토랑을 갖추고 있다. 이탈리아 전통 요리를 직접 만들어볼 수 있는 쿠킹클래스도 운영 중이다.

🅿 호텔 내 주차장 무료 € 1박 기준 : 70€(일반 트윈룸) ⊕ www.villavacasio.com 🏠 località vacasio, 1558, 58017 Pitigliano GR, 이탈리아 📍 42.619186, 11.661433

사투르니아 온천

Saturnia

사투르니아를 방문해야 하는 단 하나의 이유는 바로 온천 때문이다. 이곳은 예로부터 유황 온천으로 유명했다. 상류 쪽에는 고급 온천 리조트가 있고, 하류 쪽으로는 터키의 파묵칼레를 연상시키는 자연 노천 온천탕이 펼쳐져 있다. 이 자연 노천탕은 차를 타고 숲길을 지나다 보면 홀연히 모습을 드러낸다. 온천을 조망할 수 있는 전망대에서 바라보는 온천의 모습은 탄성이 나올 만큼 인상적이다. 이곳은 365일 24시간 무료로 개방되어 있어 누구나 자유롭게 이용할 수 있다. 온천수의 온도는 37.5도쯤으로 한국의 온천에 비하면 미지근한 편이다. 하지만 유황과 각종 미네랄이 풍부하게 들어 있어 치료 효능이 있다고 알려져 있다. 잠시만 몸을 담가도 피부가 부드러워지는 것을 느낄 수 있다. 신비로운 풍광에 한 번 놀라고 온천수의 효능에 한 번 더 감탄하게 되는 사투르니아 노천탕에서 여행의 피로를 풀어보도록 하자.

사투르니아 여행 정보 www.cascate-del-mulino.info

방문하기

사투르니아 온천은 로마에서 2시간 남짓 떨어져 있다. 로마에서 차량 픽업 후 첫 번째 목적지로 사투르니아를 선택하는 것도 좋은 방법이다. 장시간 비행의 피로를 풀 수 있다.

다만, 온천까지 가는 숲길은 운전이 쉽지 않다. 야간 운전은 피하는 것이 좋다.

주요 도시별 최단 경로와 이동 시간은 다음과 같다.

거리 146km **도로** E80

소요시간 1시간 50분~2시간 30분

| 로마 (피우미치노 공항) | 사투르니아 노천 온천 |

거리 122km **도로** SS223

소요시간 1시간 50분~2시간 30분

| 시에나 | 사투르니아 노천 온천 |

※피틸리아노, 볼세나, 치비타 디 반뇨레조 등의 인근 도시로 가는 데는 30분~1시간 30분 정도 소요

ZTL

ZTL은 신경 쓰지 않아도 된다. 사투르니아 마을은 일부 구간에 차량 통제 구간이 있지만 차로 마을을 둘러보아도 큰 문제는 없다.

주차장

과거에는 노천 온천 진입로와 앞 공터에 무료주차가 가능했지만 지금은 불가능하다. 조금 떨어진 곳에 새로 조성된 유료주차장을 이용하도록 한다.

케스케이트 델 물리노 사투르니아 주차장
Parcheggio Cascate del Mulino Saturnia

P 야외공용주차장 ◷ 24시간 € 1시간 2€
🏠 Manciano,58014, 58014 Manciano GR, 이탈리아
◉ 42.648329, 11.510689

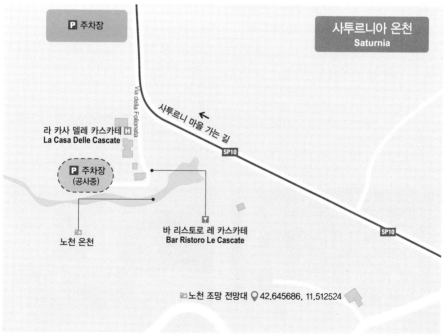

P 주차장

사투르니아 온천
Saturnia

Via della Follonata

사투르니 마을 가는 길

라 카사 델레 카스카테
La Casa Delle Cascate H

P 주차장
(공사중)

SP10

노천 온천

바 리스토로 레 카스카테
Bar Ristoro Le Cascate

SP10

📷노천 조망 전망대 ◉42.645686, 11.512524

TIP 노천 온천은 한낮에 가면 사람이 무척 많다. 이른 아침이나 늦은 저녁에 가는 것이 좋다. 온천 옆에는 매점이 있는데 간단한 식사도 가능하다. 코인 샤워 시설도 갖추고 있다. 하지만 유황 냄새가 조금 나긴 해도 샤워가 필요할 정도는 아니다. 큰 수건이나 돗자리 등은 꼭 준비해 가야 한다. 복장은 수영복이면 충분하고 아쿠아슈즈를 꼭 챙겨가는 것이 좋다.

1 아침에 가면 여유 있게 온천을 즐길 수 있다. **2** 오후에는 사람들이 상당히 많다.

사투르니아 온천의 추천 레스토랑

리스토란테 아이 듀 시피 다 미쉘
Ristorante I Due Cippi Da Michele **구글평점** 4.3/5

붉은 벽돌과 화이트 톤의 벽을 살린 내부 인테리어가 눈에 띈다. 다양한 와인을 보유하고 있을 뿐 아니라 음식 맛 또한 훌륭하다. 계절별로 추천 요리가 다르다. 자신의 취향에 맞게 식당에서 직접 추천받는 것이 좋다.
🕐 12:30~14:00, 19:30~22:30(주말엔 오전 오픈, 매주 화 휴무) 📱 +39 0564 601074
🏠 Piazza Vittorio Veneto, 26A, 58014 Saturnia, Manciano GR, 이탈리아 📍 42.664726, 11.504279

라 피란다 La Filanda **구글평점** 4.6/5

사투르니아에서 멀지 않은 곳에 위치한 아늑한 분위기의 로컬 레스토랑이다. 식당에서 운영하는 쿠킹 스쿨이 있을 정도로 주변에서 소문난 맛집이다. 움브리아 전통 음식을 위주로 하지만 일반적인 이탈리아 요리도 맛볼 수 있다.
🍽 Tagliata di Manzo Maremmano al Tartufo Nero (채끝 등심과 송로 버섯) 🕐 18:30~00:00
📱 +39 0564 625156 🏠 Via Marsala, 8, 58014 Manciano GR, 이탈리아 📍 42.587019, 11.514207

테르메 디 사투르니아 스파 & 골프 리조트

Terme di Saturnia Spa & Golf Resort ★★★★★ **구글평점** 4.3/5

경치 좋은 수영장과 스파 시설, 골프장도 갖추고 있는 고급 리조트로다. 고풍스러운 외관과 현대적인 디자인 내부 시설이 잘 조화를 이룬다.

P 호텔 주차장 무료
€ 1박 기준 : 250€(일반 트윈룸)
🌐 www.termedisaturnia.it/en
🏠 Loc. Follonata, Saturnia,
58014 Manciano GR, 이탈리아
📍 42.648163, 11.515882

빌라 아쿠아비바 Villa Acquaviva ★★★

구글평점 4.7/5

토스카나에 위치한 전형적인 농가 호텔이다. 아름다운 토스카나의 전원 풍경이 펼쳐지는 수영장을 가지고 있다. 숙소 바로 앞에는 호텔에서 직접 관리하는 포도밭이 있다. 투숙객들에게 일부가 개방되어 있어 산책하기 좋다. 호텔 내 레스토랑의 서비스와 맛도 아주 좋다.

P 호텔 주차장 무료
€ 1박 기준 : 100€(일반 트윈룸)
🌐 www.villacquaviva.com
🏠 Montemerano Località Acquaviva, 58014 Saturnia GR, 이탈리아 📍 42.633880, 11.481829

콤플레소 일 고렐로 Complesso Il Gorello ★★★

구글평점 4.5/5

노천 온천에서 자동차로 2분, 도보로 10분 정도 떨어진 곳에 위치해 있다. 인근 주변의 농가 주택들과 달리 리셉션이 있는 독립 펜션형 숙소이다. 온천과 사투르니아 마을 중간쯤에 위치해 있어 양쪽을 오가기에 편하다. 숙소 바로 앞에 주유소가 있어 찾아가기도 쉽다. 주유소 앞 건물이 리셉션이고 숙소는 안쪽으로 좀 더 들어가면 있다. 안전하고 넓은 주차공간을 보유하고 있다.

P 호텔 내 주차장 무료 € 1박 기준 : 76€(일반 트윈룸)
🌐 www.ilgorello.com
🏠 Via delle Terme 5, 58014 사투르니아, 이탈리아
📍 42.655111, 11.511086

03

아말피 해안과
남부 지역

로마

폴리나노 아 마레

나폴리
폼페이   알베로벨로
소렌토
아말피 해안   마테라
살레르노

남부 지역의 하이라이트, 아말피 해안

아말피 코스트Amalfi Cost는 이탈리아 남부의 해안도로로서 넓게는 소렌토 인근부터 살레르노까지를 지칭한다. 서쪽의 포지타노Positano에서부터 동쪽의 비에트리 술 마레Vietri sul Mare까지 이어지는 약 40km 구간의 SS163 해안도로는 아말피 코스트의 핵심이다. 해안선을 따라 굽이굽이 이어지는 해안도로 너머에는 푸른 티레니아해Tyrrhenian Sea라는 이름의 망망대해가 펼쳐져 있다. 바다와 절묘하게 어우러진 절벽에 형성된 마을들은 환상적인 절경을 자아낸다. 아말피의 풍경은 내셔널 지오그래픽에서 죽기 전에 꼭 가봐야 할 곳 1위로 선정되기도 하였다. 세계적으로 손꼽히는 드라이브 코스로 자동차 여행자들에게는 꿈의 드라이브 코스로도 유명하다.

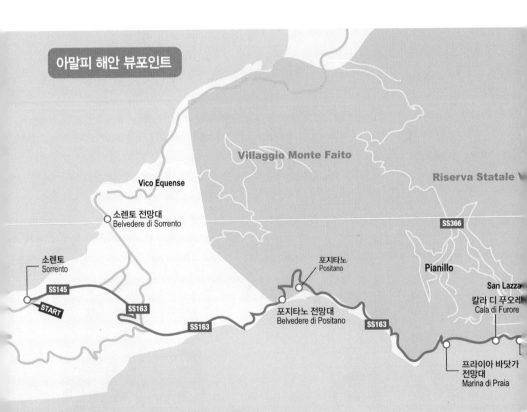

카바 데 티레니
Cava de' Tirreni

SP289

SP2a

SP18

살레르노
Salerno

SP1

SP75

비에트리술마레
Vietri sul Mare

Valle delle Ferriere

Scala

SS163

마이오리
Maiori

라벨로
Ravello

체타라
Cetaro

아말피
Amalfi

SS163

그로타 델로 스메랄도
Grotta dello Smeraldo

소렌토 전망대 Belvedere di Sorrento

소렌토를 한눈에 조망할 수 있는 전망 포인트. 이곳에서 소렌토의 소개 사진으로 많이 나오는 사진을 찍을 수 있다.

📍 40.649662, 14.410835

소렌토 Sorrento

아말피 해안도로를 시작하는 출발 도시이자 사람들에게 잘 알려진 휴양 도시. 중심지인 타소 광장이 예쁘다. 인근 빅토리아 광장에서는 일몰이 장관을 이룬다.

📍 40.623180, 14.372179

포지타노 전망대 Belvedere di Positano

포지타노 마을로 진입하기 전에 포지타노 마을을 조망할 수 있는 전망대. 수많은 관광객이 이곳에 차를 세운다. 매우 혼잡한 곳이지만 포지타노 전망을 놓칠 수는 없다.

📍 40.626799, 14.478839

포지타노 Positano

아말피 해안마을 중 가장 아름다운 마을로 손꼽힌다. 포지타노는 보는 각도에 따라 다채로운 모습을 보여준다. 포지타노 전망대보다 마을 안 콜롬보 거리 전망대에서 바라보는 모습이 더 멋지다. 포지타노 전망대만 보고 가는 우를 범하지 말자.

📍 40.630219, 14.485492

프라이아 바닷가 전망대 Marina di Praia

포지타노에서 아말피 해안도로를 타고 아말피 방향으로 가다 보면 프라이아노Praiano 마을을 지난다. 이 마을을 벗어날 때쯤 마을 해수욕장을 조망할 수 있는 전망대가 나온다. 한국 사람들에게는 잘 알려지지 않은 곳이다. 그냥 지나치기 쉽지만 멋진 전망을 자랑하는 곳이다.

📍 40.614083, 14.539622

칼라 디 푸오레 Cala di Furore

프라이아 해변 전망대에서 조금만 더 가면 작은 다리가 하나 나온다. 이 다리 밑에 아주 아름답고 작은 해변이 숨어 있다. 차에서 내려 다리 중앙에 서야 볼 수 있다. 하지만 번잡한 도로 한복판에 있어서 주차할 곳이 전혀 없다. 꼭 보고 싶다면 인근 마을에 주차를 하고 버스를 이용하자.

📍 40.613966, 14.554049

그로타 델로 스메랄도 Grotta dello Smeraldo

아말피 해안도로에도 카프리섬의 푸른 동굴 못지 않은 수중 동굴 하나가 있다. 주차를 하고 계단을 내려가서 관광을 해도 되고, 아말피에서 이곳까지 운행하는 보트를 이용해도 된다. 매년 5월부터 9월까지만 개장한다. 가장 예쁜 물색을 볼 수 있는 시간대는 정오부터 오후 3시 사이이다.

🕐 09:30~16:00 € 5€ 📍 40.615083, 14.567029

아말피 Amalifi

아말피 해안도로를 대표하는 마을인 아말피는 두말할 나위 없이 아름다운 휴양마을이다. 가는 길은 다소 험난하겠지만 도착해서는 이국적인 느낌의 아름다운 풍광을 만끽할 수 있다.

📍 40.633378, 14.602560

라벨로 Ravello

라벨로는 아말피 해안도로를 벗어나 산 중턱에 위치한다. 비록 바닷가 마을은 아니지만, 아름다운 아말피 해안 전체를 조망할 수 있는 굉장한 전망 포인트를 지녔다.

📍 40.649594, 14.610842

아말피 해안 Amalfi Cost 여행을 위한 조언

아말피 해안 지역의 방문 시기

최적의 방문 시기는 4월~6월과 9월~10월이다. 7월~8월 성수기는 너무 혼잡하다. 성수기에는 운전이 더욱 힘들다. 가장 좋지 못한 기간은 11월~3월이다. 이 기간에는 해안마을들의 상점 대부분이 문을 닫는다. 물론 비수기이기 때문에 해안도로의 드라이브가 여유롭다는 장점은 있다. 방문 시기에 상관없이 아말피 해안도로를 여유 있게 즐기려면 가급적 아침 일찍 드라이브에 나서야 한다.

아말피 해안Amalfi Cost 지역의 운전 여건

아말피 해안Amalfi Cost은 아름답지만 운전이 위험한 곳으로도 잘 알려져 있다. 아말피 해안도로의 길은 좁다. 특히 포지타노부터 본격적으로 시작되는 SS163 도로의 폭은 매우 좁은 편이다. 좁은 길에 도로 양 옆으로 차들과 스쿠터가 빼곡히 주차되어 있기 때문에 더 좁게 느껴진다.

그리고 '천 번의 굽잇길'이라고 불릴 만큼 도로가 굽이굽이 이어져 있다. 도로에는 반사경이 없는 경우도 많아 마주 오는 차량이 보이지 않는다. 좁은 길을 종횡무진 다니는 버스들을 커브길에서 만나면 아찔하다. 중앙선을 넘나들며 종횡무진 달리는 수많은 스쿠터들도 위협적이다. 접촉 사고의 위험이 상존하기 때문에 긴장을 풀지 말고 항상 운전에 주의를 기울여야 한다. 운전자는 풍경을 여유 있게 감상하기 어렵고 동승자도 긴장감을 느끼게 되는 구간이다. 그렇다고 해서 아말피 해안도로의 드라이브를 너무 겁낼 필요는 없다. 차량이 워낙 많은 곳이라 정체 구간이 많기 때문에 속도를 내기 어렵다. 따라서 절벽으로 추락하지 않을까 하는 걱정은 하지 않아도 된다. 가끔씩 커브에서 만나는 버스와 스쿠터들만 조심하면 충분히 운전할 만하다. 해안도로를 달리며 문득문득 마주하는 풍광은 운전의 어려움과 긴장감을 보상해줄 만큼 아름답다.

1 이탈리아 남부 해안도로를 달리는 시타SITA버스 **2** 좁은 해안도로에 늘어선 차량 행렬

나폴리

나폴리는 이탈리아의 3대 도시이자 세계 3대 미항이라고 불렸다. 그러나 현실은 그리 낭만적이지 않다. 마피아로 각인된 이미지, 지저분한 거리, 관광객을 대상으로 한 빈번한 범죄는 이탈리아 사람들마저도 나폴리 방문을 꺼리게 만들었고 결국 나폴리는 외면받는 도시가 되었다. 그럼에도 불구하고 나폴리는 이탈리아 남부 여행의 빠질 수 없는 거점 도시이다. 그라피티로 도배된 거리에서 2,500년 역사를 만날 수 있고, 문화유산을 둘러보며 나폴리의 옛 영화를 유추할 수 있다. 그 유명한 진짜 나폴리 피자를 맛볼 수도 있다. 탁 트인 산타 루치아 항구를 지나 바닷가를 산책하면 나폴리만의 매력이 느껴진다. 나폴리의 정점은 푸니쿨라를 타고 올라선 산텔모성 전망대에 있다. 전망대에서 바라보는 나폴리의 전경은 나폴리가 왜 세계 3대 미항이라는 수식어를 갖게 되었는지 잘 보여준다. 그러나 다시 전망대를 내려와 나폴리의 민낯을 마주하면 다시금 고개를 절레절레 흔들 수도 있다. 하지만 이 또한 나폴리의 매력이다. 미추美醜를 동시에 가지고 있는 곳. 아름답지만 그렇다고 마냥 아름답기만 한 것은 아닌 묘한 도시다.

나폴리 여행 정보 www.napoliunplugged.com

관광 안내소

Ufficio Informazioni EPT Stazione Centrale

🚇 나폴리 중앙역 22~23번 플랫폼 앞쪽
🏠 Napoli Centrale, Piazza Giuseppe Garibaldi, 80142 Napoli NA, 이탈리아

방문하기

나폴리에는 카포디몬테 국제공항Capodimonte Aeroporto
이 있지만 직항편은 없다. 나폴리를 입국 도시로 하는
경우는 많지 않다. 주로 이탈리아 내에서 저가항공을
이용한다.

시내 이동하기

공항에서 시내로 이동할 때 가장 추천하는 방법은 알
리버스Alibus를 이용하는 것이다. 요금은 5€(운전기
사에게 구입 시 6€)이고, 20분 간격으로 나폴리 중앙
역과 무니치피오Municipio 광장을 운행한다. 중앙역까
지는 보통 20분 정도 소요되지만 나폴리 교통 상황은
예측하기가 어렵다. 여유 있게 한 시간 정도는 예상하
는 것이 좋다. 택시의 경우 정액제로 이용할 수 있다.
하지만 불법 바가지 택시가 기승을 부리기 때문에 추
천하지 않는다. 택시를 이용한다면 'napoli'라는 표기
가 붙은 택시를 이용하도록 한다.

렌터카 픽업하기

나폴리는 공항이나 중앙역 모두 렌터카 픽업 및 반납
이 수월한 곳은 아니다. 공항은 렌터카 회사들이 공
동으로 운영하는 셔틀버스를 타고 5분 정도 이동해서
차를 픽업해야 한다. 중앙역도 역 안에 사무소가 있지
않고 외부에 흩어져 있어서 예약한 회사의 대리점 주
소를 미리 확인 후 찾아가야 한다. 중앙역 인근은 매
우 혼잡하고 무법지대와 다름없다. 차들과 오토바이
그리고 행인들이 뒤섞여 다닌다. 차량 픽업과 반납 시
운전에 주의해야 한다. 나폴리에서 렌터카 픽업 및 반
납 방법은 이탈리아 주요 도시 렌터카 픽업 및 반납
(368p)편을 참고하도록 한다.

시내 운전

나폴리는 ZTL보다 운전 자체를 걱정해야 할 정도로 운
전 여건이 열악한 곳이다. 큰 도로에도 신호등이 없는
곳들이 있고 무차별로 끼어들기 하는 차량과 오토바이
들을 신경 쓰다 보면 혼돈의 극치를 맛볼 수 있다. 나
폴리에서는 가급적 시내 운전을 하지 않는 것이 좋다.

주차장

파르케지오 디 나폴리 가리발디
Parcheggio di Napoli Garibaldi

나폴리 중앙역 앞쪽에 위치한 최신식 주차장. 2017년
에 오픈한 주차장으로 쾌적하고 안전하게 이용 가능
하며 요금도 저렴하다.
🅿 실내주차장 🕐 월~일 오전 05:00~오전 01:00
€ 1시간 2.2€ 종일 주차 18€
🏠 Piazza Giuseppe Garibaldi, 68, 80142 Napoli NA, 이
탈리아 📍 40.853125, 14.270607

그레이트 가라지 빅토리아 Great garage Victoria
(Gran garage Victoria)

포르타 놀라나Porta Nolana역 바로 옆에 위치한 실내주
차장으로 나폴리 중앙역에서도 가깝다. 주차를 하고
이 역에서 사철을 타면 폼페이로 바로 갈 수 있어 편리
하다. 항구까지 무료 셔틀 서비스도 제공된다.
🅿 실내주차장 🕐 24시간 € 1시간€ 2.5 /종일 25€
🏠 Corso Giuseppe Garibaldi, 390, 80139 Napoli NA,
이탈리아 📍 40.848514, 14.269128

슈퍼 가라지 파르케지오 나폴리
Super Garage Parcheggio Napoli

무니치피오 광장 인근에 있는 주차장으로 해안가 위주의 관광을 하기에 편리하다. 중앙역과 항구까지 무료 셔틀 서비스도 제공한다.

🅿 실내주차장 🕐 24시간 오픈 € 시간당 4€ / 종일 24€
🏠 Via Shelley, 11, 80100 Napoli NA, 이탈리아
📍 40.841253, 14.249337

ZTL

나폴리의 ZTL은 주요 관광지 대부분을 포함하고 있다. 중앙역과 해안가 쪽은 ZTL 구역이 아니라서 운전은 이 지역으로만 해야 한다.

시내 교통

나폴리는 크게 버스, 메트로, 트램, 푸니쿨라 등을 이용하여 관광을 할 수 있다. 그러나 산텔모성을 제외한 주요 관광지는 모두 도보로 이동 가능한 거리이다. 대중교통을 이용하지 않아도 이동에 큰 문제는 없다. 특히 버스나 트램 등은 소매치기가 매우 많기 때문에 도보 이동이 더 안전하다.

나폴리 추천 루트

나폴리 관광은 중앙역 가리발디 광장에서부터 시작한다. 나폴리 대성당과 박물관을 보고 스파카 나폴리로 대변되는 구시가를 거친다. 보메르 지구의 산텔모성에서 나폴리의 전경을 감상한 후 플레비시토 광장을 거쳐 바닷가를 거니는 코스로 마무리하면 알찬 루트가 완성된다.

| 중앙역 주차장 | 도보 20분 ▶▶▶ | 나폴리 대성당 | 도보 4분 ▶▶▶ | 스파카 나폴리 | 도보 10분 ▶▶▶ | 산타 키아라 기념관 & 제수 누오보 성당 | 도보 12분 ▶▶▶ | 산타 키아라 성당 |

도보 13분

| 산 카를로 극장 | 도보 1분 ◀◀◀ | 갤레리아 움베르토1 | 도보 2분 ◀◀◀ | 카스텔 누오보 | 도보 30분 ◀◀◀ | 산텔모성 |

도보 2분

| 플레비시토 광장 | 도보 11분 ▶▶▶ | 카스텔 델로보 |

최소 관광 시간

나폴리 관광은 보통 2일 정도 할애하는 게 좋지만 하루만 돌아보는 관광도 가능하다.

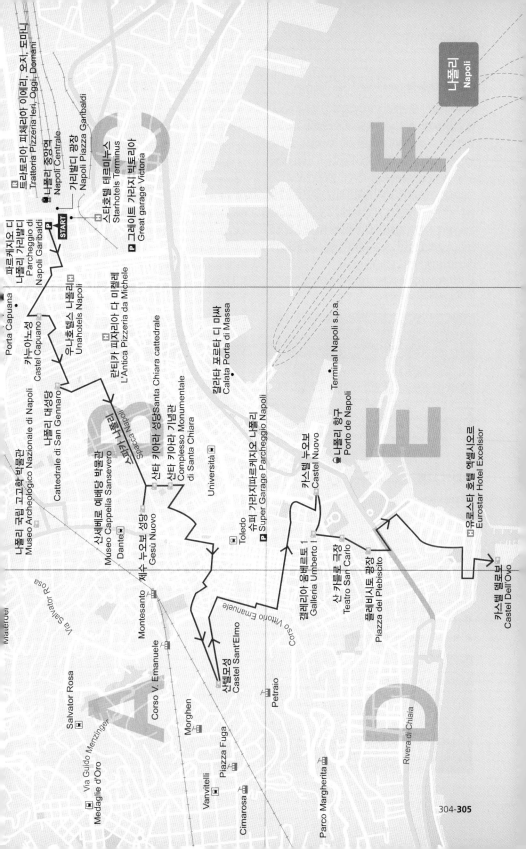

트라토리아 피체리아 이에리, 오지, 도마니
Trattoria Pizzeria 'Ieri, Oggi, Domani'

나폴리 중앙역
Napoli Centrale

가리발디 광장
Napoli Piazza Garibaldi

스타호텔 테르미누스
Starhotels Terminus

그레이트 가란지 빅토리아
Great garage Victoria

파르케지오 디 나폴리 가리발디
Parcheggio di Napoli Garibaldi

START

Porta Capuana

카누아노성
Castel Capuano

우나호텔스 나폴리
Unahotels Napoli

란티카 피자리아 다 미쉘레
L'Antica Pizzeria da Michele

나폴리 국립 고고학 박물관
Museo Archeologico Nazionale di Napoli

나폴리 대성당
Cattedrale di San Gennaro

산타 키아라 성당Santa Chiara cattedrale

산타 키아라 기념관
Complesso Monumentale di Santa Chiara

산세베로 예배당 박물관
Museo Cappella Sansevero
Dante

산젠나로

칼라타 포르타 디 마싸
Calata Porta di Massa

Terminal Napoli s.p.a.

나폴리 항구
Porto de Napoli

Spacca Napoli

제수 누오보 성당
Gesù Nuovo

Universitá

Toledo

슈퍼 가란지파르케지오 나폴리
Super Garage Parcheggio Napoli

Montesanto

Corso V. Emanuele

산텔모성
Castel Sant'Elmo

카스텔 누오보
Castel Nuovo

유로스타 호텔 엑셀시오르
Eurostar Hotel Excelsior

Salvator Rosa

Via Salvator Rosa

Corso Vittorio Emanuele

갤러리아 옴베르토 1
Galleria Umberto I

산 카를로 극장
Teatro San Carlo

플레비시토 광장
Piazza del Plebiscito

카스텔 델로보
Castel Dell'Ovo

Materdei

Via Guido Menzinger

Medaglie d'Oro

Morghen

Petraio

Rivera di Chiaia

Piazza Fuga

Vanvitelli

Cimarosa

Parco Margherita

나폴리 대성당 Cattedrale di San Gennaro

현재의 나폴리 두오모는 13세기 초에 완성하고 18세기에 재건됐지만 그 역사는 훨씬 더 오래됐다. 두오모는 초기 기독교 교회 위에 지어졌는데, 지하에서 그리스와 로마의 유물이 나왔다. 305년에 순교한 나폴리 수호성인 산 제나로San Gennnaro를 모시고 있어 산 제나로 성당이라고도 불린다. 높은 제단과 청동 철책 등이 화려함을 자아낸다. 두오모 본당 북쪽에 이어진 건물은 원래 아폴로 신전이 있던 곳으로 14세기에 재건되었다. 루카 지오르다노Luca Gordano의 천장화로 유명하다.

🕐 08:00~12:30 / 16:30~19:00
€ 무료 🏠 Via Duomo, 147, 80138 Napoli NA, 이탈리아
📍 40.852467, 14.259097

나폴리 국립고고학 박물관
Naples National Archaeological Museum

세계에서 가장 중요한 고고학 박물관 중 하나다. 폼페이, 에르콜라노, 스타비아 등 나폴리 인근의 유적지에서 발굴된 고대 그리스·로마의 유물을 전시하고 있다. 1층에는 폼페이 등에서 발굴된 조각이 전시되어 있고, 메자닌 층(복층)에는 폼페이의 모자이크가 있다. 폼페이에서 가져온 에로틱한 그림들은 따로 예약을 해야 관람할 수 있는데 '가비네토 세그레토Gabinetto Segreto'라는 비밀의 방에 소장되어 있다.

🕐 월~일 09:00~19:30 / 화 휴무
€ 15€ 🏠 Piazza Museo, 19, 80135 Napoli NA, 이탈리아
📍 40.853216, 14.250645

스파카 나폴리 Spacca Napoli

비카리아 베키아 거리Via Vicaria Vecchia와 파스칼레 스쿠라 거리Via Pasquale Scura의 1.5km 구간을 지칭한다. 나폴리를 분할한다는 뜻을 지닌 스파카 나폴리는 일직선으로 그어진 구도심이 나폴리를 두 개로 나눈 듯한 모습에 기인하였다. 나폴리의 대표적인 역사지구 중심 거리이다. 고대 로마 시대부터 서민들이 모여 살던 주거지로 허름하고 빛바랜 건물들이 촘촘히 어깨를 나란히 하고 그 위에 걸린 빨래들이 인상적인 곳이다.

🚇 메트로 1호선 단테Dante역에서 도보 5분 소요

제수 누오보 성당 Chiesa del Gesù Nuovo

성당이라기보다 어딘지 궁전 같은 모습을 하고 있다. 실제로 15세기까지는 살레르오 왕국의 궁전이었으나 예수회가 매입하여 성당으로 개조하였다. 출입구와 피라미드 모양의 외관은 궁전일 때의 모양을 그대로 두어 독특하다. 바로크 시대의 대표적인 예술작품도 남아 있다. 입장료가 무료인 것이 믿기지 않는 성당이다.

🕐 월~토 07:30~13:00, 16:00~19:30, 일 08:30~20:00
€ 무료 🏠 Gesù Nuovo, Piazza del Gesù Nuovo, 2, 80134 Napoli NA, 이탈리아 📍 40.847429, 14.252039

산타 키아라 기념관 Complesso Monumentale di Santa Chiara

키아라기념관은 마졸리카 타일로 장식된 독특한 기둥과 의자가 인상적인 수도원이 있는 곳이다. 이외에도 성당, 정원, 박물관, 유적지 등이 모여 있다. 이곳은 2차 세계대전 당시 연합군의 폭격으로 인해 거의 폐허가 되었지만 다행스럽게 마졸리카 타일로 이루어진 회랑은 온전히 보존되었다. 시민들의 모금 활동을 통해 10년에 걸쳐 재건되어 지금의 모습을 이루고 있다.

ⓒ 기념관 09:30~17:30, 대성당 08:00~12:45 / 16:30~20:00 € 성당 무료, 박물관 및 회랑 6€ 🏠 49/c, Via Santa Chiara, 80134 Napoli NA, 이탈리아 📍 40.847459, 14.252436

산텔모성 Castel Sant'Elmo

나폴리를 지키는 요새이자 감옥이었지만 지금은 전망대로서 역할을 톡톡히 하고 있다. 지저분하고 혼잡한 나폴리의 풍경도 이곳에서는 한폭의 그림처럼 아름다워 보인다. 성 자체에도 간략한 볼거리가 있지만 이 성의 주요 방문 목적은 나폴리의 전망을 담기 위함이다. 나폴리가 왜 3대 미항으로 불리었는지를 충분히 확인할 수 있는 곳이다.

ⓒ 08:30~18:30 € 2.5€
🏠 Via Tito Angelini, 22, 80129 Napoli NA, 이탈리아
📍 40.843681, 14.239053
* 푸니콜라레 몬테산토Funicolare Montesanto 선을 타고 종점인 모르겐Morghen역에서 하차 후 도보 3분

카스텔 누오보 Castel Nuovo

카스텔 누오보는 '새로운 성'이란 의미를 가지고 있다. 나폴리 왕국의 수도가 팔레르모에서 나폴리로 옮겨지면서 왕궁과 요새로 사용됐다. 1282년 완공된 성이다. 성벽 모서리에 네 개의 원통 모양 탑을 배치한 모습이 매우 웅장하다. 이 성의 외관은 나폴리의 상징물로 여겨진다. 보존도 매우 잘 되어 있어 현재는 건물 일부가 시립박물관으로 사용되고 있다. 성 주변에 항구와 선착장이 있어 아름다운 모습을 뽐낸다. 특히 관광객들에게 포토 스폿으로 각광받고 있다.

ⓒ 08:30~17:00, 매주 화 휴관 € 6€
🏠 Via Vittorio Emanuele III, 80133 Napoli NA, 이탈리아
📍 40.838561, 14.252023

산 카를로 극장 Teatro San Carlo

이탈리아 3대 극장 중 하나다. 밀라노 스칼라 극장보다 39년 먼저 설립되었고 유럽에서도 가장 전통 있는 오페라 극장이다. 로시니의 〈오셀로〉, 베르디의 〈아틸라〉, 도니제티의 〈라메르무어의 루치아〉 등이 이곳에서 초연됐다. 1816년 화재와 제2차 세계대전 중에도 빠짐없이 공연한 것으로 유명하다. 12월부터 다음 해 5월까지 오페라를 공연하며 오페라 외에도 오케스트라 연주회를 개최한다.

🕐 월~일 09:00~18:00 € 투어 9€ 🏠 Via San Carlo, 98, 80132 Napoli NA, 이탈리아 📍 40.837374, 14.249322

플레비시토 광장 Piazza del Plebiscito

1809년 나폴리왕인 뮈라가 시민들을 위한 공간을 조성하기 위해서 만든 광장이다. 산 프란체스코 디 파올라 성당의 열주가 광장을 둘러싸고 있으며, 동쪽으로는 왕궁이 위치해 있다. 광장은 시민들의 야외 공연장으로도 이용되고 있다.

🏠 Piazza plebiscito, 80132 📍 40.835885, 14.248575

갤레리아 움베르토 1 Galleria Umberto I

유리천장의 쇼핑 아케이드로 움베르토 1세가 1890년에 건설하였다. 열십자 모양의 유리지붕이 특징이다. 쇼핑몰로 운영되는데, 내부의 넓은 중앙통로를 중심으로 좌우에 부티크와 레스토랑, 카페, 영화관 등이 입점해 있다.

🕐 24시간 € 무료 🏠 Via San Carlo, 15, 80132 Napoli NA, 이탈리아 📍 40.838639, 14.249580

카스텔 델로보 Castel Dell'Ovo

달걀성으로도 불리는 델로보성은 나폴리에서 가장 오래된 성이다. 바다를 향해 튀어나온 특이한 모습이라 산타 루치아 항구에 도착하면 금세 찾을 수 있다. 이 성이 달걀성으로 불리게 된 이유는 기원전 1세기에 활동한 유명한 시인이자 철학자였던 베르길리우스Verglius에 의해서다. 성 안에 묻어둔 마법의 달걀이 깨지면 나폴리도 무너진다고 말한 것으로부터 유래되었다고 한다. 지금의 모습은 2차 세계대전 당시 파괴되었던 것을 1975년에 복원한 것이다. 플레비시토 광장에서 바닷가를 따라 걸으면서 보는 노을 지는 성의 모습은 주요 스폿으로 인기가 높다.

🕐 월~금 09:00~18:00, 토·일 09:00~13:00 공휴일 휴무
€ 무료
🏠 Via Eldorado, 3, 80132 Napoli NA, 이탈리아
📍 40.828974, 14.247689

안티카 피제리아 다 미켈레 Antica Pizzeria da Michele 구글평점 4.4/5

줄리아 로버츠의 영화 《먹고 마시고 기도하라》가 촬영된 곳이다. 피자가 아주 유명하다.

📱 +39 081 553 9204 🌐 damichele.net 🏠 Via Cesare Sersale, 1, 80139 Napoli NA, 이탈리아 📍 40.849771, 14.263297

트라토리아 피체리아 이에리(어제), 오지(오늘), 도마니
(내일) Trattoria Pizzeria Ieri, Oggi, Domani 구글평점 4.3/5

나폴리 사람들이 주로 찾는 현지 레스토랑으로 피자뿐만 아니라 파스타도 맛이 좋다. 또한 홍합Coze요리가 일품이다.

📱 +39 081 206717 🌐 www.ierioggiedomani.it
🏠 Via Nazionale, 6, 80143 Napoli NA, 이탈리아 📍 40.854956, 14.274009

나폴리의 추천 숙소

호텔 엑셀시오르 Hotel Excelsior ★★★★ 구글평점 4.4/5

나폴리 항구와 가까운 거리에 위치해 테라스에서 아름다운 바다 전망을 감상할 수 있다. 우아하고 고풍스럽게 꾸며진 객실은 다른 호텔보다 더 넓게 구성되어 있고 럭셔리하다.

🅿 호텔 인근 전용주차장 유료 📱 +39 081 764 0111 🌐 www.eurostarshotels.it
🏠 Via Partenope, 48, 80121 Napoli NA, 이탈리아 📍 40.830038, 14.249714

스타호텔스 테르미누스 Starhotels Terminus ★★★★ 구글평점 4.2/5

나폴리 중앙역 앞에 위치한 호텔이다. 최근 새로 단장하여 현대적인 스타일의 호텔로 탈바꿈했다. 유명 피자 맛집, 박물관, 관광지 등의 접근이 용이해 관광에 중점을 둔 여행자들에게 추천한다.

🅿 호텔 내 전용주차장 유료 📱 +39 081 779 3111 🌐 www.starhotels.com
🏠 Piazza Giuseppe Garibaldi, 91, 80142 Napoli NA, 이탈리아
📍 40.851869, 14.271442

우나호텔스 나폴리 UNAHOTELS Napoli ★★★★ 구글평점 4.3/5

나폴리 중앙역에서 도보 5분 거리에 위치한 그랜드 호텔이다. 나폴리 중앙역과 가까워 이동이 편리하다. 깔끔하고 넓은 객실을 구비하고 있고 조식도 훌륭한 편이다. 실외 테이블에서 나폴리 전경을 바라보며 식사할 수 있다.

🅿 호텔 인근 전용주차장 유료 📱 +39 081 563 6901 🌐 www.gruppouna.it
🏠 10, Piazza Giuseppe Garibaldi, 9, 80142 Napoli NA, 이탈리아
📍 40.851828, 14.267463

폼페이

폼페이는 79년 8월 24일 베수비오 화산의 폭발로 한순간에 역사에서 사라져버린 도시가 되었다. 당시 화산 폭발로 2천여 명의 주민이 매몰되었다. 바다와 불과 500m 떨어져 있던 아름다운 해안 도시는 이제 그 모습을 가늠할 수 없다. 오랜 시간이 흘러 1748년이 돼서야 이 잃어버린 도시가 발굴되기 시작하였다. 폼페이는 마차가 다니던 길이 선명하게 남아 있을 정도로 완벽하게 보존된 상태였다. 2천 년 전 도시의 모습을 생생하게 느낄 수 있는 살아 있는 유적지가 되어 우리를 반긴다. 폼페이를 비롯한 주변 도시를 순식간에 사라지게 만든 베수비오산은 17세기에도 크게 폭발한 적이 있다. 1944년에도 용암 분출이 있었을 만큼 아직도 화산 활동이 멈추지 않은 활화산이다. 지금은 산 정상까지 자동차로 올라가 볼 수도 있지만 언제 다시 분화를 시작할지 모른다. 더 늦기 전에 폼페이 역사의 현장을 두 눈으로 직접 살펴보자.

폼페이 여행 정보 www.pompeiisites.org

관광 안내소 Tours Pompeii

폼페이 스카비 빌라 데이 미스테리Pompei Scavi · Villa Dei Misteri역 2층에 위치

🏠 Via Villa dei Misteri, 80045 Pompei NA, 이탈리아
📱 +39 081 8575 347
🕐 4월~10월 09:00-19:30, 11월~3월 09:00~17:00, 1월 1일, 5월 1일, 12월 25일 휴무

방문하기

폼페이는 나폴리와 소렌토의 중간쯤에 자리하고 있다. 대부분 나폴리 관광 후 폼페이를 돌아보고 소렌토로 이동한다.

거리 24km 도로 A3
나폴리 🚗 ‒‒‒‒‒‒‒‒‒➤ 폼페이
소요시간 30분

거리 27km 도로 SS145
소렌토 🚗 ‒‒‒‒‒‒‒‒‒➤ 폼페이
소요시간 40분~1시간

ZTL

폼페이는 도시 자체를 관광하기보다는 폼페이 유적지만 관광하는 경우가 대부분이다. 폼페이 유적지로 가는 길은 ZTL과는 무관하다. 유적지 인근 주차장에 주차하면 크게 신경 쓸 필요는 없다.

주차장

캠핑 제우스 주차장Camping Zeus Parking을 추천한다. 폼페이 유적지 인근에 위치해 접근성이 가장 좋다. 캠핑장을 이용하지 않는 일반 차량도 이용할 수 있다. 이곳에서 폼페이 입구인 마리나 문까지는 도보 2~3분이면 도착할 수 있다. 그 밖에 폼페이 유적지로 올라가는 입구 근처에 식당들이 많다. 식사를 할 경우

주차를 무료로 할 수 있는 곳들이 많다. 이 중 샤발Shaval이라는 식당 주차장이 잘 알려져 있다. 점심 식사와 주차를 같이 해결하고자 한다면 이런 곳을 이용하는 것도 방법이다.

캠핑 제우스 파킹 Camping Zeus Parking
🅿 야외주차장 🕐 24시간 € 시간당 3€
🏠 Via Villa dei Misteri, 5, 80045 Pompei NA, 이탈리아
📍 40.749106, 14.481087(캠핑장 입구 앞)

샤발 리스토란테 Shaval Ristorante
🅿 야외주차장
🕐 월~토 10:00~24:00, 일 10:00~17:00
€ 1시간 3.5€(식사를 할 경우 무료이나, 1인당 자릿세 3€가 별도로 있다.)
🏠 Via Plinio, 131, 80045 Pompei NA, 이탈리아
📍 40.746802, 14.483158

폼페이 유적지
🕐 4월~10월 09:00-19:30, 11월-3월 09:00~17:00
휴일 1월 1일, 5월 1일, 12월 25일 € 1인 16€
🏠 폼페이 유적지 입구 주소 Via Villa dei Misteri, 80045 Pompei NA, 이탈리아

폼페이는 유적지를 관광하는 여행이다. 포르타 마리나Porta Marina에서부터 시작하여 옛 모습을 복원해둔 곳들을 찾아다니면서 관람하면 된다. 폼페이 유적지는 사전지식 없이 보면 금세 지루해지기 쉽다. 따라서 가이드 투어를 하거나 미리 공부를 해두도록 하자.공부를 하고 보면 더 재미있게 관람할 수 있다. 주요 동선을 잘 따라가야 지치지 않고 주요 관광지를 볼 수 있다. 계획 없이 이리저리 다니면 금세 지치고 꼭 봐야 할 곳도 제대로 보기 힘드니 주의하도록 한다.

주차장 → 도보 2분 → 포르타 마리나 → 도보 4분 → 바실리카 → 도보 2분 → 아폴로 신전 → 도보 1분 → 포럼 → 도보 2분 → 곡물 창고 → 도보 2분 → 목욕탕 → 도보 1분 → 비극 시인의 집 → 도보 2분 → 파우노의 집 → 도보 5분 → 베티의 집 → 도보 2분 → 루파나레 유곽 → 도보 4분 → 스타비아 욕장 → 도보 2분 → 대극장 → 도보 2분 → 검투사 대기 양성소 → 도보 15분 → 주차장

최소 관광 시간

폼페이 관광은 주요 관광지만 둘러보면 세 시간 정도 소요된다. 그러나 유적지 내에는 따가운 햇볕을 피할 곳이 거의 없고 모두 도보로 이동해야 한다. 체력적으로 부담이 큰 곳이다. 중간중간 쉬는 시간을 고려하여 최소 반나절 정도는 할애하는 것이 좋다.

포르타 마리나 Porta Marina

폼페이는 항구도시로 예전엔 항구로 이어지는 문이었다. 베수비오 화산 폭발로 육지가 바다 쪽으로 1.2km 정도 늘어나면서 항구가 사라졌다. 예전에는 문 아래쪽으로 큰 규모의 항구가 존재했다. 포르타 마리나를 통해 내부로 들어가면 본격적으로 폼페이 안으로 들어설 수 있다. 왼쪽의 작은 문은 사람이 다니는 길, 오른쪽의 큰 문은 마차가 다니는 길이었다. 어두운 밤에 쉽게 통행할 수 있도록 도로 바닥 곳곳에 달빛을 반사할 수 있는 작은 돌을 박아 두었다.

아폴로 신전 Tempio di Apollo

아폴로(아폴론)와 그의 쌍둥이 여동생 디아나(아르테미스)를 모시는 신전이다. 정면에 흰색 제단과 14개의 계단이 보이는데 계단 위에는 총 18개의 기둥이 건물 지붕을 받치고 있었다. 지붕과 기둥은 모두 소실되었고, 지금은 정면에 있는 두 개의 기둥만 복원되었다. 계단을 등지고 왼쪽에 있는 궁수의 신 아폴로 상은 활을 쏘는 자세를 취하고 있다. 아폴로 상 맞은편에는 사냥의 여신인 디아나 상이 전시되어 있다. 둘 다 모조품이다. 진품은 나폴리 국립고고학 박물관에 소장되어 있다.

포럼 Forum

폼페이의 정치, 경제, 문화, 종교의 중심지였던 곳이다. 신전, 아고라, 시장, 목욕탕 등의 공공 건축물로 둘러싸인 직사각형 모양의 광장이다. 고대 로마 시대 도시 중앙에는 이러한 역할을 하는 포로 로마노가 늘 존재했다. 대리석으로 장식되었던 화려한 광장의 모습은 사라졌지만, 제사를 지낸 주피터 신전Tempio di Giove 등이 남아 있다.

> **TIP** 포럼 앞에 서면 베수비오산이 가장 잘 보여 사진 찍기 좋다.

파우노의 집 Casa di Fauno

고위층의 집으로만 추정될 뿐 누구의 집인지는 알 수 없다. 발굴 당시 약 50cm 크기의 춤추는 파우노(판) 동상이 발견되어 '파우노의 집'이라 불린다. 목신인 파우노는 춤과 음악과 여성을 좋아하는 바람둥이 신이었다. 건물 입구에는 라틴어로 아베Have라고 적혀 있는데 이는 '어서오세요'라는 뜻이다. 건물 안쪽에는 기원전 330년 그리스 알렉산드로스와 페르시아 다리우스 3세가 벌인 전쟁인 이수스 전투를 묘사한 정교하고 화려한 모자이크 바닥이 있다. 모자이크의 원작은 나폴리 국립고고학 박물관에 보관되어 있다.

곡물 창고 Granaries of the Forum

예전에는 곡물 창고로 쓰였던 곳이었으나 지금은 발굴된 유물을 임시로 보관하고 관리하는 장소로 이용하고 있다. 전시된 유물 중에는 화산 폭발로 당시 상황이 얼마나 고통스러웠는지 그 표정까지 생생히 확인할 수 있는 죽은 희생자의 석고본도 있다. 이 석고본은 희생자의 시신이 오랜 시간 화산재 안에 묻혀 생긴 공간에 고고학자들이 석고를 부어 만들어낸 것이다.

목욕탕 Terme del Foro

로마가 목욕으로 망했다고 했을 정도로 로마인들에게 목욕탕은 아주 중요했다. 그러한 로마의 목욕탕을 제대로 보여주는 곳이 바로 폼페이다. 외부 태양열까지 받아들이고 대리석으로 욕조를 만들어 온탕의 열기를 유지했을 뿐 아니라 냉탕과 와인탕, 녹차탕, 사우나, 마사지 그리고 카페테리아 등 요즘의 한국 짐찔방과 크게 다르지 않은 시설을 갖추고 있었다.

바실리카 Basilica

폼페이의 여러 공공 건축물 가운데 2층까지 남아 있는 유일한 건축물이다. 로마 시대에 만들어진 현존하는 가장 오래된 건축물(직사각형 회랑 모양의 건축물)이기도 하다. 2층은 재판장으로 사용되었고 1층 광장은 집회 장소와 노천 시장으로 이용 되었다.

선술집 Thermopolium

폼페이에서는 여러 곳의 선술집이 발굴되었다. 선술집은 로마 시대에 가장 널리 퍼진 서민들의 안식처였다. 술과 음료를 진열해놓는 바 형식으로 이루어져 있다. 안쪽에는 화덕과 맷돌이 있어서 바로 음식을 조리해서 술과 함께 먹으면서 고단한 하루를 달랬을 것이다.

루파나레 유곽 Lupanare

다양한 국적의 사람들이 모이는 국제항구로서 역할을 했던 폼페이에는 홍등가가 무려 21개 존재했다. 이곳에 종사하는 여성들은 세금을 내며 당당히 하나의 직업인으로 인정을 받았으며 국적도 다양했다. 관광객들이 항상 줄을 서 있을 정도로 인기가 좋다. 이곳을 찾는 이유는 각 방마다 장식된 야화를 보기 위해서다.

반원형 극장 Teatro Grande

그리스 호메로스의 대서사시 《일리아드》와 《오디세이아》 공연을 위해 반원형으로 세워진 극장이다. 약 5천 명의 관객을 수용할 수 있는 규모. 각 좌석은 귀족과 일반 시민의 공간을 구분해서 만들어졌고, 대리석 등을 이용해 화려하게 장식되었다. 당시에는 마이크 시설이 없어서 무대의 소리가 맨 뒷좌석까지 잘 전달될 수 있도록 바람의 방향까지 고려해 설계되었다. 공연 시작 전 관객들이 대기하던 휴게 공간도 있다. 고대 로마인들에게 극장은 아주 중요했다. 이곳에서는 다양한 시 낭독, 연주, 연극 등의 대규모 공연이 이뤄졌다. 대극장 바로 옆에는 주로 작은 음악 공연이 열리던 소극장 '오데온'이 있었다.

검투사 대기 양성소 Quadriportico dei Teatri

로마 시대 최대의 엔터테인먼트 산업인 검투 대회를 위한 검투사 양성소다. 경기장에 오르기 전 대기 장소로 사용되기도 하였다. 근처에 무료 화장실이 있으니 참고하자.

폼페이의 추천 레스토랑

카우포나 폼페이 레스토랑 Caupona Pompei Restaurant 구글평점 4.3/5

고대 폼페이 스타일의 식당 분위기를 느낄 수 있는 곳이다. 일하는 모든 사람이 당시 옷을 입고 서비스를 해 특별한 경험을 할 수 있다. 폼페이에는 좋은 레스토랑이 거의 없다. 하지만 이 집에서만큼은 독특한 콘셉트뿐만 아니라 이탈리아 남부의 전통 요리를 맛볼 수 있다. 늘 사람들로 붐빈다.
🍝 Spaghetto al nero di Seppia(먹물 스파케티), Filetto di Scorfano Pomodoro Sanmarzano(토마토소스 생선 요리) 📞 +39 081 1855 7911
🏠 Via Masseria Curato, 2, 80045 Pompei NA, 이탈리아
📍 40.745910, 14.483083

폼페이의 추천 숙소

그랜드 호텔 로얄 Grand Hotel Royal ★★★★ 구글평점 4.7/5

폼페이 유적지에서 도보로 이동 가능한 거리에 위치한 호텔이다. 4성급 현대식 스타일로 깔끔한 객실에 비해 가격이 저렴한 편이다. 주차장도 무료로 이용할 수 있다. 자동차 여행으로 폼페이에서 하루를 머문다면 추천한다.
🌐 www.grandhotelroyalpompei.website 🅿 호텔 내 주차장 무료
€ 1박 기준 : 70€(일반 트윈룸) 🏠 viale Giuseppe Mazzini 49, 80045 Pompei, Italy 📍 40.746181, 14.497006

소렌토

누구나 한 번쯤 들어봤을 친숙한 이름의 도시다. 노래 <돌아오라 소렌토>로 유명한 곳이 기도 하다. 2차 세계대전 당시 기적적으로 피해를 입지 않아 신이 내린 축복의 땅이라 불리기도 한다. 실제로 전망대에서 소렌토와 어우러진 나폴리만과 베수비오산의 전망은 이 말이 과장된 것이 아니라는 생각이 든다. 소렌토는 포지타노 아말피를 거쳐 살레르노까지 이어지는 아말피 해안의 출발 도시다. 따라서 아말피 해안도로 드라이브를 떠나기 전날 하루쯤 묵기에 좋다. 특별한 관광지는 없지만 그래서 더욱 여유로움을 가질 수 있는 도시다. 탁 트인 나폴리만을 물들이는 노을과 절벽은 환상적인 절경을 만들어낸다. 타소 광장과 빅토리아 광장을 오가다 만나는 레스토랑에서는 맛있는 로컬 음식을 즐길 수 있다. 이 모든 것은 소렌토라는 도시를 가슴 한편에 오래도록 간직하게 만들어줄 것이다.

소렌토 여행 정보 www.sorrentotourism.com

관광 안내소 Azienda Autonoma di Soggiorno di Sorrento Sant'Agnello

🕐 월~토 09:00~19:00, 일·공휴일 09:00~13:00 ☐ +39 081 807 4033 🏠 Via Luigi de Maio, 35, 80067 Sorrento

방문하기

소렌토는 폼페이에서 이동하는 경우가 많다. 폼페이에서 소렌토까지는 27km 정도로 그리 멀지 않다. 그러나 소렌토 전망대부터 시내 구간은 교통 정체가 심해서 이동 시간은 대략 45분에서 한 시간 정도 잡아야 한다.

주요 도시별 경로와 이동시간은 다음과 같다.

거리 27km 도로 SS145

폼페이 🚗 --------------▶ 소렌토

소요시간 45분~1시간

거리 17km 도로 SS163

포지타노 🚗 --------------▶ 소렌토

소요시간 40분~1시간

ZTL

타소 광장Piazza Torquato Tasso 진입로부터 소렌토 중심 시내는 ZTL 구간이 곳곳에 지정되어 있다. 전체 구간이 ZTL은 아니라서 차를 가지고 들어갈 수는 있다. 하지만 자칫 길을 잃게 되면 ZTL에 진입할 우려가 있다. 굳이 ZTL 때문이 아니더라도 좁은 시내의 길은 수많은 관광객으로 붐빈다. 가급적 차를 가지고 들어가지 않는 것이 좋다. 시내 중심지로 들어가기 전에 있는 주차장을 이용한다면 ZTL은 크게 염려하지 않아도 된다.

주차장

소렌토는 타소 광장 인근에 주차를 하면 된다. 가장 가까운 주차장은 파르케지오 발로네 데이 물리니 치오멘자노Parcheggio Vallone dei Mulini Chiomenzano다. 타소 광장이 불과 2분 거리다. 그러나 이 주차장은 메인도로의 고가 아래쪽에 위치하고 있다. 들어갈 때는 바로 진입할 수 있지만 출차 시에는 10분 정도 우회해야 메인도로를 탈 수 있다. 파르케지오 스팅가Parcheggio Stinga도 많이 이용하는 주차장이다. 이곳에서 타소 광장까지는 도보로 10분 남짓 소요된다. 하지만 다양한 구경거리가 있는 코르소 이탈리아Corso Italia 거리를 지나간다. 전혀 멀거나 지루하게 느껴지지 않는다.

파르케지오 발로네 데이 물리니 치오멘자노 Parcheggio Vallone dei Mulini Chiomenzano

🅿 실내주차장 🕐 24시간 € 1시간 3€
🏠 Via Fuorimura, 16, 80067 Sorrento NA, 이탈리아
📍 40.625341, 14.376907

파르케지오 스팅가 Parcheggio Stinga

🅿 야외주차장 (관리인이 주차 안내를 도와준다) 🕐 24시간
€ 1시간 2€ 🏠 Via Carrozzieri a Monteoliveto, 17, 80067 Sorrento NA, 이탈리아 📍 40.623180, 14.372179

소렌토 추천 루트

소렌토의 매력은 뒷골목에 있다. 주요 동선을 따라 소렌토의 겉모습을 본 후에는 골목 안쪽으로 들어가 소렌토의 진면목을 들여다보자. 끊임없는 매력이 발산하는 곳이다.

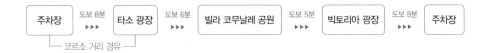

| 주차장 | 도보 8분 ▶▶▶ | 타소 광장 | 도보 6분 ▶▶▶ | 빌라 코무날레 공원 | 도보 5분 ▶▶▶ | 빅토리아 광장 | 도보 8분 ▶▶▶ | 주차장 |

└ 코르소 거리 경유 ┘

최소 관광 시간

소렌토의 주요 관광 지역은 매우 작다. 특별한 관광 명소가 있는 것도 아니라서 산책하듯 둘러보면 된다. 2~3 시간 정도면 충분히 돌아볼 수 있다.

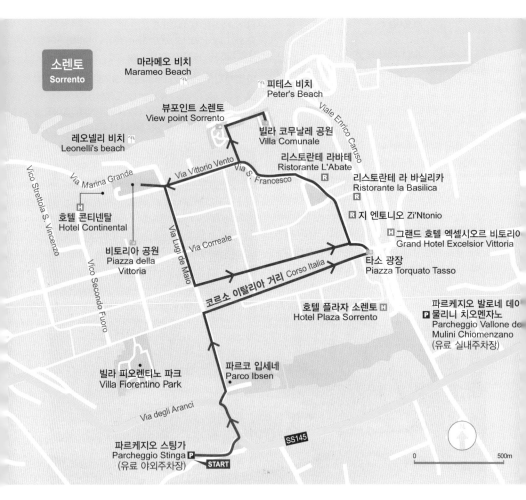

소렌토 전망대 Belverdere di Sorrento

소렌토를 향해 달리다 보면 소렌토를 한눈에 조망할 수 있는 전망 포인트들이 나타난다. 이곳에서 멋진 소렌토
전경 사진을 찍을 수 있다. 주차장이 따로 있지 않아서 길가에 요령껏 주차해야 한다. 이곳이 가장 유명한 전망
대이지만 유사한 전망 포인트가 몇 군데 더 나타난다. 따라서 주차가 어렵다면 다른 곳을 이용해도 된다.

🏠 Strada Statale della Penisola Sorrentina 80062 Meta NA, 이탈리아 📍 40.649662, 14.410835

타소 광장 Piazza Torquato Tasso

소렌토 여행의 시작점이자 중심 광장이다. 시인 토르콰토 타소Torquato Tasso를 기리기 위한 기념비가 세워져 타
소 광장으로 불리게 됐다. 소렌토의 메인도로인 코르소 이탈리아 거리와 Via Corso Italia와 산 체자레오 거리Via San
Cesareo도 타소 광장에서 시작된다. 광장을 중심으로 많은 상점과 레스토랑이 몰려 있어 언제나 사람들도 붐비는
곳이다.

🏠 Piazza Torquato Tasso 80067 Sorrento NA 이탈리아 📍 40.626226, 14.375628

1 타소 광장의 뷰포인트 **2** 코르소 거리

빌라 코무날레 공원 Villa Comunale & 빅토리아 광장 Piazza della Vittoria

나폴리만과 베수비오산을 한번에 조망할 수 있는 곳이다. 멀리 보이는 베수비오산과 바다가 묘한 대비를 만들어 낸다. 이곳에서 바라보는 일몰은 더할 나위 없이 아름답기로 유명하다. 공원은 절벽 위에 마련되어 있고 밑으로는 선착장과 해변이 자리 잡고 있다. 걸어서 내려갈 수도 있고 엘리베이터를 타고 내려가도 된다.

⚓ 엘리베이터 : 빅토리아 광장 내에
임페리얼 트라몬타노Imperial
Tramontano 호텔 옆
€ 편도 1€, 왕복 1.8€
📱 +39 081 533 5111
🏠 Via S. Francesco, 80067
Sorrento NA, 이탈리아
📍 40.628123, 14.373636

리스토란테 라바테 Ristorante L'Abate 구글평점 4.1/5

해물을 이용한 요리가 주를 이룬다. 관광객은 물론 현지인들에게도 인기가 좋은 식당이다. 소렌토에 가면 반드시 들려야 하는 곳이다. 봉골레 파스타Spaghetti alle Vongle와 해산물 튀김인 프리토Prito를 추천한다.

📱 +39 081 807 2304 🏠 Piazza Sant'Antonino, 24, 80067 Sorrento NA, 이탈리아 📍 40.627272, 14.374813

지엔토니오 Zi'Ntonio 구글평점 4.3/5

물가가 비싼 소렌토에서 단돈 16€에 3코스 요리를 맛볼 수 있는 곳이다. 가격이 의심될 정도로 맛도 좋아 많은 관광객들이 찾는다. 특히 해산물을 이용한 리조토Risotto alla Pescatora con crostacei Special가 우리 입맛에 딱 맞는다.

📱 +39 081 878 1623 🏠 Via Luigi de Maio, 11, 80067 Sorrento NA, 이탈리아
📍 40.626685, 14.375216

리스토란테 라 바실리카 Ristorante la Basilica 구글평점 4.1/5

골목 안쪽에 위치한 레스토랑으로 세심한 서비스와 고급스러운 요리가 인상적이다. 노천 테이블은 마치 노천이 아닌 식당의 일부에서 식사를 하는 듯한데, 다른 식당에서 느낄 수 없는 독특한 분위기가 있다. 다른 곳에 비해 가격은 조금 비싸지만 맛과 분위기를 모두 원한다면 추천한다. 랍스터 Optionally fresh lobster, 그릴 새우Fresh grilled scamp 같은 요리에서부터 간단한 파스타와 고기요리까지 다양한 주문이 가능하다.

📱 +39 081 877 4790 🏠 Via Sant'Antonino, 28, 80067 Sorrento NA, 이탈리아
📍 40.627048, 14.375410

그랜드 호텔 엑셀시오르 비토리아 Grand Hotel Excelsior Vittoria ★★★★★ 구글평점 4.8/5

소렌토 내 최고의 럭셔리 5성급 호텔이다. 절벽 위에 있어, 가히 지중해 최고라고 할 수 있을 만큼 전망 좋은 수영장을 보유하고 있다. 자체 해변을 가지고 있는데, 해변까지 이어지는 전용 엘리베이터가 있다. 미슐랭 스타 셰프가 운영하는 레스토랑과 여행의 피로를 풀 수 있는 스파 시설 등 다양한 부대시설이 있다. 유일한 단점이라면 요금이 비싸다는 것이다.

🅿 호텔 내 주차장 유료 € 1박 기준 : 500€(일반 트윈룸) 🔲 +39 080 432 3754 🌐 www.exvitt.it
🏠 Piazza Ferdinando IV, 4, 70011 Alberobello BA, 이탈리아 📍 40.626429, 14.376148

호텔 콘티넨탈 Hotel Continental ★★★★ 구글평점 4.5/5

베수비오산과 바다를 조망할 수 있는 객실을 보유하고 있다. 도심에서 가까워 이동이 편리하다. 전용 해변으로 이어지는 엘리베이터도 있다. 스파 시설과 다양한 편의시설을 갖추고 있고 일부 객실에는 야외 자쿠지가 있다.

🅿 호텔 내 주차장 유료
€ 1박 기준 : 250€(일반 트윈룸)
🔲 +39 081 807 2608
🌐 www.continentalsorrento.com
🏠 Piazza della Vittoria, 4, 80067 Sorrento NA, 이탈리아
📍 40.627123, 14.370330

호텔 플라자 소렌토 Hotel Plaza Sorrento ★★★★ 구글평점 4.7/5

타소 광장과 아주 가까운 곳에 위치한 현대식 호텔이다. 옥상에 아름다운 전경을 볼 수 있는 수영장이 있다. 규모는 조금 작지만 좋은 서비스와 합리적인 가격으로 여행자들에게 인기가 좋다. 객실의 오크 나무를 활용한 바닥 장식이 편안한 느낌을 더해준다.

🅿 호텔 내 주차장 유료
€ 1박 기준 : 200€(일반 트윈룸)
🔲 +39 081 807 2608
🌐 www.continentalsorrento.com
🏠 Piazza della Vittoria, 4, 80067 Sorrento NA, 이탈리아
📍 40.625438, 14.376087

포지타노

포지타노는 아말피 해안에 위치한 10여 개의 마을 중 가장 아름다운 도시로 손꼽힌다. 사실 1933년까지는 전기조차 들어오지 않는 오지 마을이었다. 하지만 지금은 이탈리아 남부의 가장 대표적인 휴양도시로 예술과 휴양이 한데 어우러진 보석 같은 곳이 되었다. 마졸리카 타일로 화려하게 장식된 돔을 가진 산타 마리아 아순타 성당은 절벽을 따라 빼곡히 들어선 집들과 푸른 바다 사이에 화룡점정을 찍듯이 자리하고 있다. 이곳의 아름다운 전경은 해안가에 위치한 포지타노 전망대 Belvedere Positano와 마을 안 콜롬보 거리Via Cristoforo Colombo에서 제대로 감상할 수 있다. 포지타노는 아말피 해안마을 중 가장 많은 관광객으로 북적이는 곳이지만 특산물인 레몬처럼 상큼하면서도 청량한 느낌으로 우리를 반겨주는 곳이다.

포지타노 여행 정보 www.aziendaturismopositano.it

관광 안내소

Azienda Autonoma Soggiorno E Turismo

🏠 Via Del Saracino 4, 84017 Positano
📱 +39 089 875 067 🕐 월~토 09:00~19:00, 일 · 공휴일
09:00~14:00, (겨울 시즌에는 월~토 09:00~16:00)

방문하기

소렌토에서 포지타노 구간까지는 도로 폭이 좁지 않
아 운전하기 수월한 편이다. 소요시간은 한 시간 정도
예상하는 것이 좋다. 해안도로가 마을 위쪽을 통과하
는 형태로 되어 있기 때문에 주차장이 언덕 위 마을 안
쪽에 형성되어 있다. 마을로 가는 길은 매우 좁고 복
잡하다. 그런 길을 버스와 오토바이 그리고 수많은 관
광객이 뒤엉켜 다닌다. 그래서 접촉사고가 빈번하게
발생하는 곳이다. 포지타노에서 숙박을 하지 않는다
면 페리를 이용해서 방문하는 것을 추천한다.

주요 도시별 경로와 이동 시간은 다음과 같다.

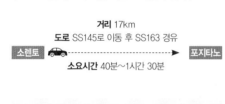

거리 17km
도로 SS145로 이동 후 SS163 경유

| 소렌토 | 🚗 ┄┄┄┄┄┄┄┄➤ | 포지타노 |

소요시간 40분~1시간 30분

(여행 업그레이드)

포지타노 더 여유 있게 즐기는 법

---

1 우선 되도록 소렌토에서 아침 일찍 출발한다.
2 포지타노 전망대에서 포지타노 전경만 구경하고
마을은 일단 그냥 지나친다. 아침이라 여유 있게 지
나갈 수 있다.
3 그다음 아말피와 라벨로를 먼저 관광한다.
4 라벨로 관광을 마치고 살레르노까지 고속도로를
이용하여 이동한다.
5 살레르노에 주차를 한 후 포지타노행 페리를 탑승
한다. 아말피 해안마을 관광은 페리를 한번 이용하
는 것이 좋다. 페리 이용 시 운전과 주차 스트레스
없이 포지타노를 여유 있게 둘러볼 수 있다. 물론 페
리를 타보는 것 자체가 특별한 경험이기도 하다.

ZTL

포지타노에도 ZTL이 있지만 경유하는 것이라면 특별
히 ZTL를 염려할 필요는 없다. 오히려 좁은 일방통행
로와 차선을 넘나드는 오토바이 부대, 시타SITA 버스
등을 더 조심해야 한다.

포지타노 마을 내에 있는 ZTL. 큰 도로 위주로 다니면 크게 신
경 쓰지 않아도 된다.

주차장

포지타노는 사설 주차장들이 많지만 주차 요금이 매우
비싸다. 주차 관리인들이 발렛파킹을 하는 과정에서
차량 손상도 많은 편이라 주의해야 한다. 포지타노 주
차비는 저렴한 곳도 1시간에 7€ 이상이고 10~15€까
지 하는 경우도 있다. 종일 주차는 30~35€ 선이라고
생각하면 된다. 해변과 가장 가까운 주차장은 '젠나 로
디 바르톨로메오—센트럴 파킹 Gennaro Di Bartolomeo—
Central Parking' 주차장과 루소 주차장 Parcheggio Russo
이다. 주차비가 비싸지만 위치가 좋다. 젠나 주차장보
다는 루소 주차장을 이용할 것을 추천한다. 주차비가
다른 주차장에 비해 비싸지만 위치가 좋다. 다른 곳들
은 해변까지 거리가 너무 멀다.

파르케지오 루소 Parcheggio Russo

🕐 24시간 € 시간당 10€, 종일 주차 35€ 🏠 Via
Cristoforo Colombo, 2, 84017 Positano SA, 이탈리아
40.63002, 14.48616

젠나로 디 바르톨로메오 – 센트럴 파킹

Gennaro Di Bartolomeo · Central Parking

🕐 24시간 € 시간당 10€, 종일 주차 35€
🏠 Viale Pasitea, 1, 84017 Positano SA, 이탈리아
좌표 : 40.630219, 14.485492

포지타노는 자동차보다는 페리로 도착해서 관광하는 것이 더 효율적이다. 차를 가지고 간다면 마을 중심에 주차하고 콜롬보 거리와 뮬리니 거리 중심으로 구경을 한 후 그란데 해변에서 맛있는 음식을 먹으며 푸른 바다를 즐기면 된다.

| 주차장 | 도보 10분 ▶▶▶ | 포지타노 뷰포인트 | 도보 8분 ▶▶▶ | 산타 마리아 아순타 교회 | 도보 3분 ▶▶▶ | 그란데 해변 | 도보 10분 ▶▶▶ | 주차장 |

※ 젠나로 디 바르톨로메오 – 센트럴 파킹 주차장 기준

최소 관광 시간

포지타노 관광은 2~3시간 정도면 충분히 둘러볼 수 있다.

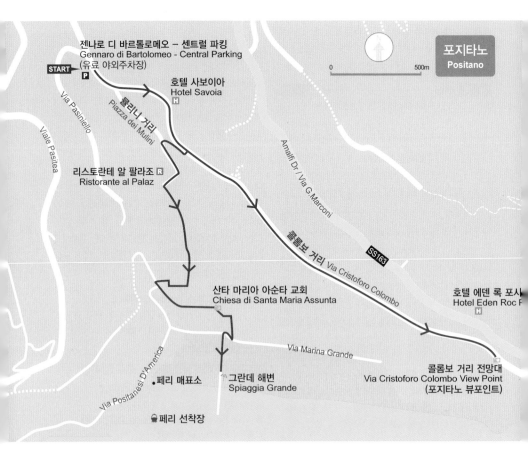

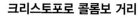

포지타노 전망대 Belvedere Positano

아말피 해안도로를 따라 포지타노 방향으로 달리다 보면 유명한 전망 포인트를 만날 수 있다. 이곳은 수많은 관광버스들과 자동차들이 정차하는 곳이다. 길가에 있어서 주차공간은 마땅치 않다. 요령껏 갓길에 차를 대야 한다. 전망 포인트에는 레몬과 석류를 즉석에서 착즙해주는 노점이 있는데 포지타노의 진한 맛을 느낄 수 있다.

🏠 Via G. Marconi, 255, 84017 Positano SA, 이탈리아
📍 40.626799, 14.478839

크리스토포로 콜롬보 거리
Via Cristoforo Colombo

콜롬보 거리 전망 포인트는 포지타노 전망대와는 또 다른 포지타노를 보여준다. 거리 양쪽은 레스토랑과 마졸리카 타일 공예점 등 다양한 볼거리가 있다. 포지타노 메인 사진이 바로 콜롬보 거리에서 본 전망이다.

콜롬보 거리 포지타노 전망 포인트

🏠 Via Cristoforo Colombo, 20784017 Positano SA, 이탈리아 📍 40.627730, 14.490408

산타 마리아 아순타 교회 Chiesa di Santa Maria Assunta

마졸리카Majolica 타일로 화려하게 장식된 돔이 인상적인 성당이다. 안쪽에는 13세기 비잔티움(지금의 이스탄불)에서 만들어진 검은 성모 마리아가 보관되어 있다. 비잔티움에서 성상을 훔쳐 달아나던 해적들이 폭풍우를 만나 배가 좌초될 위기에 처했을 때 어디선가 "내려놓아라, 내려놓아라!"라는 소리가 들렸다. 겁에 질린 해적들이 성상을 포기하자 폭풍우가 잠잠해졌다고 한다.
🏠 Via Marina Grande, 84017 Positano SA, 이탈리아
📍 40.628347, 14.487095

뮬리니 거리 Va del Mulini

포지타노의 대표적인 골목길이다. 골목길을 따라 그림과 다양한 액세서리 그리고 레몬슬러시를 판매하는 노점들이 즐비하게 이어져 있다.
🏠 Piazza dei Mulini, 84017, Positano, 캄파니아주
📍 40.629778, 14.486291

리스토란테 알 팔라조 Ristorante al Palazzo 구글평점 4.2/5

팔라조 뮤라 호텔Palazzo murat Hotel에서 운영하는 고급 레스토랑으로 포지타노 전경을 눈에 가득 담을 수 있다. 2017 미슐랭 선정 레스토랑으로 맛, 분위기, 서비스 3박자를 골고루 갖춘 레스토랑이다.

🍽 Tagliata di Tonno in Crosta di Pistacchio con Caponatina di Verdure e Cipolle Croccanti (피스타치오, 카포나타와 바삭한 양파를 곁들인 참치) / Filetto di Pesce San Pietro all'acqua Pazza con Seppioline e Piselli (토마토 소스를 곁들인 생선살과 오징어) / 셰프 추천 8코스 메뉴(셰프가 추천하는 코스로 에피타이저 2가지, 파스타 2가지, 메인코스 2가지, 치즈와 디저트로 구성되어 있다)

📱 +39 089 875177
🏠 Piazza dei Mulini, 23, 84017 Positano SA, 이탈리아
📍 40.629295, 14.486332

리스토란테 세라 우나 볼타 Ristorante C'era una volta

구글평점 4.4/5

포지타노 내에서 가성비 좋은 식사를 할 수 있는 곳이다. 물론 맛도 만족할 만하다. 서비스도 친절하다.

🍽 피자(시즌별로 주재료가 달라진다) 📱 +39 089 811930 🏠 Via G. Marconi, 127, 84017 Positano SA, 이탈리아 📍 40.629725, 14.480621

호텔 에덴 록 포지타노 Hotel Eden Roc Positano ★★★★ 구글평점 4.7/5

포지타노 바다의 전망을 즐길 수 있는 객실과 테라스, 스파 센터까지 갖추고 있는 4성급 호텔이다. 다른 호텔에 비해 수영장은 조금 작지만 보이는 전경이 너무 아름다워 충분히 보상받는 기분이다. 스위트룸에는 야외 자쿠지가 마련되어 있어 특별한 시간을 만들 수 있다.

🌐 www.edenroc.it 🅿 호텔 내 주차장 유료 € 1박 기준 : 200€(일반 트윈룸) 🏠 Via G. Marconi, 110, 84017 Positano SA, 이탈리아 📍 40.628174, 14.490033

호텔 사보이아 Hotel Savoia ★★★ 구글평점 4.5/5

포지타노에 있는 저렴한 3성급 호텔이다. 아침 식사를 할 때 만나는 전경에는 감탄이 절로 나온다. 방은 조금 작은 편이다. 하지만 도시로 이동이 편리하고 타일로 장식된 지중해풍의 객실이 인상적이다. 식사도 잘 나오는 편이다. 가격 및 부대시설 등 모든 것이 만족할 만한 호텔이다.

🌐 www.savoiapositano.it 🅿 호텔 내 주차장 유료 € 1박 기준 : 100€(일반 트윈룸) 🏠 Via Cristoforo Colombo, 73, 84017 Positano SA, 이탈리아 📍 40.629871, 14.486593

아말피

Amalfi

아말피는 과거 베네치아, 제노바, 피사와 어깨를 겨루는 4대 해상강국이었다. 전성기에는 인구가 8만 명에 육박할 정도로 번성한 곳이었다. 그러나 1343년과 1348년에 발생한 지진과 흑사병으로 초토화되어 그 위상을 잃어버리게 된다. 그러나 이런 아픈 역사를 잘 극복한 아말피는 현재 아말피 해안의 중심마을이 되었고 세계적인 휴양지로 이름을 날리고 있다. 독특한 양식으로 지어진 두오모 성당이 건축물로는 거의 유일한 볼거리다. 구석구석 둘러보아도 세 시간이 채 안 걸린다. 그러나 아말피는 랜드마크를 보기 위해 방문하는 곳이 아니다. 그런데 해변Splaggia Grande에서 망중한을 즐기고 아말피만의 이국적인 기분을 즐기면 된다. 레몬으로 담근 레몬첼로와 레몬 향이 가득한 부드러운 케이크인 델레치 알 리모네를 맛보며 이곳에 있음을 감사하면 된다.

아말피 여행 정보 www.amalfitouristoffice.it

관광 안내소 Azienda Autonoma Di Soggiorno E Turismo

🏠 Corso delle Repubbliche Marinare, 11, 84011 Amalfi
📱 +39 089 871107
🕐 월~일 09:00~13:00, 14:00~18:00

방문하기

포지타노에서 SS163 해안도로를 따라 약 40분에서 1시간 정도 달리면 만날 수 있다. 포지타노에서 아말피까지 이어지는 해안도로는 아말피 코스트의 핵심구간으로 이곳의 진면목을 볼 수 있다. 포지타노에서 아말피 방면으로 가다 보면 해변 전망대Marina di Praia를 비롯하여 중간에 다리 밑으로 신비하게 펼쳐진 작은 해변인 칼라 디 푸오레Cala di Furore 그리고 카프리의 푸른 동굴 느낌이 살짝 감도는 그로타 델로 스메랄도 Grotta dello Smeraldo를 경유하게 된다. 이곳도 여유가 있다면 방문해보는 것이 좋다. 마을 진입 전에 두 개의 터널을 만나는데 이 구간은 교통 정체가 심한 구간이다. 도착 시간 산정 시 참고하도록 한다.

주요 도시별 경로와 이동시간은 다음과 같다.

거리 16km **도로** SS163
포지타노 → 아말피
소요시간 1시간~1시간 30분

ZTL

아말피에 들어서면 곧바로 플로비오 조이아 광장Piazza Flovio Gioia으로 진입하게 된다. 광장 위쪽부터 마을이 시작되는데 모두 ZTL 구역이다.

플로비오 조이아 광장 가운데 있는 터널을 지나 마을 안으로 들어가는데 이곳으로 차를 가지고 들어갈 일은 없다.

주차장

플로비오 조이아 광장Piazza Flovio Gioia 앞 공용주차장이나 아트라니Atrani 마을 방향에 위치한 터널 루나 로사Tunnel Luna Rossa 주차장을 이용하면 된다. 플로비오 조이아 광장 앞 주차장은 여유가 없어서 주차하기가 쉽지 않다. 터널 루나 로사 주차장은 대형 주차장이지만 이곳도 여유 있지 않다. 성수기에는 차 한 대가 빠지면 들어가야 할 만큼 주차난이 심하다.

플로비오 조이아 광장 Piazza Flovio Gioia parking

🅿 야외 공용주차장
🕐 24시간 € 1시간 5€
🏠 Via Lungomare dei Cavalieri, 46, 84011 Amalfi SA, 이탈리아
📍 40.633378, 14.602560

파르케지오 루나 로쏘 Parcheggio Luna Rossa

🅿 실내주차장
🕐 09:00~19:00
€ 1시간 5€ 19:01~08:59 시간당 4€ 🏠 84011 Amalfi SA, 이탈리아
📍 40.633814, 14.607071

> **TIP 주차장 이용 꿀팁**
> ① 주차장은 운전자만 들어갈 수 있다. 동승자는 입구에서 하차한다.
> ② 주차 후 터널을 따라 약 5분 정도 걸어가면 마을에 도착한다.
> ③ 주차 티켓 대신 녹색 코인을 준다. 무인 정산기에 코인을 넣고 요금을 지불하면 코인이 다시 나온다. 이 코인을 차단기에 넣고 나오면 된다.

아말피 마을로 들어가는 터널

아말피는 두오모 성당 말고는 랜드마크는 없다. 두오모를 둘러보고 그란데 해변과 마을 안쪽을 산책 삼아 둘러 보면 된다.

주차장 출발 (터널 진입)	도보 5분 ▶▶▶	터널 출구	도보 4분 ▶▶▶	두오모 광장 & 두오모 성당	도보 2분 ▶▶▶	아말피 해변	도보 8분 ▶▶▶	주차장 복귀

최소 관광 시간
아말피는 한 시간 만에도 볼 수 있고 구석구석 보아도 두세 시간이면 충분하다.

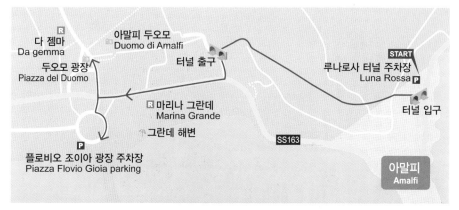

아말피 두오모 Duomo di Amalfi

두오모 성당은 아말피의 중심지다. 특히 이곳의 두오모는 비잔틴, 고딕, 바로크 양식 등 다양한 건축 양식이 적용되어 독특한 스타일을 보여준다. 아말피가 남부 지역의 무역 도시로 한창 번성하던 9세기에 처음 지어졌다. 성당에는 예수 그리스도의 12사도 중 한 명인 '성 안드레아'의 유해가 보관되어 있었다. 하지만 그리스 정교회와의 화해를 위해 그리스 파트라이로 되돌려 보내졌다.

🕐 3월 09:30~17:15, 4월~6월 09:00~18:45, 7월~9월 09:00~19:45, 10월 09:00~18:45, 11~12월 10:00~15:15
€ 3€ 🏠 Via Salita Episcopio, 0, 84011 Amalfi SA, 이탈리아 📍 40.634482, 14.603133

마리나 그란데 Marina Grande 구글평점 4.5/5

아말피 해변에 위치하고 있어 완벽한 뷰를 자랑한다. 일몰의 야경을 보면서 식사할 수 있는 저녁 타임을 추천한다.

🍽 Tuna Steak, Spinach, Puttanesca(참치 스테이크)
📱 +39 089 871129
🏠 Viale della Regione, 4, 84011 Amalfi SA, 이탈리아
📍 40.633729, 14.603522

다 젬마 Da gemma 구글평점 4.4/5

미슐랭 선정 레스토랑으로 아말피 거리가 내려다보이는 테라스에서 식사를 할 수 있다. 아말피답게 해산물을 주재료로 하는 레스토랑이다. 고객들의 만족도가 매우 좋은 곳이다.

🍽 Roasted octopus with dried tomatoes, on cream potatoes(구운 문어와 토마토) 📱 +39 089 871345
🏠 Via Fra Gerardo Sasso, 11, 84011 Amalfi SA, 이탈리아
📍 40.634571, 14.602091

리스토란테 리도 아주로 Ristorante Lido Azzurro
구글평점 4.4/5

보트 선착장 인근에 위치해 있는 레스토랑이다. 이탈리아 전통 해산물의 단순하고 진정한 맛을 이끌어낸 요리를 선보인다. 위치, 분위기, 뷰, 맛 모두가 만족스럽다. 아말피의 푸른 바다와 절벽 위의 가옥들을 한눈에 담을 수 있는 곳이다.

🍽 Seafood Risotto(씨푸드 리소토) 📱 +39 089 871384
🏠 Via Lungomare dei Cavalieri, 5, 84011 Amalfi SA, 이탈리아 📍 40.632871, 14.598658

아말피의 추천 숙소

산타 카트리나 호텔
Santa Caterina Hotel ★★★★★ 구글평점 4.8/5

아말피 최고의 뷰를 제공한다. 자연 절벽을 최대한 살려 야외 수영장을 만들었다. 호텔 자체도 아르누보 스타일로 감각적으로 설계했다. 전용 해변까지 유리로 된 엘리베이터로 이어진다. 자체 스파 센터도 운영하고 있어 고급 휴양지의 기분을 그대로 느껴볼 수 있다. 전망에 따라 객실 요금이 달라지니 참고하자.

🅿 호텔 내 주차장 무료 € 1박 기준 : 300€(일반 트윈룸)
🌐 www.hotelsantacaterina.it
🏠 Via Mauro Comite, 9, 84011 Amalfi SA, 이탈리아
📍 40.629436, 14.592867

NH 콜렉션 그란드 호텔 콘벤토 디 아말피
NH Collection Grand Hotel Convento di Amalfi

★★★★★ 구글평점 4.7/5

13세기 수도원을 개조한 호텔이다. 아말피 꼭대기에 위치해 최고의 전망을 보여준다. 모든 객실에서 바다가 보인다. 바닥은 대리석으로 마감했다. 대형 욕조를 가지고 있어 어느 것 하나 부족한 것이 없다. 가격은 비싸지만 조금 여유 있는 여행자라면 이 호텔을 추천한다.

🅿 호텔 내 주차장 유료 € 1박 기준 : 350€(일반 트윈룸)
🌐 www.nh-hotels.com
🏠 Via Annunziatella, 46, 84011 Amalfi SA, 이탈리아
좌표: 40.633008, 14.597309

라벨로

Ravello

라벨로는 해발 350m 높이에 자리 잡았기 때문에 해변은 즐길 수 없다. 하지만 아말피 코스트의 절경을 한눈에 내려다볼 수 있는 천혜의 조건을 가지고 있다. 아말피처럼 한때 부유함을 자랑했던 이곳은 빌라 루폴로Villa Rufolo와 빌라 침브로네Villa Cimbrone 등 우아하고 예술적인 저택들이 남아 있다. 빌라 뒤편으로는 푸른 바다가 눈이 시리도록 펼쳐져 있는데 그 모습이 비현실적으로 아름답다. 라벨로는 해안에서 멀리 떨어져 있어서 그냥 지나치기 쉬운 곳이다. 그러나 아말피 해안의 진정한 보석은 라벨로라고 해도 과언이 아니다.

라벨로 여행 정보 www.ravellotime.com

관광 안내소 Azienda Autonoma Soggiorno

두오모 인근에 위치 🏠 Piazza Duomo, 10, 84010 Ravello SA 📞 +39 089 857096 🕐 월~일 09:00~19:00

방문하기

아말피 옆 마을인 아트라니를 지나면 벽면에 라벨로라고 표기된 모자이크 벽화가 있다. 이곳에서 좌회전하여 SS373 오르막길을 계속 올라가면 된다. 시간은 약 30분 정도 걸리지만 성수기나 휴일에는 더 소요된다. 라벨로 축제 기간에는 버스로 방문하는 것을 추천한다. 참고로 라벨로에서 살레르노까지는 고속도로를 이용할 수 있다. 해안도로 운전이 버겁다면 고속도로를 이용하도록 한다. 라벨로 위쪽으로 산을 넘으면 고속도로를 탈 수 있다.

주요 도시별 경로와 이동 시간은 다음과 같다.

거리 6km
도로 SS163으로 달리다 SS373 도로 경유

소요시간 30~40분

아말피 ▶ 라벨로

ZTL

마을 안쪽은 ZTL 카메라 단속 구간이라 차를 가지고 갈 수 없다. 표시가 잘 되어 있기 때문에 실수로 진입할 일은 없다. 마을 초입에 주차장이 잘 갖추어져 있다. 이곳을 목적지로 설정하고 진입하면 크게 염려할 필요는 없다.

주차장

라벨로는 두오모 성당 인근의 공용주차장이나 오스카 니마이어 오디토리움Oscar Niemeyer Auditorium 주차장을 이용하면 된다. 두오모 성당 주차장은 주차 후 계단을 오르면 바로 두오모 앞 광장으로 나오기 때문에 두오모와 빌라 루폴라, 그리고 빌라 침브로네로 이동하기 편리하다. 오스카 니마이어 오라토리엄Oscar Niemeyer Auditorium 주차장은 해안가를 내려다보는 곳에 있어 경치가 매우 좋다. 현대적인 시설을 갖춘 실내주차장이다. 인근에 아말피 해안가를 조망할 수 있는 뷰포인트 파노라마 아말피 코스트가 있다.

파르케지오 피아차 두오모 콘시글리아토
Parcheggio Piazza Duomo Consigliato

🅿 야외 공용주차장 🕐 24시간 € 3~4€(시간별로 다름) 🏠 Rampa Gambardella, 23 84010 Ravello 📍 40.649594, 14.610842

오스카 니마이어 오디토리움
Oscar Niemeyer Auditorium

🅿 실내주차장 🕐 24시간 € 1시간 3€, 24시간 24€ 🏠 Via Orso Papice, 10A 84010 Ravello 📍 40.651322, 14.614638(주차장 입구 앞 좌표)

> **TIP** 오디토리움 주차장은 마을 안으로 진입하기 때문에 ZTL 걱정이 있을 수 있다. ZTL 안은 보통 바리케이드로 막아두고 표지판이 잘 되어 있다. 내비게이션 경로만 잘 따라가면 크게 문제가 생기지는 않는다.

라벨로는 두오모 광장과 두 개의 아름다운 빌라를 보는 것이 주요 관광 포인트이다. 특히, 빌라 루폴라는 DH 로렌스가 《채털리 부인의 사랑》을 완성한 곳으로 알려져 있다. 소설 《좁은문》을 쓴 앙드레 지드는 이곳 라벨로를 '바다보다 하늘이 가까운 곳'이라고 칭송했다. 헐리우드 스타들은 사람들의 눈을 피해 이곳에서 밀회를 즐기기도 하며, 세계 곳곳의 허니무너들에게도 인기가 좋은 곳이다. 빌라 루폴라와 침브로네 사이에 있는 아기자기한 쇼핑 골목도 놓치지 말자.

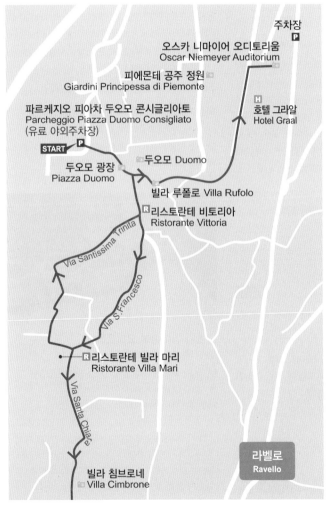

| 주차장 | 도보 2분 ▶▶▶ | 두오모 | 도보 1분 ▶▶▶ | 빌라 루폴라 | 도보 9분 ▶▶▶ | 오스카 니마이어 오디토리움
외부 감상 및 바다 전망 조망(선택) |

도보 13분

| 주차장 | 도보 12분 ◀◀◀ | 빌라 침브로네 |

최소 관광 시간

두 개의 빌라를 모두 관람하고 아기자기한 상점들을 구경하면서
거닐면 반나절 정도는 소요된다. 산책하듯 마을만 구경한다면
한두 시간 정도면 충분하다.

빌라 루폴로 Villa Rufolo

빌라 루폴로는 그 아름다운 매력에 빠져 유명 인사들이 많이 머물렀다. 특히 이곳을 사랑했던 사람은 독일의 작곡가 바그너이다. 그는 이탈리아를 여행하다 이곳을 발견하고 오랜 시간 동안 떠나지 못했다. 그리고 오페라 〈파르지팔〉을 이곳에서 작곡했다. 그래서 라벨로는 아직도 바그너를 기억하고 매년 그를 위한 축제를 연다. 아름다운 정원 벨베데레Belvedere와 파란색 바다, 그리고 라벨로 특유의 전경을 보고 있노라면 예술적 혼이 없는 사람도 무언가를 창작하고 싶은 욕구가 생길 정도다.

🏠 Piazza Duomo, 84010 Ravello SA, 이탈리아 € 7€ 🕐 월~일 09:00~20:00 (마지막 입장 19:30)
📍 40.649007, 14.612079

빌라 침브로네 Villa Cimbrone

빌라 침브로네 역시 빌라 루폴로 만큼 아름다운 곳이다. 이곳은 전설의 배우 그레타 가르보Grata Garbo가 자신의 애인과 함께 머물던 곳이다. 현재는 5성급 호텔로 운영되고 있으며 정원은 일반인에게 유료로 개방되고 있다. 동양적인 멋과 이슬람 스타일의 멋을 모두 느낄 수 있다. 다양한 식물과 꽃으로 아름답게 채워진 정원을 지나면 수확의 여신 세레스Ceres 조각상이 세워진 신전을 만나게 된다. 이곳을 무한의 테라스라고 부르는데 여기서 바라본 바다의 풍광은 절대 잊을 수 없을 만큼 아름답다.

🏠 Via Santa Chiara, 26, 84010 Ravello SA, 이탈리아 € 10€ 🕐 09:00~19:00
📍 40.644233, 14.611136

두오모와 두오모 광장 Duomo & Piazza Duomo

아무런 장식이 없는 파사드가 심플한 느낌을 준다. 흰색으로 채색된 성당의 외부는 심플하지만 성당의 내부에는 1583년 지오반니 안젤로Giovanni Angelo가 그린 대천사 미카엘San Michele이 있다. 성당 앞에 노천 카페와 벤치 등이 있는 광장이 조성돼 있어 한적하게 휴식을 취할 수 있다.

🏠 Piazza Duomo, 84010 Ravello SA, 이탈리아 📍 40.649195, 14.611646

라벨로의 추천 레스토랑

리스토란테 비토리아 Ristorante Vittoria 구글평점 4.3/5

세 명의 이탈리아 셰프가 남부 전통 요리를 선보인다. 지역에서도 맛집으로 소문이 나 있다. 그래서 관광객보다는 현지인이 더 많이 보인다.

🍽 Calamaro Ripieno(통 오징어 구이) 📞 +39 089 857947
🏠 Via dei Rufolo, 3, 84010 Ravello SA, 이탈리아 📍 40.648734, 14.611834

리스토란테 빌라 마리 Ristorante Villa Mari 구글평점 4.4/5

빌라 루폴라에서 빌라 침브로네로 가는 골목길에 위치해 있다. 호텔 빌라 마리아의 레스토랑이기도 하다. 레스토랑 내부는 스칼라 마을과 아말피 바다를 보면서 식사할 수 있는 뛰어난 전망을 자랑한다. 해산물과 파스타가 맛있다.

🍽 피자와 파스타 📞 +39 089 857255 🏠 Via Santa Chiara, 2 84010 Ravello SA, 이탈리아 📍 40.646787, 14.610400

라벨로의 추천 숙소

호텔 보나디스 Hotel Bonadies ★★★★ 구글평점 4.4/5

규모는 조금 작은 편이지만 옥상에 마련된 테라스에서 라벨로 전경을 한눈에 담을 수 있는 호텔이다. 객실에 바다를 볼 수 있는 테라스가 있다. 바닥은 지중해풍 타일로 장식되어 있다. 야간이 되면 호텔은 또 다른 공간이 된다. 특히 야외 레스토랑 테라스에서 꼭 식사를 해보길 권한다.

🅿 호텔 근처 주차장 무료 € 1박 기준 : 100€(일반 트윈룸)
🌐 www.hotelbonadies.com 🏠 Piazza Fontana Moresca, 5, 84010 Ravello SA, 이탈리아 📍 40.653696, 14.613278

호텔 그라알 Hotel Graal ★★★★ 구글평점 4.2/5

라벨로 시내에서 100m 떨어진 곳에 위치한 호텔로 바다를 조망할 수 있는 수영장을 갖추고 있다. 친절한 서비스와 가격 아름다운 풍경이 매력적이다. 객실의 인테리어는 조금 낡아 보이지만 가격 대비 만족도는 아주 높은 편.

🅿 호텔 근처 주차장 무료 € 1박 기준 : 100€(일반 트윈룸)
🌐 www.hotelgraal.it 🏠 Via della Repubblica, 8, 84010 Ravello SA, 이탈리아 📍 40.650216, 14.613923

마테라

시간이 멈춘 도시. 그중 최고는 단연코 마테라다. 마테라는 사시Sassi라고 불리는 동굴주 거지로 이루어진 곳이다. 전 세계에서 세 번째로 오래된 도시이기도 하다. 처음 마테라를 본 사람들은 놀라움에 할 말을 잃고 넋을 놓을 정도다. 그만큼 옛 모습이 그대로 보존되어 있어, 마치 시간을 거슬러 온 듯한 느낌에 충격을 받을 정도다. 영화 《패션 오브 크라이스트The Passion of the Christ》와 《벤허Ben-Hur》 등을 별도의 세트 없이 촬영할 만큼 고대 도시의 모습을 간직하고 있다. 마테라 사시지구에는 3천여 개의 동굴집이 보존되어 있다. 현대적인 시설로 개·보수했지만 옛날 원형은 대부분 그대로 간직하고 있다. 마테라에서 가장 놓치지 말아야 할 백미는 바로 마테라의 야경이다. 마테라의 야경은 절제된 빛으로 수많은 중세도시의 야경 중에서도 가장 과거와 흡사한 느낌이 든다는 평이 있다. 마테라는 한낮에 잠시 들렀다 가기에는 너무도 아쉬운 곳이다. 사시에 있는 동굴 호텔에서 하룻밤 머물며 저녁 일몰과 야경을 감상하자. 그리고 아침 일출에 물드는 마테라의 모습까지 두 눈에 담고 와야 하는 그런 곳이다.

마테라 여행 정보 www.sassiweb.com

관광 안내소

🏠 Piazza Vittorio Veneto, 39, 75100 Matera MT, 이탈리아 (빅토리아 광장 안쪽에 위치) 📱 +39 083 568 0254
🕐 월~일 09:00~20:00

> **TIP** 마테라 공용주차장 인근과 시내 곳곳에 인포메이션 센터가 있다. 주차 후 사시지구로 이동 전에 지도 등을 손쉽게 구할 수 있다.

방문하기

마테라는 보통 아말피 해안마을들과 살레르노 관광을 마치고 다음 목적지로 방문하게 된다. 살레르노에서 마테라로 가는 경로 중 많이 이용하는 E847 도로는 톨게이트 없는 고속국도 구간이다. 포텐차Potenza와 같은 고산 도시들이 주변에 산재해 있어 환상적인 절경들을 감상할 수 있다. 다만 세 시간 가까이 걸리는 길임에도 불구하고 중간에 휴게소가 거의 없고 주유소도 많지 않다. 기름을 넉넉히 채우고 간식을 준비해두는 것이 좋다.

주요 도시별 경로와 이동 시간은 다음과 같다.

거리 200km **도로** E847
살레르노 ➡ 마테라
소요시간 2시간 20분~3시간

거리 70km **도로** SS7
알베로벨로 ➡ 마테라
소요시간 1시간 30분

ZTL

마테라 사시지구는 대부분의 지역이 ZTL 구역이다. 주차는 사시지구 외곽에 하고 도보나 숙소에서 제공하는 셔틀을 이용해야 한다. 주차장까지 가는 길은 ZTL과는 무관하다.

주차장

마테라 사시지구 인근에 주차장들이 많이 있다. 이 중 가장 많이 이용하는 주차장은 파킹 비아 파스콸레 베나Parking Via Pasquale Vena 주차장이다. 대형 실내주차장이고 관리인이 있어서 안전하다. 요금도 매우 저렴하다. 사시지구까지 3분 거리에 있어 마테라에서는 이 주차장을 이용하면 된다. 사시지구 안에 숙소를 얻은 경우 숙소 앞까지 차를 가지고 들어갈 수 없다. 숙소에서 제공하는 셔틀 차량을 이용한다. 만약 셔틀 차량 서비스가 제공되지 않으면 최소한의 짐을 가지고 걸어서 사시지구로 들어가는 것이 좋다. 계단과 돌담으로 이루어진 곳이라 캐리어 이동이 쉽지 않다. 추천 주차장은 안전한 편이라 차 안으로 보이지 않게만 짐을 두면 크게 걱정할 필요는 없다.

파르케지오 비아 베나 Parcheggio Via Vena

🅿 오픈형 실내주차장 🕐 24시간 € 1시간 1€, 종일 10€
🏠 Via Pasquale Vena, 75100 Matera MT, 이탈리아
📍 40.662650, 16.608233

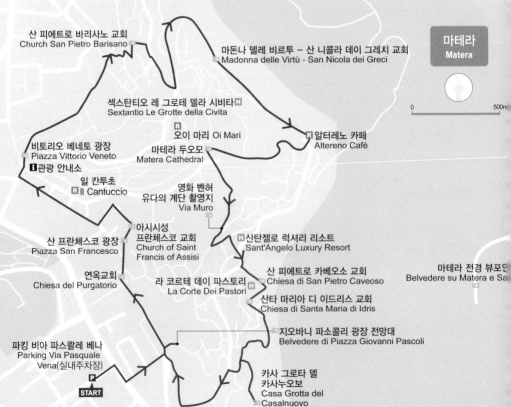

산 피에트로 바리사노 교회
Church San Pietro Barisano

마돈나 델레 비르투 – 산 니콜라 데이 그레치 교회
Madonna delle Virtù - San Nicola dei Greci

마테라
Matera

섹스탄티오 레 그로테 델라 시비타
Sextantio Le Grotte della Civita

오이 마리 Oi Mari

알터레노 카페
Altereno Cafè

비토리오 베네토 광장
Piazza Vittorio Veneto

관광 안내소

마테라 두오모
Matera Cathedral

일 칸투초
Il Cantuccio

영화 벤허
유다의 계단 촬영지
Via Muro

아시시성
프란체스코 교회
Church of Saint
Francis of Assisi

산 프란체스코 광장
Piazza San Francesco

산탄젤로 럭셔리 리소트
Sant'Angelo Luxury Resort

산 피에트로 카베오소 교회
Chiesa di San Pietro Caveoso

마테라 전경 뷰포인
Belvedere su Matera e Sa

연옥교회
Chiesa del Purgatorio

라 코르테 데이 파스토리
La Corte Dei Pastori

산타 마리아 디 이드리스 교회
Chiesa di Santa Maria di Idris

지오바니 파소콜리 광장 전망대
Belvedere di Piazza Giovanni Pascoli

파킹 비아 파스칼레 베나
Parking Via Pasquale
Vena(실내주차장)

START

카사 그로타 델
카사누오보
Casa Grotta del
Casalnuovo

0   500m

마테라 사시지구는 두오모를 품고 있는 치비타Civita 지역을 중심으로 사소 바리사노Sasso Barisano와 사소 카베오소Sasso Caveoso 이렇게 세 개 구역으로 나뉜다. 이 중 가장 오래된 곳은 치비타 지역이다. 관광은 사소 바리사노에서부터 시작하여 치비타 지역 그리고 사소 카베오소 순으로 둘러보고 나오면 된다. 이곳도 폼페이처럼 그늘이 별로 없는 마을을 도보로 오르락내리락 해야 한다. 따라서 중간중간 휴식을 취하며 관광을 해야 한다. 사시지구 협곡 건너편에는 동굴 유적지가 있고 그 위에 마테라를 조망할 수 있는 전망대가 있다. 직접 협곡을 건너서 갈 수도 있는데, 내려가는 길이 경사가 심하고 오르막도 심하기 때문에 주의해야 한다. 이 전망대는 자동차로 약 15분 정도 이동하면 갈 수 있다. 마테라를 떠나면서 자동차로 들르면 된다. 마테라의 주요 관광 명소는 대부분 교회와 성당들이다. 골목골목을 다니다 보면 다양한 성당과 교회들을 마주할 수 있다. 여기에 안내된 포인트들을 꼭 다 볼 필요는 없다. 하지만 마테라를 한 바퀴 둘러볼 생각이라면, 아래 코스대로 움직이는 게 효율적이다.

최소 관광 시간

마테라 관광은 추천 관광 코스를 둘러만 보는 데만도 반나절은 걸린다. 중간중간 상점도 들르고 식사도 하면서 여유 있는 관광을 하면 꼬박 하루는 할애해야 한다. 사시지구에서 1박을 하는 것이 가장 좋은 선택이다.

사시 Sassi

마테라를 대표하는 동굴 주거 형태를 잘 보존하고 있는 지역이다. 유럽 어디에서도 보기 힘든 독특한 마테라 만의 매력을 담고 있는 곳이다. 이 지역은 영화 《패션 오브 크라이스트》의 촬영지로 알려지면서 전 세계 여행자들에게 소개되었다. 사시는 크게 치비타Civita, 사소 카베이소Sasso Caveoso, 사소 바리사노Sasso Barisano 이렇게 세 지역으로 나눠진다. 치비타는 도시가 처음 시작된 곳이고 두 사소 사이에 위치한다. 사소는 동굴에서 유래된 말로 이 지역의 주거 형태를 대변하는 단어이기도 하다.

사소 카베이소 & 사소 바리사노

기원전 8세기부터 거주했던 곳으로 알려진 이곳에서 동굴 주거 형태인 사소를 제대로 만날 수 있다. 지금도 이곳에는 거주 가능한 3,000여 개의 동굴 가옥이 그대로 남아 있다. 실제 주민들이 살아가는 거주지뿐만 아니라 상점과 레스토랑, 카페 등으로도 사용되고 있다. 고대 예루살렘을 배경으로 한 영화가 촬영될 만큼 이 도시에서는 시간 여행을 하는 것만 같은 분위기가 가득하다. 과거 몇 천 년 전의 시공간으로 날아들어 온 것만 같다.

지오바니 파소콜리 광장 전망대

Belvedere di Piazza Giovanni Pascoli

사시Sassi를 내려다보는 전망대다. 마테라를 방문할 때 가장 먼저 만나고 방문하는 곳이다. 이곳 전망대에서 마테라를 처음 조우하는 사람들은 시각적 충격을 받게 된다.

🏠 Piazzetta Pascoli, 75100 Matera MT, 이탈리아
📍 40.663259, 16.610291

연옥 교회 Chiesa del Purgatorio

1725년에 연옥의 축성Confraternity of Purgatory이라는 종교적 시민단체에서 자금을 지원받아 공사를 시작하여 1747년 건설되었다. 이름에도 그 단체의 이름이 붙어 있다. 각종 해골로 장식이 되어 있는 것이 특징이다. 건물 상부는 팔각형의 돔으로 덮여 있고 제단에는 산 가에타오San Gaetano와 마돈나Madonna의 그림이 있다.

🏠 Via Domenico Ridola, 75100 Matera MT, 이탈리아
📍 40.664471, 16.609017

아시시 성 프란체스코 교회 Church of Saint Francis of Assisi

레체식의 바로크 양식으로 건설된 성 프란체스코 교회에는 교회 상부에 세 개의 동상이 세워져 있다. 왼쪽은 성 프란체스코 성인, 가운데는 마테라를 지켜준다고 믿는 마돈나 마리아, 그리고 오른쪽은 산 안토니오 성자이다. 마테라를 방문했던 두 성인이 마테를 위해 진실로 기도해준 것에 대한 보답으로 두 성인을 기리는 동상을 세웠다고 한다.

🏠 Piazza S. Francesco, 75100 Matera MT, 이탈리아
📍 40.665253, 16.609190

마테라 두오모 Matera Cathedral

마테라의 중심 성당이다. 1270년 완공되었다. 풀라 로마네크 양식으로 지어졌으며 52m의 종탑을 가지고 있다. 후에 내부를 18세기 바로크 양식으로 복원했다. 그래서인지 마테라의 전체적인 분위기와 달리 매우 화려하다.

🏠 Piazza Duomo, 75100 Matera MT, 이탈리아
📍 40.666802, 16.610981

비토리오 베네토 광장 Piazza Vittorio Veneto

구시가지와 신시가지를 나누는 광장이다. 해가 질 무렵이면 이곳을 찾은 여행자들이 광장에서 추억을 만들기 바쁘다.

🏠 Piazza Vittorio Veneto 75100 Matera MT 이탈리아
📍 40.666738, 16.606554

산 피에트로 바리사노 교회
Church San Pietro Barisano

마테라에 위치한 동굴 교회 중에서 가장 큰 규모를 자랑한다. 외관은 석회로 지어졌다. 입구에는 성모 영보 대축일과 다양한 성도들의 벽화가 그려져 있다.

🏠 Via S. Pietro Barisano, 75100 Matera MT, 이탈리아
📍 40.668803, 16.609317

산 피에트로 카베오소 교회 Chiesa di San Pietro Caveoso

마테라 4대 교회 중 하나로 아시시 부근에 있던 교회를 프란시스코 수도승들이 별도의 교구를 만들어 지었다. 13세기 말에 건축하기 시작하였고 17세기에 증축과 재건 그리고 복원 사업을 거쳐 현재의 모습을 갖추었다. 이 때문에 내부 장식에서 각 시대별 특징들을 볼 수 있다.

🏠 Piazza S. Pietro Caveoso, 1, 75100 Matera MT, 이탈리아 📍 40.664417, 16.612432

비아 무로 Via Muro

영화 《벤허》에 나오는 유다 벤허의 집 촬영지다. 극중 유다 벤허의 집 앞 계단이 이곳에 있다. 지오바니 파소콜리 광장 전망대에서 바라보면 쉽게 찾을 수 있다.

🏠 Via Muro 75100 Matera MT 이탈리아
📍 40.665348, 16.611453

산타 마리아 디 이드리스 교회
Chiesa di Santa Maria di Idris

사소 카베오소Sasso Caveoso 중턱에 위치한 성당으로 11세기 이슬람의 박해를 피해 터키에서 온 수도사들이 암반을 파서 만들었다. 마테라 최고의 전망대 중 하나다. 성당에서 내려다보는 사시의 야경이 아름답다.

🏠 Via Madonna dell'Idris, 75100 Matera MT, 이탈리아
📍 40.664061, 16.612153

동굴 유적지 Asceterio di Sant'Agnes

구석기 시대부터 거주한 흔적이 있는 것으로 알려진 동굴 유적지이다. 사람이 살았을 것이라고는 믿기지 않는 동굴들이 거의 원형 그대로 보존되어 있다. 마테라 사시지구에서 계곡을 따라 내려간 후 올라가면 볼 수 있다. 하지만 꽤 힘들기 때문에 마테라 전경 뷰포인트까지 차로 이동한 후 그곳에서 보는 것이 덜 힘들다.

마테라 전경 뷰포인트 Belvedere Murgia Timone

마테라 전체의 모습을 가장 확실하게 볼 수 있는 곳이다. 자동차로 15분 정도 이동해야 한다. 마테라를 떠나기 전 또는 마테라 여행을 시작하기 전에 들르는 것이 좋다. 현재는 차량 진입이 통제되어 직접 갈 수 없다.

가는 방법 1. 사시에서 티베타노Tibetano 다리 건너 올라가기 2. Centro Visite Jazzo Gattini 주차 후 20분 정도 도보 이동
🏠 Contrada Murgia Timone, 75100 Matera MT, 이탈리아 📍 40.663859, 16.617734

마테라의 추천 레스토랑

오이 마리 Oi Mari 구글평점 4.1/5

동굴 주거 형태 사시에서 식사를 하고 싶다면 추천한다. 피자를 전문으로 취급하는 레스토랑으로 맛도 좋다. 현지인들에게 인기가 좋은 곳이다. 구시가지에 위치하고 있어 가볍게 식사를 할 경우에도 안성맞춤이다. 동굴 안쪽뿐만 아니라 분위기 좋은 야외 좌석도 갖추고 있다.
🍽 Pizza Margherita(마르게리타 피자) 🏠 Via Fiorentini, 66, 75100 Matera MT, 이탈리아 📞 +39 339 736 2067 📍 40.667306, 16.610358

알테레노 카페 Altereno Cafè 구글평점 3.9/5

사소 바리사노에서 사소 카베오소로 이어지는 절벽 산책길을 걷다 보면 오아시스 같은 카페 하나가 나온다. 이곳에서 시원한 아이스티 한 잔과 함께 잠시 쉬어가도록 하자. 카페 안쪽으로 들어가면 전망을 즐길 수 있는 테라스 테이블이 있으니 참고할 것.
🏠 Altereno Cafè Via Madonna delle Virtù, 6, 75100 Matera MT, 이탈리아 📍 40.667253, 16.613644

일 칸투초 Il Cantuccio 구글평점 4.2/5

예수의 생애 마지막 12시간을 그린 영화 《패션 오브 크라이스트(2004년 개봉)》의 출연자들이 영화 촬영을 하는 동안 자주 이곳에서 식사를 했다고 한다. 다른 식당에 비해 가격대는 높지만 그만큼 맛있다. 이탈리아 남부를 대표하는 음식들을 맛볼 수 있는 곳이다.
🍽 Antipasto della Casa(치즈, 야채 요리), Orecchiette Pasta(남부 대표 파스타 요리) 📞 +39 083 533 2090
🏠 Via delle Beccherie, 33, 75100 Matera MT, 이탈리아 📍 40.666028, 16.607741

라 코르테 데이 파스토리 La Corte Dei Pastori
★★★★★ 구글평점 4.9/5

사소 카베오소의 역사적인 건물에 자리한 B&B 호텔로 탁 트인 테라스를 갖추고 있다. 객실 앞 테라스에 앉아서 마테라의 야경을 여유롭게 즐길 수 있다. 넓은 객실과 취사 가능한 부대 시설을 구비하고 있다. 마테라를 감상하며 즐길 수 있는 조식도 빼놓을 수 없다. 특히 매우 친절한 호스트가 인상적이다. 마테라 방문자라면 놓치지 말아야 할 곳이다.

P Parking Via Pasquale Vena 이용 후 도보 이동
€ 1박 기준 : 90€(더블 룸) ∰ www.lacortedeipastori.com
🏠 Piazza S. Pietro Caveoso, 75100 Matera MT, 이탈리아 ♀ 40.664241, 16.612314

산탄젤로 럭셔리 리조트 Sant'Angelo Luxury Resort
★★★★★ 구글평점 4.5 / 5

사시 형태의 우아한 동굴 호텔이다. 아름다운 객실과 파노라마 뷰 그리고 부대시설까지 완벽하다. 시내 중심에 위치해 도심 관광도 용이하다. 가격대는 높지만 충분한 가치를 하는 곳이다.

P 호텔 근처 주차장 유료 € 1박 기준 : 200€(일반 트윈룸)
∰ www.santangeloresort.it 🏠 Piazza S. Pietro Caveoso, 75100 Matera MT, 이탈리아
♀ 40.665204, 16.611948

섹스탄티오 르 그로테 델라 시비타
Sextantio Le Grotte della Civita ★★★★★

구글평점 4.6/5

마테라에서 가장 좋은 호텔이다. 동굴 스타일의 독특하면서도 고풍스러운 느낌과 현대적인 감각을 적절히 활용했다. 특히 동굴이 가지고 있는 공간적인 미를 최대한 살렸다. 서비스, 객실, 부대 시설 등 모든 것이 완벽하다. 특별한 경험을 하고 싶은 여행자라면 강력히 추천한다.

P 호텔 근처 주차장 유료 € 1박 기준 : 250€(일반 트윈룸 기준) ∰ www.legrottedellacivita.sextantio.it/en
🏠 Via Civita, 28, 75100 Matera MT, 이탈리아
♀ 40.667647, 16.611850

호텔 일 벨베데레 Hotel Il Belvedere
★★★ 구글평점 4.6/5

아름다운 마테라의 뷰를 느낄 수 있는 사시 스타일의 동굴 호텔이다. 객실에서 보이는 전망은 좋지 않지만 뒤쪽 테라스에서 보이는 뷰는 다른 5성급 못지않게 아름답다. 주차장도 근처에 있어서 편리하다.

P 호텔 근처 주차장 무료 € 1박 기준 : 80€(일반 트윈룸)
∰ www.hotelbelvedere.matera.it
🏠 Via Casalnuovo, 133, 75100 Matera MT, 이탈리아
♀ 40.660825, 16.613014

알베로벨로

이탈리아 남부 풀리아Puglia 주에는 동화 속 집들을 현실에 구현한 것 같은 마을이 있다. 바로 알베로벨로다. 이곳은 트룰리Trulli라고 부르는 원뿔 형태의 집들이 모여 있어 이 세상 어디에도 없는 독특한 풍광을 자아낸다. 이 독특한 마을이 생겨난 배경에는 여러 가지가 있지만 가혹한 세금을 피하기 위한 것이라는 설이 가장 널리 알려져 있다. 이곳은 지붕의 유무와 창문의 개수 등에 따라 차등적으로 세금을 매겼다. 그래서 세금 징수관이 오면 손쉽게 지붕을 무너뜨릴 수 있는 집이 필요했고 이것이 트룰리의 기원이라는 것이다. 지붕 꼭대기에 있는 추만 제거하면 쉽게 지붕이 무너지는 구조로 설계되어 있다. 현재 트룰리들은 대부분 호텔이나 상점 그리고 레스토랑으로 이용되고 있다. 전통 가옥인 트룰리에서 하룻밤을 머무는 것도 특별한 경험이 될 수 있다. 잠시 머물다 가는 여행보다는 하루 쉬어가는 여행이 적합한 곳이다.

알베로벨로 여행 정보 www.alberobello.com

관광 안내소 IAT

🏠 Via Monte Nero 1,70011 Alberobello
📱 +39 080 432 5171
🕐 월~일 09:00~13:00, 15:00~19:00, 7~8월
09:00~19:00

방문하기

마테라Matera에서 멀지 않아서 마테라 다음 목적지로
방문하는 이들이 많다. 폴리아주의 주도인 바리Bari에
서도 가깝다. 크로아티아에서 페리를 이용해서 이탈리
아 바리로 들어올 때는 인근에 위치한 휴양도시인 폴
리냐노 아 마레Polignano a Mare 다음 목적지로 많이 찾
는다.

주요 도시별 경로와 이동 시간은 다음과 같다.

거리 68km **도로** SS7
| 마테라 | → | 알베로벨로 |
소요시간 1시간 30분

거리 30km
도로 SP113 지나 SS16 경유
| 폴리냐노 아 마레 | → | 알베로벨로 |
소요시간 30분

거리 57km
도로 SS100을 지나 SS172 경유
| 바리 | → | 알베로벨로 |
소요시간 1시간 20분

ZTL

구시가지이자 역사지구인 리오네 몬티 안쪽은 ZTL 구
간으로 설정되어 있다.이곳만 진입하지 않으면 큰 문
제는 없다.
큰 대로변은 ZTL구간이 아니라 마을 안 주차장까지
진입이 가능하다. 이곳에 주차하고 도보로 관광한다
면 크게 염려하지 않아도 된다.

주차장

알베로벨로에는 마을 중심지 광장 부근에 주차장이 마
련되어 있다. 리오네 몬티 지구 입구인 라르고 마르텔
로타Largo Martellotta 광장과 인근 인디펜덴차 거리Via
indipendenza에 있는 공영주차장을 이용하면 된다. 이
주차장들은 진출입이 편리하고 관광지와 매우 가깝다.

라르고 마르텔로티 주차장
Parcheggio Largo Giuseppe Martelotta

🅿 야외 공용주차장 🕐 9:00~22:00(성수기 종일)
€ 1시간 2€, 종일 6€ 🏠 70011 Alberobello
📍 40.783052, 17.237973

파르케지오2 알베로벨로
Parcheggio2 Alberobello

🅿 야외 공용주차장
🕐 9:00~22:00(7~8월 24:00까지)
€ 1시간 2€, 종일 6€
🏠 Via Indipendenza, 21, 70011 Alberobello
📍 40.782332, 17.239256

알베로벨로를 가장 잘 여행하는 방법은 발길 닿는 대로 골목 이곳저곳을 걸어보는 것이다. 트룰리가 만들어낸 이국적인 길에는 다양한 기념품과 생필품을 파는 상점들이 들어서 있다. 남부 전통 음식인 칠리 페퍼 절임이나 와인, 치즈, 햄, 올리브 관련 제품을 파는 가게들도 인상적이다. 주차장에 도착하면 인근에 전망대와 리오네 몬테 지구가 바로 앞이니 주요 포인트들을 먼저 둘러본다. 신시가지의 산티 메디치 성당이나 트룰로 소브라노 등도 시간적 여유가 있다면 둘러보자. 신시가지를 보고 돌아오는 길에 아이아 피콜라 지구를 둘러보면 된다.

| 주차장 출발
(마르텔로타 주차장 기준) | 도보 1분
▶▶▶ | 산타 루치아 성당과
전망대 | 도보 2분
▶▶▶ | 프로 로코
(촬영 포인트) | 도보 2분
▶▶▶ | 트룰로 시아메세 |

최소 관광 시간
마을을 둘러보고 상점들을 구경하다 보면 몇 시간이 금세 지나간다. 최소 반나절 정도는 할애해야 한다.

트룰로 시아메세
⇩ 도보 5분
리오네 몬티 지구
⇩ 도보 2분
성 안토니오 성당
⇩ 도보 8분
포폴로 &
지롤라모 광장
⇩ 도보 5분
산티 메디치 성당
⇩ 도보 2분
트룰로 소브라노
⇩ 도보 7분
아이아 피콜라 지구
⇩ 도보 4분
주차장 복귀

트룰로 소브라노
Trullo Sovrano

산티 메디치 성당
La Basilica dei Santi Medici

알베로벨로
Alberobello

리스토란테 트룰로 도로
Ristorante Trullo D'Oro

레 알코베 럭셔리 호텔
인 트룰리Le Alcove
Luxury Hotel In Trulli

카사 다모레
Casa D'Amore

트라토리아 아마툴리
Trattoria Amatulli

포폴로모 & 지롤라모 광장

산타 루치아 성당과 전망대
Chiesa Santa Lucia & Belvedere

아이아 피콜라 지구

라르고 마르텔로타
Largo Martellotta,69 주차장

START 파르케지오2 알베로벨로
Parcheggio2 Alberobello

프로 로코 촬영 포인트

피나콜로 Pinnacolo

트룰로 시아메세
Trullo Siamese

라 도날로이아 공원
Villa Donnaloja

리오네 몬티 지구

옥상 전망포인트

성 안토니오 성당
Church of Saint Anthony of Padua

아이아 피콜라 지구 Aia Piccola

아이아 피콜라 지구에는 400여 개의 트룰리가 남아 있
다. 상점보다는 주택가로 많이 사용되어 한적한 느낌이
드는 곳이다. 특별한 볼거리가 없기 때문에 잠시 번잡
함을 피해 주택가를 걷는다는 느낌으로 돌아보면 된다.
🏠 Via Giuseppe Verdi 70011 Alberobello BA, 이탈리아

아이아 피콜라 지구로 올라가는 길

산타 루치아 성당과 알베로벨로 전경 포인트

구도심 전체를 한눈에 담을 수 있는 곳으로 알베로벨로를 대표하는 많은 사진이 이곳에서 찍혔다. 트피칼 리조
트Typical Resort 건물 왼쪽에 위치한 계단으로 올라가면 우측 부분에 사진을 찍을 수 있는 장소가 있다. 구글지도
로 'Belvedere Santa Lucia'라고 검색해서 쉽게 찾아갈 수 있다.
🏠 Via Contessa Acquaviva, 13, 70011 Alberobello BA, 이탈리아 📍 40.783502, 17.237997

1 산타 루치아 성당과 바로 옆에 위치한 벨베데러Belvedere. 전망대란 뜻이다 2 전망대에서 바라본 알베로벨로 전망

신시가지 산책

알베로벨로에서 유일하게 2층 구조의 트룰리로 지어진 트룰로 소브라노Trullo Sovrano, 이곳 출신의 유명 건축가
안토니오 쿠리Antonio Curi가 지은 산티 메디치 바실리카La Basilica dei Santi Medici, 카사 다모레Casa D'amore 등을 둘
러보자.
🏠 Piazza Sacramento, 10, 70011 Alberobello BA, 이탈리아 📍 40.787395, 17.235265

1 귀족들이 살았던 트룰로 소브라노. 지금은 당시 트룰리 생활을 볼 수 있는 전시관으로 사용되고 있다 2 산티 메디치 바실리카 성당

리오네 몬테 Rione Monti 지구

알베로벨로에서 가장 인기 있는 관광 지구다. 천 개 이상의 트룰리들이 좁은 골목을 따라 모여 있다. 가장 오래된 트룰리인 트롤로 시아메세Trullo Siamese와 성 안토니아 성당 등 알베로벨로의 주요 랜드마크와 포토 포인트를 즐길 수 있다. 리오네 몬테 지구의 트룰리들은 대부분 상점이나 레스토랑으로 사용되고 있다. 골목골목을 다니면서 구경하는 재미가 쏠쏠하다.

1 가장 오래된 트룰리인 트롤로 시아메세Trullo Siamese **2** 리오네 몬테 지구 거리의 트룰리 명소 트룰리 지붕에 있는 문양들은 트룰리의 열쇠라고 불린다. 여기엔 종교적, 주술적 의미가 담겨 있다 **3** 리오네 몬테 지구의 유명한 촬영 포인트. 프로 로코Pro Loco 투어 센터 앞에서 촬영하면 된다 **4** 리오네 몬테 상업 지구

성 안토니오 성당 Parrocchia Sant'Antonio

1927년 이 지역의 성직자였던 구아넬리아니Guanelliani가 성 안토니오 Sant'Antinio를 기리기 위해 만든 성당이다. 알베로벨로 지역답게 트룰리 형태를 하고 있으며 1988년 지진으로 무너졌으나 복원 작업을 통해 2004년 다시 공개되었다.

🕐 08:30~12:30, 17:30~20:30 € 무료 ⊕ www.santantonioalberobello.it
🏠 Via Monte Pertica, 16, 70011 Alberobello BA, 이탈리아
📍 40.781190, 17.234814

TIP 트룰리가 모여 있는 몬티 지역의 상점 한 곳에서 관광객들에게 지붕을 무료로 개방해 사진을 찍을 수 있게 해준다. 기념품숍과 같이 이용되고 있는데, 굳이 무언가를 구입하지 않더라도 개방된 지붕으로 올라가 도시 전체의 모습을 카메라에 담을 수 있다.

District Monti, District Aia Piccola
🏠 Piazza Gabriele D'Annunzio, 4 70011 Alberobello BA, 이탈리아
📍 40.781602, 17.236267

트룰로 도로 Trullo D'oro 구글평점 4.4/5

미슐랭 가이드 별 두 개를 받은 레스토랑으로 남부 전통 요리를 맛볼 수 있다. 관광객뿐만 아니라 현지인에게도 인기가 좋은 지역 맛집이다. 와인과 잘 어울리는 프로슈토 에 멜론네Prosciutto e Melone(짠 생햄과 멜론을 함께 먹는 에피타이저), 돼지나 양을 이용한 그릴 요리 아로스토 미스토Arrosto Misto가 맛있다.

📱 +39 080 432 1820 🏠 Via F. Cavallotti, 27, 70011 Alberobello BA, 이탈리아 📍 40.78505, 17.23748

피나콜로 Pinnacolo 구글평점 4.3/5

아름다운 야외 테라스를 가지고 있는 전통 레스토랑이다. 조개를 활용한 스파게티와 다양한 피자, 고기요리 등을 제공한다. 저녁 시간에 야외 테라스는 인기가 좋아 사전에 예약을 하는 것이 좋다. 풀리아 지방에서 꼭 먹어야 하는 귀 모양의 파스타 오레끼에떼Orrechiette를 추천한다. 오일과 토마토 소스 두 종류가 있다.

📱 +39 080 432 5799 🏠 Via Monte Nero, 30, 70011 Alberobello BA, 이탈리아 📍 40.782192, 17.238257

트라토리아 아마툴리 Trattoria Amatulli 구글평점 4.3/5

남부의 집밥을 먹는 듯한 곳이다. 화려하지는 않지만 친절한 서비스와 합리적인 가격으로 관광객을 사로잡는다. 신선한 과일과 치즈, 생햄으로 입맛을 자극하는 에피타이저부터 다양한 고기까지 손님의 취향에 맞게 제공하고 있다. 여행이 끝난 후에도 다시 생각이 날 정도로 만족도가 좋은 곳이다. 애피타이저, 메인, 디저트가 포함된 전통 세트 메뉴Menu Tipico를 추천한다.

📱 +39 080 432 2979 🏠 13 Via Garibaldi Giuseppe, Alberobello, BA 70011, 이탈리아 📍 40.784442, 17.238306

알베로벨로의 추천 숙소

그란디 트룰리 비앤비 Grandi Trulli Bed & Beakfast ★★★★★

구글평점 4.9/5

알베로벨로 구시가지 초입에 위치한 트룰리 숙소다. ZTL 바로 앞에 위치하고 있다. 숙소에서 구시가까지 도보로 5분 정도면 도달할 수 있어 야경을 보기에도 좋다. 복층 구조로 되어 있으며 1층 주방에는 다음날 조식이 미리 세팅되어 있고 객실에서 조식을 즐길 수 있다.

🅿 호텔 근처 주차장 무료 € 1박 기준 : 94€(일반 트윈룸) 🌐 granditrulli.it
🏠 Via Monte S. Gabriele, 109, 70011 Alberobello BA, 이탈리아
📍 40.779962, 17.236785

르 알코베 럭셔리 호텔 인 트룰리 Le Alcove
Luxury Hotel In Trulli ★★★★☆ 구글평점 4.9/5

알베로벨로 내 신시가지에 위치한 럭셔리 호텔이다. 전통 트룰리 스타일의 호텔이다. 고급적인 인테리어 요소를 적용해 기존 트룰리 호텔의 단점을 보완했다. 와인 한 병으로 객실이 카페가 되는 경험을 할 수 있다. 낭만적인 숙박을 원하는 여행자라면 단연코 이곳이다. 자체 주차장은 없지만 주차에 문제가 없도록 안내를 해주고 있다.

🅿 호텔 근처 주차장 € 1박 기준 : 200€(일반 트윈룸)
📱 +39 080 432 3754 🌐 www.lealcove.it
🏠 Piazza Ferdinando IV, 4, 70011 Alberobello BA, 이탈리아 📍 40.784667, 17.237815

티피컬 리조트 인 트룰리 Typical Resort in Trulli
★★★ 구글평점 4.7/5

전통 트룰리 스타일의 호텔로 메인 광장 내 주차장과 아주 가깝다. 단, 리셉션과 실제 투숙하는 객실의 거리가 조금 멀 수 있다. 객실은 2층으로 구성되어 있다. 주방 시설도 갖추고 있어 가족 단위 여행자들에게도 좋다. 화려하지는 않지만 합리적 가격에 트룰리를 경험하고 싶다면 이곳을 추천한다.

🅿 호텔 근처 주차장 유료 및 무료
€ 1박 기준 : 90€(일반 트윈룸) 📱 +39 080 432 4108
🌐 www.tipicoresort.it 🏠 Via Brigata Regina, 47, 70011 Alberobello BA, 이탈리아
📍 40.783293, 17.237975

폴리냐노 아 마레

Polignano a Mare

어떤 여행지를 꼭 가보고 싶다고 결심하게 되는 이유가 한 장의 사진 때문인 경우가 종종 있다. 우리에게는 아직 이름도 생소한 이 폴리냐노 아 마레를 방문하게 만드는 이유도 그렇다. 산토 스테파노 테라스Terrazza Santo Stefano에서 바라보는 푸른 하늘과 에메랄드 바다 그리고 해안 절벽과 절벽 한쪽에 살포시 자리 잡은 작은 해변이 만들어내는 앙상블은 낯선 여행지로 우리를 인도하게 만드는 마법을 부린다. 바리에서 남쪽으로 약 30분이면 방문할 수 있는 폴리냐노 아 마레는 이곳 출신인 이탈리아의 국민가수 도미니코 모두우뇨Domenico Modugno의 동상 이외에는 특별한 유적지나 랜드마크가 없다. 그러나 설렘을 감출 수 없게 만드는 바닷가의 풍경과 죽기 전에 꼭 가봐야 할 레스토랑으로 손꼽히는 절벽 레스토랑 그로타 팔라체세Grotta Palazzese만으로도 이곳을 가봐야 할 이유가 충분한 곳이다.

폴리냐노 아 마레 여행 정보 www.comune.polignanoamare.ba.itcom

관광 안내소

Point Turistico di Polignano a Mare

🏠 Via Martiri di Dogali, 2, 70044 Polignano A Mare
📱 +39 080 425 2336
🕐 월~일 09:30~20:00

방문하기

폴리냐노 아 마레는 바리와 가깝지만 자동차 여행자들은 보통 마테라나 알베로벨로에서 이동하는 경우가 많다.

주요 도시별 경로와 이동 시간은 다음과 같다.

거리 38km **도로** SS16

🚗 **소요시간** 40분 ▼
바리 폴리냐노 아 마레

거리 30km **도로** SS16을 지나 SP113 경유

🚗 **소요시간** 35분 ▼
알베로벨로 폴리냐노 아 마레

거리 74km **도로** SP61

🚗 **소요시간** 1시간 30분~2시간 ▼
마테라 폴리냐노 아 마레

ZTL

구도심으로 들어가는 아르코 델라 포르타Arco della Porta 성문 안쪽은 ZTL로 지정되어 있다. 하지만 이쪽으로는 차를 가지고 들어갈 일이 없으니 신경 쓰지 않아도 된다.

성문 안쪽으로는 ZTL 구역이다

주차장

폴리냐노 아 마레의 주차장으로 추천할 곳은 카 파크 인 폴리냐노 아 마레Car Park in Polignano a Mare 주차장이다. 이곳에서 시내와 해변까지는 도보로 5분 정도 소요된다.

카 파크 인 폴리냐노 아 마레
Car Park in Polignano a Mare

🅿 야외 공용주차장 🕐 08:00~02:00 € 1시간 1.5€
🏠 Viale S. Francesco D'Assisi, 22, 70044 Polignano a mare 📍 40.994021, 17.216289

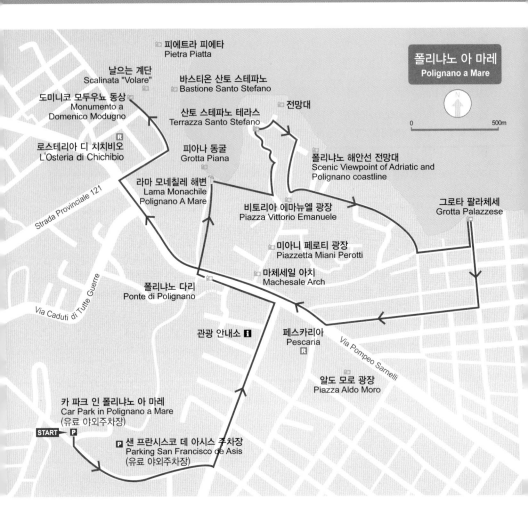

폴리냐노 아 마레 관광의 핵심은 모나칠레 해변Lama Monachile Beach이다. 먼저 주차장에서 도보로 5분 정도 이동하면 폴리냐노 다리Ponte di Polignano가 나온다. 이곳에서 먼저 모나칠레 해변을 조망하고 다리 옆 피자집 계단을 통해 아래로 내려가 해변을 거닌다. 다시 올라와 마체세일 아치Machesale Arch를 통해 올드 타운으로 들어가 산토 스테파노 테라스Terrazza Santo Stefano에서 해변을 전체적으로 조망하면 된다.

산토 스테파노 테라스에서 해변 감상을 마치고 올드 타운 골목길을 천천히 둘러보면서 동굴 식당으로 유명한 그로타 팔라체세Grotta Palazzese를 찾아본다. 그로타 팔라체세에서 한 블록 더 가면 그로타 팔라체세 식당 내부를 일부라도 볼 수 있는 곳이 나온다. 식당을 이용하기 어렵다면 이곳에서라도 아쉬움을 달랠 수 있다. 올드 타운을 한 바퀴 돌아본 후에는 도미니코 모두우뇨Domenico Modugno의 동상이 있는 광장에서 동상과 같이 포토 타임을 갖는다. 계단 아래로 내려가 아드리아해의 절경을 감상하면 대부분의 관광이 끝난다.

1 바스티온 산토 스테파노에서 본 모네칠레 해변 **2** 비토리아 에마누엘레 광장

| 주차장 출발 | 도보 6분 ▶▶▶ | 폴리냐노 다리 | 도보 2분 ▶▶▶ | 모나칠레 해변 | 도보 10분 ▶▶▶ | 산토 스테파노 테라스 |

도보 5분

| 주차장 복귀 | 도보 9분 ◀◀◀ | 도미니코 모두우뇨 | 도보 8분 ◀◀◀ | 그로타 팔라체세 |

최소 관광 시간

특별한 랜드마크가 있지는 않다. 그러나 헤변과 아기자기한 골목골목을 누비며 전망 포인트에서 사진을 찍다 보면 시간이 금세 간다. 사진 촬영할 곳이 많은 곳이라 최소 세 시간 이상은 할애해야 충분히 둘러볼 수 있다.

폴리냐노 다리 Ponte di Polignano

도시 중심부에서 해변으로 이어지는 위치에 자리한 다리이다. 폴리냐노의 전형적인 지형 특징인 절벽 사이로 아드리아해의 아름다운 에메랄드빛 바다를 감상할 수 있다.

🏠 Piazza Giuseppe Verdi, 13, 70044 Polignano A Mare BA, 이탈리아

산토 스테파노 테라스 Terrazza Santo Stefano

폴리냐노 아 마레를 대표하는 사진을 찍을 수 있는 최고의 전망 포인트. 옥빛 바다와 모네칠레 해변 그리고 폴리냐노 다리까지 한 컷에 담을 수 있다. 올드 타운 골목길을 구석구석 돌아보는 재미도 마음껏 누려보자.

🏠 Via Porto, 83, 70044 Polignano A Mare BA, 이탈리아

라마 모나칠레 해변
Lama Monachile Beach

도시 안 절벽 사이에 위치한 해변이다. 원래 명칭은 카라 포르타 해변Cala Porto Beach이지만 중간에 지나와야 하는 다리 이름을 따서 라마 모나칠레Lama Monachile 라고도 한다. 해변은 고운 모래 대신 흰색과 남옥색의 자갈이 반짝인다.

🏠 70044 Polignano a Mare, 바리 이탈리아

도미니코 모두뇨 Domenico Modugno

1960년대 전 세계를 휩쓸었던 〈푸르름 속에서 푸른색을 칠하라 Nel, Blu, Dipinto Di Blu〉라는 곡을 부른 도메니코 모두뇨의 청동상이다. 우리에게는 〈볼라레〉라는 곡으로 유명하다. 모두뇨는 이탈리아 최고의 엔터테이너로 45편의 영화에 출연했고 230여 곡의 노래를 불렀다. 그중에서도 가장 유명한 볼라레는 전 세계 20여 개국에서 수많은 가수들이 번역해 불렀다. 그의 사후 그를 기리기 위해 2009년 동상이 세워졌다.

페스카리아 Pescaria 구글평점 4.4/5

해산물 전문 레스토랑으로 신선한 재료를 사용한 다양한 이탈리아 해산물 요리를 맛볼 수 있다. 특히 문어가 들어간 파니니는 이곳에서 먹을 수 있는 특별한 메뉴다. 인테리어가 깔끔하면서도 현대적인 분위기다. 저렴한 가격 그리고 훌륭한 맛까지 다 갖추고 있어 식사 시간이 되면 사람들로 언제나 붐빈다.

🍽 Tuna Tartare(참치 타르타르), Fried Octopus Panini(구운 문어 파니니)

📱 +39 080 424 7600

🏠 Piazza Aldo Moro, 6/8, 70044 Polignano A Mare BA, 이탈리아

📍 40.994836, 17.219392

그로타 팔라체세 Grotta Palazzese 구글평점 4.3/5

세계 10대 레스토랑으로 꼽히는 절벽 레스토랑이다. 해안 절벽에 자리 잡은 석회암 동굴을 최대한 자연스럽게 보존해 만들었다. 날이 저물면 근사한 조명이 켜진다. 절벽에 부딪히는 파도 소리를 들으며 식사할 수 있다. 5월부터 10월까지만 운영한다. 예약은 필수. 사랑하는 사람과 로맨틱한 시간을 보내고 싶은 사람이라면 미리 준비해야 한다. 단, 분위기가 좋은 만큼 가격은 매우 비싼 편이다.

🍽 보통 코스 요리로 주문을 하는데 매년 메뉴가 바뀐다. 1인 기준 195€, 235€ 코스가 있다. 📱 +39 080 424 0677
🏠 Via Narciso, 59, 70044 Polignano A Mare BA, 이탈리아 📍 40.995887, 17.221230

로스테리아 디 치치비오 L'Osteria di Chichibio 구글평점 4.2/5

고급스러운 분위기의 해산물 전문 레스토랑이다. 해외 유명 미식가의 극찬이 있을 정도로 맛을 인정받은 집이다. 모든 해산물은 자연산 재료만을 선별해 사용하고 있다. 테이블보와 식기 등의 세팅만 봐도 얼마나 세심하게 신경을 썼는지 느낄 수 있다. 가격대는 조금 높은 편이지만 그만큼의 충분한 가치를 가지고 있는 곳이다.

🍽 Tagliolini ai frutti di mare(해물 파스타), Risotto carciofi e gamberi(새우 리조토), Tartare di tonno pregiato(참치 타르타르) 📱 +39 080 424 0488 🏠 Largo Gelso, 12, 70044 Polignano A Mare BA, 이탈리아 📍 40.996977, 17.216982

보르고비안코 리조트&스파-엠갤러리 바이 소피텔 Borgobianco Resort & Spa-MGallery by Sofitel
★★★★★ 구글평점 4.4/5

아드리아해를 한눈에 내려다볼 수 있는 곳에 위치한 고급 리조트다. 호텔 주변은 이탈리아 남부의 아름다움을 그대로 간직하고 있다. 다른 곳에 비해 가격이 조금 비싼 편이다. 고급 리조트답게 스파 시설을 비롯한 다양한 부대시설을 갖추고 있다. 폴리냐노 아 마레까지는 차로 10분 정도 소요된다.

🌐 sofitel.accorhotels.com 🅿 호텔 내 주차장 유료 € 1박 기준 : 130€(일반 트윈룸) 🏠 Contrada Casello Cavuzzi, 70044 Polignano A Mare BA, 이탈리아 / 전화: +39 080 214 9060 📍 40.957166, 17.207774

칼라폰테 리조트&스파
Calaponte Resort & Spa ★★★★ 구글평점 4.5/5

시내 중심지에서 조금 떨어져 있지만 가격이나 시설, 서비스 등 모두 만족도 높은 곳이다. 고풍스러운 외관과는 다르게 현대적이면서도 세련된 내부가 인상적이다. 또한 호텔에서 운영하는 다양한 스파 시설을 저렴하게 이용 가능하다. 주차장을 무료로 이용할 수도 있어 자동차 여행자들에게는 더욱 매력적이다.

🌐 www.calapontehotel.com/en 🅿 호텔 내 주차장 무료
€ 1박 기준 : 80€(일반 트윈룸) 📞 +39 080 424 0747
🏠 Via S. Vito, 70044 Polignano A Mare BA, 이탈리아
📍 41.005198, 17.197017

코보 데이 사라체니 Covo dei Saraceni
★★★★ 구글평점 4.4/5

아드리아해가 발아래 펼쳐진 절벽 위의 호텔이다. 객실에 아름다운 전경을 감상할 수 있는 테라스가 있다. 호텔 내에서 운영하는 레스토랑도 평판이 좋은 편이다. 도보로 도시까지 이동이 가능한 것도 매력이다. 가격 대비 만족도가 좋은 호텔이다. 성수기에는 충분한 시간을 가지고 미리 예약해야 한다.

🌐 www.covodeisaraceni.com 🅿 호텔 내 주차장 유료
€ 1박 기준 : 110€(일반 트윈룸) 📞 +39 080 424 1177
🏠 Via Conversano, 1, 70044 Polignano A Mare BA, 이탈리아 📍 40.996712, 17.217695

살레르노

살레르노는 소렌토부터 시작된 아말피 해안의 종착점이자 아말피 해안의 동쪽 관문 도시다. 살레르노는 패키지 관광객들에게는 주로 페리를 탑승하거나 내리는 항구도시로 잘 알려져 있다. 남부 지역의 대표적 항구도시인 나폴리가 범죄도시라는 이미지를 갖고 있기 때문에 살레르노도 유사한 곳이라 생각하기 쉽다. 하지만 살레르노는 꽤 번화하고 큰 도시임에도 불구하고 이탈리아 시골 사람들의 소박하고 따뜻한 인심을 느낄 수 있는 곳이다. 깔끔하고 잘 정돈된 도시는 화려하고 유명한 휴양 관광지와는 다소 거리가 멀다. 아말피 해안의 관광 마을들에 비하면 물가가 저렴하고 조용하다. 여유 있게 편히 머물다 갈 수 있는 곳이다.

살레르노 여행 정보 www.comune.salerno.it

방문하기

아말피 해안도로의 종착점이다. 포지타노에서부터 해안도로를 타고 이동하면 된다.

해안도로가 부담되면 라벨로에서 A3 고속도로를 타고 이동해도 된다.

주요 도시별 경로와 이동 시간은 다음과 같다.

페리 이용하기

살레르노에서 페리를 탑승하면 아말피 해안마을로 편하게 이동할 수 있다. 해안 공용주차장에 차를 세워두고 아말피나 포지타노로 이동하면 된다.

아말피 해안마을을 연결하는 페리사들 중에서 운행 편수가 많고 잘 알려진 페리사는 트래블마Travelmar와 알리코스트Alicost다. 둘 중 하나를 이용하면 된다.

페리 시간표는 기상 상황이나 계절별로 운행 시간이 달라진다. 도착 전에 미리 홈페이지에서 시간표를 확인하고 현지에서 한 번 더 체크하는 것이 좋다.

살레르노-아말피 평균 35분 소요 / 9€
살레르노-포지타노 평균 70분 소요 / 14€

🌐 **트래블마** www.travelmar.it
알리코스트 www.alicost.it

주차장

페리 탑승장 인근에 대형 공용주차장이 있다.

아레아 디 소스타 피아차 델라 콘코르디아
Area di Sosta Piazza della Concordia

🅿 공용주차장 🕐 24시간 € 1시간 2€
📍 40.67371, 14.76980

렌터카 반납지로 딱 좋은 살레르노

살레르노는 렌터카를 반납하기에도 적합한 도시다. 로마에서 차를 빌려 남부까지 내려오면 나폴리보다는 이곳에서 차를 반납하는 게 낫다. 역 앞에 렌터카 지점들이 있다. 이곳에서 차를 반납하고 기차를 타면 로마 테르미니역까지 1시간 30분이면 이동이 가능하다(이탈리아 고속열차 프레치아로사Frecciarossa편 이용 기준). 아말피 해안마을이 마지막 목적지라면 아말피 코스트를 드라이브하고 차는 이곳에서 반납하자. 짐은 역 안에 있는 짐 보관소에 맡긴 후 페리를 이용하여 여행하는 것이 더 편리하다.

살레르노역 앞 광장에 위치한 허츠 렌터카 지점

13 살루메리아 에 쿠치나 13 Salumeria e Cucina 구글평점 4.4/5

맛, 인테리어, 디스플레이, 가격 등 어느 것 하나 뒤지지 않는 살레르노 최고의 레스토랑이다. 특히 감각적인 인테리어와 그에 걸맞게 서비스되는 음식을 보고 있으면 먹기 아까울 정도다. 살레르노에 방문한다면 꼭 이곳으로 가야 한다.

🍲 Baccala fritto con scarola saltata (대구 요리)

📱 +39 089 995 1350

🏠 Corso Giuseppe Garibaldi, 214, 84122 Salerno SA, 이탈리아

📍 40.676890, 14.764086

페스케리아 Pescheria

구글평점 4.5/5

푸른색 계열로 꾸며진 씨푸드 레스토랑이다. 깔끔한 인테리어와 서비스 그리고 분위기까지 모든 것이 다 잘 맞아떨어진다.

🍲 Gamberi rossi(이탈리아식 새우 요리) 📱 +39 089 995 5823

🏠 Corso Giuseppe Garibaldi, 227, 84100 Salerno SA, 이탈리아

📍 40.676680, 14.763465

살레르노의 추천 숙소

호텔 노보텔 살레르노 에스트 아레키

Hotel Novotel Salerno Est Arechi ★★★★ **구글평점** 4.2/5

계열사 호텔답게 모든 것이 깔끔한 스타일. 야외 수영장에서 살레르노 바다뷰를 감상하기 좋다. 현대적인 감각으로 꾸며진 객실과 부대시설은 여행자들을 충분히 만족시킨다. 가격 또한 다른 4성급 호텔에 비해 저렴한 편이다.

🅿 호텔 내 주차장 무료 € 1박 기준 : 80€(일반 트윈룸)

🌐 www.accorhotels.com 🏠 Via Generale Clark, 49, 84131 Salerno SA, 이탈리아 📍 40.649212, 14.816173

이탈리아 주요 도시 렌터카 픽업 및 반납편

TIP 좀 더 상세한 렌터카 픽업 및 반납 정보는 필자가 운영하는 〈드라이브 인 유럽〉 카페의 렌터카 픽업·반납 정보 게시판을 참고하면 된다.

로마 Roma

레오나르도 다빈치 공항

짐을 찾아 나온 후 엘리베이터를 타고 2층으로 올라간다. 렌터카 사무실들은 건너편 주차타워 빌딩에 있다. 주차타워로 연결되는 무빙워크를 타고 가면 오피스타워2 입구가 나온다. 그곳으로 들어가면 렌터카 사무실이 모여 있다. 픽업 절차를 마치고 다시 무빙워크를 통해 주차장으로 이동한다. 픽업 시 받은 주차권을 차단기에 넣고 출차하면 된다. 허츠Hertz 골드회원의 경우 오피스타워2 사무소에 갈 필요 없이 곧바로 주차장으로 이동하면 된다. 주차타워 건물 A동 1층에 골드회원 전용 사무실이 있다.

🕐 **허츠 기준** : 월~일 07:00~24:00

레오나르도 다빈치 공항 렌터카 픽업 및 반납 장소

반납은 공항에 진입하여 카 렌탈Car Rental 사인을 따라가면 바로 주차동 건물이 나온다. 공항 초입에 위치하고 있어 찾는 데 어려움이 없다. 렌터카 반납 장소는 회사별로 구분되어 있으니 참고.

주차타워 A동 : 허츠Hertz, 에비스Avis, 버짓Budget

주차타워 B동 : 유로카Europcar, 식스트Sixt, 골드카Goldcar

주차타워 C동 : 로카우토Locauto, 엔터프라이즈Enterprise, 시칠리 바이 카 Sicily by car

주차타워 A동

🏠 Via Francesco Aurelio di Bella, 00054 Fiumicino RM, 이탈리아

📍 41.793632, 12.254365

1 로마 공항점 허츠 일반 데스크
2 로마 공항점 허츠 골드 데스크

1 로마 테르미니역 렌터카 사무소
2 로마 테르미니역 픽업 및 반납 주차장
  (허츠 제외)

피렌체 Firenze

로마 테르미니역

테르미니역 1층 역사 안에 렌터카 사무실이 모여 있다. 이곳에서 픽업 절차를 마치고 차량은 500m 정도 떨어진 테르미니 파킹 스테이션Termini Parking Station 주차 빌딩에서 확인하고 출발한다. 반납 역시 이곳에서 하면 된다. 단, 허츠렌터카는 이전하여 더이상 이곳을 이용하지 않는다. 허츠는 역사 안에서 픽업 절차를 마치고 역사를 가로 질러 반대편 출구로 나가면 우측에 위치한 주차장에서 픽업하면 된다. 반납도 역시 이곳 1층에서 하면 된다.

🕐 **허츠 기준** : 월~금 07:30~20:00, 토 · 일 08:00~18:00

로마 테르미니역 주차장 Parcheggio Roma Termini - Via Marsala

테르미니 파킹 스테이션 Termini Parking Station
🏠 Via Giovanni Giolitti, 267, 00185 Roma RM, 이탈리아
📍 41.896925, 12.506140

허츠Hertz 로마 테르미니역 픽업 및 반납 주차장

🏠 Via Marsala, snc, 00185 Roma RM, 이탈리아 📍 41.90076, 12.50501

피렌체 중앙역점

피렌체는 독특하게도 중앙역 안에 렌터카 사무소가 없고 도보로 8분 정도 소요되는 비아 보르고 오니산티Via Borgo Ognissanti 거리에 렌터카 사무소가 모여 있다. 사무소는 각각 있지만 픽업 및 반납 주차장은 같은 곳을 사용한다. 단, 이곳에 있던 허츠렌터카는 피렌체 중앙역 인근으로 이전하였으니 참고하자.
허츠Hertz 피렌체 중앙역점과 허츠 피렌체 중앙역점의 차량 픽업 및 반납 주차장은 동일한 곳에 있다.

피렌체 중앙역점 픽업 및 반납 주차장

누오보 가라지 유로파 Nuovo Garage Europa
🏠 Borgo Ognissanti, 96, 50123 Firenze FI, 이탈리아
📍 43.773989, 11.243636

허츠Hertz 피렌체 중앙역점 픽업 및 반납 주차장

비아 루이지 알라마니 Via Luigi Alamanni
🏠 Via Luigi Alamanni, 35, 50123 Firenze FI, 이탈리아
📍 43.77857, 11.24516

1 피렌체 보르고 오니산티 렌터카 거리
2 허츠 피렌체 중앙역점 픽업 및 반납 주차장

베네치아 Venezia

베네치아 마르코 폴로 공항

공항 도착 후 출국장으로 나오면 손쉽게 렌탈카Rentalcar 사인을 찾을 수 있다. 따라가다 보면 버스와 수상택시 매표소가 나온다. 그 옆에 렌터카 사무실이 모여 있다.

허츠Hertz 마르코 폴로 공항점

🕐 **허츠 기준** 월~일 08:00~24:00 🏠 Venezia Aeroporto, Viale Galileo Galilei, 30, 30010 Venezia VE, 이탈리아 📍 45.504266, 12.340298

베네치아 마르코 폴로 공항 픽업 및 반납 주차장

공항으로 들어오다 보면 렌탈카Rentalcar 사인이 보인다. 두 개의 라운드 어바웃에서 계속 직진하여 공항 안쪽으로 들어가면 주차장 건물이 보인다.

🏠 30173 베네치아, 이탈리아 📍 45.502978, 12.338349

베네치아 메스트레역

베네치아 메스트레역 렌터카 지점들은 메스트레역 건너편 부근에 주로 자리 잡고 있다. 허츠의 경우 역에서 약 3분 정도 떨어진 거리에 위치한다. 예전엔 호텔 트리톤Hotel Tritone 건물에 식스트Sixt와 같이 위치해 있었지만 지금은 원렌터WinRent 사무실로 변경되어 좀 더 먼 곳으로 이전하였다.

🏠 Via Cappuccina, 169, 30172 Venezia VE, 이탈리아 📍 45.482386, 12.235760

허츠Hertz 메스트레역 픽업 및 반납 주차장

메스트레역 허츠점의 반납 장소는 플라자 호텔 옆에 위치한 파르케지오 사바 스타지오네Parcheggio Saba Stazione 주차장이다. 6층에 반납하면 되고 키는 1층 정산기 근처 키 박스에 넣어둔다. 입차 시 받은 주차 티켓은 차 안에 두고 나오면 된다.

파르케지오 사바 스타지오네 베네치아 메스트레
Parcheggio Saba Stazione Venezia Mestre

🕐 **허츠 기준** 월~금 08:30~12:30, 14:30~18:00, 토 08:30~12:30, 일요일 휴무
🏠 Viale Stazione, 10, 30171 Venezia VE, 이탈리아 📍 45.482508, 12.233716

1 베네치아 로마 광장 렌터카 사무소들
2 베네치아 로마 광장 픽업 및 반납 주차장

1 허츠 마르코 폴로 공항점
2 메스트레역 허츠점

베네치아 본섬 로마 광장 픽업 및 반납 주차장

베네치아 본섬은 차량이 통행할 수 없어서 자동차는 로마 광장Piazzale Roma 까지만 진입이 가능하다. 베네치아섬으로 들어오기 위한 다리를 건너 로마 광장 방향으로 직진하다 보면 우측에 오토리메사 코무날레Autorimessa Comunale라는 주차타워 건물이 보인다. 이 건물 1층에 허츠Hertz를 비롯한 에비스Avis, 유로카Europcar 등 렌터카 사무소들이 모여 있다. 차량 픽업 및 반납을 위한 렌터카 주차장은 건물 옥상에 위치하고 있다.

렌터카 사무소(Hertz, Avis, Europcar 등)

🏠 Santa Croce, 30100 베네치아, 이탈리아 📍 45.438886, 12.317469

밀라노 Milano

1 밀라노 중앙역 허츠
2 밀라노 중앙역 허츠 내부

밀라노 말펜사 공항점

말펜사 공항의 렌터카 사무소들은 도착층 1층에 모여 있다. 렌탈카 Rentalcar 사인을 따라가면 쉽게 찾을 수 있다. 차량 픽업 주차장은 A구역과 B구역으로 구분되어 있다. A구역에는 에비스Avis, 식스트Sixt, 유로카Europcar가 모여 있고, B구역에는 허츠Hertz, 엔터프라이즈Enterprise, 골드카Goldcar와 로컬 업체들이 모여 있다. 허츠Hertz가 속한 B구역은 영업소와 바로 연결되어 있어 이동이 수월하다.

허츠Hertz 말펜사 공항점

*주차장에 골드 전용 오피스 있음
🕐 07:30~24:00

밀라노 말펜사 공항점 픽업 및 반납 주차장

말펜사 공항 쉐라톤 호텔이 있는 건물에 렌터카 반납 주차장이 같이 있다. 공항 진입 후 카 하이어Car Hire라는 표지판을 따라가면 된다. 주차장 근처에 도착하면 A구역과 B구역 주차장으로 가는 길이 나누어져 있다. 표지판을 따라 이동하면 된다(허츠의 경우 B구역 주차장으로 가면 된다).

밀라노 중앙역

밀라노 중앙역은 렌터카 회사들이 한 군데 모여 있지 않고 밀라노 중앙역과 외부에 분산되어 있다. 식스트Sixt, 에비스Avis, 버짓Budget 및 로컬 렌터카 사무소는 중앙역 안에 있다.
허츠Hertz와 유로카Europcar 사무소는 중앙역에서 도보 5분 거리에 위치하고 있다. 허츠의 경우 영업소와 픽업, 반납 주차장의 위치가 다르다. 영업소에서 약 1분 정도 걸어가면 허츠 간판이 있는 주차장이 보인다. 그곳 3층으로 올라가면 된다.

밀라노 중앙역 렌터카 업체 픽업 및 반납 주차장

🏠 Via Alfredo Cappellini, 21, 20124 Milano MI, 이탈리아
📍 45.481895, 9.202165

허츠Hertz 밀라노 중앙역점

🕐 월~금 08:00~20:00, 주말 08:00~18:00
🏠 Via Alfredo Cappellini, 10, 20124 Milano MI, 이탈리아
📍 45.482025, 9.201326

1 허츠 밀라노 말펜사 공항점 1터미널
2 허츠 밀라노 말펜사 공항점 2터미널

나폴리 Napoli

1 나폴리 공항점 허츠
2 나폴리 공항점 허츠 내부

나폴리 공항

나폴리 공항은 여느 공항처럼 공항 내 렌터카 사무소에서 픽업 절차를 받고 차량을 수령하는 방식이 아니다. 공항에서 나와 'Rent a car' 표지판을 따라서 가면 우측 끝으로 나가게 된다.

터널같이 생긴 길을 따라 걸어나가면 렌터카 셔틀 버스 정차장으로 도착하게 되는데 이곳에서 공용으로 운영하는 렌터카 셔틀 버스를 탑승하면 된다. 셔틀 버스를 타면 5분 정도 이동 후 렌터카 사무소들이 모여 있는 P1 주차장으로 이동하게 되고 이곳에서 본인이 예약한 렌터카 회사 사무실에서 픽업 절차를 밟고 주차장에서 차를 찾으면 된다.

> **TIP** 나폴리 공항은 공항에서 셔틀 버스 주차장까지 걸어야 하고 짐을 들고 셔틀 버스를 타야 한다. 그리고 한 번에 여러 명이 버스에 내려서 렌터카 사무실로 이동하기 때문에 렌터카 사무실에 항상 사람이 많을 수밖에 없다. 따라서 버스에 탈 때에는 마지막에 타고 먼저 내린 후 일행이 있다면 먼저 한 명이 재빨리 사무실로 들어가 순번을 기다리는 것이 좋다.

나폴리 공항점 셔틀 버스 주차장 위치

🏠 San Pietro a Patierno 80144 나폴리 이탈리아
📍 40.877173, 14.281968

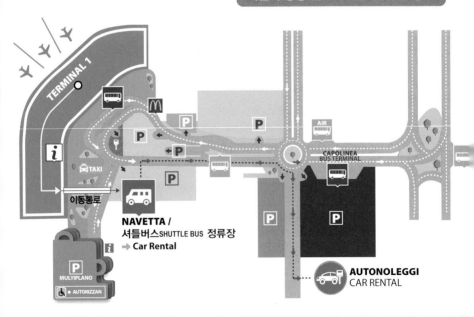

나폴리 공항 렌터카 픽업 및 반납 장소

나폴리 중앙역

나폴리 중앙역 역시 중앙역 내에는 식스트Sixt를 제외하고는 주요 메이저 렌터카 사무소가 없다. 중앙역을 나서서 왼쪽으로 내려가면 에비스AVIS 가 나오고 더 아래로 내려가면 허츠 사무실이 나온다. 사무실은 매우 작아서 놓치기 쉬운데 노란색 허츠 간판이라 눈에는 잘 띄는 편이다.

허츠 사무실 길 건너편에는 대형 공용주차장이 있는데 차량 픽업 및 반납은 이곳에서 하면 된다.

🏠 Hertz - Napoli Stazione Centrale - Corso Arnaldo Lucci 171

Corso Arnaldo Lucci, 171, 80142 Napoli NA, 이탈리아

📍 40.850717, 14.272426

나폴리 중앙역 렌터카 반납 주차장

나폴리

🏠 80142 나폴리 이탈리아

📍 40.850804, 14.272794

로마 테르미니역 허츠 영업소

이탈리아 ZTL 지역을 확인하는 방법

ZTL 구역을 확인하는 방법으로 몇 개 사이트의 이용 방법을 앞에서 소개했다. 이중 가장 많은 지역을 확인할 수 있고 사용법도 간편한 나비투고의 ZTL 구글 지도 사용법에 대해 조금 더 자세히 알아보자.

나비투고는 가민네비게이션을 임대해주는 업체인데 구글 지도로 손쉽게 ZTL 구역을 확인할 수 있게 제작하여 이를 공유해주고 있는 곳이다. 이 지도를 활용하면 예약하려는 숙소나 주차장 등이 ZTL 구역 내에 있는 것인지 정확하게 확인해볼 수 있다. 사용법도 매우 간단하다. 지도를 실행한 후 검색창에 원하는 호텔이나 주차장을 입력만 해보면 된다.

우선 웹사이트 주소창에 나비투고 ZTL 지도가 표시된 사이트 주소를 입력한다.

주소가 긴 관계로 단축URL로 변경된 해당 주소를 입력하면 된다.

http://bit.ly/38I5Zad

1. 사이트 주소창에 주소를 입력하면 다음과 같은 지도 화면이 나온다.

2. 지도 화면이 나오면 좌측 검색창에 원하는 도시명을 입력한다. 시에나를 입력해보기로 한다.

3. 도시명을 입력하면 하단에 도시명이 나오고 해당 도시를 클릭하면 빨간 실선이 표시된 지도를 보여준다. 이 빨간 실선이 바로 ZTL을 표시한 경계선이다.

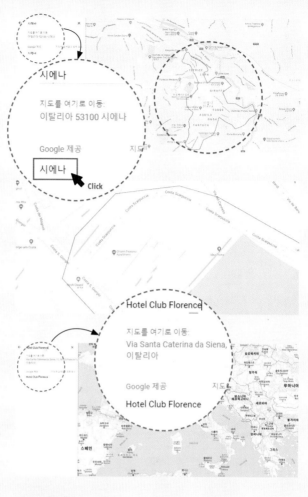

4. 지도는 확대가 가능하기 때문에 ZTL 구역의 정확한 경계라인을 확인하기가 쉽다.

5. 그럼 검색창에 직접 예약하려는 호텔을 입력해보도록 하자. 피렌체에 있는 호텔 'Hotel Club Florence'를 입력한다.

6. 지도에 호텔이 빨간 점으로 표시가 된다. 그 점을 마우스로 클릭하면 호텔이 지도에 정확히 표시되면서 ZTL 구역 내에 있는지 그렇지 않은지를 확인할 수 있다. 'Hotel Club Florence'의 경우 ZTL 구역 내에 위치한 것을 확인할 수 있다.

이런 방법으로 이탈리아 전역의 ZTL 구역을 확인할 수 있고 손쉽게 호텔이나 주차장 또는 목적지가 ZTL 구역 내에 있는지 알아볼 수 있다. 해당 지도의 정확성은 매우 높은 편이지만 숙소의 경우에는 숙소 측에 한 번 더 확인하는 것이 확실한 방법이다. 특히 숙소는 ZTL 통행제한을 처리해주기 때문에 사전에 가능 여부 및 진입 방법 등을 문의해야 한다.

이탈리아
필수 회화

이탈리아에서는 렌터카 사무소, 숙소, 주요 관광지 매표소 등 여행 시 방문하게 되는 곳은 대부분 영어가 통용된다. 간단한 영어만 구사할 줄 알면 여행하는 데 큰 문제는 없다. 그러나 소도시로 가면 다르다. 식당이나 상점에서 영어가 통용되지 않는 곳도 많다. 따라서 간단한 이탈리아 회화를 익혀가면 현지인들에 더 따뜻한 환대를 받을 수 있다.

숫자

0	Zero	제로
1	Uno	우노
2	Due	두에
3	Tre	트레
4	Quatro	콰트로
5	Cinque	친퀘
6	Sei	세이
7	Sette	세테
8	Otto	오토
9	Nove	노베
10	Dieci	디에치
100	Cento	첸토

요일

월요일	Lunedi	루네디
화요일	Martedi	마르테디
수요일	Mercoledi	메르콜레디
목요일	Giovedi	지오베디
금요일	Venerdi	베네르디
토요일	Sabato	사바토
일요일	Domenica	도메니카
1시간	Un'ora	우노라
일	Giorno	조르노
오전	Mattina	마티나
오후	Pomeriggio	포메리조

저녁	Sera	세라
밤	Notte	노테

기본단어

물	Aqua	아쿠아
탄산수	Aqua Frizzante	아쿠아 프리찬테
와인	Vino	비노
맥주	Birra	비라
생선	Pesce	페스체
고기	Carne	카르네
입구	Entrata, Ingresso	엔트라타, 인그레소
출구	Uscita	우쉬타
역	Stazione	스타치오네
플랫폼	Binario	비나리오
출발	Partenza	피르텐자
도착	Arrivo	아리보
표	Biglieto	빌리에토
계산대	Cassa	카사
남자	Uomo	우오모
여자	Donna	돈나
세일	Saldi	살디
교환	Scambio	스캄비오
환불	Rimborsi	림보르시
계산서	Conto	콘토
화장실	Bagno	반뇨
은행	Banca	방카
ATM인출기	Bancomat	반코맛

약국	Farmacia	파르마치아
병원	Ospedale	오스페달레
한국대사관	Ambasciata della Republica di Corea	암바시아타 델라 리퍼블리카 디 코레아
경찰서	Stazione di Polizia	스타치오네 디 폴리치아
비어 있음(주차 가능)	Libero	리베로

간단한 문장

안녕	Ciao	차오
안녕하세요?(오전)	Buon Giorno	본 조르노
안녕하세요?(오후)	Buona Sera	브오나 세라
안녕히 계세요	Arrivederci	아리베데르치
고맙습니다	Grazie	그라지에
미안합니다	Mi Scusi	미 스쿠지
천만에요	Prego	프레고
네	Si	씨
아니오	No	노
잘 모르겠습니다	Non Capisco	논 카피스코
조금 천천히 말해주세요	Paria lentamente	파리아 렌타멘테
영어할 줄 아세요?	Paria Inglese	파리아 잉글레제
도와주세요	Aiuto	아유토
아파요	Mi Sento Male	미 센토 말레
얼마인가요?	Quanto Costa	콴토 코스타
깎아주세요	Potete Darmi Qualche Sconto	포테테 다르미 퀄게 스콘토
환불해 주세요	Mi Rimborso per Favore	미 림보르소 페르 파보레
계산서 주세요	il Conto per Favore	일 콘토 페르 파보레
덜 짜게 해주세요	Meno Sale per Favore	메노 살레 페르 파보레
화장실이 어디인가요?	Dov'e il Bagno?	도베일 바뇨?

자유여행기술연구소

꿈의 드라이빙 코스를 현실로

여행기술연구소 투리스타와 함께하는
세상에서 가장 쉬운 유럽 자동차 여행

① 오직 당신을 위한 여행 코스

당신의 취향을 분석해 최적의 도시와 일정으로
세상에 둘도 없는 여행코스를 만들어 드립니다.

② 투리스타만의 여행기술노트

두려워 마세요. 여행기술노트 투리스타 북이 당
신의 여행을 가이드합니다. 당신의 여행만을 위
한 맞춤 가이드북 투리스타 북에는 당신의 크고
작은 일정마다 친절한 안내자가 돼줍니다.

③ 무엇이든 물어보세요

여행을 가기 전 사소한 궁금증도 큰 근심거리가
될 수 있습니다. 부담 갖지 말고 알려주세요. 여
행 전 1대 1 맞춤 설명회를 통해 여러분의 모든
궁금증을 풀어드립니다.

④ 24시간 밀착 컨시어지 서비스

투리스타는 여러분의 여행에서 발생할 수 있는
크고 작은 문제를 대처하기 위해, 24시간 밀착
컨시어지 서비스를 제공합니다. 한결 가벼운 마
음으로 여행을 즐기실 수 있습니다.